邮 海 采 菇
——菌菇邮票鉴考

Hunting Mushroom from Philatelic World
– Appreciation & Identification of Mushroom Stamps
(1894—2019)

主编 曾 辉
副主编 盖宇鹏 祁亮亮
Editor in Chief, Zeng Hui
Subeditor, Ge Yupeng, Qi Liangliang

中国农业出版社
CHINA AGRICULTURE PRESS
北京
Beijing

图书在版编目（CIP）数据

邮海采菇：菌菇邮票鉴考：1894—2019/曾辉主编
. —北京：中国农业出版社，2021.9
ISBN 978-7-109-27297-2

Ⅰ．①邮…　Ⅱ．①曾…　Ⅲ．①邮票-收藏-中国-1894-2019　Ⅳ．①G262.2

中国版本图书馆CIP数据核字（2020）第172246号

邮海采菇——菌菇邮票鉴考（1894—2019）
YOUHAI CAIGU —— JUNGU YOUPIAO JIANKAO
(1894—2019)

中国农业出版社出版
地址：北京市朝阳区麦子店街18号楼
邮编：100125
责任编辑：张洪光　阎莎莎　王宏宇
版式设计：王　晨　　责任校对：周丽芳　　责任印制：王　宏
印刷：北京华联印刷有限公司
版次：2021年9月第1版
印次：2021年9月北京第1次印刷
发行：新华书店北京发行所
开本：787mm×1092mm　1/16
印张：23.5
字数：600千字
定价：248.00元

编 著 者

主　　编：曾　辉

副 主 编：盖宇鹏　祁亮亮

参编人员：曾志恒　舒黎黎　许彦鹏

　　　　　曾若琅　王泽生

序一

　　时间过得真快呀！转眼间《世界蘑菇与地衣邮票集锦（1956—2010）》出版已经十年了。十年，尽管在人生中发生了太多的悲欢离合，但却也真正地体验到了白驹过隙般的时空转换！作者由我的小邮友变成了门人。几年前执弟子礼而列门墙完成学业，业已着博士衣帽，飞回四季如春的榕城开创着他的新天地。日前，突然提起他的邮票集锦一书，又做数次批阅增删，拟出新版，出版社也一如既往地支持他。张洪光女士点名让我再写一个序。弟子和老友的诚恳与盛情，实难谢绝，却也着实为难于我了！上一版虽有七拉八扯之嫌，可是埋在心底的许久企盼加一片真情写了一个所谓序，也算交差了。可这一次却真的是意尽词穷了。拖了许久没做，但又总觉得是块心病。不想近日看到了2020年将在我国云南昆明召开的联合国《生物多样性公约》第15次缔约方大会的logo。一个水滴样的图形中有穿着民族服饰的女孩、手握箭竹的熊猫，还有孔雀、蝴蝶、梅花、浪花等，最下面有一行小字"Ecological Civilization-Building a Shared Future for All Life on Earth"。立意不错，充满了中国风，但又狠狠地猛击并且击倒了我！唤起了我为此书写上几句，为被"遗忘的菌物"鼓与呼的激情。生命世界中怎么能只有动物、植物，没有菌物？至少在生命体中真核生物中的"三界"应该都有所体现！一提生物便只有动物、植物，这是两百多年前林奈老爷子的提法。在当时是代表着先进，可进入21世纪，生物学发展到今天，仍把菌物摒弃在外，真的让人无话可说。为此，我追问过大会的顾问和在云南科学界工作多年的领军人物，均做微笑无语的答复。国际上都已将植物命名法规改为植物、菌物、藻类命名法规，甚至菌物标本馆也不再依植物标本馆起名，由Herbarium改为Fungarium。多少年才轮到在中国开一次的生物多样性会议，还for All Life on Earth！怎么就容不下一个小小的菌物？而且还是在云南召开！要知道，云南可是一个嗜菌如命的"菌类王国"，这真的是对这个"王国"莫大的讽刺！下一次还能在云南召开相同的会议？"我是人间惆怅客，知君何事泪纵横，断肠声里忆平生"，"无可奈何花落去"，"无奈，无奈！"这件事真的刺痛了我的心！联想在国内走访多个"国家级"自然保护区，清一色的只讲动物、植物，不讲菌物。我们无权评论别人知识的缺失，只能自责。我作为曾经的中国菌物学会理事长、现在的名誉理事长、国际药用菌学会主席更应自责！自罚！我们的科学知识普及已经不是不到位而是极度缺失。在这种形势下，曾辉贤契的这本书虽杯水车薪，但若能起到滴水成河之作用也是一项利在千秋的善行义举。

以上说的似乎过于沉重，说起集邮真的是人生中一件涵养精神，滋润文化的趣事；想到苏东坡老先生所说人生赏心乐事不只民间所说四件，以苏老先生观点应该是："清溪浅水行舟；微雨竹窗夜话；暑至临溪濯足；雨后登楼看山；柳荫堤畔闲行；花坞樽前微笑；隔江山寺闻钟；月下东邻吹箫；晨兴半炷茗香；午倦一方藤枕；开瓮勿逢陶谢；接客不着衣冠；乞得名花盛开；飞来家禽自语；客至汲泉烹茶；抚琴听者知音。"我在前些年为悼念在英国的导师Webster时增加了一句"雪中偕友赏灯"。回忆我陪伴老师和师母在哈尔滨冰雪大世界赏灯的往事，虽已久远，可每每想起都是一件让人身心俱佳的趣事。

虽然邮政事业在中国有悠久的历史，但是集邮活动却是近现代才开始兴起的有深厚文化底蕴的雅趣。尽管在一段时间一些地方沾染了些许铜臭气，但从追求知识、颐养身心、丰富生活上，抑或是理财投资都无可厚非！作为全世界各国人民共同的一种文化修养，亦是满满的正能量！如是："秉烛邮海读菇"可否算另一件人生趣事呢？邮友自知其中奥妙！

曾辉小友的新版似乎采纳了我的建议，用"邮海采菇"作书名，内容有所增减是必需的，十年的新票，还加上了对一部分重要菇类的点评。虽说点评是仁者见仁，智者见智，费力不讨好的事，但敢于点评就是学者的一份本色。希望能有助于科学知识的弘扬普及、有助于产业的兴旺发达、有助于青少年们更容易地走进多彩的菌物世界。

以上絮语聊以为新版序。

中国工程院院士　李玉

2020年1月12日

Preface I

It has been nearly ten years sine the book *Stamps collection on mushroom & lichen worldwide* (1956—2010) was published. It is hard to imagine how many things, good or bad, can happen in ten years, but it does make one realize that time flies! The author, once my philatelic pal, has changed his role to be my disciple. A few years ago, he joined my team of students respectfully, seeked for knowledge, completed his study, with PhD diploma in hand, flew back to Fuzhou, known as "the City of Banyan", where it is like spring all year round, to start his new creations. Recently, he mentioned to me that he had been working on the new edition, that it had been reviewed and revised many times, and was ready for publication, with support from the press as always. Again I was named by Ms. Zhang Hongguang for a new preface. It is hard to refuse the invitations by my disciple and old friend, both from their hearts. But honestly, it is quite a mission not completed for quite some time due to lack of inspiration, which has become a debt that I have owed, although I do admit that the preface for the last edition contained much rambling, it was out of my long-time expectation and true feelings, and considered a job done. It so happened that I took a glance at the logo for the 15th Conference of the Parties to the United Nations Convention on Biodiversity (COP15) to be held in Kunming,Yunnan of China in 2020. The logo has a water-drop pattern, showing a girl in national costume, a panda holding sword bamboo, a peacock, a butterfly, a plum blossom, an ocean wave, and so on, with "Ecological Civilization-Building a Shared Future for All Life on Earth" in small characters at the bottom: good imagination, with lots of Chinese elements. But it struck me so hard that I was stricken down. I was therefore driven to add a few more lines to this book, out of the passion for voicing for the "forsaken fungi". For what reason, then, the world of lives, only animals and plants but fungi are seen? At least, the "three kingdoms" of eukaryotes of life forms should be presented. Classification of life by either animals or plants, was a traditional method by Sir Linnaeus over two century ago, however advanced it represented then. As developed as biology is when entering 21st century, fungi are still excluded, how can one argue? For this reason, I challenged the advisor to the conference and long-time leading scientists in Yunnan. All smiled back but kept silent. It is known that *The International Code of Botanical Nomenclature* has been modified as *The International Code of Nomenclature for Algae, Fungi, and Plants*, even fungal herbarium is no longer named in the pattern of herbarium, but straight as Fungarium instead. For how many years will a biodiversity conference be held in China? How can a claim like "for All Life on Earth" be made when fungi, as small as they are, are not included, especially when the conference is held in Yunnan, a fungi-addicted province, a genuine "kingdom of fungus"? What a great irony to such a "kingdom"! One may wonder if such a conference can be held in Yunnan again. Verses of peoms keeping coming into mind: "A depressed guest I am to the world, I know what turns your heart cold, when life is recalled", "hurts my soul when flowers don't hold", "my soul, my soul!". My heart is hurt! I can't help recalling my visits to national reserves in China, as many as they are, all present animals and plants but fungi! We are in no position to point a finger at one's knowledge but ourselves. I, once the President of Mycological Society of China, now the Honorary President, as well as the President of International Society of Medicinal Mushrooms, deserve more self-blame and self-punishment. Popularization of sciences in our domain is not only insufficient, but none! Under this circumstance, this book by Zeng Hui, a student of mine, if used in this purpose, is like putting out a big fire with a cup of water, when considered as a droplet and added to river, makes significant contributions of good and kind that will last.

So much for the heavy stuff, and let us move to philately, a real fun that cultivates one's spirit and nourishes the culture. Su Dongpo, a great literary giant in Song Dynasty, gave a list of the most delightful activities one could ever have in life, more than four as folk stories tell:

To sail a boat in the shallow waters of a clear stream.

To have an evening conversation with light rain outside a bamboo window.

To wash feet in a clear stream after summer comes.

To climb a tower and watch mountains after rain.

To have a leisurely walk along a willow-shaded embankment.

To have a sip of good wine next to flowering shrubs.

To listen to the bell of a temple on mountain across the river.

To hear the eastern neighbor (i.e. a beautiful woman) playing xiao flute under the moon.

To enjoy tea with fragrance for one quarter when awake in morning.

To lie down on a rattan pillow when tired at noon.

Not to be visited by Tao or Xie (who would drink it all) while opening wine jar.

Not having to dress up while meeting visitors.

To see precious flowers begged from friends blossom.

To hear birds flown in chirp (meaning to hear little son beginning of babble).

To cook tea for visiting friends with spring water.

To play the string for listeners who appreciate.

"To watch lanterns with friends in snow", was a verse I added to commemorate my British mentor Webster a few years ago, it was about the time I spent with Professor & Mrs. Webster in "Harbin Ice and Snow World", where we enjoyed lanterns together. It has been a long time, but it was full of joy and pleasure.

Postal service in China has a long history, but as a elegant taste full of profound culture, Chinese modern philatelic activity was just the rise in the beginning of last century! Occasionally, pursuit of money puts some stains in this activity, but in all respect, there is nothing wrong with seeking knowledge, cultivating spirit, enriching one's life, or even investing. However, it certainly is full of positive energy when taken as a common self-cultivation practice for people around the world. Isn't it also a great pleasure "to understand mushrooms in the ocean of stamps under the candle light"? I am sure stamp collectors appreciate its beauty!

Zeng Hui, my junior philatelic friend, seems to have taken my advice when using *"Hunting Mushrooms from Phaltelic World"* as the title for this book. Addition or deletion to the contents is necessary, with new collections in the past ten years, plus comments and review on certain important mushrooms added. Comments are at the discretion of the author, sometimes not welcomed. However, by nature, scholars are supposed to have the courage to make comments. Hopefully, this book will be of value to spreading of science and knowledge, prospering of the mushroom industry and guiding youngsters into the wonderful fungal world.

May this serves as the preface of new edition.

Li Yu
Academician of Chinese Academy of Engineering
12 Jan, 2020

序二

　　2016年夏，我在福建省邮协时主编的"邮票上的"系列图书销售正进入如火如荼阶段，《邮票上的福建》（2014年）已连印5次，达3万册之巨；《邮票上的中国体育》（2015年）获青运会礼品书之荣耀；《邮票图说核心价值观》（2015年）又以首版12万册之巨进入图书界；《邮票上的人民军队》编撰工作也已开启。正在此时，办公室来了一位戴着眼镜，文质彬彬，自信而坚毅的学者，曾辉—— 一位从事食用菌研究的科学家与他编撰的《世界蘑菇与地衣邮票集锦（1956—2010）》（以下简称"蘑菇邮票"）图书映入了我的眼帘。我们一见如故，谈邮票、谈写作、谈人生……曾辉十分谦逊地征求我对"蘑菇邮票"图书的意见。其实，摆在我面前的这本厚重、精美、科学性和知识性极强的书已经征服了我。坦率地说，我对蘑菇这门学科是十分陌生的，只是当年在收藏邮票研究邮票艺术时，对中国发行的蘑菇邮票了解一二，因此尚能对这套邮票的设计艺术谈些个人粗浅的看法。我还冒昧地向曾辉提出，希望将来有机会再版时能加强这本书的"鉴赏"和"考证"方面的内容。

　　时间如梭，及至2016年底，第33届亚洲国际邮展在广西南宁举办，我力荐"蘑菇邮票"图书参加文献类竞赛展览，结果很快传来喜讯，"蘑菇邮票"图书首次参展即获得镀银奖的好成绩；2018年又在"改革开放四十周年全国优秀集邮图书"评奖中获得纪念奖。

　　至此，我以为"蘑菇邮票"一书可以"功成名就"了，因为图书的作者本职工作是农科院的科学家，科学家有很多分内的工作要做。可不到三年的时间，一本《邮海采菇——菌菇邮票鉴考》的样书又摆在我的案头，着实让我心生敬佩。综览新版书稿，我以为有四个亮点值得品味：

　　一是完整性。该书在《世界蘑菇与地衣邮票集锦（1956—2010）》发行8年后，作者又收集了2010—2019年10年世界各国发行的大量菌菇邮票，并对"蘑菇邮票"一书的部分遗漏和错误进行了修订；特别是作者将一些非官方发行的商业邮票以标注的形式（不附图片）列入图书，使图书集纳的菌菇专题趋于完善。

二是权威性。作为菌菇专题邮票的图鉴，由该学科的专家合作完成，内容上不仅有中文名称、拉丁文学名，还有相关的学名索引；图书采用编年体加国家或地区英文名称字母排序，便于读者查阅。特别值得一提的是《邮海采菇——菌菇邮票鉴考》增加了"方寸间的菌物科学"附录，内容包括对首枚菌菇邮票的研究，对属种的分布、多样性的研究，无疑增添了该书的科学含量。

三是可读性。以邮票为主体的图书，却以"菌菇图鉴"的形式进行编纂，较之目录形式站在了更高的层面。在这方面，撰稿者可以说是下足了功夫，一方面将林林总总、琳琅满目、色彩斑斓的菌菇邮票集于书中，足以让人赏心悦目；而对图案的概括性诠释与分析，又增加专业的知识性。我特别欣赏书中"邮票上猫头鹰与蘑菇的故事"等内容，在作者娓娓道来的叙事中我们自然而然地增长了菌菇专业知识。

四是观赏性。相对于科学研究型著作，邮票画面多姿多彩，将世界242个国家和地区发行的6 800多枚菌菇邮票排列开来，真是让人目不暇接，本书的观赏价值不言而喻。

还是老话，"无需赘言"，让我们翻开这本书，好好地漫游在方寸天地间，静静地欣赏它给我们带来的艺术之韵吧！

中华全国集邮联合会会士 宋晓文

2020年1月18日

Preface II

In the summer of 2016, the *on stamp* Series I edited in Fujian Philatelic Association was in full swing. The book *Fujian on stamp* (2014) has been printed in 5 editions continuously, reaching 30,000 copies in total. *Chinese Sports on stamp* (2015) was honored as the gift book for the Youth Games of the People's Republic of China. *Stamp illustrating core values* (2015) was printed with the first edition up to 120,000 copies. And the compilation of *The People's Army on Stamps* had also begun. At that moment, a gentle scholar wearing glasses, full of confidence and perseverance, Zeng Hui, who is a scientist engaged in research of edible mushroom, came into my office with the book *Collection of world mushrooms and lichen stamp worldwide* (1956—2010) (hereinafter referred to as "*Mushroom stamps*"). We hit it off right away and talked about stamps, writing, life... With great humility, Zeng Hui asked for my opinion on the book "*Mushroom stamps*". The thick, beautiful, scientific and informative book has already conquered me. Frankly speaking, I am a stranger to mushroom, but when I was collecting stamps and studying art of stamps, I knew a little about the *Edible Fungi* stamps issued by China. So that I could give some superficial views on the design part of this set of stamps. Therefore, I also took the liberty to put forward my suggestion to Zeng Hui that if there is a chance to reprint the book in the future, he can strengthen the "appreciation" and "textual research" aspects of the content.

Time flies. By the end of 2016, the 33rd Asian International Stamp Exhibition was held in Nanning, Guangxi. I strongly recommended the book "*Mushroom stamps*" for participating in the literature competition. Soon came the good news, the book "*Mushroom stamps*" was awarded Silver -bronze Award in its first exhibition. This book also won the commemorative award in the "National outstanding philatelic books on the 40th anniversary of reform and opening-up" in 2018.

I thought the book "*Mushroom stamps*" could accomplish both success and fame because the scientific research career of the author. Unexpectedly, only less than three years, a sample book "*Hunting Mushroom from Philatelic World - Appreciation & Identification of Mushroom Stamps*" was placed on my desk, which really made me admired. Briefly reading the new manuscript, there are four highlights worth reading seriously:

The first is completeness. Eight years after the original book, the author collected a larger number of mushroom stamps issued over the world in the past decade and revised some omissions and errors in the original book. In particular, the authors included some non-official commercial stamps in the form of labels without pictures, which made the mushroom theme stamps collected in the book more perfect.

The second is authority. As an illustration monograph of mushroom stamps, it is completed by the cooperation of experts in this professional field. The content includes not only Chinese name and Latin name, but also related scientific name index. The book is arranged in chronological and alphabetical order of country, which is convenient for readers to consult. It is worth mentioning that the new book has added an appendix entitled "fungal science on stamp", which includes the study of the first mushroom stamp, the distribution and diversity of fungal genus and species, etc. It certainly increases the "scientific" content of the subject in this book.

The third is readability. I always consider stamp books which presented the form of "illustration" is a higher level than "catalogue". In this aspect, the authors can be said to be a full effort. On one hand, he collected full of dazzling and colorful mushroom stamps which enough to make people pleasing to read. On the other hand, pattern interpretation and text analysis strongly increased the knowledge of its topic. I particularly appreciate subjects like "The story of owl and mushroom on stamp", etc. In the author's narration, we naturally increase the knowledge of mushroom.

The fourth is the ornamental value. Compared with scientific books, mushroom stamps book is more colorful. More than 6,800 stamps issued from 242 countries and regions are arranged together. There are too many things to see and worth reading.

As the old saying, "needless to say". Let us open this book and well roam in stamp world, quietly appreciate the beauty of mushroom!

Song Xiaowen
Member of All-China Philatelic Federation

前言

　　截至 2019 年 12 月，世界上 246 个国家和地区发行了 6 800 多枚菌菇邮票。世界各地，尤其非洲和加勒比地区更是不遗余力地在本国或地区发行的邮票上呈现菌菇这一专题，宣传各自的野生菌类资源和食用菌栽培现状。不少菌菇邮票，直接用刀叉或骷髅把可食用的和有毒的菇类标注出来。具有采食野生食用菌传统的俄罗斯，更是把外观相近的食用菌和毒菇放在一枚邮票上，便于人们区别。菌菇邮票让集邮者在鉴赏菌菇多姿多彩的同时，获得生动而印象深刻的科普知识。

　　我国拥有漫长的采食和栽培食用菌的历史，菌菇文化源远流长，不少古代文人骚客为我们留下大量脍炙人口的菌菇诗词，如宋代苏轼七律道："老楮忽生黄耳菌，故人兼致白茅姜"，又如明代史迁词中的"桑鹅楮鸡皆不及，蘑姑天花当拱揖"等。现代，尽管食用菌的产量和产值突飞猛进，而食用菌文化建设却略显逊色，需要我们菌物工作者为之添砖加瓦。

　　世界上第一枚邮票 1840 年面世，半个世纪后的 1894 年我国发行了票面隐约可见灵芝的邮票，真正意义上的菌菇专题邮票是 1958 年由罗马尼亚发行。因此菌菇专题邮票出现的时间与昆虫专题邮票（新南威尔士 New South Wales，1850 年）、花卉专题邮票 [圣约翰（纽芬兰）St. John's Newfoundland，1857 年]、鱼类专题邮票（纽芬兰 Newfoundland，1865 年）等生物类专题相比要晚得多，自然集邮的历史也相对较短，研究也较少。但从 20 世纪 80 年代中期开始，菌菇邮票作为十分流行的专题被众多国家或地区发行，2001 年达到高潮，1 年内全球发行了 409 枚。在全世界发行的 2 370 套、6 800 多枚菌菇专题邮票或者具有菌菇图案的邮票中，涵盖 376 个属，约 1 405 个种，还有部分在邮票中既没有标明拉丁学名也没有俗名，无法判定其属种，其收录的菌菇属种量规模之大，几乎可以媲美或超过大部分菌菇图鉴所记载的种类。而据美国生物技术信息国家中心分类节点（NCBI Taxonomy Nodes）2019 年 1 月的统计，真菌也仅记录了 6 234 个属，42 253 个种。

　　迄今为止，全世界出版过多部蘑菇邮票图书，如：英国斯坦利·吉本斯出版社于1991年出版了最早的菌物邮票目录（英文版），收录了106个国家的650枚邮票，含350个菌种，而且每套邮票仅列其中一枚，还为黑白照片，并有一些遗漏；西班牙唐菲尔出版社于1999年出版过西班牙文、英文蘑菇邮票目录，收录了170个国家的2 424枚邮票，也有少部分邮票被遗漏或没有图片；日本佩蒂特出版社2007年出版了《世界蘑菇邮票目录》，书中收集了1 100多枚的蘑菇邮票，内容采用各大洲顺序编排，但书中罗列了不少花纸头和臆造票，虽有鉴赏价值，但学术价值和参考价值有所降低。荷兰皇家科学院生物多样性中心于2014年也出版了《集邮菌物学之真菌家族》，书中收录了1 000枚菌菇邮票，未按照发行国或地区的外文名称首字母顺序和发行时间排序，而是按照菌物分类地位顺序进行编排。德国天鹅堡出版社2018年也专门按照国别的德文字母顺序出版了《蘑菇邮票米歇尔目录》，以每套邮票出一枚图案的形式记载了3 000枚邮票，由于夹杂着同批发行的其他专题邮票，使得菌菇邮票如沧海一粟，不便于查找。

　　当然本书邮票中所指的菌菇，远不止我们日常生活中可以食用的蘑菇，而是涵盖了广义的菌菇，包含食用菌、药用菌、毒蕈、霉菌、地衣型真菌等，还包括黏菌和卵菌等，又因为传统集邮中将此类邮票称之为蘑菇邮票或菌类邮票，故此书简称为菌菇邮票。本书是在2012年出版的《世界蘑菇地衣邮票集锦（1956—2010）》的基础上修订而成，不仅增补2010年以后发行和过往错漏的近3 000枚菌菇邮票，还增加了一些学术考究的内容，使得整本书不仅仅是图鉴或目录，而是集邮真菌学的新起点，为广大集邮爱好者和菌物研究者提供更为翔实的内容、更加宽广的视野，也为青少年对集邮和菌物研究开启一扇趣味之门。我国食药用菌的研究、生产、加工已经突飞猛进，然而在菇类文化、菌类文化建设上相差甚远，希望本书的出版能够为我国菌菇文化建设添砖加瓦，丰富国民的精神食粮。

编　者

2020年1月

Introduction

Till December 2019, more than 6,800 mushroom stamps have been issued from 242 countries and regions in the world. Great efforts have been made to issue mushroom theme stamps all over the world, especially Africa and the Caribbean that publicize their wild fungus resources and the status quo of edible mushroom cultivation. And in this way, stamp collectors can appreciate the colorful mushroom and acquire vivid and unforgettable popular scientific knowledge. Many countries issued a lot of local mushroom stamps, using a knife & fork or a skeleton to mark edible/poisonous mushrooms. Russia, which has a tradition of foraging wild mushroom, even put edible and poisonous mushrooms which have a similar appearance on one stamp so that people can identify them.

Hunting and cultivating mushrooms, as well as mushroom culture have a long history in China. Ancient writers or poets left many immortal poems for us, such as "Old broussonetia suddenly grow yellow wood fungus, old friend come with tender ginger happened" by Su Shi in Song Dynasty, and " Mulberry wood fungus and papyrifera fungus are both inferior to it, this mushroom is a gift given by God as flowers" by Shi Qian in Ming Dynasty, etc. Although modern production of edible mushroom is advanced by leaps and bounds, however, culture construction of edible mushroom did not keep up congruously.

More than 50 years after the world's first stamp came out in 1840, the first mushroom stamps appeared, *Ganoderma* designed indistinctly on a Chinese stamp of Qing Dynasty in 1894, but the real mushroom thematic stamps were issued later in Romania in 1958. Therefore, the stamps of mushroom theme was much later than that of insect theme (New South Wales,1850), flower theme (St. John's Newfoundland,1857), fish theme (Newfoundland,1865) and other creature themes. The history of mushroom philately is also relatively shorter, and the research on it is also comparatively less. But since the mid 1980s, mushroom or fungi thematic stamps have become a very trendy topic to be issued by more and more countries and reached a peak in 2001, up to 409 pieces throughout the year. 2,370 sets with more than 6,800 pieces of mushroom thematic stamps or mushrooms pattern stamps including the fungus from 1,405 species, 376 genera were issued globally. There are more stamps which indicate neither Latin nor the common name so that people are still unable to identify them. Quantity species from mushroom stamps almost exceed that of the most mushroom handbooks. And according to NCBI Taxonomy Nodes in January 2019, Fungi just were documented 42,253 species and 6,234 genera.

Today, we could find a few number of mushroom stamp books in the world. The first one was published in English by Stanley Gibson Press (Ringwood, Great Britain) in 1991, containing only 650 pieces of stamps from 106 countries, covering 350 species of mushroom, but only one piece of each set was shown, and they are all black-and-white photographed with some omissions. In 1999, Domfil Press (Barcelona, Spain) published *Mushroom. Thematic stamp catalogue* in English & Spanish, 2,424 stamps from 170 countries were documented, but a small number of stamps missed in record and some stamps missed images. In 2007, Petit Grand Publishing Inc (Tokyo, Japan), also published a book named *Round the world with a mushroom stamp* in Japanese, which collected more than 1,100 mushroom stamps and arranged them in the order of continents. However, the book listed many flowers and fabricated stamps, which reduced the academic and referable value. In 2014, CBS-KNAW Fungal Biodiversity Centre (Utrecht, Netherlands) published *Philatelic mycology: Families of Fungi* in English, 1,000 stamps of mushroom were included by fungi classification instead of country and time. In 2018, Schwaneberger Verlag Gmbh (Munich,Germany) published *Michel catalog of mushroom stamps* in German, 3,000 mushroom stamps were documented, and arranged by one pattern for each set in national order. Due to other topic stamps mixed, it was difficult to find mushroom stamps from this book.

In our book, the meaning of mushrooms is far more than edible mushroom; it includes medicinal mushroom, toadstool, mould and lichenized fungi, and also includes slime molds and oomycetes which are called fungus. Because the traditional philately calls it mushroom stamp or fungus stamp, so we called it fungus-mushroom stamp in our book. We revised this new edlition based on *Stamps collection on mushroom & lichen worldwide*(1956–2010) published in 2012, not only added nearly 3,000 pieces newly issued since 2010 and stamps omit before, but also provided academic content which made the book more than an illustrated handbook or a catalogue. It could be a new departure of mycological philately for both philatelic lovers and fungus researchers, providing a more detailed content, a broader view, unlock the doors to philately and fungal science for young children. As we know, the researching, production and processing of edible and medicinal mushroom in our country have made significant progress. However, we are far apart in mushroom culture. We hope the publication of this book can contribute to the development of edible mushroom culture in China and enrich the spiritual food of our people.

Compilers

Jan, 2020

凡 例

本书按照编年体形式，兼顾国家或地区英文名称首字母进行排序。考虑到检索方便，物种索引仅以属种的拉丁文学名首字母为序，而不以分类学的门、纲、目和科为序，也不予以标出。在小全张里，邮票首先按面值从低到高顺序排列，再按从左至右从上到下的顺序与文字对应。由于篇幅的限制，不是所有邮票尺寸都采用原图大小，而是根据版式设计的需要有所变化。下图是范例。

Guide to use

The sorting in this book is based on the annalistic style and alphabetical order by the name of country or region. Considering the reader's convenience, the alphabetical order of Latin name in genus-species is used for searching instead of taxonomic phylum, class, order and family. In the souvenir sheet, the stamps are first arranged in the order of face value from low to high, and then are mirrored with the words from left to right, from top to bottom. Due to space constraints, not all stamp sizes are the original size, changes in sizes are made according to the format design needs. Below are examples.

英文国（或地区）名
English name of
issued country or region

中文国（或地区）名
Chinese name of
issued country or region

发行日期
Issued date

ANDORRA（安道尔）**1991.9.20**
Macrolepiota procera (Scop.) Singer 高大环柄菇 **45p**

面值
Face value

属的拉丁文学名
Scientific name
of genus

命名者
Nomenclator

中文学名
Chinese name

种的拉丁文学名
Scientific name
of species

邮票
Stamp

注：菌菇拉丁文学名与原票不一致处为作者鉴考结果。

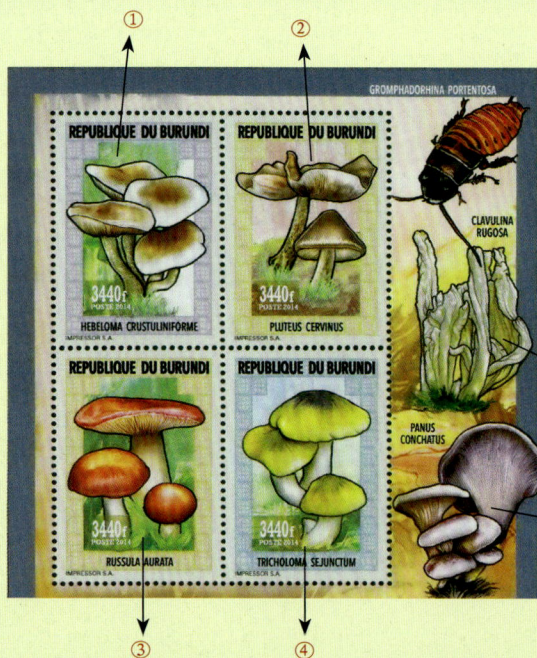

① *Hebeloma crustuliniforme* (Bull.) Quél. 大毒黏滑菇 3440 f
② *Pluteus cervinus* (Schaeff.) P. Kumm. 灰光柄菇 3440 f
③ *Russula aurea* Pers. 橙黄红菇 3440 f
④ *Tricholoma sejunctum* (Sowerby) Quél. 黄绿口蘑 3440 f
⑤ *Clavulina rugosa* (Bull.) J. Schröt. 皱锁瑚菌
⑥ *Panus conchatus* (Bull.) Fr. 贝壳革耳

附录2　菌菇学名索引
（Index of Genera and Species）

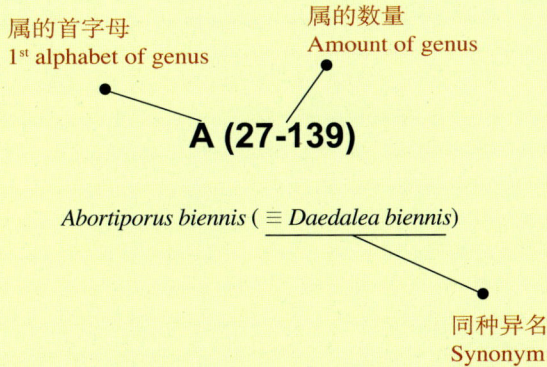

属的首字母
1st alphabet of genus

属的数量
Amount of genus

A (27-139)

Abortiporus biennis（≡ *Daedalea biennis*）

同种异名
Synonym

附录3　邮票发行国家或地区索引及集邮票目录编号

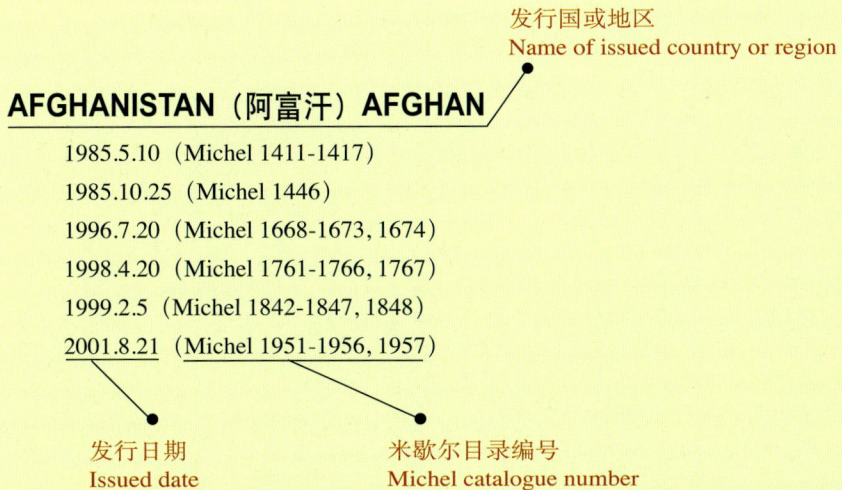

发行国或地区
Name of issued country or region

AFGHANISTAN（阿富汗）AFGHAN

1985.5.10（Michel 1411-1417）

1985.10.25（Michel 1446）

1996.7.20（Michel 1668-1673, 1674）

1998.4.20（Michel 1761-1766, 1767）

1999.2.5（Michel 1842-1847, 1848）

2001.8.21（Michel 1951-1956, 1957）

发行日期
Issued date

米歇尔目录编号
Michel catalogue number

Michel 为德国米歇尔邮票目录编号，No 为 www.stampworld.com 的邮票目录编号。2019年出版的部分邮票暂未找到目录编号。

Some stamps issued in 2019 have not got catalogue number.

目录

(Catalogue)

1 **CHINA**（中国）1894.11.19
Ganoderma sp. 未定名灵芝 5 c

2 **CHINA**（中国）1897.1.2
Ganoderma sp. 未定名灵芝 5 c on 5 c

3 **FRENCH SOUTHERN TERRITORIES (THE)**（法属南部领地）1956.4.18
Lichen 地衣 50 c
Lichen 地衣 1 f

4 **CZECHOSLOVAKIA（捷克斯洛伐克）1958.10.6**
Macrolepiota procera (Scop.) Singer 高大环柄菇 30 h
Boletus edulis Bull. 美味牛肝菌 40 h
Leccinum versipelle (Fr. & Hök) Snell 异色疣柄牛肝菌 60 h

Amanita muscaria (L.) Lam. 鹅膏 1.4 k
Armillaria mellea (Vahl) P. Kumm. 蜜环菌 1.6 k

5 **ROMANIA**（罗马尼亚）1958.7.12
Macrolepiota procera (Scop.) Singer 高大环柄菇 5 b
Ramaria aurea (Schaeff.) Quél. 金黄枝瑚菌 10 b
Amanita caesarea (Scop.) Pers. 橙盖鹅膏 20 b
Lactarius deliciosus (L.) Gray 松乳菇 30 b
Armillaria mellea (Vahl) P. Kumm. 蜜环菌 35 b
Coprinus comatus (O. F. Müll.) Pers. 毛头鬼伞 55 b
Morchella esculenta (L.) Pers. 羊肚菌 1 l
Agaricus campestris L. 蘑菇 1.55 l
Boletus edulis Bull. 美味牛肝菌 1.75 l
Cantharellus cibarius Fr. 鸡油菌 2 l

1

1 HUNGARY (匈牙利) 1959.12.15
Mushroom 蘑菇 60 f

2 POLAND (波兰) 1959.5.8
Amanita phalloides (Vaill. ex Fr.) Link. 鬼笔鹅膏 20 g
Suillus luteus (L.) Roussel 褐环乳牛肝菌 30 g
Boletus edulis Bull. 美味牛肝菌 40 g
Lactarius deliciosus (L.) Gray 松乳菇 60 g
Cantharellus cibarius Fr. 鸡油菌 1 z
Agaricus campestris L. 蘑菇 2.5 z
Amanita muscaria (L.) Lam. 鹅膏 3.4 z
Leccinum scabrum (Bull.) Gray 褐疣柄牛肚菌 5.6 z

3 HUNGARY (匈牙利) 1960.12.1
Mushroom 蘑菇 80 f

4 BULGARIA (保加利亚) 1961.12.20
Amanita caesarea (Scop.) Pers. 橙盖鹅膏 2 St
Agaricus sylvaticus Schaeff. 林地蘑菇 4 St
Suillus grevillei (Klotzsch) Singer 厚环乳牛肝菌 12 St
Boletus edulis Bull. 美味牛肝菌 16 St
Lactarius deliciosus (L.) Gray 松乳菇 45 St
Macrolepiota procera (Scop.) Singer 高大环柄菇 80 St
Pleurotus ostreatus (Jacq.) P. Kumm. 糙皮侧耳 1.25 l
Armillaria mellea (Vahl) P. Kumm. 蜜环菌 2 l

5 SURINAM (苏里南) 1961.8.19
Amanita muscaria (L.) Lam. 鹅膏 15 c+4 c

6 POLAND (波兰) 1962.12.31
Mushroom 蘑菇 1.5 z

7 MONGOLIA (蒙古国) 1964.1.1
Coprinus comatus (O. F. Müll.) Pers. 毛头鬼伞 5 m
Lactarius torminosus (Schaeff.) Gray 毛头乳菇 10 m
Agaricus campestris L. 蘑菇 15 m
Russula delica Fr. 美味红菇 20 m
Suillus granulatus (L.) Roussel 点柄乳牛肝菌 30 m
Lactarius scrobiculatus (Scop.) Fr. 黄乳菇 50 m
Lactarius deliciosus (L.) Gray 松乳菇 70 m
Suillus variegatus (Sw.) Richon & Roze 斑乳牛肝菌 1 t

8 USSR (苏联) 1964.11.25
Suillus luteus (L.) Roussel 褐环乳牛肝菌 2 k
Cantharellus cibarius Fr. 鸡油菌 4 k
Boletus edulis Bull. 美味牛肝菌 6 k
Leccinum aurantiacum (Bull.) Gray 橙黄疣柄牛肝菌 10 k
Lactarius deliciosus (L.) Gray 松乳菇 12 k

9 LUXEMBOURG (卢森堡) 1965.12.6
Mushroom 蘑菇 1 f+25 c

10 CENTRAL AFRICA (中非) 1967.10.3
Macrolepiota africana (R. Heim) Heinem. 非洲大环柄菇 5 f
Marasmius arborescens (Henn.) Beeli 树下小皮伞 10 f
Phlebopus sudanicus (Har. & Pat.) Heinem. 苏丹网斑牛肝菌 15 f
Termitomyces schimperi (Pat.) R. Heim 鳞盖白蚁伞 30 f
Agaricus bitorquis (Quél.) Sacc. 大肥蘑菇 50 f

11 GREAT BRITAIN (英国) 1967.9.19
Penicillium notatum Westling 点青霉 1 s

12 SAN MARINO (圣马力诺) 1967.6.15
Amanita caesarea (Scop.) Pers. 橙盖鹅膏 5 l
Clitopilus prunulus (Scop.) P. Kumm. 斜盖伞 15 l
Macrolepiota procera (Scop.) Singer 高大环柄菇 20 l
Boletus edulis Bull. 美味牛肝菌 40 l
Russula paludosa Britzelm. 沼泽红菇 50 l
Calocybe gambosa (Fr.) Donk 香杏丽蘑 170 l

1

3

2

5

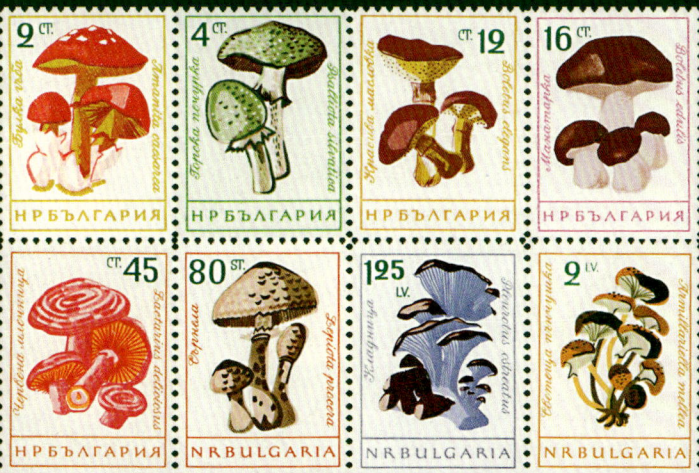

4

6

11

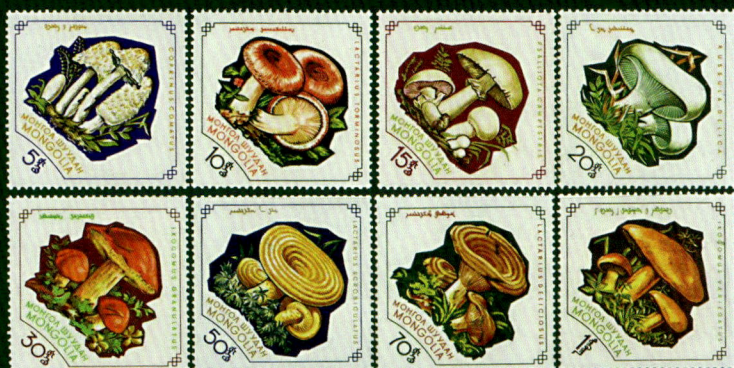

7

9

10

8

12

1 KOREA D P R (朝鲜) 1968.8.10
Tricholoma matsutake (S. Ito & S. Imai) Singer 松口蘑 5 c
Agaricus campestris L. 蘑菇 10 c
Lentinula edodes (Berk.) Pegler 香菇 10 c

2 THE RYU KYU ISLANDS (琉球群岛) 1968.4.18
Mushroom 蘑菇 3 c

3 JAPAN (日本) 1969.10.7
Mushroom 蘑菇 50 y

4 KOREA (韩国) 1969.5.12
Mushroom 蘑菇 7 w

5 NIUE (纽埃)1969.11.27
Stenellopsis fagraeae B. Huguenin 灰莉斯坦尼

罗菌 0.5 c

6 CONGO [刚果 (布)] 1970.3.31
Volvariella esculenta (Massee) Singer 美味草菇 5 f
Termitomyces entolomoides R. Heim 粉褶蕈状白蚁伞 10 f
Termitomyces microcarpus (Berk. & Broome) R. Heim 小白蚁伞 15 f
Termitomyces aurantiacus (R. Heim) R. Heim 黄白蚁伞 25 f
Termitomyces mammiformis R. Heim 乳头盖白蚁伞 30 f
Tremella fuciformis Berk. 银耳 50 f

7 USSR (苏联) 1970.12.31
Mushroom 蘑菇 12 k

8 ALBANIA (阿尔巴尼亚) 1971.5.15
Mushroom 蘑菇 15 q

9 GERMAN D R (民主德国) 1971.5.18
Mushroom 蘑菇 40 pf

10 GERMAN D R (民主德国) 1972.11.28
Amanita muscaria (L.) Lam. 鹅膏 15 pf

1

8

4

2

3

7

5

6

9

10

1　BHUTAN (不丹) 1973.9.25
Amanita caesarea (Scop.) Pers. 橙盖鹅膏 15 ch
Boletus edulis Bull. 美味牛肝菌 25 ch
Amanita muscaria (L.) Lam. 鹅膏 30 ch
Infundibulicybe geotropa (Bull.) Harmaja 肉色漏斗伞 3 Nu
Suillus grevillei (Klotzsch) Singer 厚环乳牛肝菌 6 Nu
Craterellus lutescens (Fr.) Fr. 变黄喇叭菌 7 Nu

2　JAPAN (日本) 1973.9.18
Polyporus sp. 未定名多孔菌 20 y

3　NICARAGUA (尼加拉瓜) 1973.09.25
Penicilliun sp. 未定名毒霉 50 c+10 c

4　FINLAND (芬兰) 1974.9.24
Gyromitra esculenta (Pers.) Fr. 鹿花菌 35 p+5 p
Cantharellus cibarius Fr. 鸡油菌 50 p+10 p
Boletus edulis Bull. 美味牛肝菌 60 p+15 p

5　GERMAN D R (民主德国) 1974.3.19
Entoloma sinuatum (Bull.) P. Kumm. 毒粉褶蕈 5 pf
Rubroboletus satanas (Lenz) Kuan Zhao & Zhu L. Yang 细网红牛肝菌 10 pf
Amanita pantherina (DC.) Krombh. 豹斑鹅膏 15 pf
Amanita muscaria (L.) Lam. 鹅膏 20 pf
Gyromitra esculenta (Pers.) Fr. 鹿花菌 25 pf
Inocybe erubescens A. Blytt 变红丝盖伞 30 pf
Amanita phalloides (Vaill. ex Fr.) Link. 鬼笔鹅膏 35 pf
Clitocybe dealbata (Sowerby) P. Kumm. 毒杯伞 40 pf

6　JAPAN (日本) 1974.11.2
Lentinula edodes (Berk.) Pegler 香菇 20 y

7　KOREA D P R (朝鲜) 1974.7.10
Mushroom 蘑菇 40 c

8　MONACO (摩纳哥) 1974.5.8
Penicillium glaucum Link 灰绿青霉 0.45 f

1

2

3

4

5

6

7

8

1 TAIWAN (中国台湾) 1974.11.15
Agaricus bisporus (J. E. Lange) Imbach 双孢蘑菇 1 y
Pleurotus ostreatus (Jacq.) P. Kumm. 糙皮侧耳 2.5 y
Phallus indusiatus Vent. 长裙竹荪 5 y
Flammulina filiformis (Z. W. Ge, X. B. Liu & Zhu L. Yang) P. M. Wang, Y. C. Dai, E. Horak & Zhu L. Yang 丝盖冬菇 8 y

2 YUGOSLAVIA (南斯拉夫) 1974.10.7
Mushroom 蘑菇 3.2 d

3 CAMEROON (喀麦隆) 1975.4.14
Trametes versicolor (L.) Lloyd 云芝栓孔菌 15 f

4 CONGO [刚果 (布)] 1975.11.15
Penicillium notatum Westling 点青霉 60 f

5 FRANCE (法国) 1975.11.29
Mushroom 蘑菇 0.8 f+0.2 f

6 MALI (马里) 1975.7.21
Penicillium notatum Westling 点青霉 150 f

7 MEXICO (墨西哥) 1975.4.18
Mushroom 蘑菇 80 c

8 USSR (苏联) 1975.6.20
Cordyceps militaris (L.) Fr. 蛹虫草 6 k

9 COMORO (科摩罗) 1976.6.28
Mushroom 蘑菇 30 f

10 TAIWAN (中国台湾) 1976.7.14
Ganoderma sp. 未定名灵芝 8 y

11 EQUATORIAL GUINEA (赤道几内亚) 1977.5.17
Amanita muscaria (L.) Lam. 鹅膏 1 ek
Amanita muscaria (L.) Lam. 鹅膏 5 ek

12 GREAT BRITAIN (英国) 1977.10.5
Clitocybe nebularis (Batsch) P. Kumm. 水粉杯伞 9 p
Evernia prunastri (L.) Ach. 橡苔 9 p

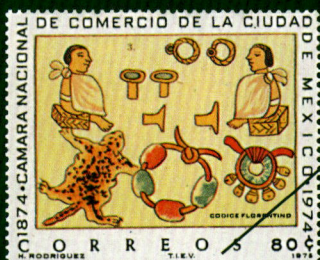

1 GUINEA (几内亚) 1977.2.6

Gymnopus fusipes (Bull.) Gray 梭柄裸脚伞 5 s
Lycoperdon perlatum Pers. 网纹马勃 7 s
Boletus edulis Bull. 美味牛肝菌 9 s
Lactarius deliciosus (L.) Gray 松乳菇 9.5 s
Morchella esculenta (L.) Pers. 羊肚菌 10 s
Agaricus campestris L. 蘑菇 11.5 s
Macrolepiota procera (Scop.) Singer 高大环柄菇 12 s
Cantharellus cibarius Fr. 鸡油菌 15 s

2 *Gymnopus fusipes* (Bull.) Gray 梭柄裸脚伞 5 s
Boletus edulis Bull. 美味牛肝菌 9 s

3 GUINEA-BISSAU (几内亚比绍) 1977.7.27

Penicillium notatum Westling 点青霉 30 p

4 ITALY (意大利) 1977.9.5

Mushroom 蘑菇 170 l

5 NEW ZEALAND (新西兰) 1977.8.3

Amanita muscaria (L.) Lam. 鹅膏 7 c + 2 c

Amanita muscaria (L.) Lam. 鹅膏 8 c + 2 c
Amanita muscaria (L.) Lam. 鹅膏 10 c + 2 c

6 *Amanita muscaria* (L.) Lam. 鹅膏 7 c + 2 c
Amanita muscaria (L.) Lam. 鹅膏 8 c + 2 c
Amanita muscaria (L.) Lam. 鹅膏 10 c + 2 c

7 CONGO [刚果(布)] 1978.4.29

Penicillium notatum Westling 点青霉 200 f

8 DENMARK (丹麦) 1978.11.16

Morchella esculenta (L.) Pers. 羊肚菌 1 k
Rubroboletus satanas (Lenz) Kuan Zhao & Zhu
L. Yang 细网红牛肝菌 1.2 k

9 FINLAND (芬兰) 1978.9.13

Lactarius deterrimus Gröger 劣味乳菇 50 p+10 p
Macrolepiota procera (Scop.) Singer 高大环柄
菇 80 p+15 p
Cortinarius caperatus (Pers.) Fr. 皱盖丝膜菌 1
m+20 p

1 **MAURITIUS（毛里求斯）1978.8.3**
Penicillium notatum Westling 点青霉 R 1
Penicillium notatum Westling 点青霉 R 1.5
Penicillium notatum Westling 点青霉 R 5

2 **MONGOLIA（蒙古国）1978.2.28**
Suillus variegatus (Sw.) Richon & Roze 斑乳牛肝菌 20 m
Russula cyanoxantha (Schaeff.) Fr. 蓝黄红菇 30 m
Leccinum aurantiacum (Bull.) Gray 橙黄疣柄牛肝菌 40 m
Leccinum scabrum (Bull.) Gray 褐疣柄牛肝菌 50 m
Russula claroflava Grove 灰黄红菇 60 m
Lactarius resimus (Fr.) Fr. 卷边乳菇 80 m
Pholiota spumosa (Fr.) Singer 泡状鳞伞 1.2 t

3 **SWEDEN（瑞典）1978.10.7**
Russula decolorans (Fr.) Fr. 褪色红菇 1.15 k
Lycoperdon perlatum Pers. 网纹马勃 1.15k
Macrolepiota procera (Scop.) Singer 高大环柄菇 1.15k
Cantharellus cibarius Fr. 鸡油菌 1.15 k
Boletus edulis Bull. 美味牛肝菌 1.15 k
Ramaria botrytis (Pers.) Bourdot 葡萄状枝瑚菌 1.15 k

4 **BULGARIA（保加利亚）1979.12.20**
Mushroom 蘑菇 23 St

5 **EQUATORIAL GUINEA（赤道几内亚）1979**
Amanita muscaria (L.) Lam. 鹅膏 2 e
Amanita muscaria (L.) Lam. 鹅膏 3 e
Amanita muscaria (L.) Lam. 鹅膏 5 e
Amanita muscaria (L.) Lam. 鹅膏 10 e
Amanita muscaria (L.) Lam. 鹅膏 15 e
Amanita muscaria (L.) Lam. 鹅膏 18 e
Amanita muscaria (L.) Lam. 鹅膏 24 e
Amanita muscaria (L.) Lam. 鹅膏 35 e

6 **FRANCE（法国）1979.1.13**
Amanita caesarea (Scop.) Pers. 橙盖鹅膏 0.64 f
Craterellus cornucopioides (L.) Pers. 灰黑喇叭菌 0.83 f
Omphalotus olearius (DC.) Singer 奥尔类脐菇 1.3 f

Ramaria botrytis (Pers.) Bourdot 葡萄状枝瑚菌 2.25 f

7 **MAURITANIA（毛里塔尼亚）1979.5.3**
Mushroom 蘑菇 12 um

8 **PARAGUAY（巴拉圭）1979.12.4**
Mushroom 蘑菇 4 g

9 **ZAIRE（扎伊尔）1979.1.22**
Phylloporus ampliporus Heinem. & Rammeloo 环孢褶孔牛肝菌 30 s
Engleromyces goetzei Henn. 戈茨肉球菌 5 k
Scutellinia virungae Van der Veken 黏盾盘菌 8 k
Pycnoporus sanguineus (L.) Murrill 血红密孔菌 10 k
Cantharellus miniatescens Heinem. 小鸡油菌 30 k
Lactarius phlebonemus (R. Heim & Gooss.-Font.) Verbeken 深褐乳菇 40 k
Phallus indusiatus Vent. 长裙竹荪 48 k
Ramaria moelleriana (Bres. & Roum.) Corner 莫氏枝瑚菌 100 k

10 **BRAZIL（巴西）1980.10.18**
Lichen 地衣 5 cr
Lichen 地衣 28 cr

11 **BULGARIA（保加利亚）1980.9.1**
Mushroom 蘑菇 8 St

12 **CHINA（中国）1980.1.15**
Lentinula edodes (Berk.) Pegler 香菇 60 f

13 **COLOMBIA（哥伦比亚）1980.11.21**
Mushroom 蘑菇 $ 4

14 **CZECHOSLOVAKIA（捷克斯洛伐克）1980.6.3**
Mushroom 蘑菇 8 k

15 **DJIBOUTI（吉布提）1980.9.1**
Penicillium notatum Westling 点青霉 20 f

16 **FINLAND（芬兰）1980.9.19**
Lactarius torminosus (Schaeff.) Gray 毛头乳菇 60 p+10 p
Leccinum versipelle (Fr. & Hök) Snell 异色疣柄牛肝菌 90 p+15 p
Russula paludosa Britzelm. 沼泽红菇 1.1 m+20 p

1

3

4

10

5

7

8

6

11

9

12

14

13

15

16

1 GERMAN D R (民主德国) 1980.10.28

Leccinum scabrum (Bull.) Gray 褐疣柄牛肝菌 5 pf

Neoboletus erythropus (Pers.) C. Hahn 红柄新牛肝菌 10 pf

Agaricus campestris L. 蘑菇 15 pf

Imleria badia (Fr.) Vizzini 黑褐牛肝菌 20 pf

Boletus edulis Bull. 美味牛肝菌 35 pf

Cantharellus cibarius Fr. 鸡油菌 70 pf

2 GERMANY F R (联邦德国) 1980.11.13

Mushroom 蘑菇 40 pf

3 JAMAICA (牙买加) 1980.4.28

Parmelia sp. 未定名梅衣 50 c

4 KOREA (韩国) 1980.11.10

Ganoderma sp. 未定名灵芝 30 w

Ganoderma sp. 未定名灵芝 30 w

Ganoderma sp. 未定名灵芝 30 w

5 MALDIVES (马尔代夫) 1980.12.22

Mushroom 蘑菇 5 l

6 POLAND (波兰) 1980.6.30

Pseudoboletus parasiticus (Bull.) Šutara 寄生假牛肝菌 2 z

Clathrus ruber P. Micheli ex Pers. 红笼头菌 2 z

Phallus hadriani Vent. 粉托鬼笔 2.5 z

Strobilomyces strobilaceus (Scop.) Berk. 松塔牛肝菌 2.5 z

Sparassis crispa (Wulfen) Fr. 绣球菌 8 z

Calvatia gigantea (Batsch) Lloyd 大秃马勃 10.5 z

7 RWANDA (卢旺达) 1980.7.21

Geastrum sp. 未定名地星 20 c

Lentinus atrobrunneus Pegler 黑褐韧伞 30 c

Turbinellus stereoides Corner 坚肉小陀螺菌 50 c

Cantharellus cibarius Fr. 鸡油菌 4 f

Aspergillus dybowskii (Pat.) Samson & Seifert 德氏曲霉 10 f

Xeromphalina tenuipes (Schwein.) A. H. Sm. 细柄干脐菇 15 f

Podoscypha elegans (G. Mey.) Pat. 雅致柄杯菌 70 f

Mycena sp. 未定名小菇 100 f

8 WALLIS AND FUTUNA (瓦利斯群岛和富图纳) 1980.10.20

Penicillium notatum Westling 点青霉 101 f

9 AUSTRALIA (澳大利亚) 1981.8.19

Cortinarius cinnabarinus Fr. 血红丝膜菌 24 c

Coprinus comatus (O. F. Müll.) Pers. 毛头鬼伞 35 c

Armillaria luteobubalina Watling & Kile 黄球根状蜜环菌 55 c

Cortinarius austrovenetus Cleland 南风丝膜菌 60 c

10 CAMEROON (喀麦隆) 1981.7.20

Mushroom 蘑菇 50 f

11 CHINA (中国) 1981.8.6

Tremella fuciformis Berk. 银耳 4 f

Phallus indusiatus Vent. 长裙竹荪 8 f

Hericium erinaceus (Bull.) Pers. 猴头菇 8 f

Russula rubra (Fr.) Fr. 大朱红菇 8 f

Lentinula edodes (Berk.) Pegler 香菇 10 f

Agaricus bisporus (J. E. Lange) Imbach 双孢蘑菇 70 f

12 CONGO [刚果(布)] 1981.10.16

Mushroom 蘑菇 150 f

13 LIECHTENSTEIN (列支敦士登) 1981.9.7

Xanthoria parietina (L.) Th. Fr. var. *parietina* 石黄衣原变种 40 rp

Hypogymnia physodes (L.) Nyl. 袋衣 50 rp

14 ZAMBIA (赞比亚) 1981.6.2

Termitomyces sp. 未定名白蚁伞 12 n

15 BOTSWANA (博茨瓦纳) 1982.11.2

Coprinus comatus (O. F. Müll.) Pers. 毛头鬼伞 7 t

Lactarius deliciosus (L.) Gray 松乳菇 15 t

Amanita pantherina (DC.) Krombh. 豹斑鹅膏 35 t

Boletus edulis Bull. 美味牛肝菌 50 t

16 FINLAND (芬兰) 1982.2.8

Mushroom 蘑菇 1.6 m

1

2

4

6

3

7

5

10

8

9

11

15

12

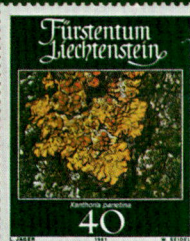

13

14

16

1　GAMBIA (冈比亚) 1982.12.2
Stereum ostrea (Blume & T. Nees) Fr. 扁韧革菌
20 b

2　JAMAICA (牙买加) 1982.10.25
Parmelia sp. 未定名梅衣 $ 1
Parmelia sp. 未定名梅衣 $ 1
Usnea sp. 未定名松萝 $ 1

3　SENEGAL (塞内加尔) 1982.4.7
Moesziomyces bullatus (J. Schröt.) Vánky 泡状
莫氏黑粉菌 80 f
Sclerospora graminicola (Sacc.) J. Schröt. 禾生
指梗霉

4　ALGERIA (阿尔及利亚) 1983.7.21
Amanita muscaria (L.) Lam. 鹅膏 50 c
Amanita phalloides (Vaill. ex Fr.) Link. 鬼笔鹅膏 80 c
Pleurotus eryngii (DC.) Quél. 刺芹侧耳 1.4 d
Terfezia arenaria (Moris) Trappe 瘤孢地菇 2.8 d

5　ANDORRA (安道尔) 1983.7.20
Lactarius sanguifluus (Paulet) Fr. 血红乳菇 16 p

6　ASCENSION ISLAND (阿森松岛) 1983.3.1
Marasmius echinosphaerus Singer 刺囊小皮伞 7 p
Chlorophyllum molybdites (G. Mey.) Massee ex
P. Syd. 大青褶伞 12 p
Leucocoprinus cepistipes (Sowerby) Pat. 肥脚
白鬼伞 15 p
Lycoperdon marginatum Vittad. 棱边马勃 20 p
Marasmiellus distantifolius (Murrill) Singer 离褶
微皮伞 50 p

7　AUSTRIA (奥地利)1983.8.26
Penicillium notatum Westling 点青霉 $ 5

8　BRAZIL (巴西) 1983.5.21
Lichen 地衣 205 cr
Lichen 地衣 215 cr

9　FAROE ISLANDS (法罗群岛) 1983.6.6
Penicillium notatum Westling 点青霉 400 o

10　FIJI (斐济) 1983.2.14
Hypogymnia physodes (L.) Nyl. 袋衣 55 c
Hypogymnia physodes (L.) Nyl. 袋衣 70 c

1 KUWAIT (科威特) 1983.1.25

Cordyceps militaris (L.) Fr. 蛹虫草 15 f
Terfezia arenaria (Moris) Trappe 瘤孢地菇 40 f
Montagnites candollei (Fr.) Fr. 康氏蒙塔假菇 40 f

2 LESOTHO (莱索托) 1983.1.11

Lepista caffrorum (Kalchbr. & MacOwan) Singer
褐盖香蘑 10 s
Broomeia congregata Berk. 丛生灰包 30 s
Afroboletus luteolus (Heinem.) Pegler & T. W.K.
Young 非洲黄牛肝菌 50 s
Lentinus tuber-regium (Fr.) Fr. 菌核韧伞 75 s

3 MONGOLIA (蒙古国) 1983.11.30

Mushroom 蘑菇 70 m

4 NORFOLK ISLAND (诺福克岛) 1983.3.29

Panaeolus papilionaceus (Bull.) Quél. 蝶形斑褶
菇 27 c
Coprinellus domesticus (Bolton) Vilgalys,
Hopple & Jacq. Johnson 家园小鬼伞 40 c
Collybia nivea (Mont.) Dennis 白金钱菌 55 c
Cymatoderma elegans Jungh. 片状波缘伞 65 c

**5 SAINT HELENA ISLAND (圣赫勒拿岛)
1983.6.16**

Trametes versicolor (L.) Lloyd 云芝栓孔菌 11 p

Pluteus brunneisucus Pegler 褐色光柄菇 15 p
Antrodiella induratus (Berk.) Ryvarden 硬壳小
薄孔菌 29 p
Coprinellus angulatus (Peck) Redhead, Vilgalys
& Moncalvo 肉色小鬼伞 59 p

6 VIETNAM (越南) 1983.10.10

Flammulina filiformis (Z. W. Ge, X. B. Liu & Zhu
L. Yang) P. M. Wang, Y. C. Dai, E. Horak & Zhu
L. Yang 丝盖冬菇 50 X
Pleurotus ostreatus (Jacq.) P. Kumm. 糙皮侧耳 50 X
Cantharellus cibarius Fr. 鸡油菌 50 X
Coprinopsis atramentaria (Bull.) Redhead,
Vilgalys & Moncalvo 墨汁拟鬼伞 50 X
Volvariella volvacea (Bull.) Singer 草菇 1 D
Agaricus sylvaticus Schaeff. 林地蘑菇 2 D
Morchella esculenta (L.) Pers. 羊肚菌 5 D
Amanita caesarea (Scop.) Pers. 橙盖鹅膏 10 D

7 YUGOSLAVIA (南斯拉夫) 1983.3.21

Agaricus campestris L. 蘑菇 4 d
Morchella esculenta (L.) Pers. 羊肚菌 6.1 d
Boletus edulis Bull. 美味牛肝菌 8.8 d
Cantharellus cibarius Fr. 鸡油菌 15 d

1 ANDORRA (安道尔) 1984.9.27
Morchella esculenta (L.) Pers. 羊肚菌 11 p

2 BELGIUM (比利时) 1984.10.20
Mushroom 蘑菇 8 f

3 BRAZIL (巴西) 1984.10.22
Pycnoporus sanguineus (L.) Murrill 血红密孔菌 120 cr
Calvatia sp. 未定名秃马勃 1050 cr
Pleurotus sp. 未定名侧耳 1080 cr

4 BRAZIL (巴西) 1984.12.23
Mushroom 蘑菇 120 cr

5 CENTRAL AFRICA (中非) 1984.11.15
Rigidoporus microporus (Sw.) Overeem 小孔硬孔菌 5 f
Phlebopus sudanicus (Har. & Pat.) Heinem. 苏丹网斑牛肝菌 10 f
Termitomyces le-testui (Pat.) R. Heim 粉褐白蚁伞 40 f
Pholiota lenta (Pers.) Singer 黏鳞伞 130 f
Termitomyces aurantiacus (R. Heim) R. Heim 黄白蚁伞 300 f
Termitomyces robustus (Beeli) R. Heim 粗柄白蚁伞 500 f

6 *Macrocybe lobayensis* (R. Heim) Pegler & Lodge 洛巴伊大口蘑 600 f

7 CHRISTMAS ISLAND (圣诞岛) 1984.4.30
Leucocoprinus fragilissimus (Ravenel ex Berk. & M. A. Curtis) Pat. 易碎白鬼伞 30 c
Microporus xanthopus (Fr.) Kuntze 黄柄小孔菌 40 c
Hydropus anthidepas (Berk. & Broome) Singer 花杯湿柄伞 45 c
Haddowia longipes (Lév.) Steyaert 哈氏鸡冠状孢灵芝 55 c
Phillipsia domingensis Berk. 多地歪盘菌 85 c

8 FIJI (斐济) 1984.1.9
Dacryopinax spathularia (Schwein.) G. W.

Martin 匙盖假花耳 8 c
Podoscypha involuta (Klotzsch) Imazeki 卷边柄杯菌 15 c
Lentinus squarrosulus Mont. 翘鳞韧伞 40 c
Scleroderma flavidum Ellis & Everh. 黄硬皮马勃 50 c
Phillipsia domingensis Berk. 多地歪盘菌 $ 1

9 GERMAN D R (民主德国) 1984.11.27
Amanita muscaria (L.) Lam. 鹅膏 10 pf
Amanita muscaria (L.) Lam. 鹅膏 35 pf
Amanita muscaria (L.) Lam. 鹅膏 50 pf

10 HUNGARY (匈牙利) 1984.10.1
Boletus edulis Bull. 美味牛肝菌 1 f
Marasmius oreades (Bolton) Fr. 硬柄小皮伞 1 f
Agaricus campestris L. 蘑菇 2 f
Morchella esculenta (L.) Pers. 羊肚菌 2 f
Cantharellus cibarius Fr. 鸡油菌 3 f
Macrolepiota procera (Scop.) Singer 高大环柄菇 3 f
Armillaria mellea (Vahl) P. Kumm. 蜜环菌 4 f

11 ITALY (意大利) 1984.4.24
Mushroom 蘑菇 450 l

12 KENYA (肯尼亚) 1984.10.1
Agaricus bisporus (J. E. Lange) Imbach 双孢蘑菇 10 s

13 MONGOLIA (蒙古国) 1984.11.4
Mushroom 蘑菇 7 t

14 NORFOLK ISLAND (诺福克岛) 1984.9.18
Mushroom 蘑菇 1.5 d

15 SAO TOME AND PRINCIPE (圣多美和普林西比) 1984.11.5
Coprinellus micaceus (Bull.) Vilgalys, Hopple & Jacq. Johnson 晶粒小鬼伞 Db 10
Amanita rubescens Pers. 赭盖鹅膏 Db 20
Armillaria mellea (Vahl) P. Kumm. 蜜环菌 Db 30

16 *Hygrophorus chrysodon* (Batsch) Fr. 金粒蜡伞 Db 50

1

2

3

4

5

7

6

8

9

10

11

12

13

14

16

15

1 SOLOMON ISLANDS (所罗门群岛) 1984.1.30
Calvatia gardneri (Berk.) Lloyd 葛氏秃马勃 6 c
Marasmiellus inoderma (Berk.) Singer 纤皮微皮伞 18 c
Pycnoporus sanguineus (L.) Murrill 血红密孔菌 35 c
Favolaschia manipularis (Berk.) Teng 簇生胶孔菌 $ 2

2 SWAZILAND (斯威士兰) 1984.9.19
Suillus bovinus (L.) Roussel 乳牛肝菌 10 c
Calvatia gigantea (Batsch) Lloyd 大秃马勃 15 c
Trametes versicolor (L.) Lloyd 云芝栓孔菌 50 c
Boletus edulis Bull. 美味牛肝菌 1 e

3 SWEDEN (瑞典) 1984.11.29
Xanthoria sp. 未定名黄衣 1.6 k
Xanthoria sp. 未定名黄衣 1.6 k
Xanthoria sp. 未定名黄衣 1.6 k

4 TRISTAN DA CUNHA (特里斯坦 - 达库尼亚) 1984.3.26
Agrocybe praecox (Pers.) Fayod 田头菇 10 p
Laccaria tetraspora Singer 四孢蜡蘑 20 p
Cyclocybe cylindracea (DC.) Vizzini & Angelini 柱状圆盖伞 30 p
Sarcoscypha coccinea (Gray) Boud. 绯红肉杯菌 50p

5 UPPER VOLTA (上沃尔特) 1984.6.15
Trametes leonina (Klotzsch) Imazeki 粗长栓孔菌 25 f
Phlebopus sudanicus (Har. & Pat.) Heinem. 苏丹网斑牛肝菌 200 f
Trametes versicolor (L.) Lloyd 云芝栓孔菌 300 f
Ganoderma lucidum (Curtis) P. Karst. 光盖灵芝 400 f

6 *Leucocoprinus cepistipes* (Sowerby) Pat. 肥脚白鬼伞 600 f
Phallus indusiatus Vent. 长裙竹荪
Laetiporus sulphureus (Bull.) Murrill 硫黄菌

7 USSR (苏联) 1984.8.10
Mushroom 蘑菇 5 k
Mushroom 蘑菇 5 k
Mushroom 蘑菇 5 k

8 VANUATU (瓦努阿图) 1984.1.9
Cymatoderma elegans Jungh. 片状波缘伞 15 v
Lignosus rhinocerus (Cooke) Ryvarden 角盖木生菌 25 v
Ganoderma orbiforme Pat. 狭长孢灵芝 45 v
Stereum ostrea (Blume & T. Nees) Fr. 扁韧革菌 35 v

9 ZAMBIA (赞比亚) 1984.12.12
Amanita flammeola Pegler & Piearce 焰色鹅膏 12 n
Amanita zambiana Pegler & Piearce 赞比亚鹅膏 28 n
Termitomyces le-testui (Pat.) R. Heim 粉褐白蚁伞 32 n
Cantharellus miniatescens Heinem. 小鸡油菌 75 n

10 AFGHANISTAN (阿富汗) 1985.5.10
Tricholomopsis rutilans (Schaeff.) Singer 赭红拟口蘑 3 a
Boletus miniatoporus A. H. Sm. & Thiers 菌孔红色牛肝菌 4 a
Amanita rubescens Pers. 赭盖鹅膏 7 a
Leccinum scabrum (Bull.) Gray 褐疣柄牛肝菌 11 a
Coprinopsis atramentaria (Bull.) Redhead, Vilgalys & Moncalvo 墨汁拟鬼伞 12 a
Hypholoma fasciculare (Huds.) P. Kumm. 簇生垂幕菇 18 a
Leccinum aurantiacum (Bull.) Gray 橙黄疣柄牛肝菌 20 a

11 AFGHANISTAN (阿富汗) 1985.10.25
Leccinum aurantiacum (Bull.) Gray 橙黄疣柄牛肝菌 4 a

12 ANDORRA (安道尔) 1985.9.19
Gyromitra esculenta (Pers.) Fr. 鹿花菌 30 p

13 BENIN (贝宁) 1985.10.17
Boletus edulis Bull. 美味牛肝菌 35 f
Amanita phalloides (Vaill. ex Fr.) Link 鬼笔鹅膏 40 f
Paxillus involutus (Batsch) Fr. 卷边网褶菌 100 f

14 BEQUIA (贝基亚) 1985.8.29
Russula sp. 未定名红菇 $ 7
Agaricus sp. 未定名蘑菇
Amanita muscaria (L.) Lam. 鹅膏 $ 12
Boletus edulis Bull. 美味牛肝菌

1

2

3

4

7

6

5

11

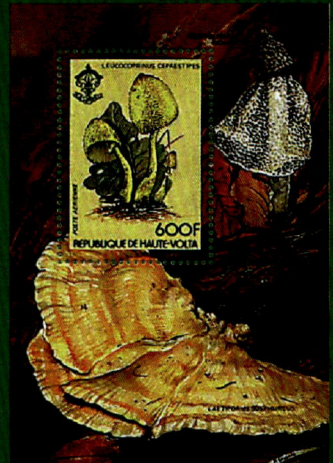

8

9

12

14

10

13

1 BHUTAN（不丹）1985.11.15
Mushroom 蘑菇 10 Nu

2 Mushroom 蘑菇 25 Nu

3 BURKINA FASO（布基纳法索）1985.3.5
Trametes leonina (Klotzsch) Imazeki 粗长栓孔菌 25 f
Phlebopus sudanicus (Har. & Pat.) Heinem. 苏丹网斑牛肝菌 200 f
Trametes versicolor (L.) Lloyd 云芝栓孔菌 300 f
Ganoderma lucidum (Curtis) P. Karst. 光盖灵芝 400 f

4 BURKINA FASO（布基纳法索）1985.8.8
Kuehneromyces mutabilis (Schaeff.) Singer & A. H. Sm. 库恩菇 15 f
Hypholoma fasciculare (Huds.) P. Kumm. 簇生

垂幕菇 20 f
Suillus granulatus (L.) Roussel 点柄乳牛肝菌 30 f
Agaricus campestris L. 蘑菇 60 f
Leccinum scabrum (Bull.) Gray 褐疣柄牛肝菌 80 f
Armillaria mellea (Vahl) P. Kumm. 蜜环菌 150 f
Mycetinis scorodonius (Fr.) A. W. Wilson & Desjardin 蒜头状微菇 250 f

5 CENTRAL AFRICA（中非）1985.11.16
Mushroom 蘑菇 250 f

6 CHAD（乍得）1985.5.15
Chlorophyllum molybdites (G. Mey.) Massee ex P. Syd. 大青褶伞 25 f
Tulostoma volvulatum Kalchbr. 托柄灰包 30 f
Lentinus tuber-regium (Fr.) Fr. 菌核韧伞 50 f
Lentinus tuber-regium (Fr.) Fr. 菌核韧伞 70 f
Podaxis pistillaris (L.) Fr. 轴灰包 80 f
Chlorophyllum molybdites (G. Mey.) Massee ex P. Syd. 大青褶伞 100 f

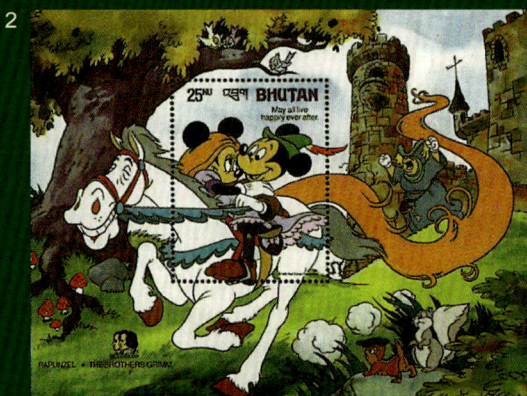

1　COMORO（科摩罗）1985.12.24
Boletus edulis Bull. 美味牛肝菌 75 f
Sarcoscypha coccinea (Gray) Boud. 绯红肉杯菌 125 f
Hypholoma fasciculare (Huds.) P. Kumm. 簇生垂幕菇 200 f
Astraeus hygrometricus (Pers.) Morgan 硬皮地星 350 f
Armillaria mellea (Vahl) P. Kumm. 蜜环菌 500 f

2　CONGO [刚果(布)] 1985.12.14
Coprinus sp. 未定名鬼伞 100 f
Cortinarius sp. 未定名丝膜菌 150 f
Armillaria mellea (Vahl) P. Kumm. 蜜环菌 200 f
Phallus sp. 未定名竹荪 300 f
Crucibulum laeve (Huds.) Kambly 白蛋巢 400 f

3　GRENADINES OF SAINT VINCENT [格林纳丁斯(圣文森特)] 1985.7.31
Russula sp. 未定名红菇 $ 8
Agaricus sp. 未定名蘑菇
Amanita muscaria (L.) Lam. 鹅膏 $ 10
Boletus edulis Bull. 美味牛肝菌

4　GUINEA（几内亚）1985.3.21
Entoloma callidermum (Romagn.) Noordel. &

Co-David 冠皮粉褶蕈 5 s
Agaricus fontanae Fraiture 黑蘑菇 7 s
Termitomyces globulus R. Heim & Gooss.-Font. 球盖白蚁伞 10 s
Amanita robusta Beeli 粗壮鹅膏 15 s
Lepiota subradicans Beeli 亚放射状环柄菇 20 s
Cantharellus rhodophyllus Heinem. 红褶鸡油菌 25 s

5　*Phlebopus silvaticus* Heinem. 林地网斑牛肝菌 30 s
Agaricus heterocystis Heinem. & Gooss.-Font. 异形孢蘑菇

6　GUINEA（几内亚）1985.11.5
Entoloma callidermum (Romagn.) Noordel. & Co-David 冠皮粉褶蕈 1 s on 5 s
Agaricus fontanae Fraiture 黑蘑菇 2 s on 7 s
Termitomyces globulus R. Heim & Gooss.-Font. 球盖白蚁伞 8 s on 10 s
Amanita robusta Beeli 粗壮鹅膏 30 s on 15 s
Lepiota subradicans Beeli 亚放射状环柄菇 35 s on 20 s
Cantharellus rhodophyllus Heinem. 红褶鸡油菌 40 s on 25 s

1 *Phlebopus silvaticus* Heinem. 林地网斑牛肝菌
50 s on 30 s
Agaricus heterocystis Heinem. & Gooss.-Font.
异形孢蘑菇

2 **GUINEA-BISSAU (几内亚比绍) 1985.5.15**
Paralepista flaccida (Sowerby) Vizzini 白黄近香
蘑 7 p
Morchella elata Fr. 高羊肚菌 9 p
Lepista nuda (Bull.) Cooke 紫丁香蘑 12 p
Lactarius deliciosus (L.) Gray 松乳菇 20 p
Russula virescens (Schaeff.) Fr. 变绿红菇 30 p
Chroogomphus rutilus (Schaeff.) O. K. Mill. 色
钉菇 35 p

3 **KAMPUCHEA (CAMBODIA, 柬 埔 寨)
1985.4.4**
Phaeolepiota aurea (Matt.) Maire 金盖暗环柄菇
0.2 r
Coprinellus micaceus (Bull.) Vilgalys, Hopple &
Jacq. Johnson 晶粒小鬼伞 0.5 r
Amanita pantherina (DC.) Krombh. 豹斑鹅膏 0.8 r
Hebeloma crustuliniforme (Bull.) Quél. 大毒黏滑
菇 1 r
Amanita muscaria (L.) Lam. 鹅膏 1.5 r

Coprinus comatus (O. F. Müll.) Pers. 毛头鬼伞 2 r
Amanita caesarea (Scop.) Pers. 橙盖鹅膏 3 r

4 **KOREA D P R (朝鲜) 1985.3.16**
Pleurotus cornucopiae (Paulet) Rolland 白黄侧
耳 10 c
Pleurotus ostreatus (Jacq.) P. Kumm. 糙皮侧耳
20 c
Catathelasma ventricosum (Perk) Singer 棱 柄
环苞菇 30 c

5 **LAOS (老挝) 1985.4.8**
Amanita muscaria (L.) Lam. 鹅膏 0.5 k
Boletus edulis Bull. 美味牛肝菌 1 k
Coprinus comatus (O. F. Müll.) Pers. 毛头鬼伞 2 k
Amanita rubescens Pers. 赭盖鹅膏 2 k
Boletus subtomentosus L. 细绒牛肝菌 3 k
Macrolepiota procera (Scop.) Singer 高大环柄
菇 4 k
Paxillus involutus (Batsch) Fr. 卷边网褶菌 8 k

6 **LIBERIA (利比里亚) 1985.12.12**
Agaricus bisporus (J. E. Lange) Imbach 双孢蘑
菇 25 c
Agaricus bisporus (J. E. Lange) Imbach 双孢蘑
菇 31 c

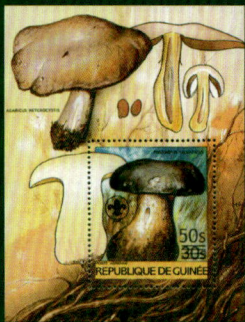

1 LIBYA (利比亚) 1985.7.15

Leucopaxillus lepistoides (Maire) Singer 薄盖白桩菇 50 d

Amanita caesarea (Scop.) Pers. 橙盖鹅膏 50 d

Trametes hirsuta (Wulfen) Lloyd 毛栓孔菌 50 d

Cortinarius subfulgens P. D. Orton 淡褐绒丝膜菌 50 d

Cortinarius pratensis (Bon & Gaugué) Høil. 草地丝膜菌 50 d

Macrolepiota excoriata (Schaeff.) M. M. Wasser 裂皮大环柄菇 50 d

Amanita curtipes E.-J. Gillet 皱柄鹅膏 50 d

Trametes ljubarskyi Pilát 柳氏栓孔菌 50 d

Pholiota aurivella (Batsch) P. Kumm. 金毛鳞伞 50 d

Boletus edulis Bull. 美味牛肝菌 50 d

Geastrum fimbriatum Fr. 毛嘴地星 50 d

Russula sanguinaria (Schumach.) Rauschert 血红菇 50 d

Cortinarius herculeus Malençon 林地丝膜菌 50 d

Pholiota lenta (Pers.) Singer 黏鳞伞 50 d

Amanita rubescens Pers. 赭盖鹅膏 50 d

Scleroderma polyrhizum (J. F. Gmel.) Pers. 多根硬皮马勃 50 d

2 MALAWI (马拉维) 1985.2.2

Leucopaxillus gracillimus Singer & A. H. Sm. 纤细白桩菇 7 t

Limacella guttata (Pers.) Konrad & Maubl. 斑黏伞 20 t

Termitomyces eurrhizus (Berk.) R. Heim 根白蚁伞 30 t

Cyptotrama asprata (Berk.) Redhead & Ginns 橙盖干蘑 1 k

3 MALI (马里) 1985.1.28

Clitocybe nebularis (Batsch) P. Kumm. 水粉杯伞 120 f

Lepiota cortinarius J. E. Lange 丝膜环柄菇 200 f

Agaricus semotus Fr. 小红褐蘑菇 485 f

Macrolepiota procera (Scop.) Singer 高大环柄菇 525 f

4 MONGOLIA (蒙古国) 1985.10.1

Leucocalocybe mongolica (S. Imai) X. D. Yu & Y. J. Yao 蒙古白丽蘑 20 m

Cantharellus cibarius Fr. 鸡油菌 30 m

Armillaria mellea (Vahl) P. Kumm. 蜜环菌 40 m

Amanita caesarea (Scop.) Pers. 橙盖鹅膏 50 m

Imleria badia (Fr.) Vizzini 黑褐牛肝菌 70 m

Agaricus sylvaticus Schaeff. 林地蘑菇 80 m

Boletus edulis Bull. 美味牛肝菌 1.20 t

1 NEVIS（尼维斯岛）1985.7.31

Russula sp. 未定名红菇 $ 7

Agaricus sp. 未定名蘑菇

Amanita muscaria (L.) Lam. 鹅膏 $ 12

Boletus edulis Bull. 美味牛肝菌

2 NEW ZEALAND（新西兰）1986.4.24

Parmelia sp. 未定名梅衣 $ 1

3 NICARAGUA（尼加拉瓜）1985.2.20

Caloboletus calopus (Pers.) Vizzini 美柄牛肝菌 0.5 c

Heimioporus retisporus (Pat. & C. F. Baker) E. Horak 网孢海氏牛肝菌 0.5 c

Xerocomus illudens (Peck) Singer 拟绒盖牛肝菌 1 c

Suillellus luridus (Schaeff.) Murrill 褐黄小乳牛肝菌 1 c

Boletinellus merulioides (Schwein.) Murrill 迷孔牛肝菌 4 c

Tylopilus plumbeoviolaceus (Snell & E. A. Dick) Snell & E. A. Dick 紫褐粉孢牛肝菌 5 c

Gyroporus castaneus (Bull.) Quél. 褐圆孔牛肝菌 8 c

4 NIGER（尼日尔）1985.7.1

Anthracocystis ehrenbergii (J. G. Kühn) McTaggart & R. G. Shivas 高粱褶孢黑粉菌 150 f

Sclerospora graminicola (Sacc.) J. Schröt. 禾生指梗霉

5 NIGER（尼日尔）1985.10.3

Boletus edulis Bull. 美味牛肝菌 85 f

Hypholoma fasciculare (Huds.) P. Kumm. 簇生垂幕菇 110 f

Coprinus comatus (O. F. Müll.) Pers. 毛头鬼伞 200 f

Agaricus arvensis Schaeff. 野蘑菇 300 f

Geastrum fimbriatum Fr. 毛嘴地星 400 f

6 PARAGUAY（巴拉圭）1985.1.19

Suillus luteus (L.) Roussel 褐环乳牛肝菌 25 c

Agaricus campestris L. 蘑菇 50 c

Phaeolepiota aurea (Matt.) Maire 金盖暗环柄菇 1 g

Tricholoma terreum (Schaeff.) P. Kumm. 棕灰口蘑 2 g

Laccaria laccata (Scop.) Cooke 红蜡蘑 3 g

Amanita phalloides (Vaill. ex Fr.) Link 鬼笔鹅膏 4 g

Scleroderma bovista Fr. 灰疣硬皮马勃 5 g

3

2
4

5

6

1

1 **SAINT LUCIA (圣卢西亚) 1985.12.31**
Russula sp. 未定名红菇 $ 6
Agaricus sp. 未定名蘑菇
Amanita muscaria (L.) Lam. 鹅膏 $ 12
Boletus edulis Bull. 美味牛肝菌

2 **SAINT VINCENT (圣文森特) 1985.8.9**
Russula sp. 未定名红菇 $ 7
Agaricus sp. 未定名蘑菇
Amanita muscaria (L.) Lam. 鹅膏 $ 12
Boletus edulis Bull. 美味牛肝菌

3 **SAMOA (萨摩亚) 1985.4.17**
Phallus indusiatus Vent. 长裙竹荪 48 c
Ganoderma australe (Fr.) Pat. 南方灵芝 56 c
Mycena chlorophos (Berk. & M. A. Curtis) Sacc.
荧光小菇 67 c
Polyporus epitheloides Nakasone 黄色多孔菌 $ 1

4 **SEYCHELLES(塞舌尔) 1985.1.31**
Trametes elegans (Spreng.) Fr. 雅致栓孔菌 50 c

Xylaria telfairii (Berk.) Sacc. 黄色炭角菌 2 r
Lentinus sajor-caju (Fr.) Fr. 环柄韧伞 3 r
Hexagonia tenuis (Fr.) Fr. 薄边蜂窝菌 10 r

5 **TURKS AND CALCOS ISLANDS (特克斯和凯科斯群岛) 1985.12.5**
Mushroom 蘑菇 95 c

6 **TUVALU (图瓦卢) 1985.7.4**
Russula sp. 未定名红菇 $ 4
Agaricus sp. 未定名蘑菇
Amanita muscaria (L.) Lam. 鹅膏 $ 6
Boletus edulis Bull. 美味牛肝菌

7 **TUVALU FUNAFUTI [富纳富提环礁(图瓦卢)] 1985.8.26**
Russula sp. 未定名红菇 $ 4
Agaricus sp. 未定名蘑菇
Amanita muscaria (L.) Lam. 鹅膏 $ 6
Boletus edulis Bull. 美味牛肝菌

1 TUVALU NANUMAGA [纳努芒阿岛（图瓦卢）] 1985.7.5
Russula sp. 未定名红菇 $ 4.2
Agaricus sp. 未定名蘑菇
Amanita muscaria (L.) Lam. 鹅膏 $ 5
Boletus edulis Bull. 美味牛肝菌

2 TUVALU NANUMEA [纳诺梅阿环礁（图瓦卢）] 1985.9.5
Russula sp. 未定名红菇 $ 2
Agaricus sp. 未定名蘑菇
Amanita muscaria (L.) Lam. 鹅膏 $ 8
Boletus edulis Bull. 美味牛肝菌

3 TUVALU NIUTAO [纽陶岛（图瓦卢））]1985.9.4
Russula sp. 未定名红菇 $ 3
Agaricus sp. 未定名蘑菇
Amanita muscaria (L.) Lam. 鹅膏 $ 8
Boletus edulis Bull. 美味牛肝菌

4 TUVALU NUI [努伊环礁（图瓦卢）] 1985.9.4
Russula sp. 未定名红菇 $ 3
Agaricus sp. 未定名蘑菇
Amanita muscaria (L.) Lam. 鹅膏 $ 7
Boletus edulis Bull. 美味牛肝菌

5 TUVALU NUKUFETAU [努谷费陶礁（图瓦卢）] 1985.9.5
Russula sp. 未定名红菇 $ 3.5
Agaricus sp. 未定名蘑菇
Amanita muscaria (L.) Lam. 鹅膏 $ 6
Boletus edulis Bull. 美味牛肝菌

6 TUVALU NUKULAELAE [努库莱莱环礁（图瓦卢）] 1985.9.4
Russula sp. 未定名红菇 $ 2.4
Agaricus sp. 未定名蘑菇
Amanita muscaria (L.) Lam. 鹅膏 $ 7
Boletus edulis Bull. 美味牛肝菌

7 TUVALU VAITUPU [斐伊托波礁（图瓦卢）] 1985.8.28
Russula sp. 未定名红菇 $ 4

Agaricus sp. 未定名蘑菇
Amanita muscaria (L.) Lam. 鹅膏 $ 5
Boletus edulis Bull. 美味牛肝菌

8 UNION (GRENADINES)（尤宁岛）1985.8.12
Russula sp. 未定名红菇 $ 4.5
Agaricus sp. 未定名蘑菇
Amanita muscaria (L.) Lam. 鹅膏 $ 14
Boletus edulis Bull. 美味牛肝菌

9 VIRGIN ISLANDS（BRITISH）（英属维尔京群岛）1985.8.26
Amanita muscaria (L.) Lam. 鹅膏 $ 2
Boletus edulis Bull. 美味牛肝菌
Russula sp. 未定名红菇 $ 5
Agaricus sp. 未定名蘑菇

10 ZAMBIA（赞比亚）1985.9.12
Termitomyces sp. 未定名白蚁伞 20 n on 12 n

11 ANDORRA（安道尔）1986.4.10
Marasmius oreades (Bolton) Fr. 硬柄小皮伞 30 p

12 ANTIGUA AND BARBUDA（安提瓜和巴布达）1986.9.12
Hygrocybe occidentalis (Dennis) Pegler 西方湿伞 10 c
Trogia buccinalis (Mont.) Pat. 贝状沟褶菌 50 c
Gymnopus subpruinosus (Murrill) Desjardin, Halling & Hemmes 亚白粉裸脚伞 $ 1
Leucocoprinus brebissonii (Godey) Locq. 柏列氏白鬼伞 $ 4

13 *Pyrrhoglossum pyrrhum* (Berk. & Cur.) Singer 覆瓦生厚舌菌 $ 5

1

2

3

4

5

6

7

8

9

10

11

12

13

1 BARBUDA (巴布达) 1986.11.28

Hygrocybe occidentalis (Dennis) Pegler 西方湿伞 10 c

Trogia buccinalis (Mont.) Pat. 贝状沟褶菌 50 c

Gymnopus subpruinosus (Murrill) Desjardin, Halling & Hemmes 亚白粉裸脚伞 $ 1

Leucocoprinus brebissonii (Godey) Locq. 柏列氏白鬼伞 $ 4

2 *Pyrrhoglossum pyrrhum* (Berk. & Curtis) Singer 覆瓦生厚舌菌 $ 5

3 BELIZE (伯利兹) 1986.10.30

Saproamanita lilloi (Singer) Redhead, Vizzini, Drehmel & Contu 列氏腐鹅膏 5 c

Boletellus cubensis (Berk. & M. A. Curtis) Singer 热带条孢牛肝菌 20 c

Psilocybe caerulescens Murrill 变蓝裸盖菇 75 c

Clitocybe puiggarii Speg. 普氏杯伞 $ 2

4 BHUTAN (不丹) 1986.6.16

Mushroom 蘑菇 25 Nu

5 GRENADA (格林纳达) 1986.8.1

Lepiota roseolamellata Dennis 赤褶环柄菇 10 c

Lentinus berteroi (Fr.) Fr. 贝氏韧伞 60 c

Lentinus retinervis Pegler 网盖韧伞 $ 1

Entoloma cystidiophorum Dennis 囊体粉褶蕈 $ 4

6 *Cystolepiota eriophora* (Peck) Knudsen 纤囊小伞 $ 5

7 GRENADA GRENADINES (格林纳达格林纳丁斯) 1986.7.15

Hygrocybe firma (Berk. & Broome) Singer 硬湿伞 15 c

Xerocomus coccolobae Pegler 红瓣绒盖牛肝菌 50 c

Volvariella cubensis (Murrill) Schaffer 古巴草菇 $ 2

Lactifluus putidus (Pegler) Verbeken 臭味多汁乳菇 $ 3

8 *Entoloma caeruleocapitatum* Dennis 蓝艳粉褶蕈 $ 5

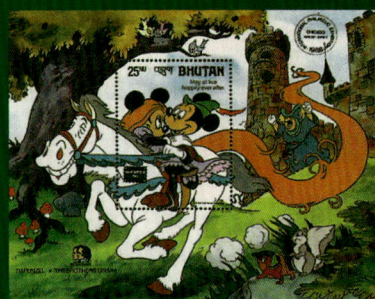

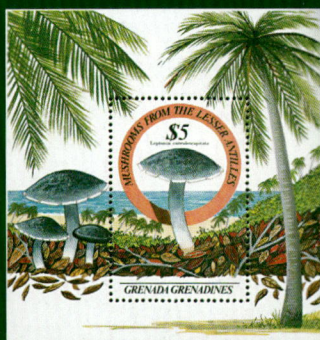

1 SAINT VINCENT OF GRENADINES [格林纳丁斯(圣文森特)] 1986.5.23

Marasmius pallescens Murrill 淡色小皮伞 45 c

Leucocoprinus fragilissimus (Ravenel ex Berk. & M. A. Curtis) Pat. 易碎白鬼伞 60 c

Hygrocybe occidentalis (Dennis) Pegler 西方湿伞 75 c

Xerocomus hypoxanthus Singer 黄肉绒盖牛肝菌 $ 3

2 HUNGARY (匈牙利) 1986.12.30

Amanita muscaria (L.) Lam. 鹅膏 2 f

Amanita phalloides (Vaill. ex Fr.) Link 鬼笔鹅膏 2 f

Inocybe erubescens A. Blytt 变红丝盖伞 2 f

Amanita pantherina (DC.) Krombh. 豹斑鹅膏 4 f

Omphalotus olearius (DC.) Singer 奥尔类脐菇 4 f

Gyromitra esculenta (Pers.) Fr. 鹿花菌 6 f

3 KOREA D P R (朝鲜) 1986.11.23

Clitocybe infundibuliformis Quél. 杯伞 10 c

Morchella esculenta (L.) Pers. 羊肚菌 15 c

Russula cyanoxantha (Schaeff.) Fr. 蓝黄红菇 50 c

4 LIBYA (利比亚) 1986.3.21

Mushroom 蘑菇 50 d

5 MALDIVES (马尔代夫) 1986.12.31

Hypholoma fasciculare (Huds.) P. Kumm. 簇生垂幕菇 15 l

Kuehneromyces mutabilis (Schaeff.) Singer & A. H. Sm. 库恩菇 50 l

Amanita muscaria (L.) Lam. 鹅膏 1 r

Agaricus campestris L. 蘑菇 2 r

Amanita pantherina (DC.) Krombh. 豹斑鹅膏 3 r

Coprinus comatus (O. F. Müll.) Pers. 毛头鬼伞 4 r

Gymnopilus junonius (Fr.) P. D. Orton 橘黄裸伞 5 r

Pluteus cervinus (Schaeff.) P. Kumm. 灰光柄菇 10 r

6 *Armillaria mellea* (Vahl) P. Kumm. 蜜环菌 15 r

Stropharia aeruginosa (Curtis) Quél. 铜绿球盖菇 15 r

1

3

2

4

5

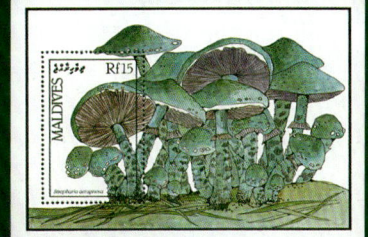
6

1　MAN ISLAND（马恩岛）1986.4.10
Usnea articulata (L.) Hoffm 南方松萝 12 p

2　MONGOLIA（蒙古国）1986.9.20
Mushroom 蘑菇 60 m

3　MONTSERRAT（蒙特塞拉特）1986.1.10
Russula sp. 未定名红菇 $ 7
Agaricus sp. 未定名蘑菇
Amanita muscaria (L.) Lam. 鹅膏 $ 12
Boletus edulis Bull. 美味牛肝菌

4　MOZAMBIQUE（莫桑比克）1986.4.8
Amanita muscaria (L.) Lam. 鹅膏 4 Mt
Lactarius deliciosus (L.) Gray 松乳菇 8 Mt
Amanita phalloides (Vaill. ex Fr.) Link 鬼笔鹅膏 16 Mt
Lepista nuda (Bull.) Cooke 紫丁香蘑 30 Mt

5　NEW ZEALAND（新西兰）1986.5.1
Parmelia sp. 未定名梅衣 45 c

6　PARAGUAY（巴拉圭）1986.3.17
Macrolepiota procera (Scop.) Singer 高大环柄

菇 25 c
Tricholoma albobrunneum (Pers.) P. Kumm. 白棕口蘑 50 c
Clavaria sp. 未定名珊瑚菌 1 g
Volvariella sp. 未定名草菇 2 g
Lycoperdon perlatum Pers. 网纹马勃 3 g
Phallus indusiatus Vent. 长裙竹荪 4 g
Polyporus ruber (Scop.) Pers. 红多孔菌 5 g
Tricholoma sulphureum (Bull.) P. Kumm. 硫黄色口蘑
Pleurotus sp. 未定名侧耳

7　ROMANIA（罗马尼亚）1986.8.15
Amanita rubescens Pers. 赭盖鹅膏 50 b
Suillellus luridus (Schaeff.) Murrill 褐黄小乳牛肝菌 1 l
Lactarius piperatus (L.) Pers. 辣味乳菇 2 l
Lepiota clypeolaria (Bull.) P. Kumm. 细鳞环柄菇 3 l
Russula cyanoxantha (Schaeff.) Fr. 蓝黄红菇 4 l
Guepinia helvelloides (DC.) Fr. 焰耳 5 l

1

2

4

5

3

6

7

1　SAO TOME AND PRINCIPE（圣多美和普林西比）1986.9.18
Fistulina hepatica (Schaeff.) With. 牛排菌 Db 6
Rhodocollybia butyracea (Bull.) Lennox 乳酪粉金钱菌 Db 25
Entoloma clypeatum (L.) P. Kumm. 盾状粉褶蕈 Db 30

2　*Stereum hirsutum* (Willd.) Pers. 毛韧革菌 Db 75

3　SAINT VINCENT（圣文森特）1986.2.25
Mushroom 蘑菇 $ 10

4　TAIWAN（中国台湾）1986.8.12
Mushroom 蘑菇 5 y

5　THAILAND（泰国）1986.11.26
Volvariella volvacea (Bull.) Singer 草菇 2 b
Pleurotus ostreatus (Jacq.) P. Kumm. 糙皮侧耳 2 b
Auricularia nigricans (Sw.) Birkebak, Looney & Sánchez-García 毛木耳 6 b
Pleurotus cystidiosus O. K.Mill. 泡囊侧耳 6 b

6　TOGO（多哥）1986.6.9
Ramaria moelleriana (Bres. & Roum.) Corner 莫氏枝瑚菌 70 f
Hygrocybe firma (Berk. & Broome) Singer 硬湿伞 90 f
Lysurus corallocephalus Welw. & Curr. 冠状散尾鬼笔 150 f
Cookeina tricholoma (Mout.) Kuntze 毛缘毛杯菌 200 f

7　TUVALU（图瓦卢）1986.3.19
Mushroom 蘑菇 $ 6
Mushroom 蘑菇 $ 6

8　USSR（苏联）1986.5.15
Amanita phalloides (Vaill. ex Fr.) Link 鬼笔鹅膏 4 k
Amanita muscaria (L.) Lam. 鹅膏 5 k
Amanita pantherina (DC.) Krombh. 豹斑鹅膏 10 k
Tylopilus felleus (Bull.) P. Karst. 苦粉孢牛肝菌 15 k
Hypholoma fasciculare (Huds.) P. Kumm. 簇生垂幕菇 20 k

9　ANDORRA（安道尔）1987.9.11
Boletus edulis Bull. 美味牛肝菌 100 p

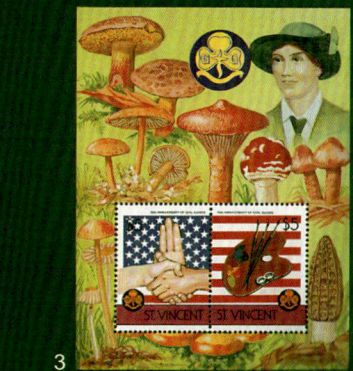

1 BULGARIA (保加利亚) 1987.2.6
Amanita rubescens Pers. 赭盖鹅膏 5 St
Butyriboletus regius (Krombh.) D. Arora & J. L. Frank 桃红黄靛牛肝菌 20 St
Leccinum aurantiacum (Bull.) Gray 橙黄疣柄牛肝菌 30 St
Coprinus comatus (O. F. Müll.) Pers. 毛头鬼伞 32 St
Russula vesca Fr. 菱红菇 40 St
Cantharellus cibarius Fr. 鸡油菌 60 St

2 CISKEI (西斯凯) 1987.3.19
Boletus edulis Bull. 美味牛肝菌 14 c
Macrolepiota zeyheri Heinem. 则氏大环柄菇 20 c
Termitomyces umkowaan (Cooke & Massee) D. A. Reid 非洲白蚁伞 25 c
Russula capensis A. Pearson 大盖红菇 30 c

3 *Macrolepiota zeyheri* Heinem. 则氏大环柄菇 20 c

4 DJIBOUTI (吉布提) 1987.4.16
Macrolepiota imbricata (Henn.) Pegler 覆瓦状大环柄菇 35 f
Lentinus squarrosulus Mont. 翘鳞韧伞 50 f

Terfezia boudieri Chatin 布德地菇 95 f
Lentinus squarrosulus Mont. 翘鳞韧伞
Macrolepiota imbricata (Henn.) Pegler 覆瓦状大环柄菇

5 DOMINICA (多米尼克) 1987.6.15
Cantharellus cinnabarinus (Schwein.) Schwein. 红鸡油菌 45 c
Boletellus cubensis (Berk. & M. A. Curtis) Singer 热带条孢牛肝菌 60 c
Entoloma cystidiophorum Dennis 囊体粉褶蕈 $ 2
Xerocomus guadelupae (Singer & Fiard) Pegler 瓜地绒盖牛肝菌 $ 3

6 *Gymnopilus chrysopellus* (Berk. & M. A. Curtis) Murrill 金色裸伞 $ 5

7 FALKLAND ISLANDS (福克兰群岛) 1987.9.14
Suillus luteus (L.) Roussel 褐环乳牛肝菌 10 p
Mycena sp. 未定名小菇 24 p
Cuphophyllus adonis (Singer) Lodge & M. E. Sm. 密褶拱顶菌 29 p
Gerronema schusteri Singer 席氏老伞 58 p

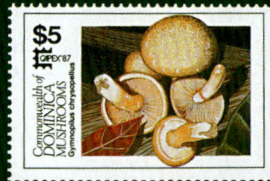

1 FRANCE (法国) 1987.9.5
Gyroporus cyanescens (Bull.) Quél. 蓝圆孔牛肝菌 2 f
Gomphus clavatus (Pers.) Gray 钉菇 3 f
Morchella esculenta (L.) Pers. 羊肚菌 4 f
Russula virescens (Schaeff.) Fr. 变绿红菇 5 f

2 FRENCH SOUTHERN TERRITORIES (THE) (法属南部领地) 1987.1.1
Usnea taylorii Hook. f. & Taylo 泰氏松萝 6.50 f
Lichen 地衣

3 GAMBIA (冈比亚) 1987.12.9
Mushroom 蘑菇 15 d

4 GRENADA (格林纳达) 1987.9.9
Mushroom 蘑菇 30 c

5 KOREA D P R (朝鲜) 1987.1.5
Pholiota adiposa (Batsch) P. Kumm. 多脂鳞伞 10 c

Cantharellus cibarius Fr. 鸡油菌 20 c
Hemileccinum impolitum (Fr.) Šutara 黄褐半疣柄牛肝菌 30 c

6 *Chroogomphus rutilus* (Schaeff.) O. K. Mill. 色钉菇 80 c

7 NEVIS (尼维斯) 1987.10.16
Panaeolus antillarum (Fr.) Dennis 安蒂拉斑褶菇 15 c
Pycnoporus sanguineus (L.) Murrill 血红密孔菌 50 c
Gymnopilus chrysopellus (Berk. & M. A. Curtis) Murrill 金色裸伞 $ 2
Cantharellus cinnabarinus (Schwein.) Schwein. 红鸡油菌 $ 3

8 NORWAY (挪威) 1987.8.5
Cortinarius caperatus (Pers.) Fr. 皱盖丝膜菌 2.7 k
Craterellus tubaeformis (Fr.) Quél. 管形喇叭菌 2.7 k

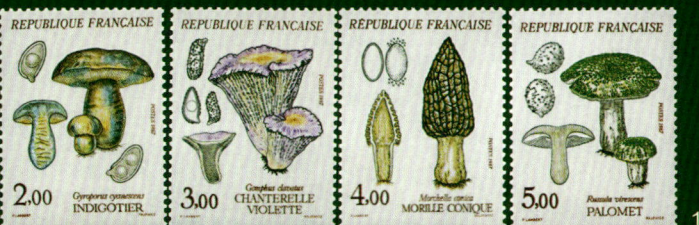

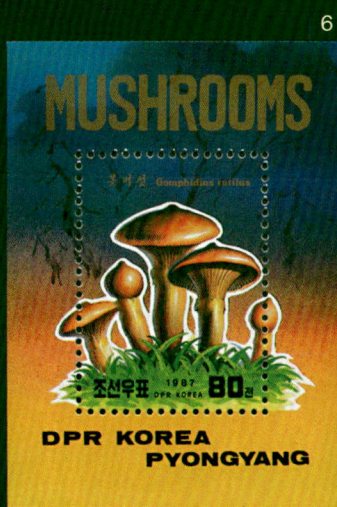

1 SAINT KITTS (圣基茨) 1987.8.26

Hygrocybe occidentalis (Dennis) Pegler 西方湿伞 15 c

Marasmius haematocephalus (Mont.) Fr. 红盖小皮伞 40 c

Psilocybe cubensis (Earle) Singer 古巴裸盖菌 $ 1.2

Hygrocybe acutoconica (Clem.) Singer 锥盖湿伞 $ 2

Boletellus cubensis (Berk. & M. A. Curtis) Singer 热带条孢牛肝菌 $ 3

2 SAINT PIERRE AND MIQUELON (圣皮埃尔和密克隆) 1987.2.14

Hygrocybe pratensis (Fr.) Murrill 草地湿伞 2.5 f

3 SAO TOME AND PRINCIPE (圣多美和普林西比) 1987.11.10

Calocybe ionides (Bull.) Donk 紫皮丽蘑 Db 6

Hygrocybe coccinea (Schaeff.) P. Kumm. 绯红湿伞 Db 25

Leccinum versipelle (Fr. & Hök) Snell 异色疣柄牛肝菌 Db 30

4 *Morchella esculenta* (L.) Pers. 羊肚菌 Db 35

5 SURINAM (苏里南) 1987.5.7

Mushroom 蘑菇 15 c+10 c

6 USA (美国) 1987.6.13

Mushroom 蘑菇 22 c

Mushroom 蘑菇 22 c

Xanthoria sp. 未定名黄衣 22 c

Xanthoria sp. 未定名黄衣 22 c

7 VIETNAM (越南) 1987.12.30

Cerioporus squamosus (Huds.) Quél. 宽鳞角孔菌 5 d

Infundibulicybe geotropa (Bull.) Harmaja 肉色漏斗伞 10 d

Tricholoma terreum (Schaeff.) P. Kumm. 棕灰口蘑 15 d

Russula aurea Pers. 橙黄红菇 20 d

Gymnopus fusipes (Bull.) Gray 梭柄裸脚伞 25 d

Cortinarius violaceus (L.) Gray 堇紫丝膜菌 30 d

Boletus aereus Bull. 铜色牛肝菌 40 d

1 CISKEI (西斯凯) 1988.12.1

Amanita phalloides (Vaill. ex Fr.) Link 鬼笔鹅膏 16 c

Chlorophyllum molybdites (G. Mey.) Massee ex P. Syd. 大青褶伞 30 c

Amanita muscaria (L.) Lam. 鹅膏 40 c

Amanita pantherina (DC.) Krombh. 豹斑鹅膏 50 c

2 CUBA (古巴) 1988.2.15

Rubroboletus satanas (Lenz) Kuan Zhao & Zhu L. Yang 细网红牛肝菌 1 b

Amanita citrina Pers. 橙黄鹅膏 2 b

Tylopilus felleus (Bull.) P. Karst. 苦粉孢牛肝菌 3 b

Paxillus involutus (Batsch) Fr. 卷边网褶菌 5 b

Inocybe erubescens A. Blytt 变红丝盖伞 10 b

Amanita muscaria (L.) Lam. 鹅膏 30 b

Hypholoma fasciculare (Huds.) P. Kumm. 簇生

垂幕菇 50 b

3 GREAT BRITAIN (英国) 1988.1.19

Morchella esculenta (L.) Pers. 羊肚菌 34 p

4 GUINEA-BISSAU (几内亚比绍) 1988

Aleuria aurantia (Pers.) Fuckel 橙黄网孢盘菌 370 p

Morchella sp. 未定名羊肚菌 470 p

Amanita caesarea (Scop.) Pers. 橙盖鹅膏 600 p

Amanita muscaria (L.) Lam. 鹅膏 780 p

Amanita phalloides (Vaill. ex Fr.) Link 鬼笔鹅膏 800 p

Agaricus bisporus (J. E. Lange) Imbach 双孢蘑菇 900 p

Cantharellus cibarius Fr. 鸡油菌 945 p

1　GUYANA（圭亚那）1988.1.28
Coprinus comatus (O. F. Müll.) Pers. 毛头鬼伞 $ 2
Amanita muscaria (L.) Lam. 鹅膏 $ 2
Pholiota aurivella (Batsch) P. Kumm. 金毛鳞伞 $ 2
Laccaria amethystina Cooke 紫蜡蘑 $ 2

2　LIBERIA（利比里亚）1988.4.4
Mushroom 蘑菇 10 c
Mushroom 蘑菇 35 c

3　MEXICO（墨西哥）1988.12.20
Ustilago maydis (DC.) Corda 玉米黑粉菌 300 p

4　MONACO（摩纳哥）1988.5.26
Leccinum scabrum (Bull.) Gray 褐疣柄牛肝菌 2 f
Hygrocybe punicea (Fr.) P. Kumm. 红湿伞 2.2 f
Pholiota flammans (Batsch) P. Kumm. 黄鳞伞 2.5 f
Lactarius lignyotus Fr. 黑褐乳菇 2.7 f
Cortinarius traganus (Fr.) Fr. 烈味丝膜菌 3 f

Russula olivacea (Schaeff.) Fr. 青黄红菇 7 f

5　NEW ZEALAND（新西兰）1988.2.11
Marasmius sp. 未定名小皮伞 40 c

6　NORWAY（挪威）1988.4.26
Lepista nuda (Bull.) Cooke 紫丁香蘑 2.9 k
Lactarius deterrimus Gröger 劣味乳菇 2.9 k

7　PHILIPPINES（菲律宾）1988.9.13
Lentinula edodes (Berk.) Pegler 香菇 60 s
Auricularia nigricans (Sw.) Birkebak, Looney & Sánchez-García 毛木耳 1 p
Lentinus sajor-caju (Fr.) Fr. 环柄韧伞 2 p
Volvariella volvacea (Bull.) Singer 草菇 4 p

8　SAINT PIERRE AND MIQUELON（圣皮埃尔和密克隆）1988.1.29
Russula paludosa Britzelm. 沼泽红菇 2.5 f

1 SAO TOME AND PRINCIPE (圣多美和普林西比) 1988.10.26
Lepista nuda (Bull.) Cooke 紫丁香蘑 Db 10
Volvariella volvacea (Bull.) Singer 草菇 Db 10
Agaricus bisporus (J. E. Lange) Imbach 双孢蘑菇 Db 10
Pleurotus ostreatus (Jacq.) P. Kumm. 糙皮侧耳 Db 10
Infundibulicybe geotropa (Bull.) Harmaja 肉色漏斗伞 Db 20

2 *Cortinarius porphyroideus* Peintner & M. M. Moser 紫色丝膜菌 Db 35

3 SIERRA LEONE (塞拉利昂) 1988.2.29
Russula cyanoxantha (Schaeff.) Fr. 蓝黄红菇 le 3
Lycoperdon perlatum Pers. 网纹马勃 le 10
Lactarius deliciosus (L.) Gray 松乳菇 le 20
Boletus edulis Bull. 美味牛肝菌 le 30

4 *Amanita muscaria* (L.) Lam. 鹅膏 le 65

5 TUVALU (图瓦卢) 1988.7.25
Ganoderma applanatum (Pers.) Pat. 树舌灵芝 40 c
Pseudoepicoccum cocos (F. Stevens) M. B. Ellis 椰生假球盘菌 50 c
Rigidoporus vinctus (Berk.) Ryvarden 坚硬孔菌 60 c
Rigidoporus microporus (Sw.) Overeem 小孔硬孔菌 90 c

6 URUGUAY (乌拉圭) 1988.9.20
Usnea densirostra Taylor 小盘松萝 30 p

7 ALGERIA (阿尔及利亚) 1989.12.14
Rubroboletus satanas (Lenz) Kuan Zhao & Zhu L. Yang 细网红牛肝菌 1 d
Agaricus xanthodermus Genev. 黄斑蘑菇 1.8 d
Macrolepiota procera (Scop.) Singer 高大环柄菇 2.9 d
Lactarius deliciosus (L.) Gray 松乳菇 3.3d

1

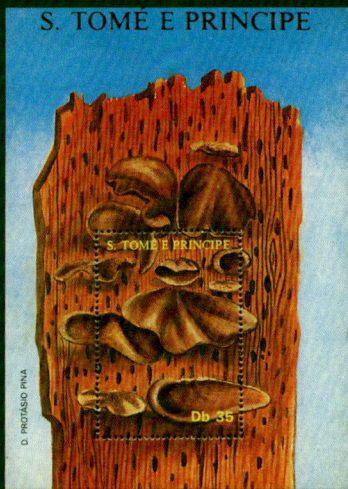
2

3

6

5

4

7

1 ANTIGUA AND BARBUDA (安提瓜和巴布达) 1989.10.12

Mycena pura (Pers.) P. Kumm. 洁小菇 10 c

Psathyrella tuberculata (Pat.) A. H. Sm. 疣瘤小脆柄菇 25 c

Psilocybe cubensis (Earle) Singer 古巴裸盖菇 50 c

Entoloma caeruleocapitatum Dennis 蓝艳粉褶蕈 60 c

Xeromphalina tenuipes (Schwein.) A. H. Sm. 细柄干脐菇 75 c

Chlorophyllum molybdites (G. Mey.) Massee ex P. Syd. 大青褶伞 $ 1

Marasmius haematocephalus (Mont.) Fr. 红盖小皮伞 $ 3

Cantharellus cinnabarinus (Schwein.) Schwein. 红鸡油菌 $ 4

2 *Leucopaxillus gracillimus* Singer & A. H. Sm. 纤细白桩菇 $ 6

Volvariella volvacea (Bull.) Singer 草菇 $ 6

3 BHUTAN (不丹) 1989.8.22

Tricholoma pardalotum Herink & Kotl. 厚肉口蘑 50 ch

Suillus placidus (Bonord.) Singer 琥珀乳牛肝菌 1 Nu

Butyriboletus regius (Krombh.) D. Arora & J. L. Frank 桃红黄靛牛肝菌 2 Nu

Gomphidius glutinosus (Schaeff.) Fr. 黏铆钉菇 3 Nu

Caloboletus calopus (Pers.) Vizzini 美柄牛肝菌 4 Nu

Suillus grevillei (Klotzsch) Singer 厚环乳牛肝菌 5 Nu

Butyriboletus appendiculatus (Schaeff.) D. Arora & J. L. Frank 黄靛牛肝菌 6 Nu

Lactarius torminosus (Schaeff.) Gray 毛头乳菇 7 Nu

Chlorophyllum rhacodes (Vittad.) Vellinga 粗鳞青褶伞 10 Nu

Amanita rubescens Pers. 赭盖鹅膏 15 Nu

Amanita phalloides (Vaill. ex Fr.) Link 鬼笔鹅膏 20 Nu

Amanita citrina Pers. 橙黄鹅膏 25 Nu

1 *Russula aurea* Pers. 橙黄红菇 25 Nu
Gyroporus castaneus (Bull.) Quél. 褐圆孔牛肝菌 25 Nu

2 *Cantharellus cibarius* Fr. 鸡油菌 25 Nu
Phylloporus rhodoxanthus Krombh. 褶孔牛肝菌 25 Nu

3 *Paxillus involutus* (Batsch) Fr. 卷边网褶菌 25 Nu
Gyroporus cyanescens (Bull.) Quél. 蓝圆孔牛肝菌 25 Nu

4 *Lepista personata* (Fr.) Cooke 粉紫香蘑 25 Nu
Hydnum repandum L. 齿菌 25 Nu

5 *Lepista nuda* (Bull.) Cooke 紫丁香蘑 25 Nu
Sarcodon imbricatus (L.) P. Karst. 鳞形肉齿菌 25 Nu

6 *Boletus subtomentosus* L. 细绒牛肝菌 25 Nu
Russula olivacea (Schaeff.) Fr. 青黄红菇 25 Nu

7 **BRITISH ANTARCTIC TERRITORY [英属南极领地(未被正式确认)] 1989.3.25**
Xanthoria elegans (Link) Th. Fr. 丽石黄衣 10 p
Usnea aurantiacoatra (Jacq.) Bory 簇花松萝 24 p
Cladonia chlorophaea (Flörke ex Sommerf.) Spreng 变绿石蕊 29 p
Umbilicaria antarctica Frey & I. M. Lamb 南极兜衣 58 p

8 **CANADA (加拿大) 1989.8.4**
Cantharellus cinnabarinus (Schwein.) Schwein. 红鸡油菌 38 c
Morchella esculenta (L.) Pers. 羊肚菌 38 c
Clavulinopsis fusiformis (Sowerby) Corner 梭形拟锁瑚菌 38 c
Aureoboletus mirabilis (Murrill) Halling 奇异金牛肝菌 38 c

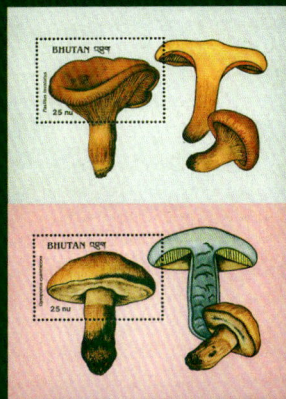

1   2   3   4

5   6   8

7

1 COMORO (科摩罗) 1989.3.15
Mushroom 蘑菇 50 f
Mushroom 蘑菇 75 f
Mushroom 蘑菇 150 f
Mushroom 蘑菇 375 f
Mushroom 蘑菇 450 f
Mushroom 蘑菇 500 f

2 Mushroom 蘑菇 1500 f

3 Mushroom 蘑菇 750 f
Mushroom 蘑菇 1500 f

4 COMORO (科摩罗) 1989.10.25
Boletus edulis Bull. 美味牛肝菌 375 f

5 CUBA (古巴) 1989.1.10
Lentinus levis (Berk. & M. A. Curtis) Murrill 平滑韧伞 2 c
Pleurotus floridanus Singer 佛州侧耳 3 c
Amanita caesarea (Scop.) Pers. 橙盖鹅膏 5 c
Lentinula boryana (Berk. & Mont.) Pegler 博亚娜香菇 10 c
Pleurotus ostreatus (Jacq.) P. Kumm. 糙皮侧耳 40 c
Pleurotus ostreatus (Jacq.) P. Kumm. 糙皮侧耳 50 c

6 CZECHOSLOVAKIA (捷克斯洛伐克) 1989.4.21
Mushroom 蘑菇 20 k

7 CZECHOSLOCAKIA (捷克斯洛伐克) 1989.9.5
Entoloma vernum S. Lundell 维也纳粉褶蕈 50 h
Amanita phalloides (Vaill. ex Fr.) Link 鬼笔鹅膏 1 k

Amanita virosa (Peck) Lloyd 毒鹅膏 2 k
Cortinarius orellanus Fr. 毒丝膜菌 3 k
Galerina marginata (Batsch) Kühner 纹缘盔孢伞 5 k

8 GHANA (加纳) 1989.10.2
Gymnopus fusipes (Bull.) Gray 梭柄裸脚伞 20 c
Coprinus comatus (O. F. Müll.) Pers. 毛头鬼伞 50 c
Boletus subtomentosus L. 细绒牛肝菌 60 c
Lepista nuda (Bull.) Cooke 紫丁香蘑 80 c
Suillus placidus (Bonord.) Singer 琥珀乳牛肝菌 150 c
Lepista nuda (Bull.) Cooke 紫丁香蘑 200 c
Marasmius oreades (Bolton) Fr. 硬柄小皮伞 300 c
Agaricus campestris L. 蘑菇 500 c

9 *Amanita rubescens* Pers. 赭盖鹅膏 600 c
Amanita citrina Pers. 橙黄鹅膏
Amanita phalloides (Vaill. ex Fr.) Link 鬼笔鹅膏
Phylloporus rhodoxanthus (Schwein.) Bres. 褶孔牛肝菌 600 c
Caloboletus calopus (Pers.) Vizzini 美柄牛肝菌
Butyriboletus regius (Krombh.) D. Arora & J. L. Frank 桃红黄靛牛肝菌

10 GRENADA (格林纳达) 1989.8.17
Hygrocybe occidentalis (Dennis) Pegler 西方湿伞 15 c
Marasmius haematocephalus (Mont.) Fr. 红盖小皮伞 40 c
Hygrocybe hypohaemacta (Corner) Pegler 血红湿伞 50 c
Lepiota pseudoignicolor Dennis 近黑环柄菇 70 c
Cookeina tricholoma (Mout.) Kuntze 毛缘毛杯菌 90 c
Leucopaxillus gracillimus Singer & A. H. Sm. 纤细白桩菇 $ 1.1
Hygrocybe nigrescens (Quél.) Kühner 变黑湿伞 $ 2.25
Clathrus crispatus Thwaites ex E. Fisch. 卷头笼头菌 $ 4

11 *Mycena holoporphyra* (Berk. & M. A. Curtis) Singer 紫小菇 $ 6
Cookeina tricholoma (Mout.) Kuntze 毛缘毛杯菌
Xeromphalina tenuipes (Schwein.) A. H. Sm. 细柄干脐菇 $ 6
Hygrocybe hypohaemacta (Corner) Pegler 血红湿伞

1

2　　　3　　　4

5

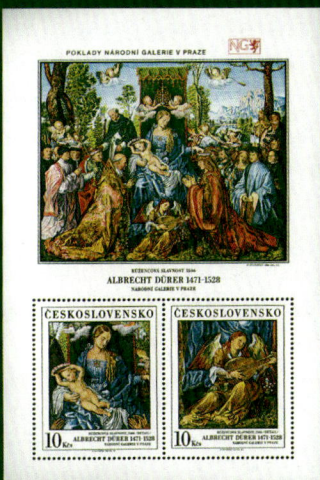

7

6

9
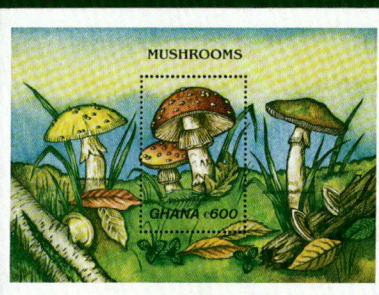
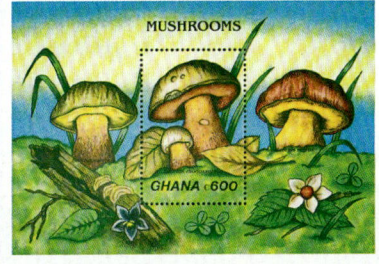

8

10

11

1 GRENADA GRENADINES (格林纳达格林纳丁斯) 1989.8.17

Tricholomopsis aurea (Beeli) Desjardin & B. A. Perry 金盖拟口蘑 6 c

Podaxis pistillaris (L.) Fr. 轴灰包 10 c

Hygrocybe firma (Berk. & Broome) Singer 硬湿伞 20 c

Agaricus rufoaurantiacus Heinem. 褐黄蘑菇 30 c

Entoloma howellii (Peck) Dennis 郝氏粉褶蕈 75 c

Collybia purpurea (Berk. & M. A. Curtis) Dennis 紫金钱菌 $ 2

Marasmius trinitatis Dennis 纤小皮伞 $ 3

Hygrocybe martinicensis Pegler & Fiard 海边湿伞 $ 4

2 *Agaricus dulcidulus* Schulzer 紫色蘑菇 $ 6

Lentinus crinitus (L.) Fr. 毛韧伞 $ 6

3 GUYANA (圭亚那) 1989.1.25

Lepiota cristata (Bolton) P. Kumm. 冠状环柄菇 $ 2

Tricholoma sulphureum (Bull.) P. Kumm. 硫黄色口蘑 $ 2

Cortinarius largis Fr. 大丝膜菌 $ 2

Cortinarius bolaris (Pers.) Fr. 掷丝膜菌 $ 2

4 *Sarcoscypha coccinea* (Gray) Boud. 绯红肉杯菌 $ 5

5 KAMPUCHEA (CAMBODIA, 柬埔寨) 1989.9.15

Boletus subtomentosus L. 细绒牛肝菌 0.2 r

Inocybe erubescens A. Blytt 变红丝盖伞 0.8 r

Armillaria mellea (Vahl) P. Kumm. 蜜环菌 3 r

Agaricus campestris L. 蘑菇 6 r

Paxillus involutus (Batsch) Fr. 卷边网褶菌 10 r

Coprinus comatus (O. F. Müll.) Pers. 毛头鬼伞 15 r

Macrolepiota procera (Scop.) Singer 高大环柄菇 25 r

6 KENYA (肯尼亚) 1989.9.6

Lentinus sajor-caju (Fr.) Fr. 环柄韧伞 1.2 s

Agaricus bisporus (J. E. Lange) Imbach 双孢蘑菇 3.4 s

Agaricus bisporus (J. E. Lange) Imbach 双孢蘑菇 4.4 s

Termitomyces schimperi (Pat.) R. Heim 鳞盖白蚁伞 5.5 s

Lentinula edodes (Berk.) Pegler 香菇 7.7 s

1 **KOREA D P R (朝鲜) 1989.2.27**
Cortinarius caperatus (Pers.) Fr. 皱盖丝膜菌 10 c
Amanita caesarea (Scop.) Pers. 橙盖鹅膏 20 c
Lactarius hygrophoroides Berk. & M. A. Curtis
稀褶乳菇 25 c
Agaricus placomyces Peck 双环林地蘑菇 30 c
Agaricus arvensis Schaeff. 野蘑菇 35 c
Suillus grevillei (Klotzsch) Singer 厚环乳牛肝菌 40 c

2 *Gomphidius roseus* (Fr.) Fr. 粉红铆钉菇 1 w

3 **LESOTHO (莱索托) 1989.9.8**
Paxillus involutus (Batsch) Fr. 卷边网褶菌 12 s
Ganoderma applanatum (Pers.) Pat. 树舌灵芝 16 s
Suillus granulatus (L.) Roussel 点柄乳牛肝菌 55 s
Stereum hirsutum (Willd.) Pers. 毛韧革菌 5 m

4 *Scleroderma flavidum* Ellis & Everh. 黄硬皮马勃
4 m

5 **NORWAY (挪威) 1989.2.20**
Cantharellus cibarius Fr. 鸡油菌 3 k
Suillus luteus (L.) Roussel 褐环乳牛肝菌 3 k

6 **PALAU (帕劳) 1989.3.16**
Hygrophoropsis aurantiaca (Wulfen) Maire 金黄
拟蜡伞 45 c
Laccocephalum mylittae (Cooke & Massee)
Núñez & Ryvarden 雷丸菌 45 c
Laetiporus sulphureus (Bull.) Murrill 硫黄菌 45 c
Phallus indusiatus Vent. 长裙竹荪 45 c

7 **SAINT LUCIA (圣卢西亚) 1989.5.31**
Gerronema citrinum (Corner) Pegler 柠黄老伞 15 c
Lepiota spiculata Pegler 尖顶环柄菇 25 c
Calocybe cyanocephala (Pat.) Pegler 蓝盖丽蘑
50 c
Clitocybe puiggarii Speg. 普氏杯伞 $ 5

1

2

3

5

4

6

7

1　SAINT PIERRE AND MIQUELON (圣皮埃尔和密克隆) 1989.1.28
Tricholoma virgatum (Fr.) P. Kumm. 条纹口蘑 2.5 f

2　SAINT VINCENT (圣文森特) 1989
Mushroom 蘑菇 $ 10

3　TUVALU (图瓦卢) 1989.5.24
Trametes marianna (Pers.) Ryvarden 玛丽亚栓孔菌 40 c
Pestalotiopsis palmarum (Cooke) Steyaert 棕榈拟盘多毛孢 50 c
Trametes cingulata Berk. 瓣环栓孔菌 60 c
Schizophyllum commune Fr. 裂褶菌 90 c

4　UGANDA (乌干达) 1989.8.14
Suillus granulatus (L.) Roussel 点柄乳牛肝菌 10 sh
Omphalotus olearius (DC.) Singer 奥尔类脐菇 15 sh
Hymenopellis radicata (Relhan) R. H. Petersen 长根膜片菇 45 sh
Clitocybe nebularis (Batsch) P. Kumm. 水粉杯伞 50 sh
Chlorophyllum rhacodes (Vittad.) Vellinga 粗鳞青褶伞 60 sh
Lepista nuda (Bull.) Cooke 紫丁香蘑 75 sh
Suillus luteus (L.) Roussel 褐环乳牛肝菌 150 sh
Agaricus campestris L. 蘑菇 200 sh

5　*Bolbitius titubans* (Bull.) Fr. 粪绣伞 350 sh
Schizophyllum commune Fr. 裂褶菌 350 sh

6　ZAMBIA (赞比亚) 1989.7.1
Termitomyces sp. 未定名白蚁伞 19.5 k on 12 n

7　ALBANIA (阿尔巴尼亚) 1990.4.28
Amanita caesarea (Scop.) Pers. 橙盖鹅膏 30 q
Macrolepiota procera (Scop.) Singer 高大环柄菇 90 q
Boletus edulis Bull. 美味牛肝菌 1.20 Le
Clathrus ruber P. Micheli ex Pers. 红笼头菌 1.80 Le

8　ANDORRA (安道尔) 1990.6.21
Chroogomphus rutilus (Schaeff.) O. K. Mill. 色钉菇 45 p

1 ANTIGUA AND BARBUDA (安提瓜和巴布达) 1990.10.15
Mushroom 蘑菇 15 c
Mushroom 蘑菇 $ 1

2 BARBUDA (巴布达) 1990.2.21
Mycena pura (Pers.) P. Kumm. 洁小菇 10 c
Psathyrella tuberculata (Pat.) A. H. Sm. 疣瘤小脆柄菇 25 c
Psilocybe cubensis (Earle) Singer 古巴裸盖菇 50 c
Entoloma caeruleocapitatum Dennis 蓝艳粉褶蕈 60 c
Xeromphalina tenuipes (Schwein.) A. H. Sm. 细柄干脐菇 75 c
Chlorophyllum molybdites (G. Mey.) Massee ex P. Syd. 大青褶伞 $ 1
Marasmius haematocephalus (Mont.) Fr. 红盖小皮伞 $ 3

Cantharellus cinnabarinus (Schwein.) Schwein. 红鸡油菌 $ 4

3 *Leucopaxillus gracillimus* Singer & A. H. Sm. 纤细白桩菇 $ 6
Volvariella volvacea (Bull.) Singer 草菇 $ 6

4 BURKINA FASO (布基纳法索) 1990.7.10
Cantharellus cibarius Fr. 鸡油菌 10 f
Agaricus bisporus (J. E. Lange) Imbach 双孢蘑菇 15 f
Amanita caesarea (Scop.) Pers. 橙盖鹅膏 60 f
Imleria badia (Fr.) Vizzini 黑褐牛肝菌 190 f

5 *Cantharellus cibarius* Fr. 鸡油菌 75 f
Agaricus bisporus (J. E. Lange) Imbach 双孢蘑菇 75 f
Amanita caesarea (Scop.) Pers. 橙盖鹅膏 75 f
Imleria badia (Fr.) Vizzini 黑褐牛肝菌 75 f

1 CENTRAL AFRICA（中非）1990.3.26
Phallus sp. 未定名竹荪 25 f
Crucibulum laeve (Huds.) Kambly 白蛋巢 65 f

2 *Armillaria mellea* (Vahl) P. Kumm. 蜜环菌 160 f
Termitomyces mammiformis R. Heim 乳头盖白蚁伞 250 f

3 *Marasmius arborescens* (Henn.) Beeli 树下小皮伞 300 f
Termitomyces entolomoides R. Heim 粉褶蕈状白蚁伞 500 f

4 *Phlebopus sudanicus* (Har. & Pat.) Heinem. 苏

丹网斑牛肝菌 1000 f

5 *Macrolepiota africana* (R. Heim) Heinem. 非洲大环柄菇 1500 f
Termitomyces schimperi (Pat.) R. Heim 鳞盖白蚁伞 1500 f

6 GABON（加蓬）1990.9.12
Phallus indusiatus Vent. 长裙竹荪 100 f
Panaeolus papilionaceus (Bull.) Quél. 蝶形斑褶菇 175 f
Agaricus bitorquis (Quél.) Sacc. 大肥蘑菇 300 f
Termitomyces sp. 未定名白蚁伞 500 f

1

2

3

4

5

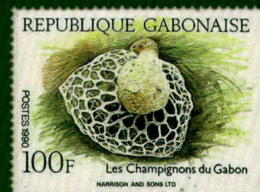   

6

1　GHANA (加纳) 1990.12.18

Coprinopsis atramentaria (Bull.) Redhead, Vilgalys & Moncalvo 墨汁拟鬼伞 20 c

Marasmius oreades (Bolton) Fr. 硬柄小皮伞 50 c

Hymenopellis radicata (Relhan) R. H. Petersen 长根膜片菌 60 c

Boletus edulis Bull. 美味牛肝菌 80 c

Hebeloma crustuliniforme (Bull.) Quél. 大毒黏滑菇 150 c

Coprinellus micaceus (Bull.) Vilgalys, Hopple & Jacq. Johnson 晶粒小鬼伞 200 c

Macrolepiota procera (Scop.) Singer 高大环柄菇 300 c

Amanita phalloides (Vaill. ex Fr.) Link 鬼笔鹅膏 500 c

2　GUYANA (圭亚那) 1990.10.12

Panaeolus semiovatus (Sowerby) S. Lundell & Nannf. 半卵形斑褶菇 $ 2.55

Coprinus comatus (O. F. Müll.) Pers. 毛头鬼伞 $ 2.55

3　*Mucidula mucida* (Schrad.) Pat. 黏盖菌 $ 2.55

Pholiota squarrosa (Vahl) P. Kumm. 翘鳞伞 $ 2.55

4　*Phallus impudicus* L. 白鬼笔 $ 20

5　JERSEY (泽西岛) 1990.5.3

Mushroom 蘑菇 18 p

6　KOREA D P R (朝鲜)1990.12.18

Mushroom 蘑菇 300 c

7　LESOTHO (莱索托) 1990.2.26

Mushroom 蘑菇 5 m

1　MADAGASCAR (马达加斯加) 1990.12.28

Boletus edulis Bull. 美味牛肝菌 25 f

Suillus luteus (L.) Roussel 褐环乳牛肝菌 100 f

Amanita muscaria (L.) Lam. 鹅膏 350 f

Caloboletus calopus (Pers.) Vizzini 美柄牛肝菌 450 f

Neoboletus erythropus (Pers.) C. Hahn 红柄新牛肝菌 680 f

Leccinum scabrum (Bull.) Gray 褐疣柄牛肝菌 800 f

Leccinum versipelle (Fr. & Hök) Snell 异色疣柄牛肝菌 900 f

2　*Lycoperdon perlatum* Pers. 网纹马勃 1500 f

3　MALDIVES (马尔代夫) 1990.12.11

Mushroom 蘑菇 1 r

4　NICARAGUA (尼加拉瓜) 1990.7.15

Morchella esculenta (L.) Pers. 羊肚菌 500 c

Boletus edulis Bull. 美味牛肝菌 1000 c

Lactarius deliciosus (L.) Gray 松乳菇 5000 c

Panellus stipticus (Bull.) P. Karst. 止血扇菇 10000 c

Craterellus cornucopioides (L.) Pers. 灰黑喇叭菌 20000 c

Cantharellus cibarius Fr. 鸡油菌 40000 c

Armillaria mellea (Vahl) P. Kumm. 蜜环菌 50000 c

5　SAINT PIERRE AND MIQUELON (圣皮埃尔和密克隆) 1990.1.17

Hydnum repandum L. 齿菌 2.5 f

6　SAO TOME AND PRINCIPE (圣多美和普林西比) 1990

Boletus aereus Bull. 铜色牛肝菌 Db 20

Stropharia aeruginosa (Curtis) Quél. 铜绿球盖菇 Db 20

Phaeolepiota aurea (Matt.) Maire 金盖暗环柄菇 Db 20

Leccinum aurantiacum (Bull.) Gray 橙黄疣柄牛肝菌 Db 20

Coprinellus micaceus (Bull.) Vilgalys, Hopple & Jacq. Johnson 晶粒小鬼伞 Db 20

7　*Pleurotus ostreatus* (Jacq.) P. Kumm. 糙皮侧耳 Db 60

Hypholoma capnoides (Fr.) P. Kumm. 橙黄垂幕菇 Db 60

8　SIERRA LEONE (塞拉利昂) 1990.12.31

Chlorophyllum molybdites (G. Mey.) Massee ex P. Syd. 大青褶伞 le 3

Lepista nuda (Bull.) Cooke 紫丁香蘑 le 5

Clitocybe nebularis (Batsch) P. Kumm. 水粉杯伞 le 10

Cyathus striatus (Huds.) Willd. 隆纹黑蛋巢菌 le 15

Bolbitius titubans (Bull.) Fr. 粪绣伞 le 20

Leucoagaricus leucothites (Vittad.) Wasser 粉褶白环菇 le 25

Suillus luteus (L.) Roussel 褐环乳牛肝菌 le 30

Podaxis pistillaris (L.) Fr. 轴灰包 le 40

Hymenopellis radicata (Relhan) R. H. Petersen 长根膜片菌 le 50

Phallus indusiatus Vent. 长裙竹荪 le 60

Chlorophyllum rhacodes (Vittad.) Vellinga 粗鳞青褶伞 le 80

Mycena pura (Pers.) P. Kumm. 洁小菇 le 100

Volvariella volvacea (Bull.) Singer 草菇 le 150

Omphalotus olearius (DC.) Singer 奥尔类脐菇 le 175

Sphaerobolus stellatus Tode 弹球菌 le 200

Schizophyllum commune Fr. 裂褶菌 le 250

9　*Agaricus campestris* L. 蘑菇 le 350

Hypholoma fasciculare (Huds.) P. Kumm. 簇生垂幕菇 le 350

10　*Deconica coprophila* (Bull.) P. Karst. 喜粪钝顶菇 le 350

Suillus granulatus (L.) Roussel 点柄乳牛肝菌 le 350

1

4

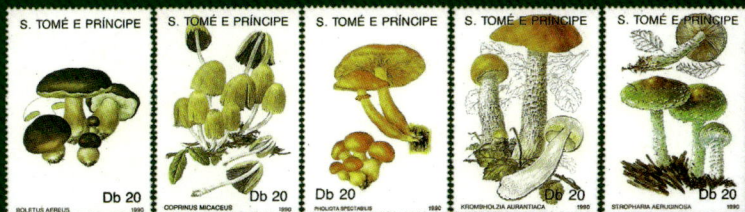

6

7

3

2

8

9

10

1 TANZANIA (坦桑尼亚) 1990.12.27
Mushroom 蘑菇 50 s
Mushroom 蘑菇 100 s

2 TOGO (多哥) 1990.1.8
Mushroom 蘑菇 80 f
Marasmius zenkeri Henn. 岑克尔氏小皮伞
Phlebopus silvaticus Heinem. 林地网斑牛肝菌 90 f
Volvariella esculenta (Massee) Singer 美味草菇
125 f
Mushroom 蘑菇 165 f
Cookeina tricholoma (Mout.) Kuntze 毛缘毛杯菌
Termitomyces striatus (Beeli) R. Heim 条纹白蚁
伞 380 f
Mushroom 蘑菇 425 f
Calvatia cyathiformis (Bosc) Morgan 杯形秃马勃
Mushroom 蘑菇 750 f
Lysurus corallocephalus Welw. & Curr. 冠状散
尾鬼笔 1500 f
Mushroom 蘑菇 1500 f

**3 TRINIDAD AND TOBAGO (特立尼达和
多巴哥) 1990.5.3**
Xeromphalina tenuipes (Schwein.) A. H. Sm. 细
柄干脐菇 10 c
Phallus indusiatus Vent. 长裙竹荪 40 c
Leucocoprinus birnbaumii (Corda) Singer 纯 黄
白鬼伞 $ 1
Moniliophthora perniciosa (Stahel) Aime &
Phillips-Mora 变色梗孢菌 $ 2.25

4 VIETNAM (越南) 1990.6.20
Flammulina filiformis (Z. W. Ge, X. B. Liu & Zhu
L. Yang) P. M. Wang, Y. C. Dai, E. Horak & Zhu
L. Yang 丝盖冬菇 50 x
Pleurotus ostreatus (Jacq.) P. Kumm. 糙皮侧耳 50 x
Coprinopsis atramentaria (Bull.) Redhead
Vilgalys & Moncalvo 墨汁拟鬼伞 50 x
Cantharellus cibarius Fr. 鸡油菌 50 x
Volvariella volvacea (Bull.) Singer 草菇 1 d
Agaricus sylvaticus Schaeff. 林地蘑菇 2 d
Morchella esculenta (L.) Pers. 羊肚菌 5 d
Amanita caesarea (Scop.) Pers. 橙盖鹅膏 10 d

1 YEMEN REPULIC (也门) 1990.3.18

Boletus reticulatus Schaeff. 网纹牛肝菌 50 f

Suillus luteus (L.) Roussel 褐环乳牛肝菌 60 f

Gyromitra esculenta (Pers.) Fr. 鹿花菌 80 f

Leccinum scabrum (Bull.) Gray 褐疣柄牛肝菌 100 f

Amanita muscaria (L.) Lam. 鹅膏 130 f

Neoboletus erythropus (Pers.) C. Hahn 红柄新牛肝菌 200 f

Leccinum versipelle (Fr. & Hök) Snell 异色疣柄牛肝菌 300 f

2 *Stropharia aeruginosa* (Curtis) Quél. 铜绿球盖菇 460 f

3 ZAIRE (扎伊尔) 1990

Scutellinia virungae Van der Veken 黏盾盘菌 100 z in 8 k

Pycnoporus sanguineus (L.) Murrill 血红密孔菌 100 z in10 k

Phallus indusiatus Vent. 长裙竹荪 100 z in 48 k

4 ANDORRA (安道尔) 1991.9.20

Macrolepiota procera (Scop.) Singer 高大环柄菇 45 p

5 BELGIUM (比利时) 1991.9.16

Amanita phalloides (Vaill. ex Fr.) Link 鬼笔鹅膏 14 f

Amanita rubescens Pers. 赭盖鹅膏 14 f

Neoboletus erythropus (Pers.) C. Hahn 红柄新牛肝菌 14 f

Hygrocybe acutoconica (Clem.) Singer 锥盖湿伞 14 f

6 BULGARIA (保加利亚) 1991.3.19

Amanita phalloides (Vaill. ex Fr.) Link 鬼笔鹅膏 5 c

Amanita verna (Bull.) Lam. 春生鹅膏 10 c

Amanita pantherina (DC.) Krombh. 豹斑鹅膏 20 c

Amanita muscaria (L.) Lam. 鹅膏 32 c

Gyromitra esculenta (Pers.) Fr. 鹿花菌 42 c

Rubroboletus satanas (Lenz) Kuan Zhao & Zhu L. Yang 细网红牛肝菌 60 c

1 **CONGO [刚果(布)] 1991.3.25**
Amanita rubescens Pers. 赭盖鹅膏 30 f
Catathelasma imperiale (Quél.) Singer 壮丽环苞菇 45 f
Amanita caesarea (Scop.) Pers. 橙盖鹅膏 75 f
Butyriboletus regius (Krombh.) D. Arora & J. L. Frank 桃红黄靛牛肝菌 90 f
Pluteus cervinus (Schaeff.) P. Kumm. 灰光柄菇 120 f
Boletellus chrysenteroides (Snell) Snell 金色条孢牛肝菌 150 f
Agaricus arvensis Schaeff. 野蘑菇 200 f

2 *Leccinum versipelle* (Fr. & Hök) Snell 异色疣柄牛肝菌 350 f

3 **CONGO [刚果(布)] 1991.6.8**
Armillaria mellea (Vahl) P. Kumm. 蜜环菌 40 f
Cortinarius rubellus Cooke 细鳞丝膜菌 500 f

Imleria badia (Fr.) Vizzini 黑褐牛肝菌

4 *Volvariella bombycina* (Schaeff.) Singer 银丝草菇 750 f
Coprinellus domesticus (Bolton) Vilgalys, Hopple & Jacq. Johnson 家园小鬼伞 1500 f
Agaricus osecanus Pilát 白杵蘑菇

5 **DOMINICA (多米尼克) 1991.6.3**
Craterellus cornucopioides (L.) Pers. 灰黑喇叭菌 10 c
Coprinus comatus (O. F. Müll.) Pers. 毛头鬼伞 15 c
Morchella esculenta (L.) Pers. 羊肚菌 45 c
Cantharellus cibarius Fr. 鸡油菌 60 c
Lepista nuda (Bull.) Cooke 紫丁香蘑 $ 1
Suillus luteus (L.) Roussel 褐环乳牛肝菌 $ 2
Russula emetica (Schaeff.) Pers. 毒红菇 $ 4
Armillaria mellea (Vahl) P. Kumm. 蜜环菌 $ 5

1

4

2

3

5

1 *Fistulina hepatica* (Schaeff.) With. 牛排菌 $ 6
Lactarius volemus (Fr.) Fr. 多汁乳菇 $ 6

2 FRANCE (法国) 1991.9.22
Mushroom 蘑菇 2.5 f

3 FRENCH SOUTHERN TERRITORIES (THE) (法属南部领地) 1991.1.1
Lichen 地衣 1.7 f

4 GABON (加蓬) 1991.11.6
Termitomyces sp. 未定名白蚁伞 200 f

5 GAMBIA (冈比亚) 1991.8.1
Mushroom 蘑菇 20 d

6 GREAT BRITAIN (英国) 1991.2.5
Stereum sp. 未定名革菌 1st

7 GRENADA (格林纳达) 1991.2.4
Mushroom 蘑菇 10 c

8 Mushroom 蘑菇 $ 6

9 Mushroom 蘑菇 $ 12

1

2

3

6

7

4

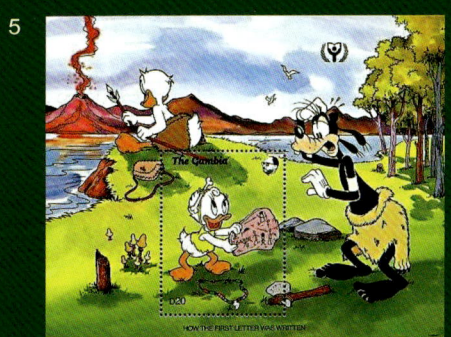

5

8

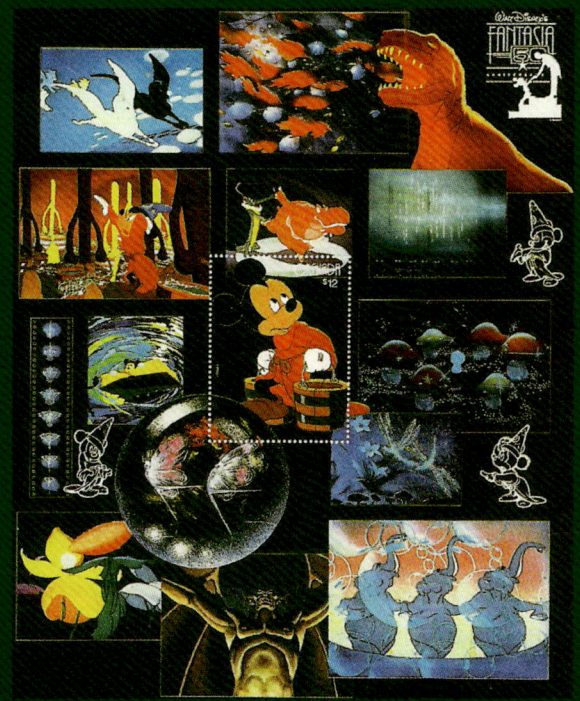

9

1 GRENADA (格林纳达) 1991.6.1

Psilocybe cubensis (Earle) Singer 古巴裸盖菇 15 c

Entoloma caeruleocapitatum Dennis 蓝艳粉褶蕈 25 c

Cystolepiota eriophora (Peck) Knudsen 纤囊小伞 65 c

Chlorophyllum molybdites (G. Mey.) Massee ex P. Syd. 大青褶伞 75 c

Xerocomus hypoxanthus Singer 黄肉绒盖牛肝菌 $ 1

Volvariella cubensis (Murrill) Schaffer 古巴草菇 $ 2

Xerocomus coccolobae Pegler 红瓣绒盖牛肝菌 $ 4

Pluteus chrysophlebius (Berk. & M. A. Curtis) Sacc. 金色光柄菇 $ 5

2

Hygrocybe miniata (Fr.) P. Kumm. 朱红湿伞 $ 6

Psathyrella tuberculata (Pat.) A. H. Sm. 疣瘤小脆柄菇 $ 6

3 GRENADA GRENADINES (格林纳达格林纳丁斯) 1991.6.1

Pyrrhoglossum pyrrhum (Berk. & M. A. Curtis)

Singer 覆瓦生厚舌菌 5 c

Agaricus dulcidulus Schulzer 紫色蘑菇 45 c

Amanita craseoderma Bas 薄皮鹅膏 50 c

Hygrocybe acutoconica (Clem.) Singer 锥盖湿伞 90 c

Limacella guttata (Pers.) Konrad & Maubl. 斑黏伞 $ 1

Lactarius hygrophoroides Berk. & M. A. Curtis 稀褶乳菇 $ 2

Boletellus cubensis (Berk. & M. A. Curtis) Singer 热带条孢牛肝菌 $ 4

Psilocybe caerulescens Murrill 变蓝裸盖菇 $ 5

4

Marasmius haematocephalus (Mont.)Fr. 红盖小皮伞 $ 6

Lepiota spiculata Pegler 尖顶环柄菇 $ 6

5 GUYANA (圭亚那) 1991.12.16

Rubroboletus satanas (Lenz) Kuan Zhao & Zhu L. Yang 细网红牛肝菌 $ 6.4

Russula nigricans Fr. 黑红菇 $ 7.65

Cortinarius glaucopus (Schaeff.) Gray 灰柄丝膜菌 $ 50

Lactarius camphoratus (Bull.) Fr. 浓香乳菇 $ 100

Cortinarius callisteus (Fr.) Fr. 卡里斯山丝膜菌 $ 190

1 *Russula integra* (L.) Fr. 全绿红菇 $ 360
Coprinus micaeus (Bull.) Fr. 晶粒鬼伞 $ 360

2 **KOREA D P R (朝鲜) 1991.2.26**
Hydnum repandum L. 齿菌 10 c
Phylloporus rhodoxanthus (Schwein.) Bres. 褶孔牛肝菌 20 c
Calvatia craniiformis (Schwein.) Fr. 头状秃马勃 30 c
Ramaria botrytis (Pers.) Bourdot 葡萄状枝瑚菌 40 c
Russula integra (L.) Fr. 全绿红菇 50 c

3 **LESOTHO (莱索托) 1991.6.10**
Mushroom 蘑菇 5 m

4 **LUXEMBOURG (卢森堡) 1991.3.4**
Geastrum fornicatum (Huds.) Hook. 拱状地星 14 f
Gymnopilus junonius (Fr.) P. D. Orton 橘黄裸伞 14 f

Lepiota lepidophora (Berk. & Broome) Sacc. 鳞环柄菇 18 f
Morchella esculenta (L.) Pers. 羊肚菌 25 f

5 **MADAGASCAR (马达加斯加) 1991.8.2**
Russula robusta R. Heim 粗壮红菇 140 f
Lactarius adhaerens R. Heim 黏乳菇
Russula radicans R. Heim 假根红菇 500 f
Russula tricolor R. Heim 三色红菇
Lactifluus rubroviolascens (R. Heim) Verbeken 红紫多汁乳菇

6 *Lactarius fulgens* R. Heim 光黄乳菇 640 f
Russula citrinipes R. Heim 蓝艳红菇
Russula singeri R. Heim 辛格红菇 1025 f
Russula violacea Quél. 堇紫红菇
Lactifluus pisciodorus (R. Heim) Verbeken 鱼香多汁乳菇

4

1

3

2

5

6

1 *Russula annulata* R. Heim 一年生红菇 1140 f
Russula archaea R. Heim 古生红菇
Lactarius pandani R. Heim 露兜树乳菇 3500 f
Russula aurora Krombh. 橙红菇
Russula heliochroma R. Heim 河海姆红菇

2 *Russula aureotacta* R. Heim 金色红菇 4500 f
Lactifluus claricolor (R. Heim) Verbeken 亮色多汁乳菇
Russula fistulosa R. Heim 舌色红菇

3 **MAURITANIA（毛里塔尼亚）1991.1.10**
Lepista nuda (Bull.) Cooke 紫丁香蘑 5 um
Suillellus luridus (Schaeff.) Murrill 褐黄小乳牛肝菌
Craterellus tubaeformis (Fr.) Quél. 管形喇叭菌
Cortinarius hemitrichus (Pers.) Fr. 半被毛丝膜菌
Agaricus bitorquis (Quél.) Sacc. 大肥蘑菇 50 um

Agaricus abruptibulbus Peck 球基蘑菇
Boletellus chrysenteroides (Snell) Snell 金色条孢牛肝菌
Amanita caesarea (Scop.) Pers. 橙盖鹅膏 60 um
Imleria badia (Fr.) Vizzini 黑褐牛肝菌
Cortinarius alboviolaceus (Pers.) Fr. 灰紫丝膜菌 75 um
Morchella esculenta (L.) Pers. 羊肚菌
Amanita fulva Fr. 褐托鹅膏 90 um
Russula xerampelina (Schaeff.) Fr. 黄孢红菇
Boletus aereus Bull. 铜色牛肝菌 220 um
Lactarius torminosus (Schaeff.) Gray 毛头乳菇
Russula mustelina Fr. 赭盖红菇

4 *Clathrus ruber* P. Micheli ex Pers. 红笼头菌 150 um
Boletus aereus Bull. 铜色牛肝菌

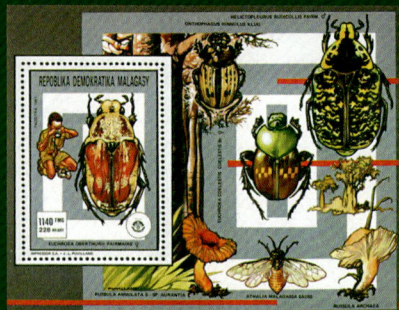
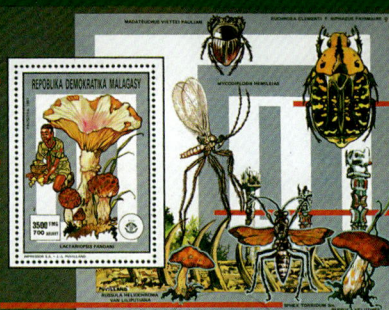

1

2

3

4

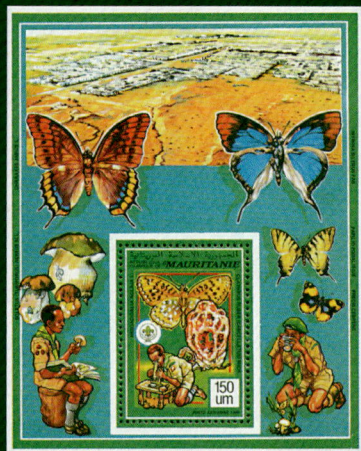

1 MONGOLIA (蒙古国) 1991.6.18

Marasmius oreades (Bolton) Fr. 硬柄小皮伞 20 m

Suillellus luridus (Schaeff.) Murrill 褐黄小乳牛肝菌 30 m

Hygrophorus marzuolus (Fr.) Bres. 三月蜡伞 40 m

Cantharellus cibarius Fr. 鸡油菌 50 m

Agaricus campestris L. 蘑菇 60 m

Boletus aereus Bull. 铜色牛肝菌 80 m

Amanita caesarea (Scop.) Pers. 橙盖鹅膏 1.2 t

Tricholoma terreum (Schaeff.) P. Kumm. 棕灰口蘑 2 t

2 *Mitrophora semilibera* (DC.) Lév. 半开钟柄菌 4 t

Verpa digitaliformis Pers. 指状钟菌

Disciotis venosa (Pers.) Arnould 肋状皱盘菌

3 MONGOLIA (蒙古国) 1991.12.31

Mushroom 蘑菇 30 t

4 MONTSERRAT (蒙特塞拉特) 1991.6.13

Panaeolus antillarum (Fr.) Dennis 安蒂拉斑褶菇 90 c

Cantharellus cinnabarinus (Schwein.) Schwein. 红鸡油菌 $ 1.15

Gymnopilus chrysopellus (Berk. & M. A. Curtis) Murrill 金色裸伞 $ 1.5

Psilocybe cubensis (Earle) Singer 古巴裸盖菇 $ 2

Entoloma caeruleocapitatum Dennis 蓝艳粉褶蕈 $ 3.5

5 NEVIS (尼维斯) 1991.12.20

Marasmius haematocephalus (Mont.) Fr. 红盖小皮伞 15 c

Psilocybe cubensis (Earle) Singer 古巴裸盖菇 40 c

Hygrocybe acutoconica (Clem.) Singer 锥盖湿伞 60 c

Hygrocybe occidentalis (Dennis) Pegler 西方湿伞 75 c

Boletellus cubensis (Berk. & M. A. Curtis) Singer 热带条孢牛肝菌 $ 1

Gymnopilus chrysopellus (Berk. & M. A. Curtis) Murrill 金色裸伞 $ 2

Cantharellus cinnabarinus (Schwein.) Schwein. 红鸡油菌 $ 4

Chlorophyllum molybdites (G. Mey.) Massee ex P. Syd. 大青褶伞 $ 5

1

2

3

4

5

1　*Gymnopilus chrysopellus* (Berk. & M. A. Curtis) Murrill 金色裸伞 $ 6

Marasmius haematocephalus (Mont.) Fr. 红盖小皮伞

Hygrocybe occidentalis (Dennis) Pegler 西方湿伞

Boletellus cubensis (Berk. & M. A. Curtis) Singer 热带条孢牛肝菌 $ 6

Psilocybe cubensis (Earle) Singer 古巴裸盖菇

Hygrocybe acutoconica (Clem.) Singer 锥盖湿伞

2　**NEW ZEALAND（新西兰）1991.4.17**
Marasmius sp. 未定名小皮伞 40 c

3　**NIGER（尼日尔）1991.1.15**
Amanita rubescens Pers. 赭盖鹅膏 85 f
Russula virescens (Schaeff.) Fr. 变绿红菇 250 f
Hemileccinum impolitum (Fr.) Šutara 黄褐半疣柄牛肝菌 400 f

4　*Cantharellus cibarius* Fr. 鸡油菌 600 f

Laccaria amethystina Cooke 紫蜡蘑
Ramaria aurea (Schaeff.) Quél. 金黄枝瑚菌

5　**SAO TOME AND PRINCIPE（圣多美和普林西比）1991.8.30**
Infundibulicybe geotropa (Bull.) Harmaja 肉色漏斗伞 Db 50

Macrolepiota procera (Scop.) Singer 高大环柄菇 Db 50

Suillus granulatus (L.) Roussel 点柄乳牛肝菌 Db75

Coprinus comatus (O. F. Müll.) Pers. 毛头鬼伞 Db 125

Amanita rubescens Pers. 赭盖鹅膏 Db 200

6　*Asterophora parasitica* (Bull.) Singer 寄生星孢菌 Db 500

Armillaria mellea (Vahl) P. Kumm. 蜜环菌 Db 500

1

2

5

4

6

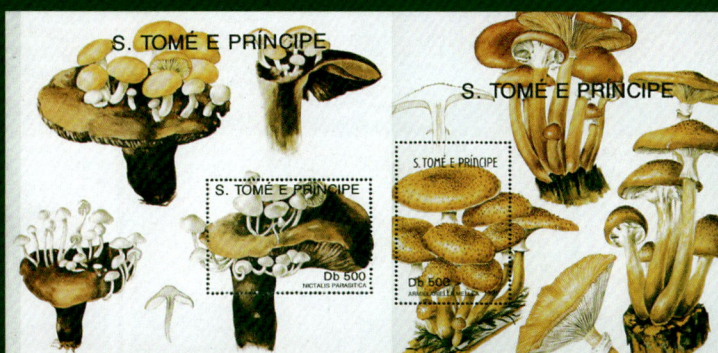

1 TURKS AND CAICOS ISLANDS (特克斯和凯科斯群岛) 1991.6.24

Pluteus chrysophlebius (Berk. & M. A. Curtis) Sacc. 金色光柄菇 10 c

Leucopaxillus gracillimus Singer & A. H. Sm. 纤细白桩菇 15 c

Marasmius haematocephalus (Mont.) Fr. 红盖小皮伞 20 c

Gymnopus subpruinosus (Murrill) Desjardin, Halling & Hemmes 亚白粉裸脚伞 35 c

Marasmius atrorubens Berk. 暗红小皮伞 50 c

Leucocoprinus birnbaumii (Corda) Singer 纯黄白鬼伞 65 c

Trogia cantharelloides (Mont.) Pat. 鸡油菌状沟褶菌 $ 1.1

Boletellus cubensis (Berk. & M. A. Curtis) Singer 热带条孢牛肝菌 $ 1.25

2 *Gerronema citrinum* (Corner) Pegler 柠黄老伞 $ 2

Pyrrhoglossum pyrrhum (Berk. & M. A. Curtis) Singer 覆瓦生厚舌菌 $ 2

3 UGANDA (乌干达) 1991.7.19

Volvariella bingensis (Beeli) Shaffer 橙红草菇 20 sh

Agrocybe broadwayi (Murrill) Dennis 粗柄田头菇 70 sh

Camarophyllus olidus Pegler 臭拱顶菌 90 sh

Marasmius arborescens (Henn.) Beeli 树下小皮伞 140 sh

Tetrapyrgos subcinerea (Berk. & Broome) E. Horak 亚黄叉孢菌 180 sh

Agaricus campestris L. 蘑菇 200 sh

Chlorophyllum molybdites (G. Mey.) Massee ex P. Syd. 大青褶伞 500 sh

Agaricus bingensis Heinem. 橙红蘑菇 1000 sh

4 *Leucocoprinus cepistipes* (Sowerby) Pat. 肥脚白鬼伞 1200 sh

Laccaria lateritia Malençon 瓦褶蜡蘑 1200 sh

5 VIETNAM (越南) 1991.1.21

Amanita pantherina (DC.) Krombh. 豹斑鹅膏 200 d

Amanita phalloides (Vaill. ex Fr.) Link 鬼笔鹅膏 300 d

Amanita virosa (Peck) Lloyd 毒鹅膏 1000 d

Amanita muscaria (L.) Lam. 鹅膏 1500 d

Russula emetica (Schaeff.) Pers. 毒红菇 2000 d

Rubroboletus satanas (Lenz) Kuan Zhao & Zhu L. Yang 细网红牛肝菌 3000 d

1

2

3

4

5

1　ZAMBIA (赞比亚) 1991
Termitomyces le-testui (Pat.) R. Heim 粉褐白蚁伞 k 2 on 32 n

2　ANTIGUA AND BARBUDA (安提瓜和巴布达) 1992.5.18
Amanita caesarea (Scop.) Pers. 橙盖鹅膏 10 c
Gymnopus fusipes (Bull.) Gray 梭柄裸脚伞 15 c
Boletus aereus Bull. 铜色牛肝菌 30 c
Laccaria amethystine Cooke 紫蜡蘑 40 c
Russula virescens (Schaeff.) Fr. 变绿红菇 $ 1
Tricholoma aurantium (Schaeff.) Ricken 红橙口蘑 $ 2
Calocybe gambosa (Fr.) Donk 香杏丽蘑 $ 4
Lentinus tigrinus (Bull.) Fr. 虎皮韧伞 $ 5

**3　***Auricularia auricula-judae* (Bull.) Quél. 木耳 $ 6
Clavariadelphus truncatus (Quél.) Donk 截顶棒瑚菌 $ 6

4　ARGENTINA (阿根廷) 1992.4.4
Psilocybe cubensis (Earle) Singer 古巴裸盖菇 38 c

5　ARGENTINA (阿根廷) 1992.8.1
Coprinopsis atramentaria (Bull.) Redhead, Vilgalys & Moncalvo 墨汁拟鬼伞 48 c
Morchella esculenta (L.) Pers. 羊肚菌 51 c
Amanita muscaria (L.) Lam. 鹅膏 61 c

6　ARGENTINA (阿根廷) 1992.10.10
Coprinus comatus (O. F. Müll.) Pers. 毛头鬼伞 68 c
Suillus granulatus (L.) Roussel 点柄乳牛肝菌 $ 1.25

7　ARGENTINA (阿根廷) 1992.11.7
Stropharia aeruginosa (Curtis) Quél. 铜绿球盖菇 $ 1.77

2

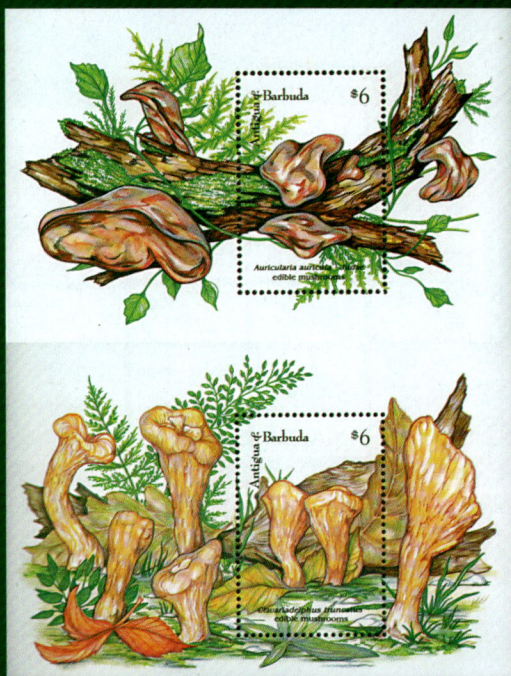

3

1

4

5

6

7

1 BURUNDI (布隆迪) 1992.9.30

Russula ingens Buyck 硕大红菇 10 f

Russula brunneorigida Buyck 棕褐色硬红菇 15 f

Amanita zambiana Pegler & Piearce 赞比亚鹅膏 20 f

Russula subfistulosa Buyck 近中空红菇 30 f

Russula meleagris Buyck 珠鸡斑红菇 75 f

Russula meleagris Buyck 珠鸡斑红菇 85 f

Russula immaculata (Beeli) Dennis 无斑红菇 100 f

Russula sejuncta Buyck 离生红菇 120 f

Russula sejuncta Buyck 离生红菇 130 f

Afroboletus luteolus (Heinem.) Pegler & T. W.K. Young 非洲黄牛肝菌 250 f

2 CAMBODIA (柬埔寨) 1992.9.25

Albatrellus confluens (Alb. & Schwein.) Kotl. & Pouzar 地花菌 5 r

Caloboletus calopus (Pers.) Vizzini 美柄牛肝菌 15 r

Stropharia aeruginosa (Curtis) Quél. 铜绿球盖菇 80 r

Cortinarius armillatus (Fr.) Fr. 蜜环丝膜菌 400 r

Cortinarius traganus (Fr.) Fr. 烈味丝膜菌 1500 r

3 COMORO (科摩罗) 1992.3.23

Boletus edulis Bull. 美味牛肝菌 75 f

Amanita pantherina (DC.) Krombh. 豹斑鹅膏

Armillaria mellea (Vahl) P. Kumm. 蜜环菌

Cantharellus cibarius Fr. 鸡油菌

Macrolepiota procera (Scop.) Singer 高大环柄菇

4 *Geastrum triplex* Jungh. 尖顶地星 150 f

Tylopilus felleus (Bull.) P. Karst. 苦粉孢牛肝菌

Butyriboletus appendiculatus (Schaeff.) D. Arora & J. L. Frank 黄靛牛肝菌

Craterellus tubaeformis (Fr.) Quél. 管形喇叭菌

Pholiota aurivella (Batsch) P. Kumm. 金毛鳞伞

5 *Peziza vesiculosa* Pers. 泡质盘菌 600 f

Amanita caesarea (Scop.) Pers. 橙盖鹅膏

Hypholoma fasciculare (Huds.) P. Kumm. 簇生垂幕菇

Lactarius deliciosus (L.) Gray 松乳菇

Russula foetens (Pers.) Pers. 臭红菇

6 Mushroom 蘑菇 750 f

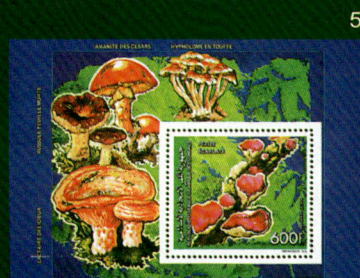

**1　EQUATORIAL GUINEA (赤道几内亚)
1992.11.1**
Termitomyces globulus R. Heim & Gooss.-Font.
球盖白蚁伞 75 f
Termitomyces le-testui (Pat.) R. Heim 粉褐白蚁
伞 125 f
Termitomyces robustus (Beeli) R. Heim 粗柄白
蚁伞 150 f

2　FINLAND (芬兰)1992.10.5
Mushroom 蘑菇 2.1 m

**3　GRENADINES OF SAINT VINCENT [格
林纳丁斯 (圣文森特)] 1992.4.28**
Mushroom 蘑菇 40 c

**4　GRENADINES OF SAINT VINCENT [格
林纳丁斯 (圣文森特)] 1992.7.2**
Entoloma bakeri Dennis 贝氏粉褶蕈 10 c
Hydropus paraensis Singer 卧型湿柄伞 15 c
Leucopaxillus gracillimus Singer & A. H. Sm. 纤
细白桩菇 20 c
Camarophyllopsis dennisiana (Singer) Arnolds
湿褶菇 45 c

Chlorophyllum hortense (Murrill) Vellinga　红 变
青褶伞 50 c
Pyrrhoglossum pyrrhum (Berk. & M. A. Curtis)
Singer 覆瓦生厚舌菌 65c
Amanita craseoderma Bas 薄皮鹅膏 75 c
Lentinus berteroi (Fr.) Fr. 贝氏韧伞 $ 1
Dennisiomyces griseus (Dennis) Singer 灰丹尼
菌 $ 2
Cyptotrama asprata (Berk.) Redhead & Ginns
橙盖干蘑 $ 3
Hygrocybe acutoconica (Clem.) Singer 锥盖湿
伞 $ 4
Lepiota spiculata Pegler 尖顶环柄菇 $ 5

5　*Lepiota volvatula* Pegler 具托环柄菇 $ 6
Saproamanita lilloi (Singer) Redhead, Vizzini,
Drehmel & Contu 列氏腐鹅膏 $ 6
Pluteus chrysophaeus (Schaeff.) Quél. 金褐光
柄菇 $ 6
Sarcoscypha coccinea (Gray) Boud. 绯红肉杯菌

**6　GRENADINES OF SAINT VINCENT [格
林纳丁斯 (圣文森特)] 1992.12.15**
Mushroom 蘑菇 60 c

1 Mushroom 蘑菇 60 c
Mushroom 蘑菇 60 c
Mushroom 蘑菇 60 c
Mushroom 蘑菇 60 c

2 Mushroom 蘑菇 $ 6
Mushroom 蘑菇 $ 6

3 **GUYANA（圭亚那）1992.6.16**
Mushroom 蘑菇 $ 600
Mushroom 蘑菇 $ 600

4 **GUYANA（圭亚那）1992**
Cantharellus guyanensis Mont. 圭亚那鸡油菌 $ 800
Lentinus crinitus (L.) Fr. 毛韧伞
Lentinus velutinus Fr. 绒毛韧伞
Marasmiellus laschiopsis Singer 褐盖微皮伞
Pyrrhoglossum stipitatum Singer 梗厚舌菌

5 **IRELAND（爱尔兰）1992.10.15**
Agaricus bisporus (J. E. Lange) Imbach 双孢蘑菇 32 p

6 **MALDIVES（马尔代夫）1992.5.14**
Laetiporus sulphureus (Bull.) Murrill 硫黄菌 10 l
Coprinopsis atramentaria (Bull.) Redhead, Vilgalys & Moncalvo 墨汁拟鬼伞 25 l
Ganoderma lucidum (Curtis) P. Karst. 亮盖灵芝 50 l
Russula aurea Pers. 橙黄红菇 3.5 r
Polyporus umbellatus (Pers.) Fr. 猪苓多孔菌 5 r
Suillus grevillei (Klotzsch) Singer 厚环乳牛肝菌 8 r
Clavaria zollingeri Lév. 佐林格珊瑚菌 10 r
Boletus edulis Bull. 美味牛肝菌 25 r

7 *Marasmius oreades* (Bolton) Fr. 硬柄小皮伞 25 r
Pycnoporus cinnabarinus (Jacq.) P. Karst. 朱红密孔菌 25 r

1 MALI (马里) 1992.6.1

Agaricus semotus Fr. 小红褐蘑菇 150 f on 485 f

Macrolepiota procera (Scop.) Singer 高大环柄菇 150 f on 525 f

2 SAO TOME AND PRINCIPE (圣多美和普林西比) 1992.5.9

Leccinum scabrum (Bull.) Gray 褐疣柄牛肝菌 Db 75

Amanita excelsa (Fr.) Bertill. 青鹅膏 Db 100

Strobilomyces strobilaceus (Scop.) Berk. 松塔牛肝菌 Db 125

Suillus luteus (L.) Roussel 褐环乳牛肝菌 Db 200

Agaricus sylvaticus Schaeff. 林地蘑菇 Db 500

3 *Amanita pantherina* (DC.) Krombh. 豹斑鹅膏 Db 1000

Agaricus campestris L. 蘑菇 Db 1000

4 SAINT VINCENT (圣文森特) 1992.7.2

Gymnopus subpruinosus (Murrill) Desjardin, Halling & Hemmes 亚白粉裸脚伞 10 c

Gerronema citrinum (Corner) Pegler 柠黄老伞 15 c

Amanita antillana Dennis 安的列斯鹅膏 20 c

Dermoloma atrobrunneum (Dennis) Singer ex Bon 黑皮蘑 45 c

Entoloma maculosum (Pegler) Courtec. & Fiard 深褐粉褶蕈 50 c

Buchwaldoboletus brachyspermus (Pegler) Both & B. Ortiz 短孢布氏牛肝菌 65 c

Mycena violacella (Speq.) Singer 淡紫小菇 75 c

Xerocomus brasiliensis Rick 巴西绒盖牛肝菌 $ 1

Amanita ingrata Pegler 恶味鹅膏 $ 2

Entoloma caeruleocapitatum Dennis 蓝艳粉褶蕈 $ 3

Limacella myochroa Pegler 深色黏伞 $ 4

Entoloma magnificum (Pegler) Courtec. & Fiard 斑点粉褶蕈 $ 5

5 *Amanita agglutinata* (Berk. & M. A. Curtis) Lloyd 片鳞鹅膏 $ 6

Limacella guttata (Pers.) Konrad & Maubl. 斑黏伞 $ 6

Trogia buccinalis (Mont.) Pat. 贝状沟褶菌 $ 6

1

2

3

4

5

1 SAN MARINO (圣马力诺) 1992.9.18

Agaricus xanthodermus Genev. 黄斑蘑菇 250 l

Cortinarius sp. 未定名丝膜菌

Amanita muscaria (L.) Lam. 鹅膏 250 l

Amanita phalloides (Vaill. ex Fr.) Link 鬼笔鹅膏

Ramaria sp. 未定名枝瑚菌

Amanita caesarea (Scop.) Pers. 橙盖鹅膏 350 l

Boletus edulis Bull. 美味牛肝菌

Lactarius deliciosus (L.) Gray 松乳菇

Macrolepiota procera (Scop.) Singer 高大环柄菇

Agaricus campestris L. 蘑菇 350 l

Macrolepiota procera (Scop.) Singer 高大环柄菇

Cantharellus cibarius Fr. 鸡油菌

Coprinopsis atramentaria (Bull.) Redhead, Vilgalys & Moncalvo 墨汁拟鬼伞

Lepista nuda (Bull.) Cooke 紫丁香蘑

2 VIRGIN ISLANDS (BRITISH) (英属维尔京群岛) 1992.1.15

Agaricus bisporus (J. E. Lange) Imbach 双孢蘑菇 12 c

Lentinula edodes (Berk.) Pegler 香菇 30 c

Hygrocybe acutoconica (Clem.) Singer 锥盖湿伞 45 c

Gymnopilus chrysopellus (Berk. & M. A. Curtis) Murrill 金色裸伞 $ 1

3 *Pleurotus ostreatus* (Jacq.) P. Kumm. 糙皮侧耳 $ 2

4 ZIMBABWE (津巴布韦) 1992.8.4

Amanita zambiana Pegler & Piearce 赞比亚鹅膏 20 c

Boletus edulis Bull. 美味牛肝菌 39 c

Termitomyces sp. 未定名白蚁伞 51 c

Cantharellus densifolius Heinem. 金盏花色鸡油菌 60 c

Cantharellus longisporus Heinem. 长孢鸡油菌 65 c

Cantharellus cibarius Fr. 鸡油菌 77 c

5 ANDORRA (安道尔) 1993.3.25

Cantharellus cibarius Fr. 鸡油菌 28 p

6 ANGOLA (安哥拉) 1993.12.5

Calocybe gambosa (Fr.) Donk 香杏丽蘑 300 k

Amanita phalloides (Vaill. ex Fr.) Link 鬼笔鹅膏 500 k

Amanita vaginata (Bull.) Lam. 灰鹅膏 600 k

Macrolepiota procera (Scop.) Singer 高大环柄菇 1000 k

1 ARGENTINA (阿根廷) 1993.8.17
Coprinopsis atramentaria (Bull.) Redhead, Vilgalys & Moncalvo 墨汁拟鬼伞 25 c
Suillus granulatus (L.) Roussel 点柄乳牛肝菌 50 c

2 ARGENTINA (阿根廷) 1993.8.23
Amanita muscaria (L.) Lam. 鹅膏 $ 1
Morchella esculenta (L.) Pers. 羊肚菌 $ 2

3 BARBUDA (巴布达) 1993.1.25
Amanita caesarea (Scop.) Pers. 橙盖鹅膏 10 c
Gymnopus fusipes (Bull.) Gray 梭柄裸脚伞 15 c
Boletus aereus Bull. 铜色牛肝菌 30 c
Laccaria amethystina Cooke 紫蜡蘑 40 c
Russula virescens (Schaeff.) Fr. 变绿红菇 $ 1
Tricholoma aurantium (Schaeff.) Ricken 红橙口蘑 $ 2
Calocybe gambosa (Fr.) Donk 香杏丽蘑 $ 4
Lentinus tigrinus (Bull.) Fr. 虎皮韧伞 $ 5

4 *Clavariadelphus truncatus* (Quél.) Donk 截顶棒瑚菌 $ 6
Auricularia auricula-judae (Bull.) Quél. 木耳 $ 6

5 BURUNDI (布隆迪) 1993.5.10
Russula ingens Buyck 硕大红菇 110 f
Russula brunneorigida Buyck 棕褐色硬红菇 115 f

6 CHINA (中国) 1993.9.3
Lichen 地衣 30 f

7 GAMBIA (冈比亚) 1993.4.5
Schizophyllum commune Fr. 裂褶菌 5 d

8 GHANA (加纳) 1993.7.30
Cantharellus cibarius Fr. 鸡油菌 20 c
Russula cyanoxantha (Schaeff.) Fr. 蓝黄红菇 50 c
Clitocybe rivulosa (Pers.) P. Kumm. 环带杯伞 60 c
Cortinarius elatior Fr. 较高丝膜菌 80 c
Mycena galericulata (Scop.) Gray 盔小菇 80 c
Calocybe gambosa (Fr.) Donk 香杏丽蘑 200 c
Boletus edulis Bull. 美味牛肝菌 200 c
Boletellus chrysenteroides (Snell) Snell 金色条孢牛肝菌 300 c
Hygrocybe punicea (Fr.) P. Kumm. 红湿伞 350 c
Lepiota sericea (Cool) Huijsman 绢毛环柄菇 350 c

9 *Lepista personata* (Fr.) Cooke 粉紫香蘑 200 c
Gyroporus castaneus (Bull.) Quél. 褐圆孔牛肝菌 250 c
Gomphidius glutinosus (Schaeff.) Fr. 黏铆钉菇 500 c
Russula olivacea (Schaeff.) Fr. 青黄红菇 600 c
Russula aurea Pers. 橙黄红菇 1000 c

10 *Clitocybe rivulosa* (Pers.) P. Kumm. 环带杯伞 50 c
Mycena galericulata (Scop.) Gray 盔小菇 100 c
Boletus edulis Bull. 美味牛肝菌 150 c
Leucoagaricus sericifer (Locq.) Vellinga 绢毛白环菇 1000 c
Cantharellus cibarius Fr. 鸡油菌 100 c
Cortinarius elatior Fr. 较高丝膜菌 150 c
Calocybe gambosa (Fr.) Donk 香杏丽蘑 300 c
Hygrophorus puniceus (Fr.) Fr. 红蜡伞 600 c

11 GREAT BRITAIN (英国) 1993.9.14
Fungal disease 植物病原菌 18 p
Fungal disease 植物病原菌 24 p
Fungal disease 植物病原菌 28 p
Fungal disease 植物病原菌 33 p

12 GRENADA GRENADINES (格林纳达格林纳丁斯) 1993.11.11
Mushroom 蘑菇 $ 6

13 GUYANA (圭亚那) 1993.3.30
Mushroom 蘑菇 $ 600
Mushroom 蘑菇 $ 600

14 GUYANA (圭亚那) 1993.6.28
Amanita phalloides (Vaill. ex Fr.) Link 鬼笔鹅膏 $ 7.65
Rubroboletus satanas (Lenz) Kuan Zhao & Zhu L. Yang 细网红牛肝菌 $ 8.9
Suillus granulatus (L.) Roussel 点柄乳牛肝菌 $ 50
Phaeolepiota aurea (Matt.) Maire 金盖暗环柄菇 $ 100
Pluteus leoninus (Schaeff.) P. Kumm. 狮黄光柄菇 $ 250

5

6

7

10

8

3

9

11

12

13

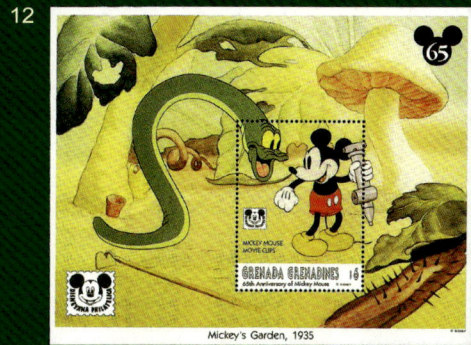

Mickey's Garden, 1935

14

1 *Hypholoma fasciculare* (Huds.) P. Kumm. 簇生垂幕菇 $ 500
Omphalotus illudens (Schwein.) Bresinsky & Besl 亮光类脐菇 $ 500

2 *Hygrocybe chlorophana* (Fr.) Wünsche 蜡黄湿伞 $ 500
Parasola plicatilis (Curtis) Redhead 褶纹近地伞 $ 500

3 *Kuehneromyces mutabilis* (Schaeff.) Singer & A. H. Sm. 库恩菇 $ 500

4 GUYANA (圭亚那) 1993.10.11
Mushroom 蘑菇 $ 600
Mushroom 蘑菇 $ 600

5 HUNGARY (匈牙利) 1993.6.1
Ramaria botrytis (Pers.) Bourdot 葡萄状枝瑚菌 10 f

Craterellus cornucopioides (L.) Pers. 灰黑喇叭菌 17 f
Amanita caesarea (Scop.) Pers. 橙盖鹅膏 45 f

6 KOREA D P R (朝鲜) 1993.1.10
Flammulina filiformis (Z. W. Ge, X. B. Liu & Zhu L. Yang) P. M. Wang, Y. C. Dai, E. Horak & Zhu L. Yang 丝盖冬菇 10 c
Coprinus comatus (O. F. Müll.) Pers. 毛头鬼伞 20 c
Ganoderma lucidum (Curtis) P. Karst. 亮盖灵芝 30 c
Lentinula edodes (Berk.) Pegler 香菇 40 c
Volvariella bombycina (Schaeff.) Singer 银丝草菇 50 c
Sarcodon imbricatus (L.) P. Karst. 鳞形肉齿菌 60 c

7 *Cordyceps militaris* (L.) Fr. 蛹虫草 1 w

1 KOREA（韩国）1993.7.26
Tricholoma matsutake (S. Ito & S. Imai) Singer
松口蘑 110 w
Ganoderma sichuanense J. D. Zhao & X. Q.
Zhang, in Zhao, Xu & Zhang 灵芝 110 w
Pleurotus ostreatus (Jacq.) P. Kumm. 糙皮侧耳
110 w
Lentinula edodes (Berk.) Pegler 香菇 110 w

2 MADAGASCAR（马达加斯加）1993.9.28
Russula robusta R. Heim 粗壮红菇 140 f
Lactarius adhaerens R. Heim 黏乳菇

3 *Russula radicans* R. Heim 假根红菇 500 f
Russula tricolor R. Heim 三色红菇
Lactifluus rubroviolascens (R. Heim) Verbeken
红紫多汁乳菇

4 *Lactarius fulgens* R. Heim 光黄乳菇 640 f
Russula citrinipes R. Heim 蓝艳红菇

5 *Russula singeri* R. Heim 辛格红菇 1025 f

Russula violacea Quél. 堇紫红菇
Lactifluus pisciodorus (R. Heim) Verbeken 鱼香
多汁乳菇

6 *Russula annulata* R. Heim 一年生红菇 1140 f
Russula archaea R. Heim 古生红菇

7 *Lactarius pandani* R. Heim 露兜树乳菇 3500 f
Russula aurora Krombh. 橙红菇
Russula heliochroma R. Heim 河海姆红菇

8 *Russula aureotacta* R. Heim 金色红菇 4500 f
Lactifluus claricolor (R. Heim) Verbeken 亮色多
汁乳菇
Russula fistulosa R. Heim 舌色红菇

9 MADAGASCAR（马达加斯加）1993.12.15
Russula annulata R. Heim 一年生红菇 45 f
Lactifluus claricolor (R. Heim) Verbeken 亮色多
汁乳菇 60 f
Russula tuberculosa R. Heim 瘤表红菇 140 f
Russula fistulosa R. Heim 舌色红菇 3000 f

1

2

3

4

5

6

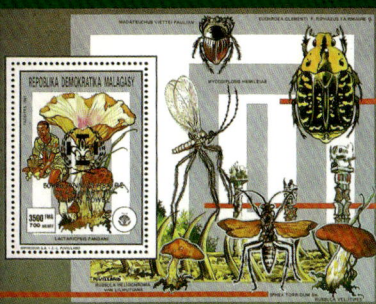
7

8

9

1　MONGOLIA (蒙古国) 1993.1.5
Mushroom 蘑菇 200 t
Mushroom 蘑菇 200 t

2　MONGOLIA (蒙古国) 1993.6.1
Mushroom 蘑菇 200 t
Mushroom 蘑菇 200 t

3　SAO TOME AND PRINCIPE (圣多美和普林西比) 1993.5.25
Cyclocybe cylindracea (DC.) Vizzini & Angelini 柱状圆盖伞 Db 800
Agaricus arvensis Schaeff. 野蘑菇 Db 800
Coprinus comatus (O. F. Müll.) Pers. 毛头鬼伞 Db 800
Gliophorus psittacinus (Schaeff.) Herink 青绿胶柄菌 Db 800
Amanita caesarea (Scop.) Pers. 橙盖鹅膏 Db 800

4　*Pluteus ephebeus* (Fr.) Gillet 嫩光柄菇 Db 2000

Ramaria aurea (Schaeff.) Quél. 金黄枝瑚菌 Db 2000

5　SIERRA LEONE (塞拉利昂) 1993.5.5
Amanita flammeola Pegler & Piearce 焰色鹅膏 le 30
Cantharellus pseudocibarius Henn. 假鸡油菌 le 50
Volvariella volvacea (Bull.) Singer 草菇 le 100
Termitomyces microcarpus (Berk. & Broome) R. Heim 小白蚁伞 le 200
Auricularia auricula-judae (Bull.) Quél. 木耳 le 300
Lentinus tuber-regium (Fr.) Fr. 菌核韧伞 le 400
Schizophyllum commune Fr. 裂褶菌 le 500
Termitomyces robustus (Beeli) R. Heim 粗柄白蚁伞 le 600

6　*Phallus rubicundus* (Bosc.) Fr. 红鬼笔 le 1000
Daldinia concentrica (Bolton) Ces. & De Not. 黑轮层炭壳 le 1000

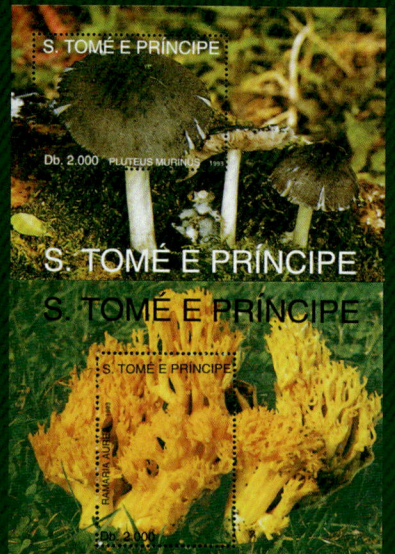

1　SOMALIA (索马里) 1993.7.27

Amanita excelsa (Fr.) Bertill. 青鹅膏 200 sh
Cantharellus friesii Quél. 弗赖斯鸡油菌 500 sh
Coprinus comatus (O. F. Müll.) Pers. 毛头鬼伞 800 sh
Boletus reticulatus Schaeff. 网纹牛肝菌 1500 sh

2　SPAIN (西班牙) 1993.3.18

Macrolepiota procera (Scop.) Singer 高大环柄菇 17 p
Amanita caesarea (Scop.) Pers. 橙盖鹅膏 17 p
Lactarius sanguifluus (Paulet) Fr. 血红乳菇 28 p
Russula cyanoxantha (Schaeff.) Fr. 蓝黄红菇 28 p

3　TANZANIA (坦桑尼亚) 1993.6.18

Chlorophyllum rhacodes (Vittad.) Vellinga 粗鳞青褶伞 20 s
Mycena pura (Pers.) P. Kumm. 洁小菇 40 s
Chlorophyllum molybdites (G. Mey.) Massee ex P. Syd. 大青褶伞 50 s
Agaricus campestris L. 蘑菇 70 s

Volvariella volvacea (Bull.) Singer 草菇 100 s
Leucoagaricus leucothites (Vittad.) Wasser 粉褶白环菇 150 s
Hymenopellis radicata (Relhan) R. H. Petersen 长根膜片菌 200 s
Clitocybe nebularis (Batsch) P. Kumm. 水粉杯伞 300 s

4　*Omphalotus olearius* (DC.) Singer 奥尔类脐菇 500 s

Lepista nuda (Bull.) Cooke 紫丁香蘑 500 s

5　THAILAND (泰国) 1993.2.2

Volvariella volvacea (Bull.) Singer 草菇 2 b

6　THAILAND (泰国) 1993.7.1

Marasmius sp. 未定名小皮伞 2 b
Coprinus comatus (O. F. Müll.) Pers. 毛头鬼伞 4 b
Mycena galericulata (Scop.) Gray 盔小菇 6 b
Cyathus sp. 未定名黑蛋巢菌属 8 b

7　TRANSKEI (特兰斯凯) 1993.8.20

Penicillium notatum Westling 点青霉 45 c

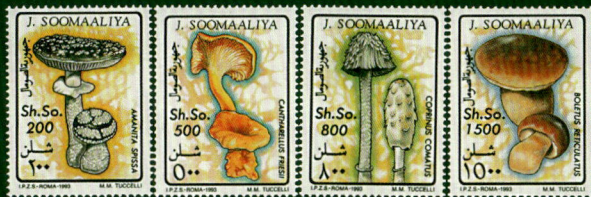

1

2

3

4

5

7

6

1　ZAIRE (扎伊尔) 1993.10.29

Phylloporus ampliporus Heinem. & Rammeloo
环孢褶孔牛肝菌 500000 z in 30 s
Engleromyces goetzei Henn. 戈茨肉球菌
500000 z in 5 k
Scutellinia virungae Van der Veken 黏盾盘菌
750000 z in 8 k
Pycnoporus sanguineus (L.) Murrill 血红密孔菌
750000 z in 10 k
Cantharellus miniatescens Heinem. 小鸡油菌 1
mil z in 30 k
Lactarius phlebonemus (R. Heim & Gooss.-
Font.) Verbeken 深褐乳菇 1 mil z in 40 k
Phallus indusiatus Vent. 长裙竹荪 5 mil z in 48 k
Ramaria moelleriana (Bres. & Roum.) Corner
莫氏枝瑚菌 10 mil z in 100 k

2　ANDORRA (安道尔) 1994.5.6

Penicillium notatum Westling 点青霉 29 p

3　ANDORRA (安道尔) 1994.9.27

Hygrophorus gliocyclus Fr. 灰蜡伞 29 p

4　ARGENTINA (阿根廷) 1994.1.11

Psilocybe cubensis (Earle) Singer 古巴裸盖菇
10 c

5　ARGENTINA (阿根廷) 1994.6.14

Psilocybe cubensis (Earle) Singer 古巴裸盖菇
10 c
Coprinopsis atramentaria (Bull.) Redhead,
Vilgalys & Moncalvo 墨汁拟鬼伞 25 c
Suillus granulatus (L.) Roussel 点柄乳牛肝菌 50 c
Amanita muscaria (L.) Lam. 鹅膏 $ 1
Morchella esculenta (L.) Pers. 羊肚菌 $ 2

6　BATUM (巴统) 1994.8.31

Cantharellus cibarius Fr. 鸡油菌 10 k
Pleurotus ostreatus (Jacq.) P. Kumm. 糙皮侧耳
25 k
Agaricus bisporus (J. E. Lange) Imbach 双孢蘑
菇 50 k
Amanita muscaria (L.) Lam. 鹅膏 100 k
Calocybe gambosa (Fr.) Donk 香杏丽蘑 200 k
Naematoloma fasciculare (Huds.) P. Karst. 簇生
沿丝伞 300 k

1 *Hypholoma fasciculare* (Huds.) P. Kumm. 簇生垂幕菇 300 k

Chlorophyllum rhacodes (Vittad.) Vellinga 粗鳞青褶伞

Lepista nuda (Bull.) Cooke 紫丁香蘑

Amanita muscaria (L.) Lam. 鹅膏 1800 k

Amanita muscaria (L.) Lam. 鹅膏 1800 k

2 CENTRAL AFRICA (中非) 1994.1.21

Termitomyces schimperi (Pat.) R. Heim 鳞盖白蚁伞 50 f

Marasmius arborescens (Henn.) Beeli 树下小皮伞 80 f

Phlebopus sudanicus (Har. & Pat.) Heinem. 苏丹网斑牛肝菌 200 f

Macrolepiota africana (R. Heim) Heinem. 非洲大环柄菇 600 f

3 COMORO (科摩罗) 1994.5.24

Suillus luteus (L.) Roussel 褐环乳牛肝菌 75 f

Lycogala epidendrum (J. C. Buxb. ex L.) Fr. 粉瘤菌 150 f

Clathrus ruber P. Micheli ex Pers. 红笼头菌 525 f

4 DOMINICA (多米尼克) 1994.4.18

Russula matoubensis Pegler 淡红菇 20 c

Entoloma caeruleocapitatum Dennis 蓝艳粉褶蕈 25 c

Inocybe littoralis Pegler 海边丝盖伞 65 c

Russula hygrophytica Pegler 湿红菇 90 c

Pyrrhoglossum lilaceipes Singer 淡色厚舌菌 $ 1

Hygrocybe acutoconica (Clem.) Singer 锥盖湿伞 $ 2

Entoloma magnificum (Pegler) Courtec. & Fiard 斑点粉褶蕈 $ 3

Boletellus cubensis (Berk. & M. A. Curtis) Singer 热带条孢牛肝菌 $ 5

5 *Gerronema citrinum* (Corner) Pegler 柠黄老伞 $ 6

Panus neostrigosus Drechsler-Santos & Wartchow 革耳 $ 6

1

2

3

5

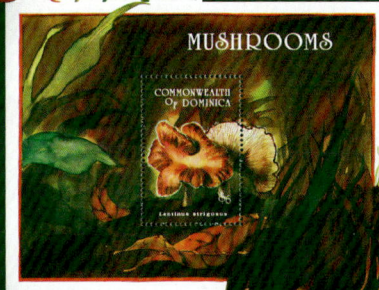

4

1 GAMBIA (冈比亚) 1994.9.30
Agaricus campestris L. 蘑菇 5 d
Lepista nuda (Bull.) Cooke 紫丁香蘑 5 d
Podaxis pistillaris (L.) Fr. 轴灰包 5 d
Hymenopellis radicata (Relhan) R. H. Petersen 长根膜片菌 5 d
Schizophyllum commune Fr. 裂褶菌 5 d
Chlorophyllum molybdites (G. Mey.) Massee ex P. Syd. 大青褶伞 5 d
Hypholoma fasciculare (Huds.) P. Kumm. 簇生垂幕菇 5 d
Mycena pura (Pers.) P. Kumm. 洁小菇 5 d
Ganoderma lucidum (Curtis) P. Karst. 亮盖灵芝 5 d

2 *Suillus luteus* (L.) Roussel 褐环乳牛肝菌 5 d
Bolbitius titubans (Bull.) Fr. 粪锈伞 5 d
Clitocybe nebularis (Batsch) P. Kumm. 水粉杯伞 5 d
Omphalotus olearius (DC.) Singer 奥尔类脐菇 5 d
Auricularia auricula-judae (Bull.) Quél. 木耳 5 d
Chlorophyllum rhacodes (Vittad.) Vellinga 粗鳞青褶伞 5 d
Volvariella volvacea (Bull.) Singer 草菇 5 d

Deconica coprophila (Bull.) P. Karst. 喜粪钝顶菇 5 d
Suillus granulatus (L.) Roussel 点柄乳牛肝菌 5 d

3 *Leucoagaricus leucothites* (Vittad.) Wasser 粉褶白环菇 20 d
Cyathus striatus (Huds.) Willd. 隆纹黑蛋巢菌 20 d

4 GRENADA (格林纳达) 1994.6.4
Hygrocybe acutoconica (Clem.) Singer 锥盖湿伞 35 c
Leucopaxillus gracillimus Singer & A. H. Sm. 纤细白桩菇 45 c
Entoloma caeruleocapitatum Dennis 蓝艳粉褶蕈 50 c
Leucocoprinus birnbaumii (Corda) Singer 纯黄白鬼伞 75 c
Marasmius atrorubens Berk. 暗红小皮伞 $ 1
Boletellus cubensis (Berk. & M. A. Curtis) Singer 热带条孢牛肝菌 $ 2
Chlorophyllum molybdites (G. Mey.) Massee ex P. Syd. 大青褶伞 $ 4
Psilocybe cubensis (Earle) Singer 古巴裸盖菇 $ 5

1

2

3

4

1   *Mycena pura* (Pers.) P. Kumm. 洁小菇 $ 6
Pyrrhoglossum lilaceipes Singer 淡色厚舌菌 $ 6

2   **GRENADA GRENADINES（格林纳达格林纳丁斯）1994.4.6**
Hygrocybe hypohaemacta (Corner) Pegler 血红湿伞 35 c
Cantharellus cinnabarinus (Schwein.) Schwein. 红鸡油菌 45 c
Marasmius haematocephalus (Mont.) Fr. 红盖小皮伞 50 c
Mycena pura (Pers.) P. Kumm. 洁小菇 75 c
Gymnopilus russipes Pegler 红柄裸伞 $ 1
Calocybe cyanocephala (Pat.) Pegler 蓝盖丽蘑 $ 2

Pluteus chrysophaeus (Schaeff.) Quél. 金褐光柄菇 $ 4
Chlorophyllum molybdites (G. Mey.) Massee ex P. Syd. 大青褶伞 $ 5

3   *Gymnopus fusipes* (Bull.) Gray 梭柄裸脚伞 $ 6
Xeromphalina tenuipes (Schwein.) A. H. Sm. 细柄干脐菇 $ 6

4   **GUYANA（圭亚那）1994.2.10**
Mushroom 蘑菇 $ 1200
Mushroom 蘑菇 $ 1200

5   **GUYANA（圭亚那）1994.6.20**
Amanita muscaria (L.) Lam. 鹅膏 $ 300
Amanita muscaria (L.) Lam. 鹅膏 $ 300

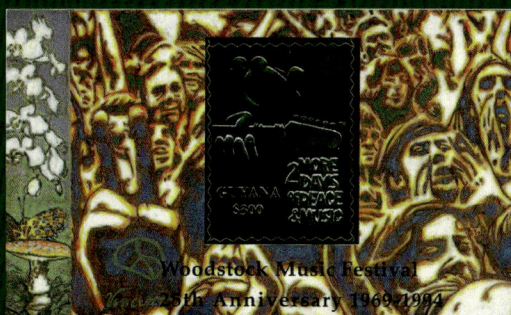

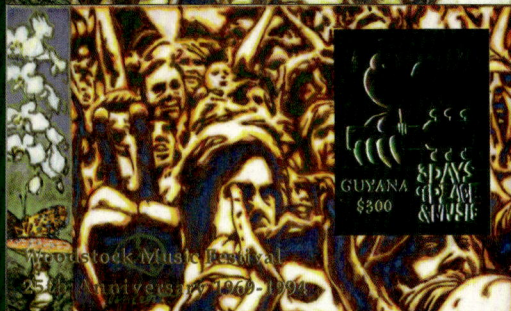

1　GUYANA（圭亚那）1994.6.20

Ganoderma sp. 未定名灵芝 $ 60

Ganoderma sp. 未定名灵芝 $ 60

Ganoderma sp. 未定名灵芝 $ 60

Ganoderma sp. 未定名灵芝 $ 60

2　*Ganoderma* sp. 未定名灵芝 $ 60

Ganoderma sp. 未定名灵芝 $ 60

Ganoderma sp. 未定名灵芝 $ 60

3　JERSEY（泽西岛）1994.1.11

Coprinus comatus (O. F. Müll.) Pers. 毛头鬼伞 18 p

Amanita muscaria (L.) Lam. 鹅膏 23 p

Cantharellus cibarius Fr. 鸡油菌 30 p

Macrolepiota procera (Scop.) Singer 高大环柄菇 41 p

Clathrus ruber P. Micheli ex Pers. 红笼头菌 60 p

4　KOREA（韩国）1994.5.30

Cortinarius purpurascens Fr. 紫丝膜菌 110 w

Megacollybia platyphylla (Pers.) Kotl. & Pouzar 宽褶大金钱菌 110 w

Turbinellus floccosus (Schwein.) Earle ex Giachini & Castellano 小陀螺菌 110 w

Morchella esculenta (L.) Pers. 羊肚菌 110 w

5　MACEDONIA（马其顿）1994.3.1

Amanita caesarea (Scop.) Pers. 橙盖鹅膏 $ 1

6　*Amanita caesarea* (Scop.) Pers. 橙盖鹅膏 $ 1

7　MALI（马里）1994.9.12

Clitocybe nebularis (Batsch) P. Kumm. 水粉杯伞 200 f

Macrolepiota procera (Scop.) Singer 高大环柄菇 225 f

Lepiota asperula G. F. Atk. 星鳞环柄菇 500 f

1

2

7

5

6

4

3

1 MONACO (摩纳哥) 1994.3.14
Mushroom 蘑菇 6 f

2 MONGOLIA (蒙古国) 1994.7.15
Mushroom 蘑菇 60 t

3 NEPAL (尼泊尔) 1994.12.20
Ophiocordyceps sinensis (Berk.) G. H. Sung, J. M. Sung, Hywel-Jones & Spatafora 冬虫夏草 7 r
Morchella esculenta (L.) Pers. 羊肚菌 7 r
Amanita caesarea (Scop.) Pers. 橙盖鹅膏 7 r
Russula nepalensis Adhikari 尼泊尔红菇 7 r

4 ROMANIA (罗马尼亚) 1994.8.5
Craterellus cornucopioides (L.) Pers. 灰黑喇叭菌 30 l
Lepista nuda (Bull.) Cooke 紫丁香蘑 60 l
Boletus edulis Bull. 美味牛肝菌 150 l
Lycoperdon perlatum Pers. 网纹马勃 940 l

5 *Rubroboletus satanas* (Lenz) Kuan Zhao & Zhu L. Yang 细网红牛肝菌 90 l
Amanita phalloides (Vaill. ex Fr.) Link 鬼笔鹅膏

280 l
Inocybe erubescens A. Blytt 变红丝盖伞 350 l
Amanita muscaria (L.) Lam. 鹅膏 500 l

6 SOMALIA (索马里) 1994.2.15
Lactarius deliciosus (L.) Gray 松乳菇 300 sh
Amanita muscaria (L.) Lam. 鹅膏 400 sh
Russula vesca Fr. 菱红菇 900 sh
Morchella esculenta (L.) Pers. 羊肚菌 1000 sh

7 SPAIN (西班牙) 1994.2.18
Rubroboletus satanas (Lenz) Kuan Zhao & Zhu L. Yang 细网红牛肝菌 18 p
Boletus edulis Bull. 美味牛肝菌 18 p
Amanita phalloides (Vaill. ex Fr.) Link 鬼笔鹅膏 29 p
Lactarius deliciosus (L.) Gray 松乳菇 29 p

1　SWAZILAND (斯威士兰) 1994.9.15
Agaricus arvensis Schaeff. 野蘑菇 30 c
Boletus edulis Bull. 美味牛肝菌 40 c
Russula virescens (Schaeff.) Fr. 变绿红菇 1 e
Armillaria mellea (Vahl) P. Kumm. 蜜环菌 2 e

2　SWITZERLAND (瑞士) 1994.11.28
Lepista nuda (Bull.) Cooke 紫丁香蘑 60 c + 30 c
Leccinum aurantiacum (Bull.) Gray 橙黄疣柄牛肝菌 80 c + 40 c
Pholiota squarrosa (Vahl) P. Kumm. 翘鳞伞 100 c + 50 c

3　TURKEY (土耳其) 1994.11.16
Morchella esculenta (L.) Pers. 羊肚菌 2500 l
Agaricus bernardii Quél. 白鳞蘑菇 5000 l
Lactarius deliciosus (L.) Gray 松乳菇 7500 l
Macrolepiota procera (Scop.) Singer 高大环柄菇 12500 l

4　TURKS AND CAICOS ISLANDS (特克

斯和凯科斯群岛) 1994.10.10
Xerocomus guadelupae (Singer & Fiard) Pegler 瓜地绒盖牛肝菌 5 c
Volvariella volvacea (Bull.) Singer 草菇 10 c
Hygrocybe atrosquamosa Pegler 黑鳞湿伞 35 c
Pleurotus ostreatus (Jacq.) P. Kumm. 糙皮侧耳 50 c
Marasmius pallescens Murrill 淡色小皮伞 65 c
Parasola plicatilis (Curtis) Redhead 褶纹近地伞 80 c
Bolbitius titubans (Bull.) Fr. 粪锈伞 $ 1.1
Pyrrhoglossum lilaceipes Singer 淡色厚舌菌 $ 1.5

5　*Lentinula edodes* (Berk.) Pegler 香菇 $ 2
Russula cremeolilacina Pegler 奶榛色红菇 $ 2

6　ANTIGUA AND BARBUDA (安提瓜 和 巴布达) 1995.11.8
Mushroom 蘑菇 $ 1

7　AUSTRALIA (澳大利亚) 1995.9.7
Penicillium notatum Westling 点青霉 $ 2.5

1

2

5

7

3

4

6

1 AZERBAIJAN (阿塞拜疆) 1995.9.1
Phaeolepiota aurea (Matt.) Maire 金盖暗环柄菇 100 m
Amanita muscaria (L.) Lam. 鹅膏 250 m
Macrolepiota procera (Scop.) Singer 高大环柄菇 300 m
Hygrophorus speciosus Peck 美丽蜡伞 400 m

2 *Amanita muscaria* (L.) Lam. 鹅膏 500 m

3 BRAZIL (巴西) 1995.10.12
Phaeolepiota aurea (Matt.) Maire 金盖暗环柄菇 0.15 r

4 CAMBODIA (柬埔寨) 1995.3.23
Amanita phalloides (Vaill. ex Fr.) Link 鬼笔鹅膏 100 r

Cantharellus cibarius Fr. 鸡油菌 200 r
Armillaria mellea (Vahl) P. Kumm. 蜜环菌 300 r
Agaricus campestris L. 蘑菇 600 r
Amanita muscaria (L.) Lam. 鹅膏 800 r

5 CENTRAL AFRICA (中非) 1995.5.24
Armillaria mellea (Vahl) P. Kumm. 蜜环菌 300 fr
Mushroom 蘑菇 385 f

6 Mushroom 蘑菇 405 f
Mushroom 蘑菇 430 f

7 *Volvariella esculenta* (Massee) Singer 美味草菇 500 f
Cortinarius sp. 未定名丝膜菌 1000 f

1

3

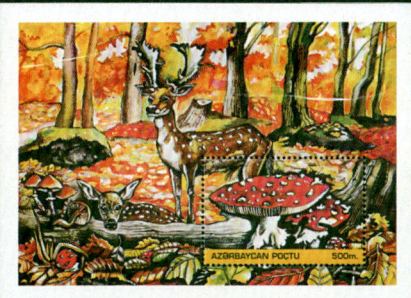

2

5

6

7

1 *Tremella fuciformis* Berk. 银耳 2000 f

2 CÔTE D'IVOIRE (科特迪瓦) 1995.9.8
Lentinus tuber-regium (Fr.) Fr. 菌核韧伞 30 f
Volvariella volvacea (Bull.) Singer 草菇 50 f
Phallus indusiatus Vent. 长裙竹荪 180 f
Termitomyces schimperi (Pat.) R. Heim 鳞盖白蚁伞 250 f

3 GUERNSEY (格恩西岛) 1995.2.2
Agaricus bisporus (J. E. Lange) Imbach 双孢蘑菇 24 p

4 GUINEA (几内亚) 1995.11.15
Leccinellum crocipodium (Letell.) Della Magg. & Trassin. 黄皮小疣柄牛肝菌 150 f
Phylloporus rhodoxanthus (Schwein.) Bres. 红黄褶孔牛肝菌 250 f
Paxillus involutus (Batsch) Fr. 卷边网褶菌 500 f
Craterellus lutescens (Fr.) Fr. 变黄喇叭菌 500 f
Hortiboletus rubellus (Krombh.) Simonini, Vizzini & Gelardi 朱红花园牛肝菌 500 f

5 *Phaeolepiota aurea* (Matt.) Maire 金盖暗环柄菇 1000 f

6 HONDURAS (洪都拉斯) 1995.4.7
Marasmius cohaerens (Alb. & Schwein.) Cooke & Quél. 联柄小皮伞 1 l
Lepista nuda (Bull.) Cooke 紫丁香蘑 1 l
Trichaptum biforme (Fr.) Ryvarden 囊孔附毛孔菌 1 l
Fomes sp. 未定名层孔菌 1 l
Panaeolus papilionaceus (Bull.) Quél. 蝶形斑褶菇 1 l
Cuphophyllus aurantius (Murrill) Lodge, K. W. Hughes & Lickey 橙拱顶菌 1 l

7 *Psathyrella* sp. 未定名小脆柄菇 1.5 l
Amanita rubescens Pers. 赭盖鹅膏 1.5 l
Aureoboletus russellii (Frost) G. Wu & Zhu L. Yang. 楞柄南牛肝菌 1.5 l
Butyriboletus frostii (J. L. Russell) G. Wu, Kuan

Zhao & Zhu L. Yang 弗氏黄靛牛肝菌 1.5 l
Marasmius spegazzinii Sacc. & P. Syd. 斯氏小皮伞 1.5 l
Heterobasidion annosum (Fr.) Bref. 多年异担子菌 1.5 l

8 *Craterellus cornucopioides* (L.) Pers. 灰黑喇叭菌 2 l
Amanita sp. 未定名鹅膏 2 l
Auricularia delicata (Mont.) Henn. 皱木耳 2 l
Psilocybe cubensis (Earle) Singer 古巴裸盖菇 2 l
Clavariadelphus pistillaris (L.) Donk 棒瑚菌 2 l
Butyriboletus regius (Krombh.) D. Arora & J. L. Frank 桃红黄靛牛肝菌 2 l

9 *Scleroderma aurantium* (Vaill.) Pers. 金黄硬皮马勃 2.5 l
Saproamanita praegraveolens (Murrill) Redhead, Vizzini, Drehmel & Contu 早熟腐鹅膏 2.5 l
Cantharellus cibarius Fr. 鸡油菌 2.5 l
Geastrum triplex Jungh. 尖顶地星 2.5 l
Russula emetica (Schaeff.) Pers. 毒红菇 2.5 l
Boletus pinophilus Pilát & Dermek 褐红牛肝菌 2.5 l

10 *Trametes versicolor* (L.) Lloyd 云芝栓孔菌 3 l
Gloeocantharellus purpurascens (Hesler) Singer 紫黏鸡油菌 3 l
Lyophyllum decastes (Fr.) Singer 荷叶离褶伞 3 l
Pleurotus ostreatus (Jacq.) P. Kumm. 糙皮侧耳 3 l
Rubroboletus satanas (Lenz) Kuan Zhao & Zhu L. Yang 细网红牛肝菌 3 l
Amanita caesarea (Scop.) Pers. 橙盖鹅膏 3 l

11 KOREA (韩国) 1995.3.31
Neolentinus lepideus (Fr.) Redhead & Ginns 豹皮新香菇 130 w
Laetiporus sulphureus (Bull.) Murrill 硫黄菌 130 w
Coprinus comatus (O. F. Müll.) Pers. 毛头鬼伞 130 w
Russula virescens (Schaeff.) Fr. 变绿红菇 130 w

4

5

3

11

6

7

8

9

10

1 KOREA D P R (朝鲜) 1995.3.25
Russula virescens (Schaeff.) Fr. 变绿红菇 20 c
Russula atropurpurea (Krombh.) Britzelm. 黑紫红菇 30 c
Amanita caesarea (Scop.) Pers. 橙盖鹅膏 1 w

2 KOREA D P R (朝鲜) 1995.7.1
Russula ochroleuca Fr. 黄白红菇 40 c
Craterellus cornucopioides (L.) Pers. 灰黑喇叭菌 60 c
Coprinus comatus (O. F. Müll.) Pers. 毛头鬼伞 80 c

3 LIBYA (利比亚) 1995.11.25
Mushroom 蘑菇 100 f

4 MALDIVES (马尔代夫) 1995.10.18
Russula aurea Pers. 橙黄红菇 2 r
Lepista personata (Fr.) Cooke 粉紫香蘑 2 r
Lepista nuda (Bull.) Cooke 紫丁香蘑 2 r
Boletus subtomentosus L. 细绒牛肝菌 2 r

5 *Gyroporus castaneus* (Bull.) Quél. 褐圆孔牛肝菌 5 r
Gomphidius glutinosus (Schaeff.) Fr. 黏铆钉菇 8 r
Russula olivacea (Schaeff.) Fr. 青黄红菇 10 r
Boletus edulis Bull. 美味牛肝菌 12 r

6 *Phylloporus rhodoxanthus* (Schwein.) Bres. 褶孔牛肝菌 25 r
Amanita muscaria (L.) Lam. 鹅膏 25 r

7 MALAYSIA (马来西亚) 1995.1.18
Microporus xanthopus (Fr.) Kuntze 黄柄小孔菌 20 c
Cookeina tricholoma (Mout.) Kuntze 毛缘毛杯菌 30 c
Dictyophora phalloidea Desv. 棒竹荪 50 c
Ramaria sp. 未定名枝瑚菌 Rm 1

8 MALI (马里) 1995.8.1
Imleria badia (Fr.) Vizzini 黑褐牛肝菌 150 f
Amanita caesarea (Scop.) Pers. 橙盖鹅膏 225 f

9 *Russula mustelina* Fr. 赭盖红菇 240 f

Clitocybe nebularis (Batsch) P. Kumm. 水粉杯伞 500 f
Lactarius torminosus (Schaeff.) Gray 毛头乳菇

10 *Agaricus semotus* Fr. 小红褐蘑菇 650 f
Russula xerampelina (Schaeff.) Fr. 黄孢红菇
Macrolepiota procera (Scop.) Singer 高大环柄菇 725 f
Amanita fulva Fr. 褐托鹅膏

11 *Clathrus ruber* P. Micheli ex Pers. 红笼头菌 1500 f

12 MAN ISLAND (马恩岛) 1995.9.1
Amanita muscaria (L.) Lam. 鹅膏 20 p
Boletus edulis Bull. 美味牛肝菌 24 p
Coprinellus disseminatus (Pers.) J. E. Lange 白色小鬼伞 30 p
Pleurotus ostreatus (Jacq.) P. Kumm. 糙皮侧耳 35 p
Geastrum triplex Jungh. 尖顶地星 45 p

13 *Coprinus comatus* (O. F. Müll.) Pers. 毛头鬼伞 £ 1

14 MOLDOVA (摩尔多瓦) 1995.2.28
Russula virescens (Schaeff.) Fr. 变绿红菇 4 b
Suillellus luridus (Schaeff.) Murrill 褐黄小乳牛肝菌 10 b
Cantharellus cibarius Fr. 鸡油菌 20 b
Leccinum aurantiacum (Bull.) Gray 橙黄疣柄牛肝菌 90 b
Leccinum duriusculum (Schulzer ex Kalchbr.) Singer 皱皮疣柄牛肝菌 1.8 l

15 PAPUA NEW GUINEA (巴布亚新几内亚) 1995.6.21
Lentinus umbrinus Reichardt 暗色韧伞 25 t
Amanita hemibapha (Berk. & Broome) Sacc. 红黄鹅膏 50 t
Boletellus emodensis (Berk.) Singer 木生条孢牛肝菌 65 t
Phaeoclavulina zippelii (Lév.) Overeem 刺孢暗锁瑚菌 1 k

1

2

3

4

5

6

7

13

8

9

10

11

12

14

15

1 **SAINT PIERRE AND MIQUELON (圣皮 埃尔和密克隆) 1995.3.8**
Cladonia chlorophaea (Flörke ex Sommerf.) Spreng 变绿石蕊 3.7 f

2 **SAO TOME AND PRINCIPE (圣多美和 普林西比) 1995.11.2**
Marasmius oreades (Bolton) Fr. 硬柄小皮伞 Db 1000
Boletus edulis Bull. 美味牛肝菌 Db 1000
Lactarius deliciosus (L.) Gray 松乳菇 Db 1000
Cortinarius praestans (Cordier) Gillet 缘纹丝膜菌 Db 1000
Macrolepiota procera (Scop.) Singer 高大环柄菇 Db 1000
Leccinum aurantiacum (Bull.) Gray 橙黄疣柄牛肝菌 Db 1000

3 *Lycoperdon pyriforme* Schaeff. 梨形马勃 Db 2000
Cantharellus cibarius Fr. 鸡油菌 Db 2000

4 *Hortiboletus rubellus* (Krombh.) Simonini, Vizzini & Gelardi 朱红花园牛肝菌 Db1000
Cortinarius caperatus (Pers.) Fr. 皱盖丝膜菌 Db 1000
Cortinarius violaceus (L.) Gray 董紫丝膜菌 Db 1000
Pholiota flammans (Batsch) P. Kumm. 黄鳞伞 Db 1000
Lactarius volemus (Fr.) Fr. 多汁乳菇 Db 1000
Cortinarius sp. 未定名丝膜菌 Db 1000
Cortinarius sp. 未定名丝膜菌 Db 1000
Hygrophorus sp. 未定名蜡伞 Db 1000
Boletellus chrysenteroides (Snell) Snell 金色条孢牛肝菌 Db 1000

5 *Amanita muscaria* (L.) Lam. 鹅膏 Db 2000
Russula cyanoxantha (Schaeff.) Fr. 蓝黄红菇 Db 2000

6 **SINGAPORE (新加坡) 1995.9.1**
Mushroom 蘑菇 $ 2.25

7 **SPAIN (西班牙) 1995.2.9**
Coprinus comatus (O. F. Müll.) Pers. 毛头鬼伞 19 p
Cortinarius cinnamomeus (L.) Gray 黄棕丝膜菌 30 p

8 **THAILAND (泰国) 1995.10.16**
Mushroom 蘑菇 2 r

9 **TOGO (多哥) 1995.11.16**
Cortinarius violaceus (L.) Gray 董紫丝膜菌 180 f
Hygrocybe chlorophana (Fr.) Wünsche 蜡黄湿伞 180 f
Mycena haematopus (Pers.) P. Kumm. 血红小菇 180 f
Coprinellus micaceus (Bull.) Vilgalys, Hopple & Jacq. Johnson 晶粒小鬼伞 180 f
Helvella lacunosa Afzel. 棱柄马鞍菌 180f
Flammulina velutipes (Curtis) Singer 毛腿冬菇 180 f
Aleuria aurantia (Pers.) Fuckel 橙黄网孢盘菌 180 f
Geastrum triplex Jungh. 尖顶地星 180 f

10 *Russula grata* Britzelm. 可爱红菇 195 f
Phyllotopsis nidulans (Pers.) Singer 巢状黄毛侧耳 195 f
Xeromphalina campanella (Batsch) Kühner & Maire 干脐菇 195 f
Psathyrella piluliformis (Bull.) P. D. Orton 珠芽小脆柄菇 195 f
Entoloma murrayi (Berk. & M. A. Curtis) Sacc. 尖顶粉褶蕈 195 f
Hygrophorus speciosus Peck 美丽蜡伞 195 f
Mycena leaiana (Berk.) Sacc. 橙色小菇 195 f
Cystoderma amianthinum (Scop.) Fayod 皱盖囊皮伞 195 f

11 *Amanita muscaria* Lam. 鹅膏 200 f
Amanita virosa Secr. 毒鹅膏 200 f
Galerina marginata (Batsch) Kühner 具缘盔孢伞 200 f
Omphalotus illudens (Schwein.) Bresinsky & Besl 亮光类脐菇 200 f
Hypholoma fasciculare (Huds.) P. Kumm. 簇生垂幕菇 200 f
Paxillus involutus (Batsch) Fr. 卷边网褶菌 200 f
Russula emetica (Schaeff.) Pers. 毒红菇 200 f
Sclerodema citrinum Pers. 黄硬皮马勃 200 f

3

4

5

6

9

8

7

10

11

1 *Tricholoma magnivelare* (Peck) Redhead 美洲口蘑 200 f
Agaricus augustus Fr. 大紫蘑菇 200 f
Gomphidius subroseus Kauffman 玫色铆钉菇 200 f
Morchella esculenta (L.) Pers. 羊肚菌 200 f
Stropharia rugosoannulata Farl. ex Murrill 皱环球盖菇 200 f
Boletus edulis Bull. 美味牛肝菌 200 f
Lepista nuda (Bull.) Cooke 紫丁香蘑 200 f
Lactarius deliciosus (L.) Gray 松乳菇 200 f

2 *Trametes versicolor* (L.) Lloyd 云芝栓孔菌 1500 f
Gymnopus iocephalus (Berk. & M. A. Curtis) Halling 紫裸脚伞 1500 f

3 **TURKEY (土耳其) 1995.11.16**
Amanita phalloides (Vaill. ex Fr.) Link 鬼笔鹅膏 5000 l
Lepiota helveola Bres. 褐鳞环柄菇 10000 l

Gyromitra esculenta (Pers.) Fr. 鹿花菌 20000 l
Amanita gemmata (Fr.) Bertill. 芽鹅膏 30000 l

4 **AFGHANISTAN (阿富汗) 1996.7.20**
Suillus luteus (L.) Roussel 褐环乳牛肝菌 100 a
Russula virescens (Schaeff.) Fr. 变绿红菇 300 a
Paralepista flaccida (Sowerby) Vizzini 白黄近香蘑 400 a
Volvariella bombycina (Schaeff.) Singer 银丝草菇 500 a
Macrolepiota procera (Scop.) Singer 高大环柄菇 600 a
Cystodermella cinnabarina (Alb. & Schwein.) Harmaja 朱红小囊皮伞 800 a

5 *Lycoperdon umbrinum* Pers. 赭褐马勃 4000 a

6 **ANDORRA (安道尔) 1996.4.30**
Ramaria aurea (Schaeff.) Quél. 金黄枝瑚菌 30 p
Tuber melanosporum Vittad. 黑孢块菌 60 p

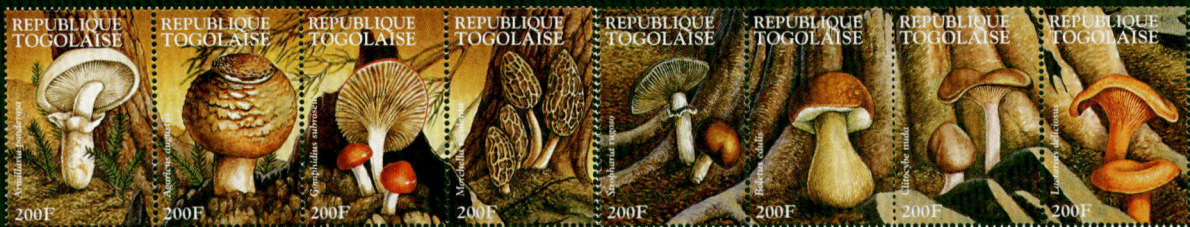

1

2

3

5

6

4

1 ANTIGUA AND BARBUDA (安提瓜和巴布达) 1996.4.26

Cuphophyllus aurantius (Murrill) Lodge, K. W. Hughes & Lickey 橙拱顶菌 75 c

Hygrophorus bakerensis A. H. Sm. & Hesler 巴阡山蜡伞 75 c

Hygrocybe conica (Schaeff.) P. Kumm. 锥形湿伞 75 c

Hygrocybe miniata (Fr.) P. Kumm. 朱红湿伞 75 c

2 *Suillus brevipes* (Peck) Kuntze 短柄乳牛肝菌 75 c

Suillus luteus (L.) Roussel 褐环乳牛肝菌 75 c

Suillus granulatus (L.) Roussel 点柄乳牛肝菌 75 c

Suillus caerulescens A. H. Sm. & Thiers 变蓝乳牛肝菌 75 c

3 *Conocybe filaris* (Fr.) Kühner 锥盖伞 $ 6

Hygrocybe chlorophana (Fr.) Wünsche 蜡黄湿伞 $ 6

4 ANTIGUA AND BARBUDA (安提瓜和巴布达) 1996.6.6

Mushroom 蘑菇 2 c

5 AUSTRALIA (澳大利亚) 1996.7.4

Mushroom 蘑菇 45 c

6 BELGIUM (比利时) 1996.4.1

Mushroom 蘑菇 16 f

7 BENIN (贝宁) 1996.9.30

Psilocybe cubensis (Earle) Singer 古巴裸盖菇 40 f

Psilocybe aztecorum R. Heim 欧洲裸盖菇 50 f

Psilocybe mexicana R. Heim 墨西哥裸盖菇 75 f

Conocybe siliginea (Fr.) Kühner 石灰锥盖伞 100 f

Psilocybe caerulescens Murrill 变蓝裸盖菇 135 f

Psilocybe caerulipes (Peck) Sacc. 蓝脚裸盖菇 200 f

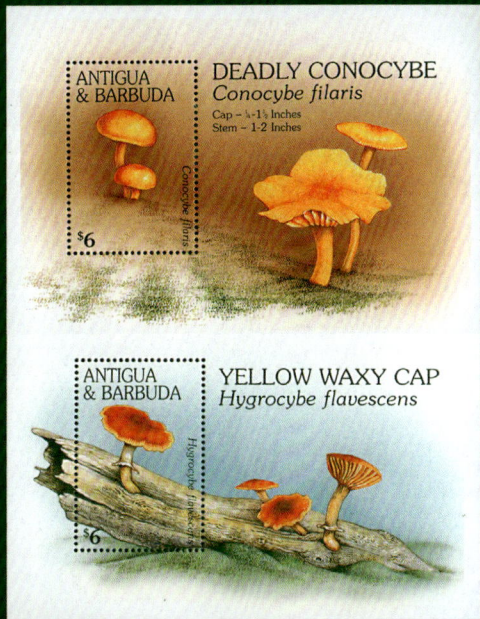

1 *Psilocybe aztecorum* R. Heim 欧洲裸盖菇 1000 f

2 **BURKINA FASO（布基纳法索）1996.1.24**
Hygrophorus sp. 未定名蜡伞 175 f
Pleurotus sp. 未定名侧耳 250 f
Peziza sp. 未定名盘菌 300 f
Clavaria sp. 未定名珊瑚菌 450 f

3 **BURKINA FASO（布基纳法索）1996.2.20**
Russula nigricans Fr. 黑红菇 150 f
Chlorophyllum rhacodes (Vittad.) Vellinga 粗鳞青褶伞 250 f
Boletus subtomentosus L. 细绒牛肝菌 300 f
Neoboletus erythropus (Pers.) C. Hahn 红柄新牛肝菌 400 f
Russula sanguinaria (Schumach.) Rauschert 血红菇 500 f
Amanita rubescens Pers. 赭盖鹅膏 650 f

Amanita vaginata (Bull.) Lam. 灰鹅膏 750 f
Geastrum fimbriatum Fr. 毛嘴地星 1000 f

4 *Amanita muscaria* (L.) Lam. 鹅膏 1500 f
Cortinarius armillatus (Fr.) Fr. 蜜环丝膜菌
Morchella esculenta (L.) Pers. 羊肚菌 1500 f
Cortinarius trivialis J. E. Lange 环带丝膜菌

5 **CHAD（乍得）1996.4.15**
Amanita phalloides (Vaill. ex Fr.) Link 鬼笔鹅膏 150 f
Phallus impudicus L. 白鬼笔 170 f
Lycoperdon perlatum Pers. 网纹马勃 200 f
Hydnum repandum L. 齿菌 350 f
Agaricus bisporus (J. E. Lange) Imbach 双孢蘑菇 450 f
Cortinarius orellanus Fr. 毒丝膜菌 800 f

6 *Pleurotus ostreatus* (Jacq.) P. Kumm. 糙皮侧耳 1500 f

2

1

3

4

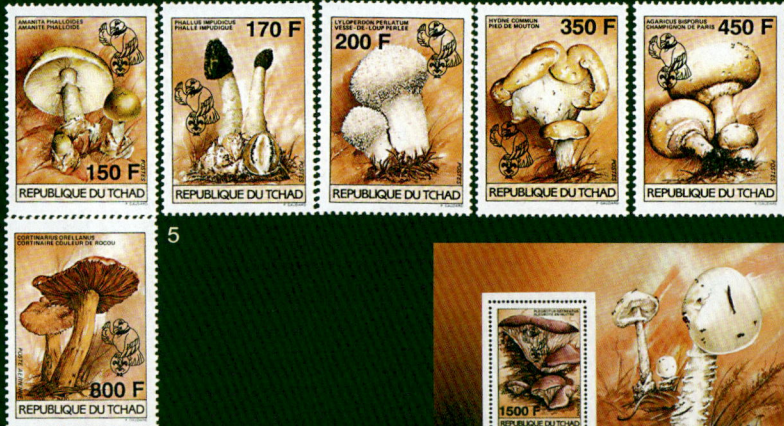

5

6

1 CHAD（乍得）1996.10.15

Otidea leporina (Batsch) Fuckel 兔耳侧盘菌 350 f

Amanita phalloides (Vaill. ex Fr.) Link 鬼笔鹅膏 400 f

Cortinarius anthracinus (Fr.) Sacc. 煤黑丝膜菌 400 f

Lycoperdon perlatum Pers. 网纹马勃 400 f

Phallus impudicus L. 白鬼笔 400 f

2 *Cyclocybe cylindracea* (DC.) Vizzini & Angelini 柱状圆盖伞 650 f × 4

Amanita rubescens Pers. 赭盖鹅膏 2000 f

3 CHAD（乍得）1996.10.21

Phallus impudicus L. 白鬼笔 170 f

Lycoperdon perlatum Pers. 网纹马勃 200 f

Hydnum repandum L. 齿菌 350 f

4 COMORO（科摩罗）1996.12

Astraeus hygrometricus (Pers.) Morgan 硬皮地星 200 f on 350 f

5 GUINEA（几内亚）1996.12.20

Gyroporus castaneus (Bull.) Quél. 褐圆孔牛肝菌 200 f

Cystodermella granulosa (Batsch) Harmaja 疣盖小囊皮菌 250 f

Amanita virosa (Peck) Lloyd 毒鹅膏 300 f

Lactarius paradoxus Beardslee & Burl. 变绿乳菇 400 f

Cortinarius violaceus (L.) Gray 堇紫丝膜菌 450 f

Leccinum scabrum (Bull.) Gray 褐疣柄牛肝菌 500 f

6 *Hygrophorus* sp. 未定名蜡伞 1000 f

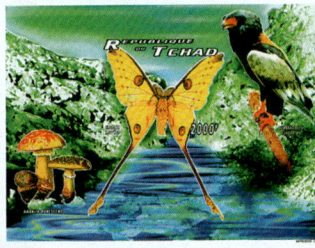

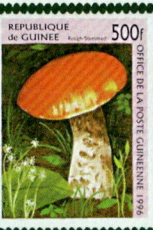

1 GUYANA (圭亚那) 1996.5.15
Morchella esculenta (L.) Pers. 羊肚菌 $ 20
Chlorophyllum molybdites (G. Mey.) Massee ex
P. Syd. 大青褶伞 $ 25
Agaricus bisporus (J. E. Lange) Imbach 双孢蘑
菇 $ 30
Strobilomyces strobilaceus (Scop.) Berk. 松塔
牛肝菌 $ 35

2 *Leotia lubrica* (Scop.) Pers. 润滑锤舌菌 $ 60
Calostoma cinnabarinum Desv. 红皮美味菌 $ 60
Tapinella panuoides (Fr.) E.-J. Gillet 耳状小塔氏
菌 $ 60
Amanita excelsa (Fr.) Bertill. 青鹅膏 $ 60

3 *Amanita muscaria* (L.) Lam. 鹅膏 $ 60
Russula claroflava Grove 灰黄红菇 $ 60
Phallus indusiatus Vent. 长裙竹荪 $ 60
Stropharia sp. 未定名球盖菇 $ 60

4 *Lentinellus cochleatus* (Pers.) P. Karst. 贝壳状
小香菇 $ 60

Volvariella surrecta (Knapp) Singer 寄生草菇
$ 60
Lepiota subincarnata J. E. Lange 近肉红环柄菇
$ 60
Heimioporus betula (Schwein.) E. Horak 桦海氏
牛肝菌 $ 60

5 *Armillaria mellea* (Vahl) P. Kumm. 蜜环菌 $ 60
Turbinellus floccosus (Schwein.) Earle ex
Giachini & Castellano 小陀螺菌 $ 60
Pholiota astragalina (Fr.) Singer 红橙鳞伞 $ 60
Helvella crispa (Scop.) Fr. 皱柄白马鞍菌 $ 60
Hygrocybe miniata (Fr.) P. Kumm. 朱红湿伞 $ 60
Omphalotus olearius (DC.) Singer 奥尔类脐菇 $ 60
Hygrocybe acutoconica (Clem.) Singer 锥盖湿
伞 $ 60
Mycena epipterygia (Scop.) Gray 黄柄小菇 $ 60

6 *Mycena leaiana* (Berk.) Sacc. 橙色小菇 $ 300
Clavulina amethystina (Bull.) Donk. 紫锁瑚菌
$ 300
Ramaria formosa (Pers.) Quél. 美丽枝瑚菌

1

5

2

3

4

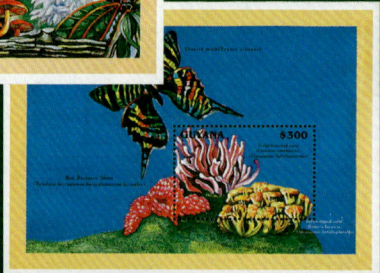

6

1 KOREA (韩国) 1996.8.19

Amanita ceciliae (Berk. & Broome) Bas 圈托鹅膏 150 w

Entoloma sarcopum Nagas. & Hongo 稍厚粉褶蕈 150 w

Tapinella atrotomentosa (Batsch) Šutara 毛柄小塔氏菌 150 w

Sarcodon imbricatus (L.) P. Karst. 翘鳞肉齿菌 150 w

2 MALI (马里) 1996.3.15

Russula emetica (Schaeff.) Pers. 毒红菇 25 f

Russula grata Britzelm. 可爱红菇 25 f

Russula viscida Kuřna 黏质红菇 25 f

Russula aeruginea Fr. 铜绿红菇 25 f

Russula fragilis Fr. 脆红菇 25 f

Russula mariae Peck 绒盖红菇 25 f

Russula compacta Frost. 赤盖红菇 25 f

Russula sanguinaria (Schumach.) Rauschert 血红菇 25 f

3 *Tylopilus felleus* (Bull.) P. Karst. 苦粉孢牛肝菌 150 f

Suillus grevillei (Klotzsch) Singer 厚环乳牛肝菌 150 f

Gyroporus castaneus (Bull.) Quél. 褐圆孔牛肝菌 150 f

Boletus edulis Bull. 美味牛肝菌 150 f

Boletus aereus Bull. 铜色牛肝菌 150 f

Suillus granulatus (L.) Roussel 点柄乳牛肝菌 150 f

Suillus cavipes (Opat.) A. H. Sm. & Thiers 空柄乳牛肝菌 150 f

Imleria badia (Fr.) Vizzini 黑褐牛肝菌 150 f

4 *Lactarius deliciosus* (L.) Gray 松乳菇 200 f

Lactarius luculentus Burl. 疣盖乳菇 200 f

Lactarius pseudomucidus Hesler & A. H. Sm. 黏盖乳菇 200 f

Lactarius scrobiculatus (Scop.) Fr. 黄乳菇 200 f

Lactarius deceptivus Peck 迷惑乳菇 200 f

Lactarius indigo (Schwein.) Fr. 蓝绿乳菇 200 f

Lactarius peckii Burl. 砖红环纹乳菇 200 f

Lactarius lignyotus Fr. 黑褐乳菇 200 f

5 *Amanita caesarea* (Scop.) Pers. 橙盖鹅膏 225 f

Amanita muscaria (L.) Lam. 鹅膏 225 f

Amanita solitaria (Bull.) Fr. 角鳞白鹅膏 225 f

Amanita verna (Bull.) Lam. 春生鹅膏 225 f

Amanita malleata (Piane ex Bon) Contu 马里鹅膏 225 f

Amanita phalloides (Vaill. ex Fr.) Link 鬼笔鹅膏 225 f

Amanita citrina Pers. 橙黄鹅膏 225 f

Amanita pantherina (DC.) Krombh. 豹斑鹅膏 225 f

1 *Panaeolus subbalteatus* (Berk. & Broome) Sacc. 红褐斑褶菇 1000 f
Coprinopsis atramentaria (Bull.) Redhead, Vilgalys & Moncalvo 墨汁拟鬼伞 1000 f

2 MALI (马里) 1996.12.19
Hebeloma radicosum (Bull.) Ricken 长根黏滑菇 750 f

3 MALAYSIA (马来西亚) 1996.12.2
Mushroom 蘑菇 Rm 2

4 MOLDOVA (摩尔多瓦) 1996.3.23
Amanita muscaria (L.) Lam. 鹅膏 0.1 l
Rubroboletus satanas (Lenz) Kuan Zhao & Zhu L. Yang 细网红牛肝菌 0.1 l
Amanita phalloides (Vaill. ex Fr.) Link 鬼笔鹅膏 0.65 l
Hypholoma fasciculare (Huds.) P. Kumm. 簇生垂幕菇 1.3 l

Amanita virosa (Peck) Lloyd 毒鹅膏 2.4 l

5 MONGOLIA (蒙古国) 1996.12.16
Mushroom 蘑菇 700 t

6 MONTSERRAT (蒙特塞拉特) 1996.8.15
Mushroom 蘑菇 $ 1
Amanita muscaria (L.) Lam. 鹅膏 $ 3

7 NETHERLANDS ANTILLES (荷属安的列斯) 1996.4.12
Fungal disease 植物病原真菌 60 c

8 NIGERIA (尼日利亚) 1996.10.30
Volvariella esculenta (Massee) Singer 美味草菇 5 n
Lentinus squarrosulus Mont. 翘鳞韧伞 10 n
Macrocybe lobayensis (R. Heim) Pegler & Lodge 洛巴伊大口蘑 20 n
Lentinus tuber-regium (Fr.) Fr. 菌核韧伞 30 n

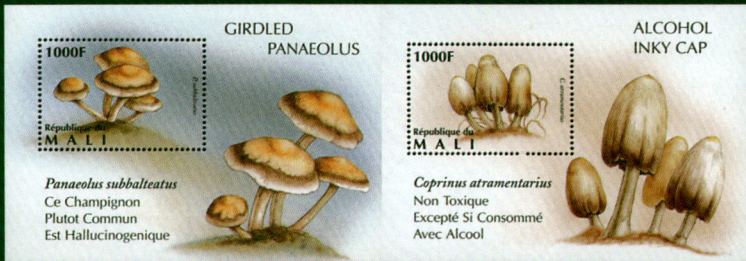

1 NIUE (纽埃)1996.5.10

Stenellopsis fagraeae B. Huguenin 灰莉斯坦尼罗菌 $ 1.5

2 PAPUA NEW GUINEA (巴布亚新几内亚) 1996.1.1

Lentinus umbrinus Reichardt 暗色韧伞 25 t

3 SAINT PIERRE AND MIQUELON (圣皮埃尔和密克隆) 1996.3.13

Cladonia cervicornis subsp. *verticillata* (Hoffm.) Ahti 鹿角石蕊多层亚种 3.7 f

4 SIERRA LEONE (塞拉利昂) 1996.6.17

Cantharellus cinnabarinus (Schwein.) Schwein. 红鸡油菌 le 50

Suillus grevillei (Klotzsch) Singer 厚环乳牛肝菌 le 300

Morchella esculenta (L.) Pers. 羊肚菌 le 400

Cortinarius multiformis (Fr.) Fr. 多形丝膜菌 le 500

5 *Poronidulus conchifer* (Schwein.) Murrill 巢孔菌 le 250

Ceratiomyxa fruticulosa (O. F. Müll.) T. Macbr.

var. *fruticulosa* 鹅绒菌原变种 le 250

Cortinarius semisanguineus (Fr.) Gillet 半血红丝膜菌 le 250

Volvariella surrecta (Knapp) Singer 寄生草菇 le 250

Leucocoprinus cepistipes (Sowerby) Pat. 肥脚白鬼伞 le 250

Amanita rubescens Pers. 赭盖鹅膏 le 250

Phyllotopsis nidulans (Pers.) Singer 巢状黄毛侧耳 le 250

Lysurus gardneri Berk. 格式散尾鬼笔 le 250

6 *Lactarius indigo* (Schwein.) Fr. 靛蓝松乳菇 le 250

Coprinus quadrifidus Peck 鳞盖鬼伞 le 250

Geopyxis carbonaria (Alb. & Schwein.) Sacc. 炭地杯菌 le 250

Astraeus hygrometricus (Pers.) Morgan 硬皮地星 le 250

Agaricus hondensis Murrill 朽味蘑菇 le 250

Mycena maculata P. Karst. 红斑小菇 le 250

Lactarius deliciosus (L.) Gray 松乳菇 le 250

Amanita fulva Fr. 褐托鹅膏 le 250

1

2

3

4

5

6

1 *Psathyrella epimyces* (Peck) A. H. Sm. 寄生小脆柄菇 le 1500
Rhodotus palmatus (Bull.) Maire 缘网粉菇 le 1500
Ceratiomyxa fruticulosa (O. F. Müll.) T. Macbr. var. *fruticulosa* 鹅绒菌原变种

2 SLOVENIA (斯洛文尼亚) 1996.6.6
Cantharellus cibarius Fr. 鸡油菌 65 t
Boletus reticulatus Schaeff. 网纹牛肝菌 75 t
Amanita muscaria (L.) Lam. 鹅膏

3 SWEDEN (瑞典) 1996.8.23
Boletus edulis Bull. 美味牛肝菌 3.85 k

4 *Russula integra* (L.) Fr. 全绿红菇 5 k
Cantharellus cibarius Fr. 鸡油菌 5 k
Craterellus cornucopioides (L.) Pers. 灰黑喇叭菌 5 k
Coprinus comatus (O. F. Müll.) Pers. 毛头鬼伞 5 k

5 TANZANIA (坦桑尼亚) 1996.12.17
Amanita phalloides (Vaill. ex Fr.) Link 鬼笔鹅膏 300 s

Amanita muscaria (L.) Lam. 鹅膏 300 s
Morchella esculenta (L.) Pers. 羊肚菌 300 s
Tricholoma aurantium (Schaeff.) Ricken 红橙口蘑 300 s
Amanita caesarea (Scop.) Pers. 橙盖鹅膏 300 s
Agaricus sylvaticus Schaeff. 林地蘑菇 300 s
Russula virescens (Schaeff.) Fr. 变绿红菇 300 s
Leccinellum crocipodium (Letell.) Della Magg. & Trassin. 黄皮小疣柄牛肝菌 300 s

6 *Coprinus comatus* (O. F. Müll.) Pers. 毛头鬼伞 300 s
Amanita vaginata (Bull.) Lam. 灰鹅膏 300 s
Infundibulicybe geotropa (Bull.) Harmaja 肉色漏斗伞 300 s
Cortinarius violaceus (L.) Gray 堇紫丝膜菌 300 s
Russula sardonia Fr. 红肉红菇 300 s
Cortinarius collinitus (Sowerby) Gray 黏腿丝膜菌 300 s
Boletus aereus Bull. 铜色牛肝菌 300 s
Macrolepiota procera (Scop.) Singer 高大环柄菇 300 s

1 *Fomitopsis pinicola* (Sw.) P. Karst. 红缘拟层孔菌 1000 s
Rhodocollybia prolixa (Fr.) Antonín & Noordel. 扭柄粉金钱菌 1000 s

2 UGANDA（乌干达）1996.6.24
Coprinellus disseminatus (Pers.) J. E. Lange 白色小鬼伞 150 s
Coprinellus radians (Desm.) Vilgalys, Hopple & Jacq. Johnson 幅毛小鬼伞 300 s
Hygrocybe coccinea (Schaeff.) P. Kumm. 绯红湿伞 350 s
Marasmius siccus (Schwein.) Fr. 干小皮伞 400 s
Cortinarius collinitus (Sowerby) Gray 黏腿丝膜菌 450 s
Cortinarius cinnabarinus Fr. 血红丝膜菌 500 s
Coltricia cinnamomea (Jacq.) Murrill 肉桂色集毛菌 550 s
Mutinus elegans (Mont.) E. Fisch. 雅致蛇头菌 1000 s

3 *Inocybe sororia* Kauffman 烈味毒丝盖伞 2500 s
Flammulina velutipes (Curtis) Singer 毛腿冬菇 2500 s

4 VIETNAM（越南）1996.8.26
Aleuria aurantia (Pers.) Fuckel 橙黄网孢盘菌 400 d
Morchella deliciosa Fr. 小羊肚菌 500 d
Clathrus archeri (Berk.) Dring 拱形笼头菌 1000 d
Laetiporus sulphureus (Bull.) Murrill 硫黄菌 4000 d
Favolaschia manipularis (Berk.) Teng 簇生胶孔菌 5000 d
Guepinia helvelloides (DC.) Fr. 焰耳 12000 d

5 ZAIRE（扎伊尔）1996.10.16
Termitomyces aurantiacus (R. Heim) R. Heim 黄白蚁伞 35000 z
Macrocybe lobayensis (R. Heim) Pegler & Lodge 洛巴伊大口蘑 35000 z
Pholiota lenta (Pers.) Singer 黏环鳞伞 35000 z
Phlebopus sudanicus (Har. & Pat.) Heinem. 苏丹网斑牛肝菌 35000 z

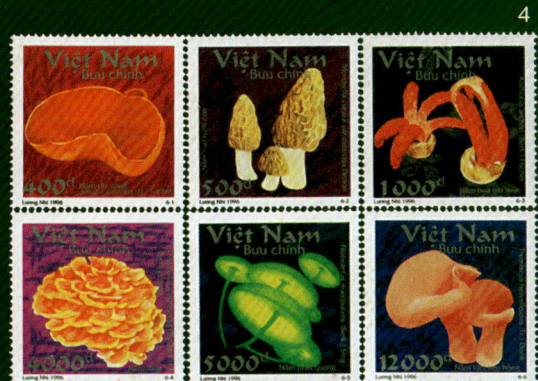

1 ANTIGUA AND BARBUDA (安提瓜和巴布达) 1997.8.12

Marasmius rotula (Scop.) Fr. 轮小皮伞 45 c

Cantharellus cibarius Fr. 鸡油菌 65 c

Lepiota cristata (Bolton) P. Kumm. 冠状环柄菇 70 c

Auricularia mesenterica (Dicks.) Pers. 毡盖木耳 90 c

Pholiota alnicola (Fr.) Singer 桤生鳞伞 $ 1

Leccinum aurantiacum (Bull.) Gray 橙黄疣柄牛肝菌 $ 1.65

2 *Entoloma serrulatum* (Fr.) Hesler 细齿粉褶蕈 $ 1.75

Paneolus papilionaceus (Bull.) Quél. 蝶形斑褶菇 $ 1.75

Volvariella bombycina (Schaeff.) Singer 银丝草菇 $ 1.75

Conocybe percincta P. D. Orton 密生锥盖伞 $ 1.75

Pluteus cervinus (Schaeff.) P. Kumm. 灰光柄菇 $ 1.75

Russula foetens (Pers.) Pers. 臭红菇 $ 1.75

3 *Panellus serotinus* (Pers.) Kühner 晚生扇菇 $ 6

Amanita cothurnata G. F. Atk. 靴鹅膏 $ 6

4 BARBUDA (巴布达) 1997.9.16

Cuphophyllus aurantius (Murrill) Lodge, K. W. Hughes & Lickey 橙拱顶菌 75 c

Hygrophorus bakerensis A. H. Sm. & Hesler 巴阡山蜡伞 75 c

Hygrocybe conica (Schaeff.) P. Kumm. 锥形湿伞 75 c

Hygrocybe miniata (Fr.) P. Kumm. 朱红湿伞 75 c

Suillus brevipes (Peck) Kuntze 短柄乳牛肝菌 75 c

Suillus luteus (L.) Roussel 褐环乳牛肝菌 75 c

Suillus granulatus (L.) Roussel 点柄乳牛肝菌 75 c

Suillus caerulescens A. H. Sm. & Thiers 变蓝乳牛肝菌 75 c

5 *Conocybe filaris* (Fr.) Kühner 锥盖伞 $ 6

Hygrocybe chlorophana (Fr.) Wünsche 蜡黄湿伞 $ 6

1

2

3

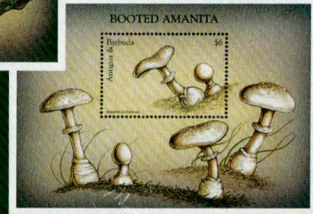

4

5

1 BENIN (贝宁) 1997.11.5

Amanita caesarea (Scop.) Pers. 橙盖鹅膏 135 f

Cortinarius collinitus (Sowerby) Gray 黏腿丝膜菌 150 f

Amanita bisporigera G. F. Atk. 双孢鹅膏 200 f

Amanita rubescens Pers. 赭盖鹅膏 270 f

Russula virescens (Schaeff.) Fr. 变绿红菇 300 f

Amanita ceciliae (Berk. & Broome) Bas 圈托鹅膏 400 f

2 *Amanita muscaria* (L.) Lam. 鹅膏 1000 f

3 CAMBODIA (柬埔寨) 1997.10.5

Rubroboletus satanas (Lenz) Kuan Zhao & Zhu L. Yang 细网红牛肝菌 200 r

Amanita regalis (Fr.) Michael 皇家鹅膏 500 r

Mitrophora semilibera (DC.) Lév. 半开钟柄菌 900 r

Gomphus clavatus (Pers.) Gray 钉菇 1000 r

Hygrophorus hypothejus (Fr.) Fr. 青黄蜡伞 1500 r

Albatrellus confluens (Alb. & Schwein.) Kotl. & Pouzar 地花菌 4000 r

4 *Boletellus chrysenteroides* (Snell) Snell 金色条孢牛肝菌 5400 r

5 CENTRAL AFRICA (中非) 1997.2.13

Echinoderma asperum (Pers.) Bon 锐鳞棘皮菌 300 f

Agaricus campestris L. 蘑菇

Bonomyces sinopicus (Fr.) Vizzini 赭杯伞

Clathrus ruber P. Micheli ex Pers. 红笼头菌

Rubroboletus satanas (Lenz) Kuan Zhao & Zhu L. Yang 细网红牛肝菌

Phallus impudicus L. 白鬼笔

6 *Amanita caesarea* (Scop.) Pers. 橙盖鹅膏 450 f

Armillaria mellea (Vahl) P. Kumm. 蜜环菌

Lactarius deliciosus (L.) Gray 松乳菇

Mutinus caninus (Huds.) Fr. 狗蛇头菌

Cantharellus cibarius Fr. 鸡油菌

Pluteus cervinus (Schaeff.) P. Kumm. 灰光柄菇

7 *Morchella esculenta* (L.) Pers. 羊肚菌 2000 f

1

2

3

4

5

6

7

1 CYPRUS (塞浦路斯) 1997.3.31
Amanita phalloides (Vaill. ex Fr.) Link 鬼笔鹅膏 15 l
Morchella esculenta (L.) Pers. 羊肚菌 25 l
Pleurotus eryngii (DC.) Quél. 刺芹侧耳 25 l
Amanita muscaria (L.) Lam. 鹅膏 70 l

2 EQUATORIAL GUINEA (赤 道 几 内 亚) 1997.1.1
Sparassis laminosa Fr. 黄绣球菌 400 f
Amanita pantherina (DC.) Krombh. 豹 斑 鹅 膏 400 f
Morchella esculenta (L.) Pers. 羊肚菌 400 f
Aleuria aurantia (Pers.) Fuckel 橙 黄 网 孢 盘 菌 400 f

3 FAROE ISLANDS (法罗群岛) 1997.2.17
Hygrocybe helobia (Arnolds) Bon 粉粒红湿伞 4.5 k
Hygrocybe chlorophana (Fr.) Wünsche 蜡 黄 湿 伞 6 k
Cuphophyllus virgineus (Wulfen) Kovalenko 洁 白拱顶菌 6.5 k
Gliophorus psittacinus (Schaeff.) Herink 青绿胶 柄菌 7.5 k

4 GAMBIA (冈比亚) 1997.3.10
Cerioporus squamosus (Huds.) Quél. 宽鳞角孔 菌 1 d
Desarmillaria tabescens (Scop.) R. A. Koch & Aime 假蜜环菌 3 d
Flammulina velutipes (Curtis) Singer 毛腿冬菇 5 d
Sarcoscypha coccinea (Gray) Boud. 绯红肉杯 菌 10 d

5 *Amanita caesarea* (Scop.) Pers. 橙盖鹅膏 4 d
Macrolepiota procera (Scop.) Singer 高 大 环 柄 菇 4 d
Gliophorus psittacinus (Schaeff.) Herink 青绿胶 柄菌 4 d
Russula xerampelina (Schaeff.) Fr. 黄孢红菇 4 d
Laccaria amethystina Cooke 紫蜡蘑 4 d
Coprinellus micaceus (Bull.) Vilgalys, Hopple & Jacq. Johnson 晶粒小鬼伞 4 d
Boletus edulis Bull. 美味牛肝菌 4 d
Morchella esculenta (L.) Pers. 羊肚菌 4 d

Wynnella auricula (Schaeff.) Boud. 耳状类丛耳 4 d

6 *Volvariella bombycina* (Schaeff.) Singer 银丝草 菇 25 d

7 GHANA (加纳) 1997.7.9
Galerina calyptrata P. D. Orton 盖形盔孢菌 200 c
Lepiota ignivolvata Bousset & Joss. ex Joss. 巨 环环柄菇 300 c
Omphalotus olearius (DC.) Singer 奥 尔 类 脐 菇 400 c
Amanita phalloides (Vaill. ex Fr.) Link 鬼笔鹅膏 550 c
Entoloma conferendum (Britzelm.) Noordel. 美 褶粉褶蕈 600 c
Entocybe nitida (Quél.) T. J. Baroni, Largent & V. Hofst. 铁蓝粉褶伞 800 c

8 *Coprinopsis picacea* (Bull.) Redhead, Vilgalys & Moncalvo 鹊拟鬼伞 800 c
Psilocybe aurantiaca (Cooke) Noordel. 橙 黄 裸 盖菇 800 c
Cortinarius splendens Rob. Henry 闪亮丝膜菌 800 c
Gomphidius roseus (Fr.) Fr. 粉红铆钉菇 800 c
Russula sardonia Fr. 红肉红菇 800 c
Geastrum schmidelii Vittad. 席氏地星 800 c

9 *Craterellus cornucopioides* (L.) Pers. 灰黑喇叭 菌 3000 c
Mycena crocata (Schrad.) P. Kumm. 杏黄小菇 3000 c

10 GRENADA (格林纳达) 1997.9.4
Neoboletus erythropus (Pers.) C. Hahn 红柄新 牛肝菌 35 c
Armillaria mellea (Vahl) P. Kumm. 蜜环菌 75 c
Amanita flavorubens (Berk. & Mont.) Sacc. 黄红 鹅膏 90 c
Lactarius indigo (Schwein.) Fr. 蓝绿乳菇 $ 1
Gyroporus ballouii (Peck) E. Horak 锈盖圆孔牛 肝菌 $ 2
Pseudoboletus parasiticus (Bull.) Šutara 寄生假 牛肝菌 $ 4

2

4

6

7

5

8

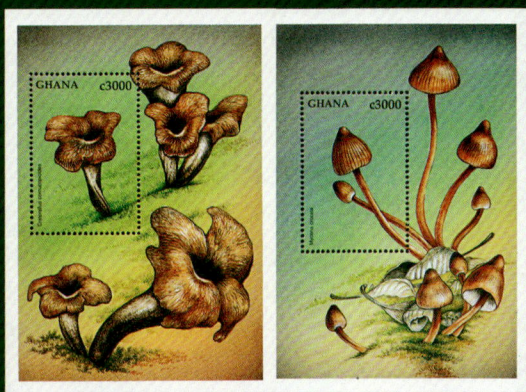

9

10

1 *Pseudoboletus parasiticus* (Bull.) Šutara 寄生假牛肝菌 $ 1.5

Butyriboletus frostii (J. L. Russell) G. Wu, Kuan Zhao & Zhu L. Yang 弗氏黄靛牛肝菌 $ 1.5

Amanita muscaria (L.) Lam. 鹅膏 $ 1.5

Volvariella volvacea (Bull.) Singer 草菇 $•1.5

Psilocybe stuntzii Guzmán & J. Ott. 蓝腿裸盖菇 $ 1.5

Lactarius volemus (Fr.) Fr. 多汁乳菇 $ 1.5

2 *Panaeolus solidipes* (Peck) Sacc. 硬柄斑褶菇 $ 1.5

Cuphophyllus pratensis (Fr.) Bon 草地拱顶菌 $ 1.5

Marasmius cohaerens (Alb. & Schwein.) Cooke & Quél. 联柄小皮伞 $ 1.5

Russula xerampelina (Schaeff.) Fr. 黄孢红菇 $ 1.5

Boletus purpureus Fr. 紫红牛肝菌 $ 1.5

Calocybe gambosa (Fr.) Donk 香杏丽蘑 $ 1.5

3 *Omphalotus illudens* (Schwein.) Bresinsky & Besl 亮光类脐菇 $ 6

Agaricus argenteus Braendle 银色蘑菇 $ 6

4 GRENADA GRENADINES（格林纳达格林纳丁斯）1997.9.4

Clitocybe metachroa (Fr.) P. Kumm. 变色杯伞 75 c

Clavulinopsis helvola (Pers.) Corner 微黄拟锁瑚菌 90 c

Lycoperdon pyriforme Schaeff. 梨形马勃 $ 1

Auricularia auricula-judae (Bull.) Quél. 木耳 $ 1.5

Clathrus archeri (Berk.) Dring 拱形笼头菌 $ 2

Lactarius trivialis (Fr.) Fr. 常见乳菇 $ 3

5 *Entoloma incanum* (Fr.) Hesler 变绿粉褶蕈 $ 1.5

Coprinopsis atramentaria (Bull.) Redhead, Vilgalys & Moncalvo 墨汁拟鬼伞 $ 1.5

Mycena polygramma (Bull.) Gray 沟柄小菇 $ 1.5

Lepista nuda (Bull.) Cooke 紫丁香蘑 $ 1.5

Pleurotus cornucopiae (Paulet) Rolland 白黄侧耳 $ 1.5

Laccaria amethystina Cooke 紫蜡蘑 $ 1.5

6 *Amanita muscaria* (L.) Lam. 鹅膏 $ 6

Morchella esculenta (L.) Pers. 羊肚菌 $ 6

7 GUYANA（圭亚那）1997.4.2

Morchella hortensis Boud. 园艺羊肚菌 $ 6

Boletellus chrysenteroides (Snell) Snell 金色条孢牛肝菌 $ 20

Hygrophorus agathosmus (Fr.) Fr. 美味蜡伞 $ 25

Cortinarius violaceus (L.) Gray 堇紫丝膜菌 $ 30

Hohenbuehelia petaloides (Bull.) Schulzer 勺状亚侧耳 $ 35

Mycena polygramma (Bull.) Gray 沟柄小菇 $ 60

Hebeloma radicosum (Bull.) Ricken 长根黏滑菇 $ 200

Coprinus comatus (O. F. Müll.) Pers. 毛头鬼伞 $ 300

8 *Coprinellus micaceus* (Bull.) Vilgalys, Hopple & Jacq. Johnson 晶粒小鬼伞 $ 80

Stropharia umbonatescens (Peck) Sacc. 褐色球盖菇 $ 80

Paxillus involutus (Batsch) Fr. 卷边网褶菌 $ 80

Amanita ceciliae (Berk. & Broome) Bas 圈托鹅膏 $ 80

Chlorophyllum rhacodes (Vittad.) Vellinga 粗鳞青褶伞 $ 80

Russula amoena Quél. 怡红菇 $ 80

9 *Volvariella volvacea* (Bull.) Singer 草菇 $ 80

Agaricus augustus Fr. 大紫蘑菇 $ 80

Tricholoma aurantium (Schaeff.) Ricken 红橙口蘑 $ 80

Phaeolepiota aurea (Matt.) Maire 金盖暗环柄菇 $ 80

Cortinarius armillatus (Fr.) Fr. 蜜环丝膜菌 $ 80

Agrocybe dura (Bolton) Singer 硬田头菇 $ 80

2

3

4

5

6

7

9

8

1　*Kuehneromyces mutabilis* (Schaeff.) Singer & A. H. Sm. 库恩菇 $ 300
Amanita muscaria (L.) Lam. 鹅膏 $ 300

2　**KOREA（韩国）1997.7.21**
Inocybe rimosa (Bull.) P. Kumm. 裂拉丝盖伞 150 w
Panaeolus papilionaceus (Bull.) Quél. 蝶形斑褶菇 150 w
Ramaria flava (Schaeff.) Quél. 黄枝瑚菌 150 w
Amanita muscaria (L.) Lam. 鹅膏 150 w

3　**LIECHTENSTEIN（列支敦士登）1997.8.22**
Phaeolepiota aurea (Fr.) Konrad & Maubl. 金褐伞 70 r
Wynnella silvicola (Beck) Nannf. 林地类丛耳 90 r
Aleuria aurantia (Pers.) Fuckel 橙黄网孢盘菌 1.1 f

4　**LITHUANIA（立陶宛）1997.9.20**
Boletus aereus Bull. 铜色牛肝菌 1.2 l
Morchella elata Fr. 高羊肚菌 1.2 l

5　**MACEDONIA（马其顿）1997.11.7**
Cantharellus cibarius Fr. 鸡油菌 2 d
Boletus aereus Bull. 铜色牛肝菌 15 d
Amanita caesarea (Scop.) Pers. 橙盖鹅膏 27 d
Morchella esculenta (L.) Pers. 羊肚菌 50 d

6　**MALAYSIA（马来西亚）1997.9.9**
Cookeina tricholoma (Mout.) Kuntze 毛缘毛杯菌 Rm 2

**1 NETHERLANDS ANTILLES (荷属安的
列斯) 1997.2.19**

Galerina marginata (Batsch) Kühner 纹缘盔孢
伞 40 c

Amanita virosa (Peck) Lloyd 毒鹅膏 50 c

Boletus edulis Bull. 美味牛肝菌 75 c

Amanita muscaria (L.) Lam. 鹅膏 175 c

2 NEVIS (尼维斯) 1997.8.12

Cantharellus cibarius Fr. 鸡油菌 25 c

Stropharia aeruginosa (Curtis) Quél. 铜绿球盖
菇 50 c

Lactarius turpis (Weinm.) Fr. 丑乳菇 $ 3

Entoloma clypeatum (L.) P. Kumm. 盾状粉褶蕈 $ 4

3 *Suillus luteus* (L.) Roussel 褐环乳牛肝菌 80 c

Amanita muscaria (L.) Lam. 鹅膏 80 c

Lactarius rufus (Scop.) Fr. 红乳菇 80 c

Amanita rubescens Pers. 赭盖鹅膏 80 c

Armillaria mellea (Vahl) P. Kumm. 蜜环菌 80 c

Russula sardonia Fr. 红肉红菇 80 c

4 *Boletus edulis* Bull. 美味牛肝菌 $ 1

Pholiota lenta (Pers.) Singer 黏环鳞伞 $ 1

Cortinarius bolaris (Pers.) Fr. 㧟丝膜菌 $ 1

Coprinopsis picacea (Bull.) Redhead, Vilgalys &
Moncalvo 鹊拟鬼伞 $ 1

Amanita phalloides (Vaill. ex Fr.) Link 鬼笔鹅膏 $ 1

Echinoderma asperum (Pers.) Bon 锐鳞棘皮菌 $ 1

5 *Kuehneromyces mutabilis* (Schaeff.) Singer & A.
H. Sm. 库恩菇 $ 5

Cortinarius pseudosalor J. E. Lange 近红丝膜菌
$ 5

Pholiota squarrosa (Vahl) P. Kumm. 翘鳞伞

1

2

3

4

5

1 SAHARA (撒哈拉) 1997.1.1
Cerioporus squamosus (Huds.) Quél. 宽鳞角孔菌 28 p
Lentinellus cochleatus (Pers.) P. Karst. 贝壳状小香菇 29 p
Boletus thalassinus (Pilát & Dermek) Hlaváček 青色牛肝菌 40 p
Galerina marginata (Batsch) Kühner 纹缘盔孢菌 68 p
Cortinarius traganus (Fr.) Fr. 烈味丝膜菌 105 p
Stropharia rugosoannulata Farl. ex Murrill 皱环球盖菇 136 p

2 *Sarcoscypha coccinea* (Gray) Boud. 绯红肉杯菌 200 p

3 SLOVAKIA (斯洛伐克) 1997.9.17
Boletus aereus Bull. 铜色牛肝菌 9 k
Morchella esculenta (L.) Pers. 羊肚菌 9 k
Catathelasma imperiale (Quél.) Singer 壮丽环苞菇 9 k
Myriostoma coliforme (Dicks.) Corda 鸟状多口地星

Clavariadelphus truncatus (Quél.) Donk 截顶棒瑚菌
Guepinia helvelloides (DC.) Fr. 焰耳
Leccinum aurantiacum (Bull.) Gray 橙黄疣柄牛肝菌
Sparassis crispa (Wulfen) Fr. 绣球菌

4 TOGO (多哥) 1997.11.22
Lepiota sp. 未定名环柄菇 450 f
Hypholoma sp. 未定名垂幕菇 450 f
Laccaria sp. 未定名蜡蘑 450 f
Russula foetida C. Martin 臭味红菇 450 f
Russula aurea Pers. 橙黄红菇 450 f
Stropharia sp. 未定名球盖菇 450 f

5 *Tricholoma saponaceum* (Fr.) P. Kumm. 皂味口蘑 2000 f
Bonomyces sinopicus (Fr.) Vizzini 赭杯伞
Pluteus sp. 未定名光柄菇
Agaricus sylvicola (Vittad.) Peck 白林地蘑菇
Marasmius sp. 未定名小皮伞

1

2

3

4

5

1 TONGA (汤加) 1997.9.8

Trametes elegans (Spreng.) Fr. 雅致栓孔菌 10 s

Collybia semiusta (Berk. & M. A. Curtis) Dennis 近赭金钱菌 10 s

Aseroe rubra Labill. 红星头鬼笔 10 s

Microporus xanthopus (Fr.) Kuntze 黄柄小孔菌 10 s

Podoscypha involuta (Klotzsch) Imazeki 卷边柄杯菌 10 s

Lentinus tuber-regium (Fr.) Fr. 菌核韧伞 10 s

2 *Trametes elegans* (Spreng.) Fr. 雅致栓孔菌 20 s

Collybia semiusta (Berk. & M. A. Curtis) Dennis 近赭金钱菌 20 s

Aseroe rubra Labill. 红星头鬼笔 60 s

Microporus xanthopus (Fr.) Kuntze 黄柄小孔菌 60 s

Podoscypha involuta (Klotzsch) Imazeki 卷边柄杯菌 2 p

Lentinus tuber-regium (Fr.) Fr. 菌核韧伞 2 p

3 URUGUAY (乌拉圭) 1997.2.7

Lepista nuda (Bull.) Cooke 紫丁香蘑 4 p

Agaricus xanthodermus Genev. 黄斑蘑菇 4 p

Russula sardonia Fr. 红肉红菇 4 p

Microsporum canis E. Bodin ex Guég. 狗小孢霉 4 p

Trametes versicolor (L.) Lloyd 云芝栓孔菌 4 p

4 URUGUAY (乌拉圭) 1997.5.25

Mushroom 蘑菇 2 p

5 AFGHANISTAN (阿富汗) 1998.4.20

Gomphidius glutinosus (Schaeff.) Fr. 黏铆钉菇 400 a

Gymnopus fusipes (Bull.) Gray 梭柄裸脚伞 600 a

Stropharia aeruginosa (Curtis) Quél. 铜绿球盖菇 800 a

Craterellus cornucopioides (L.) Pers. 灰黑喇叭菌 1000 a

Guepinia helvelloides (DC.) Fr. 焰耳 1200 a

Suillus grevillei (Klotzsch) Singer 厚环乳牛肝菌 1500 a

6 *Cantharellus cibarius* Fr. 鸡油菌 4000 a

1　**ANGOLA（安哥拉）1998.5.21**
Floccularia luteovirens (Alb. & Schwein.)
Pouzar 黄绿卷毛菇 250000 k

2　**BENIN（贝宁）1998.4.28**
Tephrocybe anthracophila (Lasch) P. D. Orton
黑灰顶伞 135 f
Suillus luteus (L.) Roussel 褐环乳牛肝菌 150 f
Pleurotus ostreatus (Jacq.) P. Kumm. 糙皮侧耳
200 f
Hohenbuehelia petaloides (Bull.) Schulzer 勺状
亚侧耳 270 f
Tylopilus felleus (Bull.) P. Karst. 苦粉孢牛肝菌
300 f
Leucoagaricus leucothites (Vittad.) Wasser 粉
褶白环菇 400 f

3　*Gymnopilus junonius* (Fr.) P. D. Orton 橘黄裸伞
1000 f

4　**BOSNIA AND HERZEGOVINA（波斯尼**
亚和黑塞哥维那）1998.7.30
Morchella esculenta (L.) Pers. 羊肚菌 0.5 m

Cantharellus cibarius Fr. 鸡油菌 0.8 m
Boletus edulis Bull. 美味牛肝菌 1.1 m
Amanita caesarea (Scop.) Pers. 橙盖鹅膏 1.35 m

5　**BELARUS（白俄罗斯）1998.9.10**
Morchella esculenta (L.) Pers. 羊肚菌 2500 r
Morchella esculenta (L.) Pers. 羊肚菌 3800 r
Chlorophyllum rhacodes (Vittad.) Vellinga 粗鳞
青褶伞 4600 r
Macrolepiota procera (Scop.) Singer 高大环柄
菇 5800 r
Coprinus comatus (O. F. Müll.) Pers. 毛头鬼伞
9400 r

6　**CHAD（乍得）1998.2.6**
Russula virescens (Schaeff.) Fr. 变绿红菇 300 f
Russula foetida C. Martin 臭味红菇 1100 f
Echinoderma asperum (Pers.) Bon 锐鳞棘皮菌
1200 f

1 CHAD (乍得) 1998.6.20

Coprinopsis atramentaria (Bull.) Redhead, Vilgalys & Moncalvo 墨汁拟鬼伞 475 f

Ramaria botrytis (Pers.) Bourdot 葡萄状枝瑚菌 475 f

Aleuria aurantia (Pers.) Fuckel 橙黄网孢盘菌 475 f

Amanita muscaria (L.) Lam. 鹅膏 475 f

Chlorophyllum rhacodes (Vittad.) Vellinga 粗鳞青褶伞 475 f

Helvella crispa (Scop.) Fr. 皱柄白马鞍菌 475 f

2 *Morchella esculenta* (L.) Pers. 羊肚菌 500 f

Tuber aestivum Vittad. 夏块菌 500 f

Tuber melanosporum Vittad. 黑孢块菌 500 f

Mitrophora semilibera (DC.) Lév. 半开钟柄菌 500 f

Morchella esculenta (L.) Pers. 羊肚菌 500 f

Choiromyces meandriformis Vittad. 缠绕褶猪菌 500 f

3 *Gomphus clavatus* (Pers.) Gray 钉菇 2000 f

Cantharellus cibarius Fr. 鸡油菌

4 COMORO (科摩罗) 1998

Tapinella atrotomentosa (Batsch) Šutara 毛柄网

褶菌 400 f

Craterellus cornucopioides (L.) Pers. 灰黑喇叭菌 400 f

Rubroboletus satanas (Lenz) Kuan Zhao & Zhu L. Yang 细网红牛肝菌 400 f

Clavariadelphus truncatus (Quél.) Donk 截顶棒瑚菌 400 f

Phallus impudicus L. 白鬼笔 400 f

Scleroderma aurantium (Vaill.) Pers. 金黄硬皮马勃 400 f

Amanita citrina Pers. 橙黄鹅膏 400 f

Catathelasma imperiale (Quél.) Singer 壮丽环苞菇 400 f

Inocybe rimosa (Bull.) P. Kumm. 裂拉丝盖伞 400 f

5 CÔTE D'IVOIRE (科特迪瓦) 1998.6.26

Agaricus bingensis Heinem. 橙红蘑菇 50 f

Lactifluus gymnocarpus (R. Heim ex Singer) Verbeken 裸盖流乳菇 180 f

Termitomyces le-testui (Pat.) R. Heim 粉褐白蚁伞 280 f

1

2

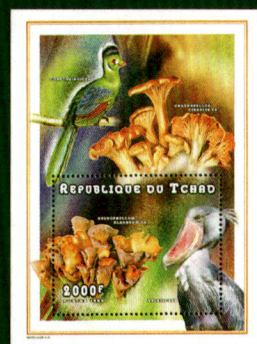

3

4

5

1 CROATIA (克罗地亚) 1998.4.22

Amanita caesarea (Scop.) Pers. 橙盖鹅膏 1.3 k

Lactarius deliciosus (L.) Gray 松乳菇 1.3 k

Morchella esculenta (L.) Pers. 羊肚菌 7.2 k

2 DOMINICA (多米尼克) 1998.3.2

Omphalotus illudens (Schwein.) Bresinsky & Besl 亮光类脐菇 10 c

Inocybe rimosa (Bull.) P. Kumm. 裂拉丝盖伞 15 c

Marasmius plicatulus Peck 扇褶小皮伞 20 c

Mycena lilacifolia (Peck) A. H. Sm. 乳褶小菇 50 c

Floccularia luteovirens (Alb. & Schwein.) Pouzar 黄绿卷毛菇 55 c

Tricholomopsis rutilans (Schaeff.) Singer 赭红拟口蘑 90 c

3 *Leucoagaricus leucothites* (Vittad.) Wasser 粉褶白环菇 $ 1

Cortinarius violaceus (L.) Gray 堇紫丝膜菌 $ 1

Boletus aereus Bull. 铜色牛肝菌 $ 1

Tricholoma aurantium (Schaeff.) Ricken 红橙口蘑 $ 1

Macrolepiota procera (Scop.) Singer 高大环柄菇 $ 1

Infundibulicybe geotropa (Bull.) Harmaja 肉色漏斗伞 $ 1

Echinoderma asperum (Pers.) Bon 锐鳞棘皮菌 $ 1

Tricholoma saponaceum (Fr.) P. Kumm. 皂味口蘑 $ 1

Lycoperdon perlatum Pers. 网纹马勃 $ 1

4 *Retiboletus ornatipes* (Peck) Manfr. Binder & Bresinsky 金网柄牛肝菌 $ 1

Russula xerampelina (Schaeff.) Fr. 黄孢红菇 $ 1

Cortinarius collinitus (Sowerby) Gray 黏腿丝膜菌 $ 1

Agaricus moelleri Wasser 细褐鳞蘑菇 $ 1

Coprinus comatus (O. F. Müll.) Pers. 毛头鬼伞 $ 1

Amanita caesarea (Scop.) Pers. 橙盖鹅膏 $ 1

Amanita rubescens Pers. 赭盖鹅膏 $ 1

Amanita muscaria (L.) Lam. 鹅膏 $ 1

Morchella esculenta (L.) Pers. 羊肚菌 $ 1

5 *Cortinarius violaceus* (L.) Gray 堇紫丝膜菌 $ 6

6 GREAT BRITAIN (英国) 1998.1.20

Rubroboletus satanas (Lenz) Kuan Zhao & Zhu L. Yang 细网红牛肝菌 63 p

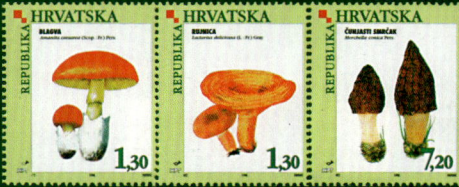

1

6

2

3

4

5

1 **GUINEA（几内亚）1998.8.20**
Amanita muscaria (L.) Lam. 鹅膏 650 f
Melanophyllum haematospermum (Bull.) Kreisel 暗褶菌 650 f
Mitrula paludosa Fr. 湿生地杖菌 650 f
Morchella esculenta (L.) Pers. 羊肚菌 650 f

2 **KOREA（韩国）1998.7.4**
Pseudocolus fusiformis (E. Fisch.) Lloyd 纺锤爪鬼笔 170 w
Cyptotrama asprata (Berk.) Redhead & Ginns 橙盖干蘑 170 w
Laccaria vinaceoavellanea Hongo 葡酒黄色蜡蘑 170 w
Phallus rugulosus Lloyd 细皱鬼笔 170 w
Leucocoprinus fragilissimus (Ravenel ex Berk. & M. A. Curtis) Pat. 易碎白鬼伞
Agaricus subrutilescens (Kauffman) Hotson & D. E. Stuntz 紫红蘑菇

3 **LESOTHO（莱索托）1998.6.15**
Laccaria amethystina Cooke 紫蜡蘑 70 s
Mutinus caninus (Huds.) Fr. 狗蛇头菌 1 m
Tricholoma lascivum (Fr.) Gillet 草黄口蘑 1.5 m

Infundibulicybe geotropa (Bull.) Harmaja 肉色漏斗伞 2 m
Amanita excelsa (Fr.) Bertill. 青鹅膏 3 m
Leccinum aurantiacum (Bull.) Gray 橙黄疣柄牛肝菌 4 m

4 *Gliophorus psittacinus* (Schaeff.) Herink 青绿胶柄菌 1 m
Cortinarius orellanus Fr. 毒丝膜菌 1 m
Volvariella bombycina (Schaeff.) Singer 银丝草菇 1 m
Cortinarius caerulescens (Schaeff.) Fr. 蓝丝膜菌 1 m
Laccaria amethystina Cooke 紫蜡蘑 1 m
Tricholoma aurantium (Schaeff.) Ricken 红橙口蘑 1 m
Amanita excelsa (Fr.) Bertill. 青鹅膏 1 m
Clavulinopsis helvola (Pers.) Corner 微黄拟锁瑚菌 1 m
Coprinellus micaceus (Bull.) Vilgalys, Hopple & Jacq. Johnson 晶粒小鬼伞 1 m
Russula queletii Fr. 褐紫红菇 1 m
Amanita phalloides (Vaill. ex Fr.) Link 鬼笔鹅膏 1 m
Lactarius deliciosus (L.) Gray 松乳菇 1 m

1 *Amanita pantherina* (DC.) Krombh. 豹斑鹅膏 8 m
Rubroboletus satanas (Lenz) Kuan Zhao & Zhu L. Yang 细网红牛肝菌 8 m

2 **LIBERIA (利比里亚) 1998.7.1**
Lepiota cristata (Bolton) P. Kumm. 冠状环柄菇 10 c
Russula emetica (Schaeff.) Pers. 毒红菇 15 c
Coprinus comatus (O. F. Müll.) Pers. 毛头鬼伞 20 c
Russula cyanoxantha (Schaeff.) Fr. 蓝黄红菇 30 c
Cortinarius violaceus (L.) Gray 堇紫丝膜菌 50 c
Amanita cothurnata G. F. Atk. 靴鹅膏 75 c
Stropharia cyanea Tuom. 变蓝球盖菇 $ 1
Panellus serotinus (Pers.) Kühner 晚生扇菇 $ 1.2

3 *Rhodocollybia butyracea* (Bull.) Lennox 乳酪粉金钱菌 40 c
Asterophora parasitica (Bull.) Singer 寄生星孢菌 40 c
Tricholomopsis rutilans (Schaeff.) Singer 赭红拟口蘑 40 c
Mycetinis alliaceus (Jacq.) Earle ex A. W. Wilson & Desjardin 蒜味微菇 40 c

Mycena crocata (Schrad.) P. Kumm. 杏黄小菇 40 c
Mycena polygramma (Bull.) Gray 沟柄小菇 40 c
Mucidula mucida (Schrad.) Pat. 黏盖菌 40 c
Entoloma conferendum (Britzelm.) Noordel. 美褶粉褶蕈 40 c
Entoloma serrulatum (Fr.) Hesler 细齿粉褶蕈 40 c

4 *Cordyceps militaris* (L.) Fr. 蛹虫草 40 c
Xylaria hypoxylon (L.) Grev. 鹿角炭角菌 40 c
Sarcoscypha austriaca (O. Beck ex Sacc.) Boud. 澳洲肉杯菌 40 c
Auriscalpium vulgare Gray 耳匙菌 40 c
Fomitopsis pinicola (Sw.) P. Karst. 红缘拟层孔菌 40 c
Pleurotus ostreatus (Jacq.) P. Kumm. 糙皮侧耳 40 c
Paralepista flaccida (Sowerby) Vizzini 白黄近香蘑 40 c
Clitocybe metachroa (Fr.) P. Kumm. 变色杯伞 40 c
Hygrocybe conica (Schaeff.) P. Kumm. 锥形湿伞 40 c

1

2

3

4

1 *Gomphidius roseus* (Fr.) Fr. 粉红铆钉菇 $ 2
Russula viscida Kudřna 黏质红菇 $ 2

2 *Cantharellus cibarius* Fr. 鸡油菌 $ 2
Tapinella atrotomentosa (Batsch) Šutara 毛柄小塔氏菌 $ 2

3 **MADAGASCAR (马达加斯加) 1998.7.22**
Hygrocybe punicea (Fr.) P. Kumm. 红湿伞 3000 f
Lepista nuda (Bull.) Cooke 紫丁香蘑 3000 f
Boletus edulis Bull. 美味牛肝菌 7500 f
Hygrophorus hypothejus (Fr.) Fr. 青黄蜡伞 7500 f

4 *Lactarius torminosus* (Schaeff.) Gray 毛头乳菇 12500 f
Albatrellus ovinus (Schaeff.) Kotl. & Pouzar 绵地花菌 12500 f

5 **MADAGASCAR (马达加斯加) 1998**
Neoboletus erythropus (Pers.) C. Hahn 红柄新牛肝菌 500 f on 680 f
Leccinum scabrum (Bull.) Gray 褐疣柄牛肝菌 500 f on 800 f

6 **MALI (马里) 1998.3.10**
Fomitopsis pinicola (Sw.) P. Karst. 红缘拟层孔菌 1500 f

7 *Scleroderma aurantium* (L.) Pers. 金黄硬皮马勃 250 f
Helvella sp. 未定名马鞍菌 320 f
Ramaria sp. 未定名枝瑚菌 1060 f

8 *Scleroderma aurantium* (L.) Pers. 金黄硬皮马勃 250 f
Helvella sp. 未定名马鞍菌 320 f
Ramaria sp. 未定名枝瑚菌 1060 f

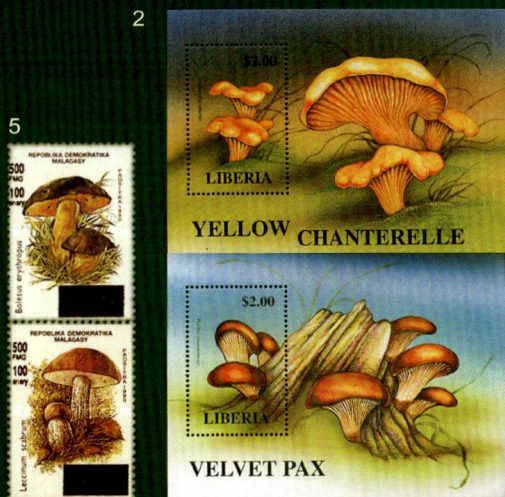

1　**MARSHALL ISLANDS (马绍尔群岛) 1998.3.6**
Penicillium chrysogenum Thom 产黄青霉 60 c

2　**NEW CALEDONIA (新喀里多尼亚) 1998.1.22**
Lentinus tuber-regium (Fr.) Fr. 菌核韧伞 70 f
Volvariella bombycina (Schaeff.) Singer 银丝草菇 70 f
Morchella anteridiformis R. Heim 柱形羊肚菌 70 f

3　**NIGER (尼日尔) 1998.7.6**
Phylloporus rhodoxanthus (Schwein.) Bres. 褶孔牛肝菌 600 f
Lactarius vellereus (Fr.) Fr. 绒盖乳菇 600 f
Russula xerampelina (Schaeff.) Fr. 黄孢红菇 600 f
Russula heterophylla (Fr.) Fr. 叶绿红菇 600 f

4　*Macrolepiota procera* (Scop.) Singer 高大环柄菇 2000 f

5　**NIGER (尼日尔) 1998.9.2**
Phaeolepiota aurea (Fr.) Konrad & Maubl. 金褐伞 450 f
Disciotis venosa (Pers.) Arnould 肋状皱盘菌 450 f
Gomphidius glutinosus (Schaeff.) Fr. 黏铆钉菇 450 f
Amanita vaginata (Bull.) Lam. 灰鹅膏 450 f
Pseudohydnum gelatinosum (Scop.) P. Karst. 虎掌刺银耳 450 f
Volvariella volvacea (Bull.) Singer 草菇 450 f
Amanita citrina Pers. 橙黄鹅膏

6　**PALAU (帕劳) 1998.12.8**
Mushroom 蘑菇 200 c

7　**PARAGURY (巴拉圭) 1998.6.26**
Boletus edulis Bull. 美味牛肝菌 400 g
Macrolepiota procera (Scop.) Singer 高大环柄菇 600 g
Geastrum triplex Jungh. 尖顶地星 1000 g

1

2

4

3

7

5

6

3060

1　SAO TOME AND PRINCIPE (圣多美和普林西比) 1998.7.2

Hygrocybe coccinea (Schaeff.) P. Kumm. 绯红湿伞 Db 2000

Hypholoma capnoides (Fr.) P. Kumm 橙黄垂幕菇 Db 2000

Armillaria mellea (Vahl) P. Kumm. 蜜环菌 Db 2000

Cortinarius violaceus (L.) Gray 堇紫丝膜菌 Db 2000

Boletus pinophilus Pilát & Dermek 褐红牛肝菌 Db 2000

Stropharia aeruginosa (Curtis) Quél. 铜绿球盖菇 Db 2000

Hygrocybe punicea (Fr.) P. Kumm. 红湿伞 Db 2000

Rubroboletus satanas (Lenz) Kuan Zhao & Zhu L. Yang 细网红牛肝菌 Db 2000

Hortiboletus rubellus (Krombh.) Simonini, Vizzini & Gelardi 朱红花园牛肝菌 Db 2000

2　*Amanita muscaria* (L.) Lam. 鹅膏 Db 6000

Sarcoscypha coccinea (Gray) Boud. 绯红肉杯菌 Db 6000

3　SAINT VINCENT AND THE GRENADINES (圣文森特和格林纳丁斯) 1998.2.23

Phaeolepiota aurea (Matt.) Maire 金盖暗环柄菇 10 c

Entoloma sinuatum (Bull.) P. Kumm. 毒粉褶蕈 20 c

Pholiota flammans (Batsch) P. Kumm. 黄鳞伞 70 c

Panaeolus semiovatus (Sowerby) S. Lundell & Nannf. 半卵形斑褶菇 90 c

Stropharia rugosoannulata Farl. ex Murrill 皱环球盖菇 $ 1

Tricholoma sulphureum (Bull.) P. Kumm. 硫黄色口蘑 $ 1

4　*Amanita caesarea* (Scop.) Pers. 橙盖鹅膏 $ 1

Amanita muscaria (L.) Lam. 鹅膏 $ 1

Amanita ovoidea (Bull.) Link 卵盖鹅膏 $ 1

Amanita phalloides (Vaill. ex Fr.) Link 鬼笔鹅膏 $ 1

Amanita ceciliae (Berk. & Broome) Bas 圈托鹅膏 $ 1

Amanita vaginata (Bull.) Lam. 灰鹅膏 $ 1

Agaricus campestris L. 蘑菇 $ 1

Agaricus arvensis Schaeff. 野蘑菇 $ 1

Coprinus comatus (O. F. Müll.) Pers. 毛头鬼伞 $ 1

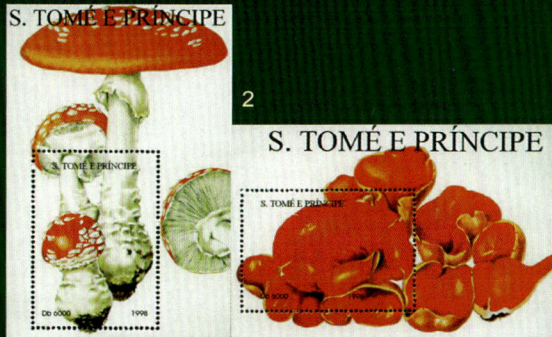

1 *Coprinellus micaceus* (Bull.) Vilgalys, Hopple & Jacq. Johnson 晶粒小鬼伞 $ 1.1

Stropharia umbonatescens (Peck) Sacc. 褐色球盖菇 $ 1.1

Hebeloma crustuliniforme (Bull.) Quél. 大毒黏滑菇 $ 1.1

Cortinarius collinitus (Sowerby) Gray 黏腿丝膜菌 $ 1.1

Cortinarius violaceus (L.) Gray 堇紫丝膜菌 $ 1.1

Cortinarius armillatus (Fr.) Fr. 蜜环丝膜菌 $ 1.1

Tricholoma aurantium (Schaeff.) Ricken 红橙口蘑 $ 1.1

Russula virescens (Schaeff.) Fr. 变绿红菇 $ 1.1

Clitocybe infundibuliformis Quél. 杯伞 $ 1.1

2 *Amanita caesarea* (Scop.) Pers. 橙盖鹅膏 $ 6

Hygrocybe conica (Schaeff.) P. Kumm. 锥形湿伞 $ 6

3 **SLOVENIA (斯洛文尼亚) 1998.3.25**
Mushroom 蘑菇 14 t

4 **TANZANIA (坦桑尼亚) 1998.2.18**
Tricholoma batschii Gulden 巴氏口蘑 140 s

Tricholoma caligatum (Viv.) Ricken 欧洲松口蘑 150 s

Lyophyllum decastes (Fr.) Singer 荷叶离褶伞 200 s

Tricholoma equestre (L.) P. Kumm. 油口蘑 250 s

Boletellus chrysenteroides (Snell) Snell 金色条孢牛肝菌 370 s

Xerocomellus zelleri (Murrill) Klofac 泽勒亚绒盖牛肝菌 410 s

Gyroporus castaneus (Bull.) Quél. 褐圆孔牛肝菌 500 s

Rubroboletus satanas (Lenz) Kuan Zhao & Zhu L. Yang 细网红牛肝菌 600 s

5 *Hygrocybe miniata* (Fr.) P. Kumm. 朱红湿伞 250 s

Cystolepiota adulterina (F. H. Möller) Bon 成熟囊小伞 250 s

Gymnopus dryophilus (Bull.) Murrill 栎裸菇 250 s

Omphalotus olearius (DC.) Singer 奥尔类脐菇 250 s

Chlorophyllum rachodes (Vittad.) Vellinga 粗鳞青褶伞 250 s

Leucoagaricus nympharum (Kalchbr.) Bon 翘鳞白环菇 250 s

Lentinus sp. 未定名韧伞 250 s

Mycena epipterygia (Scop.) Gray 黄柄小菇 250 s

Amanita muscaria (L.) Lam. 鹅膏 250 s

1

2

3

4

5

1 *Pleurotus ostreatus* (Jacq.) P. Kumm. 糙皮侧耳 250 s（票面标注有误）

Amanita muscaria (L.) Lam. 鹅膏 250 s

Amanita battarrae (Boud.) Bon 褐黄鹅膏 250 s

Onnia tomentosa (Fr.) P. Karst. 茸毛翁孔菌 250 s

Ganoderma lucidum (Curtis) P. Karst. 亮盖灵芝 250 s

Macrolepiota procera (Scop.) Singer 高大环柄菇 250 s

Suillus granulatus (L.) Roussel 点柄乳牛肝菌 250 s

Cortinarius praestans (Cordier) Gillet 缘纹丝膜菌 250 s

Marasmiellus ramealis (Bull.) Singer 枝生微皮伞 250 s

2 *Coprinellus silvaticus* (Peck) Gminder 林地小鬼伞 1500 s

Chroogomphus rutilus (Schaeff.) O. K. Mill. 色钉菇 1500 s

3 ZAMBIA（赞比亚）1998.7.1

Tricholomopsis rutilans (Schaeff.) Singer 赭红拟白蘑 250 k

Chlorophyllum molybdites (G. Mey.) Massee ex P. Syd. 大青褶伞 250 k

Lepista sordida (Schumach.) Singer 花脸香蘑 450 k

Psilocybe stuntzii Guzmán & J. Ott. 蓝腿裸盖菇 450 k

Gomphidius subroseus Kauffman 玫色铆钉菇 500 k

Lepiota sp. 未定名环柄菇 500 k

Suillus subolivaceus A. H. Sm. & Thiers 近褐乳牛肝菌 900 k

Cantharellus cibarius Fr. 鸡油菌 900 k

Hygrophorus camarophyllus (Alb. & Schwein.) Dumée, Grandjean & Maire 褐盖蜡伞 1000 k

Volvopluteus gloiocephalus (DC.) Vizzini, Contu & Justo 黏盖包脚菇 1000 k

4 *Xerocomellus zelleri* (Murrill) Klofac 泽勒亚绒盖牛肝菌 900 k

Russula brevipes Perk 短柄红菇 900 k

Clitocybe odora (Bull.) P. Kumm. 香杯伞 900 k

Protostropharia semiglobata (Batsch) Redhead, Moncalvo & Vilgalys 半球原球盖菇 900 k

Gymnopus dryophilus (Bull.) Murrill 栎裸菇 900 k

Stropharia rugosoannulata Farl. ex Murrill 皱环球盖菇 900 k

1

2

4

3

1 *Agaricus moelleri* Wasser 细褐鳞蘑菇 900 k
Rubroboletus pulcherrimus (Thiers & Halling) D. Arora, N. Siegel & J. L. Frank 美丽红牛肝菌 900 k
Lactarius scrobiculatus (Scop.) Fr. 黄乳菇 900 k
Suillus brevipes (Peck) Kuntze 短柄乳牛肝菌 900 k
Russula sanguinaria (Schumach.) Rauschert 血红菇 900 k
Tricholoma zelleri (D. E. Stuntz & A. H. Sm.) Ovrebo & Tylutki 泽勒口蘑 900 k

2 *Flammulina velutipes* (Curtis) Singer 毛腿冬菇 3200 k
Armillaria mellea (Vahl) P. Kumm. 蜜环菌 3200 k

3 AFGHANISTAN（阿富汗）1999.2.5
Agaricus campestris L. 蘑菇 10000 a
Leucoagaricus americanus (Peck) Vellinga 美洲白环菇 20000 a
Kuehneromyces mutabilis (Schaeff.) Singer & A. H. Sm. 库恩菇 30000 a
Lactarius deterrimus Gröger 劣味乳菇 40000 a
Lepista nuda (Bull.) Cooke 紫丁香蘑 50000 a
Coprinus comatus (O. F. Müll.) Pers. 毛头鬼伞 60000 a

4 *Clathrus archeri* (Berk.) Dring 拱形笼头菌 150000 a

5 ALAND ISLANDS（奥兰群岛）1999.9.25
Xanthoria parietina (L.) Th. Fr. var. *parietina* 石黄衣原变种 1.8 mk
Hypogymnia physodes (L.) Nyl. 袋衣 3.6 mk

6 ANGOLA（安哥拉）1999.9.23
Aleuria aurantia (Pers.) Fuckel 橙黄网孢盘菌 10000 Kzr
Mycena alcalina (Fr.) P. Kumm. 碱味小菇 25000 Kzr
Sarcodon imbricatus (L.) P. Karst. 翘鳞肉齿菌 125000 Kzr
Stropharia aeruginosa (Curtis) Quél. 铜绿球盖菇 250000 Kzr

7 *Amanita caesarea* (Scop.) Pers. 橙盖鹅膏 1.25 mil Kzr
Agaricus xanthodermus Genev. 黄斑蘑菇 1.25 mil Kzr
Hygrocybe conica (Schaeff.) P. Kumm. 锥形湿伞 1.25 mil Kzr
Boletellus chrysenteroides (Snell) Snell 金色条孢牛肝菌 1.25 mil Kzr
Coprinus comatus (O. F. Müll.) Pers. 毛头鬼伞 1.25 mil Kzr
Suillus luteus (L.) Roussel 褐环乳牛肝菌 1.25 mil Kzr

1 *Morchella crassipes* (Vent.) Pers. 粗柄羊肚菌 1 mil Kzr

Leccinum versipelle (Fr. & Hök) Snell 异色疣柄牛肝菌 1 mil Kzr

Amanita phalloides (Vaill. ex Fr.) Link 鬼笔鹅膏 1 mil Kzr

Gymnopus iocephalus (Berk. & M. A. Curtis) Halling 紫裸脚伞 1 mil Kzr

Tricholoma aurantium (Schaeff.) Ricken 红橙口蘑 1 mil Kzr

Cortinarius violaceus (L.) Gray 堇紫丝膜菌 1 mil Kzr

Mycena polygramma (Bull.) Gray 沟柄小菇 1 mil Kzr

Agaricus augustus Fr. 大紫蘑菇 1 mil Kzr

Agrocybe sp. 未定名田头菇

2 *Amanita muscaria* (L.) Lam. 鹅膏 1 mil Kzr

Boletus aereus Bull. 铜色牛肝菌 1 mil Kzr

Coprinus comatus (O. F. Müll.) Pers. 毛头鬼伞 1 mil Kzr

Amanita rubescens Pers. 赭盖鹅膏 1 mil Kzr

Cortinarius collinitus (Sowerby) Gray 黏腿丝膜菌 1 mil Kzr

Rubroboletus satanas (Lenz) Kuan Zhao & Zhu L. Yang 细网红牛肝菌 1 mil Kzr

Macrolepiota procera (Scop.) Singer 高大环柄菇 1 mil Kzr

Infundibulicybe geotropa (Bull.) Harmaja 肉色漏斗伞 1 mil Kzr

3 *Russula nigricans* Fr. 黑红菇 1 mil Kzr

Suillus granulatus (L.) Roussel 点柄乳牛肝菌 1 mil Kzr

Mycena strobilinoidea Peck 松生小菇 1 mil Kzr

Amanita caesarea (Scop.) Pers. 橙盖鹅膏 1 mil Kzr

Amanita muscaria (L.) Lam. 鹅膏 1 mil Kzr

Leccinellum crocipodium (Letell.) Della Magg. & Trassin. 黄皮小疣柄牛肝菌 1 mil Kzr

Russula virescens (Schaeff.) Fr. 变绿红菇 1 mil Kzr

Lactarius deliciosus (L.) Gray 松乳菇 1 mil Kzr

Fomitopsis pinicola (Sw.) P. Karst. 红缘拟层孔菌

4 *Agaricus sylvaticus* Schaeff. 林地蘑菇 5 mil Kzr

Mycena lilacifolia (Peck) A. H. Sm. 乳褶小菇 5 mil Kzr

1

2

3

4

1 **BARBUDA (巴布达) 1999.9.28**
Marasmius rotula (Scop.) Fr. 轮小皮伞 45 c
Cantharellus cibarius Fr. 鸡油菌 65 c
Lepiota cristata (Bolton) P. Kumm. 冠状环柄菇 70 c
Auricularia mesenterica (Dicks.) Pers. 毡盖木耳 90 c
Pholiota alnicola (Fr.) Singer 桤生鳞伞 $ 1
Leccinum aurantiacum (Bull.) Gray 橙黄疣柄牛肝菌 $ 1.65

2 *Entoloma serrulatum* (Fr.) Hesler 细齿粉褶蕈 $ 1.75
Panaeolus papilionaceus (Bull.) Quél. 蝶形斑褶菇 $ 1.75
Volvariella bombycina (Schaeff.) Singer 银丝草菇 $ 1.75
Conocybe percincta P. D. Orton 密生锥盖伞 $ 1.75
Pluteus cervinus (Schaeff.) P. Kumm. 灰光柄菇 $ 1.75
Russula foetens (Pers.) Pers. 臭红菇 $ 1.75

3 *Amanita cothurnata* G. F. Atk. 靴鹅膏 $ 6
Panellus serotinus (Pers.) Kühner 晚生扇菇 $ 6

4 **BHUTAN (不丹) 1999.12.29**
Butyriboletus frostii (J. L. Russell) G. Wu, Kuan Zhao & Zhu L. Yang 弗氏黄靛牛肝菌 20 Nu
Morchella esculenta (L.) Pers. 羊肚菌 20 Nu
Hypomyces lactifluorum (Schwein.) Tul. & C. Tul. 泌乳菌寄生 20 Nu
Lentinus arcularius (Batsch) Zmitr. 漏斗韧伞 20 Nu

Cantharellus lateritius (Berk.) Singer 光鸡油菌 20 Nu
Volvariella pusilla (Pers.) Singer 矮小草菇 20 Nu

5 *Microglossum rufum* (Schwein.) Underw. 红棕小舌菌 20 Nu
Lactarius hygrophoroides Berk. & M. A. Curtis 稀褶乳菇 20 Nu
Lactarius repraesentaneus Britzelm. 黄毛乳菇 20 Nu
Calostoma cinnabarinum Desv. 红皮美味菌 20 Nu
Ampulloclitocybe clavipes (Pers.) Redhead, Lutzoni, Moncalvo & Vilgalys 棒柄瓶杯伞 20 Nu
Microstoma floccosum (Schwein.) Raitv. 毛微座孢 20 Nu

6 *Mutinus elegans* (Mont.) E. Fisch. 雅致蛇头菌 20 Nu
Pholiota squarrosoides (Peck) Sacc. 尖鳞伞 20 Nu
Coprinus quadrifidus Peck 鳞盖鬼伞 20 Nu
Clavulinopsis fusiformis (Sowerby) Corner 梭形拟锁瑚菌 20 Nu
Spathulariopsis velutipes (Cooke & Farl. ex Cooke) Maas Geest. 拟地勺菌 20 Nu
Ganoderma lucidum (Curtis) P. Karst. 亮盖灵芝 20 Nu

7 *Pholiota aurivella* (Batsch) P. Kumm. 金毛鳞伞 100 Nu

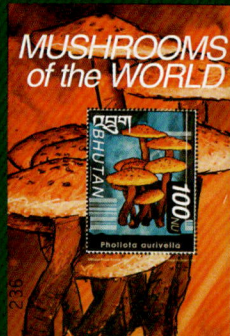

1 *Ramaria grandis* (Peck) Corner 大枝瑚菌 100 Nu

2 *Mucidula mucida* (Schrad.) Pat. 黏盖菌 100 Nu

3 BULGARIA (保加利亚) 1999.7.27
Russula virescens (Schaeff.) Fr. 变绿红菇 0.1 l
Agaricus campestris L. 蘑菇 0.18 l
Hygrophorus russula (Schaeff.) Kauffman 红菇蜡伞 0.2 l
Lepista nuda (Bull.) Cooke 紫丁香蘑 0.6 l
Marasmius oreades (Bolton) Fr. 硬柄小皮伞

4 BELARUS (白俄罗斯) 1999.8.21
Flammulina velutipes (Curtis) Singer 毛腿冬菇 30000 r
Kuehneromyces mutabilis (Schaeff.) Singer & A. H. Sm. 库恩菇 50000 r
Leucocybe connata (Schumach.) Vizzini, P. Alvarado, G. Moreno & Consiglio 银白杯伞 75000 r
Lyophyllum decastes (Fr.) Singer 荷叶离褶伞

100000 r

5 *Armillaria mellea* (Vahl) P. Kumm. 蜜环菌 150000 r
Pholiota aurivella (Batsch) P. Kumm. 金毛鳞伞

6 CAMBODIA (柬埔寨) 1999.9.5
Fomitopsis betulina (Bull.) B. K. Cui, M. L. Han & Y. C. Dai 桦滴拟层孔菌 5400 r

7 CENTRAL AFRICA (中非) 1999.6.11
Leotia lubrica (Scop.) Pers. 润滑锤舌菌 40 f
Hygrophorus hypothejus (Fr.) Fr. 青黄蜡伞 50 f
Tarzetta cupularis (L.) Svrček 杯状疣杯菌 65 f
Porpolomopsis calyptriformis (Berk.) Bresinsky 粉灰紫拟钉伞 280 f
Auricularia mesenterica (Dicks.) Pers. 毡盖木耳 345 f
Phellodon tomentosus (L.) Banker 灰薄栓齿菌 465 f
Helvella crispa (Scop.) Fr. 皱柄白马鞍菌 485 f
Gyromitra esculenta (Pers.) Fr. 鹿花菌 600 f

1 *Gliophorus psittacinus* (Schaeff.) Herink 青绿胶柄菌 390 f

Rickenella fibula (Bull.) Raithelh. 锁状小锐氏菌 390 f

Laccaria amethystina Cooke 紫蜡蘑 390 f

Tricholomopsis rutilans (Schaeff.) Singer 赭红拟口蘑 390 f

Lepista personata (Fr.) Cooke 粉紫香蘑 390 f

Paralepista flaccida (Sowerby) Vizzini 白黄近香蘑 390 f

Pseudoclitocybe cyathiformis (Bull.) Singer 假杯伞 390 f

Gymnopus fusipes (Bull.) Gray 梭柄裸脚伞 390 f

Rhodocollybia butyracea (Bull.) Lennox 乳酪粉金钱菌 390 f

2 *Gymnopus foetidus* (Sowerby) P. M. Kirk 臭味裸脚伞 440 f

Mycena crocata (Schrad.) P. Kumm. 杏黄小菇 440 f

Mycena pura (Pers.) P. Kumm. 洁小菇 440 f

Russula sanguinaria (Schumach.) Rauschert 血红菇 440 f

Amanita muscaria (L.) Lam. 鹅膏 440 f

Mycena cinerella (P. Karst.) P. Karst. 纤小菇 440 f

Boletus pinophilus Pilát & Dermek 褐红牛肝菌 440 f

Leccinum versipelle (Fr. & Hök) Snell 异色疣柄牛肝菌 440 f

Mutinus caninus (Huds.) Fr. 狗蛇头菌 440 f

3 *Lycoperdon echinatum* Pers. 长刺马勃 1500 f

Geastrum striatum DC. 褶皱地星 2000 f

4 **COMORO（科摩罗）1999.1.25**

Russula xerampelina (Schaeff.) Fr. 黄孢红菇 75 f

Catathelasma imperiale (Quél.) Singer 壮丽环苞菇 75 f

Cortinarius camphoratus (Fr.) Fr. 樟味丝膜菌 150 f

Cortinarius violaceus (L.) Gray 堇紫丝膜菌 150 f

Cortinarius caperatus (Pers.) Fr. 皱盖丝膜菌 200 f

Coprinopsis picacea (Bull.) Redhead, Vilgalys & Moncalvo 鹊拟鬼伞 200 f

Russula cavipes Britzelm. 空柄红菇 375 f

Coprinus comatus (O. F. Müll.) Pers. 毛头鬼伞 375 f

5 *Boletus edulis* Bull. 美味牛肝菌 150 f

Suillus grevillei (Klotzsch) Singer 厚环乳牛肝菌 150 f

Suillus cavipes (Opat.) A. H. Sm. & Thiers 空柄乳牛肝菌 150 f

Morchella esculenta (L.) Pers. 羊肚菌 150 f

Morchella esculenta (L.) Pers. 羊肚菌 150 f

Clitocybe dealbata (Sowerby) P. Kumm. 毒杯伞 150 f

Hygrocybe nigrescens (Quél.) Kühner 变黑湿伞 150 f

Infundibulicybe geotropa (Bull.) Harmaja 肉色漏斗伞 150 f

Lepiota cristata (Bolton) P. Kumm. 冠状环柄菇 150 f

6 *Amanita citrina* Pers. 橙黄鹅膏 150 f

Amanita phalloides (Vaill. ex Fr.) Link 鬼笔鹅膏 150 f

Cortinarius praestans (Cordier) Gillet 缘纹丝膜菌 150 f

Phallus impudicus L. 白鬼笔 150 f

Lepista nuda (Bull.) Cooke 紫丁香蘑 150 f

Cortinarius renidens Fr. 条柄丝膜菌 150 f

Lactarius torminosus (Schaeff.) Gray 毛头乳菇 150 f

Rubroboletus satanas (Lenz) Kuan Zhao & Zhu L. Yang 细网红牛肝菌 150 f

Cystolepiota bucknallii (Berk. & Broome) Singer & Clémençon 波氏囊小伞 150 f

7 *Ramaria aurea* (Schaeff.) Quél. 金黄枝瑚菌 1500 f

Macrolepiota procera (Scop.) Singer 高大环柄菇 1500 f

8 *Panellus serotinus* (Pers.) Kühner 晚生扇菇 1500 f

Amanita muscaria (L.) Lam. 鹅膏 1500 f

9 *Amanita muscaria* (L.) Lam. 鹅膏 375 f

Coprinus comatus (O. F. Müll.) Pers. 毛头鬼伞 375 f

Clitocybe odora (Bull.) P. Kumm. 香杯伞 375 f

Cantharellus cibarius Fr. 鸡油菌 375 f

Mycena epipterygia (Scop.) Gray 黄柄小菇 375 f

Marasmius oreades (Bolton) Fr. 硬柄小皮伞 375 f

10 *Boletus edulis* Bull. 美味牛肝菌 375 f

Laccaria amethystina Cooke 紫蜡蘑 375 f

Agaricus campestris L. 蘑菇 375 f

Hypholoma fasciculare (Huds.) P. Kumm. 簇生垂幕菇 375 f

Macrolepiota procera (Scop.) Singer 高大环柄菇 375 f

Russula aurea Pers. 橙黄红菇 375 f

11 *Hebeloma crustuliniforme* (Bull.) Quél. 大毒黏滑菇 1500 f

Chlorophyllum molybdites (G. Mey.) Massee ex P. Syd. 大青褶伞 1500 f

2

3

4

6

5

7

8

11

9

10

1 CONGO [刚果（布）] 1999.7.13
Guepinia helvelloides (DC.) Fr. 焰耳 400 f
Boletus edulis Bull. 美味牛肝菌 400 f
Caloscypha fulgens (Pers.) Boud. 闪光盘菌 400 f
Lycoperdon perlatum Pers. 网纹马勃 400 f

2 *Morchella esculenta* (L.) Pers. 羊肚菌 450 f
Amanita caesarea (Scop.) Pers. 橙盖鹅膏 450 f
Hypholoma lateritium (Schaeff.) P. Kumm. 砖红垂幕菇 450 f
Amanita muscaria (L.) Lam. 鹅膏 450 f

3 COSTA RICA（哥斯达黎加）1999.7.2
Boletus edulis Bull. 美味牛肝菌 50 c
Morchella esculenta (L.) Pers. 羊肚菌 50 c

4 CYPRUS（塞浦路斯）1999.3.4
Pleurotus eryngii (DC.) Quél. 刺芹侧耳 10 c
Lactarius deliciosus (L.) Gray 松乳菇 15 c
Sparassis crispa (Wulfen) Fr. 绣球菌 25 c
Morchella elata Fr. 高羊肚菌 30 c

5 DOMINICA（多米尼克）1999.11.9
Echinoderma asperum (Pers.) Bon 锐鳞棘皮菌 90 c
Echinoderma asperum (Pers.) Bon 锐鳞棘皮菌 90 c

6 GABON（加蓬）1999.4.30
Amanita pantherina (DC.) Krombh. 豹斑鹅膏 100 f
Boletus aereus Bull. 铜色牛肝菌 125 f
Rubroboletus satanas (Lenz) Kuan Zhao & Zhu L. Yang 细网红牛肝菌 225 f
Amanita muscaria (L.) Lam. 鹅膏 260 f

7 GREAT BRITAIN（英国）1999.3.2
Penicillium notatum Westling 点青霉 43 p

8 GUINEA（几内亚）1999.11.8
Lentinellus cochleatus (Pers.) P. Karst. 贝壳状小香菇 100 f
Lactarius blennius (Fr.) Fr. 黏绿乳菇 100 f
Leucocortinarius bulbiger (Alb. & Schwein.) Singer 球基污白丝膜菌 150 f
Lactarius sanguifluus (Paulet) Fr. 血红乳菇 150 f
Caloocybe ionides (Bull.) Donk 紫皮丽蘑 300 f
Lactarius porninsis Rolland 波宁乳菇 300 f
Clitocybe phyllophila (Pers.) P. Kumm. 落叶杯伞 300 f
Cystoderma amianthinum (Scop.) Fayod 皱盖囊皮伞 300 f

Limacella guttata (Pers.) Konrad & Maubl. 斑黏伞 300 f
Suillus placidus (Bonord.) Singer 琥珀乳牛肝菌 450 f
Suillus grevillei (Klotzsch) Singer 厚环乳牛肝菌 450 f
Suillus luteus (L.) Roussel 褐环乳牛肝菌 450 f
Suillus granulatus (L.) Roussel 点柄乳牛肝菌 450 f
Pleurotus cornucopiae (Paulet) Rolland 白黄侧耳 450 f
Calocybe cyanea (Bull.) Donk 肉色黄丽蘑 450 f
Lentinus tigrinus (Bull.) Fr. 虎皮韧伞 450 f

9 *Hygrocybe nigrescens* (Quél.) Kühner 变黑湿伞 300 f
Hygrocybe acutoconica (Clem.) Singer 锥盖湿伞 300 f
Mucidula mucida (Schrad.) Pat. 黏盖菌 300 f
Amanita rubescens Pers. 赭盖鹅膏 300 f
Amanita muscaria (L.) Lam. 鹅膏 300 f
Suillus luteus (L.) Roussel 褐环乳牛肝菌 300 f
Parasola plicatilis (Curtis) Redhead 褶纹近地伞 300 f
Gymnopilus junonius (Fr.) P. D. Orton 橘黄裸伞 300 f
Amanita muscaria (L.) Lam. 鹅膏 300 f

10 *Macrolepiota procera* (Scop.) Singer 高大环柄菇 450 f
Lactarius fulvissimus Romagn. 白乳菇 450 f
Cortinarius sanguineus (Wulfen) Fr. 红丝膜菌 450 f
Amanita muscaria (L.) Lam. 鹅膏 450 f
Imleria badia (Fr.) Vizzini 黑褐牛肝菌 450 f
Laccaria amethystina Cooke 紫蜡蘑 450 f
Tapinella atrotomentosa (Batsch) Šutara 毛柄小塔氏菌 450 f
Armillaria mellea (Vahl) P. Kumm. 蜜环菌 450 f
Amanita echinocephala (Vittad.) Quél. 刺头鹅膏 450 f

11 *Lactarius fulvissimus* Romagn. 白乳菇 2500 f
Amanita phalloides (Vaill. ex Fr.) Link 鬼笔鹅膏 2500 f

12 *Coprinopsis atramentaria* (Bull.) Redhead, Vilgalys & Moncalvo 墨汁拟鬼伞 2500 f
Amanita citrina Pers. 橙黄鹅膏 3000 f

13 *Amanita pantherina* (DC.) Krombh. 豹斑鹅膏 3000 f

14 GUYANA（圭亚那）1999.1.3
Mushroom 蘑菇 $ 500

2

4

5

6

8

7

12

11

13

9

10

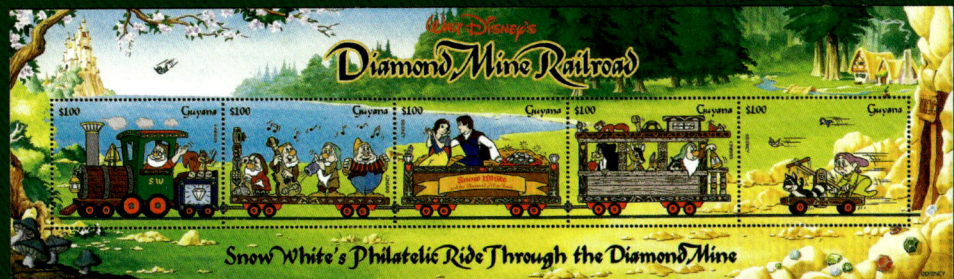

14

1 GUYANA（圭亚那）1999.5.6

Coprinopsis atramentaria (Bull.) Redhead, Vilgalys & Moncalvo 墨汁拟鬼伞 $ 25

Hebeloma crustuliniforme (Bull.) Quél. 大毒黏滑菇 $ 35

Russula nigricans Fr. 黑红菇 $ 100

Tricholoma aurantium (Schaeff.) Ricken 红橙口蘑 $ 200

2 *Boletus aereus* Bull. 铜色牛肝菌 $ 60

Coprinus comatus (O. F. Müll.) Pers. 毛头鬼伞 $ 60

Inocybe godeyi Gillet 土黄丝盖伞 $ 60

Morchella crassipes (Vent.) Pers. 粗柄羊肚菌 $ 60

Echinoderma asperum (Pers.) Bon 锐鳞棘皮菌 $ 60

Amanita phalloides (Vaill. ex Fr.) Link 鬼笔鹅膏 $ 60

Boletus ferrugineus Schaef 锈褐牛肝菌 $ 60

Cortinarius collinitus (Sowerby) Gray 黏腿丝膜菌 $ 60

Macrolepiota procera (Scop.) Singer 高大环柄菇 $ 60

3 *Russula ochroleuca* Fr. 黄白红菇 $ 60

Hygrophorus hypothejus (Fr.) Fr. 青黄蜡伞 $ 60

Amanita rubescens Pers. 赭盖鹅膏 $ 60

Rubroboletus satanas (Lenz) Kuan Zhao & Zhu L. Yang 细网红牛肝菌 $ 60

Amanita echinocephala (Vittad.) Quél. 刺头鹅膏 $ 60

Amanita muscaria (L.) Lam. 鹅膏 $ 60

Imleria badia (Fr.) Vizzini 黑褐牛肝菌 $ 60

Hebeloma radicosum (Bull.) Ricken 长根黏滑菇 $ 60

Mycena polygramma (Bull.) Gray 沟柄小菇 $ 60

4 *Echinoderma asperum* (Pers.) Bon 锐鳞棘皮菌 $ 300

Pluteus cervinus (Schaeff.) P. Kumm. 灰光柄菇 $ 300

5 ICELAND（冰岛）1999.5.20

Suillus grevillei (Klotzsch) Singer 厚环乳牛肝菌 35 k

Agaricus campestris L. 蘑菇 75 k

6 INDONESIA（印度尼西亚）1999.4.1

Ascosparassis heinricheri (Bres.) Pfister 子囊绣球菌 500 d

Mutinus bambusinus (Zoll.) E. Fisch. 竹林蛇头菌 500 d

Mycena sp. 未定名小菇 500 d

Hispidaedalea imponens (Ces.) Y. C. Dai & S. H. He 茸毛硬毛迷孔菌 700 d

Microporus xanthopus (Fr.) Kuntze 黄柄小孔菌 700 d

Termitomyces eurrhizus (Berk.) R. Heim 根白蚁伞 700 d

Calostoma oriruber Massee 粗皮美味菌 1000 d

Aseroe rubra Labill. 红星头鬼笔 1000 d

Microstoma insititium (Berk. & M. A. Curtis) Boedijn 大孢小口盘菌 1000 d

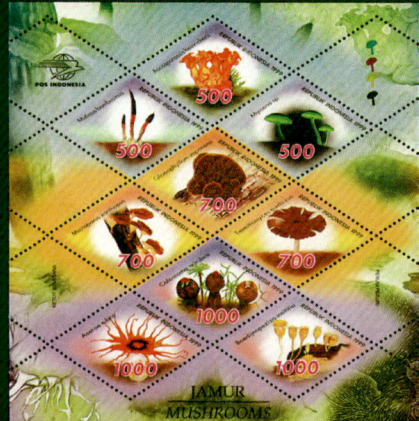

1 *Termitomyces eurrhizus* (Berk.) R. Heim 根白蚁伞 5000 d

2 *Mutinus bambusinus* (Zoll.) E. Fisch. 竹林蛇头菌 500 d

Ascosparassis heinricheri (Bres.) Pfister 子囊绣球菌 500 d

Mycena sp. 未定名小菇 500 d

3 KOREA D P R (朝鲜) 1999.1.1
Mushroom 蘑菇 10 c

4 KOREA D P R (朝鲜) 1999.8.25
Grifola frondosa (Dicks.) Gray 灰树花 40 c
Lactarius volemus (Fr.) Fr. 多汁乳菇 60 c
Trametes versicolor (L.) Lloyd 云芝栓孔菌 1 w

5 KYRGYZSTAN (吉尔吉斯斯坦) 1999.6.5
Mushroom 蘑菇 20 c

6 MADAGASCAR (马达加斯加) 1999.12.23
Boletus sp. 未定名牛肝菌 3000 f
Cantharellus congolensis Beeli 刚果鸡油菌 3000 f
Gomphus sp. 未定名钉菇 3000 f
Russula sp. 未定名红菇 3000 f

7 MALI (马里) 1999.9.13
Amanita muscaria (L.) Lam. 鹅膏 530 f

Amanita excelsa (Fr.) Bertill. 青鹅膏 530 f
Helvella acetabulum (L.) Quél. 碟形马鞍菌 530 f
Pleurotus ostreatus (Jacq.) P. Kumm. 糙皮侧耳 530 f
Phallus indusiatus Vent. 长裙竹荪 530 f
Cortinarius salor Fr. 荷叶丝膜菌 530 f

8 MOZAMBIQUE (莫桑比克) 1999.9.24
Galerina marginata (Batsch) Kühner 纹缘盔孢菌 9500 Mt
Neobulgaria pura (Pers.) Petr. 紫螺菌 9500 Mt
Lentinellus cochleatus (Pers.) P. Karst. 贝壳状小香菇 9500 Mt
Phallus impudicus L. 白鬼笔 9500 Mt
Armillaria mellea (Vahl) P. Kumm. 蜜环菌 9500 Mt
Amanita muscaria (L.) Lam. 鹅膏 9500 Mt

9 *Omphalotus olearius* (DC.) Singer 奥尔类脐菇 35000 Mt

10 NAMIBIA (纳米比亚) 1999.7.2
Termitomyces schimperi (Pat.) R. Heim 鳞盖白蚁伞 N$ 5.5

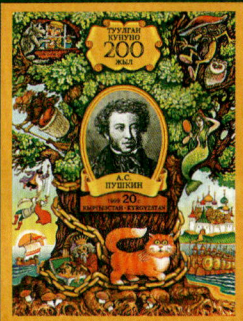

1 NICARAGUA (尼加拉瓜) 1999.10.14
Tricholoma ustale (Fr.) P. Kumm. 褐黑口蘑 5.5 c
Tricholoma pardinum (Pers.) Quél. 豹斑口蘑 5.5 c
Amanita echinocephala (Vittad.) Quél. 刺头鹅膏 5.5 c
Tricholoma saponaceum (Fr.) P. Kumm. 皂味口蘑 5.5 c
Amanita ceciliae (Berk. & Broome) Bas 圈托鹅膏 5.5 c
Amanita rubescens Pers. 赭盖鹅膏 5.5 c

2 *Amanita citrina* Pers. 橙黄鹅膏 7.5 c
Cyptotrama asprata (Berk.) Redhead & Ginns 橙盖干蘑 7.5 c
Amanita gemmata (Fr.) Bertill. 芽鹅膏 7.5 c
Catathelasma imperiale (Quél.) Singer 壮丽环苞菇 7.5 c
Gymnopus fusipes (Bull.) Gray 梭柄裸脚伞 7.5 c
Rhodocollybia butyracea (Bull.) Lennox 乳酪粉金钱菌 7.5 c

3 *Tricholomopsis rutilans* (Schaeff.) Singer 赭红拟口蘑 12.5 c
Tricholoma virgatum (Fr.) P. Kumm. 条纹口蘑 12.5 c

4 NIGER (尼日尔) 1999.11.2
Clitocybe sp. 未定名杯伞 1000 f
Lactarius camphoratus (Bull.) Fr. 浓香乳菇 1000 f
Stropharia aeruginosa (Curtis) Quél. 铜绿球盖菇 1000 f
Echinoderma asperum (Pers.) Bon 锐鳞棘皮菌 1000 f

5 ROMANIA (罗马尼亚) 1999.1.22
Mushroom 蘑菇 50 l
Mushroom 蘑菇 50 l
Mushroom 蘑菇 400 l
Mushroom 蘑菇 2300 l
Mushroom 蘑菇 3200 l

6 SENEGAL (塞内加尔) 1999.8.27
Amanita phalloides (Vaill. ex Fr.) Link 鬼笔鹅膏 60 f
Coprinopsis atramentaria (Bull.) Redhead, Vilgalys & Moncalvo 墨汁拟鬼伞 175 f
Amanita virosa (Peck) Lloyd 毒鹅膏 220 f
Agaricus campestris L. 蘑菇 250 f

7 TAJIKISTAN (塔吉克斯坦) 1999.12.20
Pleurotus eryngii (DC.) Quél. 刺芹侧耳 100 tr
Lepista nuda (Bull.) Cooke 紫丁香蘑 270 tr

8 *Morchella steppicola* Zerova 草坡羊肚菌 500 r

9 TANZANIA (坦桑尼亚) 1999.2.18
Tricholoma equestre (L.) P. Kumm. 油口蘑 150 s
Coprinus comatus (O. F. Müll.) Pers. 毛头鬼伞 370 s

10 *Amanita vaginata* (Bull.) Lam. 灰鹅膏 1500 s

1

2

4

3

10

5

6

7

8

9

1　TANZANIA (坦桑尼亚) 1999.11.25

Tricholoma portentosum (Fr.) Quél. 灰口蘑 150 s

Tricholomopsis rutilans (Schaeff.) Singer 赭红拟口蘑 250 s

Russula foetens (Pers.) Pers. 臭红菇 300 s

Russula aeruginea Fr. 铜绿红菇 350 s

Cortinarius varius (Schaeff.) Fr. 多变丝膜菌 400 s

Hygrocybe coccinea (Schaeff.) P. Kumm. 绯红湿伞 500 s

2　*Agaricus abruptibulbus* Peck 球基蘑菇 400 s

Panaeolus semiovatus (Sowerby) S. Lundell & Nannf. 半卵形斑褶菇 400 s

Cystoderma carcharias (Pers.) Fayod 尖顶囊皮伞 400 s

Amanita rubescens Pers. 赭盖鹅膏 400 s

Amanita fulva Fr. 褐托鹅膏 400 s

Tricholoma sulphureum (Bull.) P. Kumm. 硫黄色口蘑 400 s

3　*Hortiboletus rubellus* (Krombh.) Simonini, Vizzini & Gelardi 朱红花园牛肝菌 400 s

Geastrum rufescens Pers. 粉红地星 400 s

Lactarius deliciosus (L.) Gray 松乳菇 400 s

Gomphus clavatus (Pers.) Gray 钉菇 400 s

Russula rhodopus Zvára 红足红菇 400 s

Russula paludosa Britzelm. 沼泽红菇 400 s

4　*Fomes fomentarius* (L.) Fr. 木蹄层孔菌 1500 s

Stropharia hornemannii (Fr.) S. Lundell & Nannf. 浅赭色球盖菇 1500 s

5　TOGO (多哥) 1999.2.23

Ganoderma lucidum (Curtis) P. Karst. 亮盖灵芝 100 f

Craterellus lutescens (Fr.) Fr. 变黄喇叭菌 150 f

Lactarius deliciosus (L.) Gray 松乳菇 200 f

Amanita caesarea (Scop.) Pers. 橙盖鹅膏 300 f

Cortinarius violaceus (L.) Gray 堇紫丝膜菌 400 f

Amanita rubescens Pers. 赭盖鹅膏 500 f

6　*Clitopilus prunulus* (Scop.) P. Kumm. 斜盖伞 1000 f

7　UKRAINE (乌克兰) 1999.12.15

Armillaria mellea (Vahl) P. Kumm. 蜜环菌 30 k

Tapinella atrotomentosa (Batsch) Šutara 毛柄小塔氏菌 30 k

Pleurotus ostreatus (Jacq.) P. Kumm. 糙皮侧耳 30 k

Cantharellus cibarius Fr. 鸡油菌 40 k

Agaricus campestris L. 蘑菇 60 k

1 **YUGOSLAVIA（南斯拉夫）1999.6.18**
Amanita virosa (Peck) Lloyd 毒鹅膏 6 d
Amanita pantherina (DC.) Krombh. 豹斑鹅膏 6 d
Hypholoma fasciculare (Huds.) P. Kumm. 簇生垂幕菇 6 d
Ramaria pallida (Schaeff.) Ricken 淡苍色枝瑚菌 6 d

2 **BELGIUM（比利时）2000.5.5**
Ganoderma applanatum (Pers.) Pat. 树舌灵芝 2 f

3 **BENIN（贝宁）2000**
Psilocybe cubensis (Earle) Singer 古巴裸盖菇 135 f on 40 f
Amanita rubescens Pers. 赭盖鹅膏 150 f on 270 f
Hohenbuehelia petaloides (Bull.) Schulzer 勺状亚侧耳 150 f on 270 f

4 **BHUTAN（不丹）2000.9.18**
Penicillium notatum Westling 点青霉 25 Nu

5 **CAMBODIA（柬埔寨）2000.3.20**
Amanita muscaria (L.) Lam. 鹅膏 200 r
Amanita pantherina (DC.) Krombh. 豹斑鹅膏 500 r
Omphalotus olearius (DC.) Singer 奥尔类脐菇 900 r

Lactarius scrobiculatus (Scop.) Fr. 黄乳菇 1000 r
Scleroderma citrinum Pers. 橙黄硬皮马勃 1500 r
Amanita verna (Bull.) Lam. 春生鹅膏 4000 r

6 *Amanita phalloides* (Vaill. ex Fr.) Link 鬼笔鹅膏 4500 r

7 **CONGO D R [刚果（金）] 2000**
Termitomyces aurantiacus (R. Heim) R. Heim 黄白蚁伞 50 f on 35000 z

8 **CZECH（捷克）2000.6.28**
Rubroboletus satanas (Lenz) Kuan Zhao & Zhu L. Yang 细网红牛肝菌 5 k
Geastrum pouzarii V. J. Staněk 普氏地星 5 k
Verpa bohemica (Krombh.) J. Schrot. 波地钟菌 5.4 k
Morchella pragensis Smotl. 软肉羊肚菌 5.4 k

9 **EL SALVADOR（萨尔瓦多）2000.4.28**
Cookeina tricholoma (Mout.) Kuntze 毛缘毛杯菌 c1

10 **FRANCE（法国）2000.6.17**
Mushroom 蘑菇 2.02 €

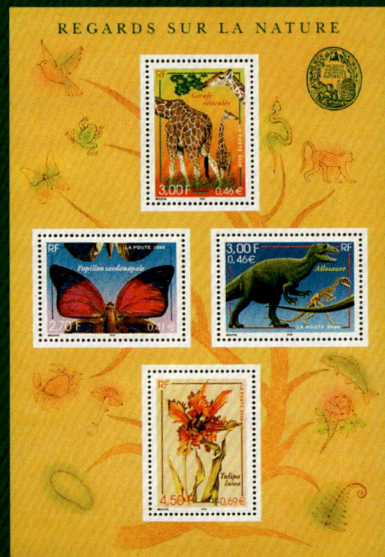

1 GAMBIA (冈比亚) 2000.5.15
Morchella esculenta (L.) Pers. 羊肚菌 4 d
Cantharellus cibarius Fr. 鸡油菌 5 d
Tricholoma ustale (Fr.) P. Kumm. 褐黑口蘑 15 d
Clavulinopsis helvola (Pers.) Corner 微黄拟锁瑚
菌 20 d

2 *Leucocoprinus birnbaumii* (Corda) Singer 纯黄
白鬼伞 7 d
Panaeolus papilionaceus (Bull.) Quél. 蝶形斑褶
菇 7 d
Cyclocybe cylindracea (DC.) Vizzini & Angelini
柱状圆盖伞 7 d
Amanita caesarea (Scop.) Pers. 橙盖鹅膏 7 d
Pluteus aurantiorugosus (Trog) Sacc. 鲜红光柄
菇 7 d
Mycena pura (Pers.) P. Kumm. 洁小菇 7 d

3 *Lycoperdon perlatum* Pers. 网纹马勃 7 d

Astraeus hygrometricus (Pers.) Morgan 硬皮地
星 7 d
Volvariella bombycina (Schaeff.) Singer 银丝草
菇 7 d
Lycoperdon pyriforme Schaeff. 梨形马勃 7 d
Butyriboletus appendiculatus (Schaeff.) D.
Arora & J. L. Frank 黄靛牛肝菌 7 d
Cortinarius rubellus Cooke 细鳞丝膜菌 7 d

4 *Gymnopus erythropus* (Pers.) Antonín, Halling
& Noordel. 红柄裸脚伞 25 d
Calocybe gambosa (Fr.) Donk 香杏丽蘑 25 d

5 GEORGIA (格鲁吉亚) 2000.12.15
Cantharellus cibarius Fr. 鸡油菌 10 t
Agaricus campestris L. 蘑菇 20 t
Armillaria mellea (Vahl) P. Kumm. 蜜环菌 30 t
Russula adusta (Pers.) Fr. 烟色红菇 50 t
Cortinarius violaceus (L.) Gray 堇紫丝膜菌 80 t

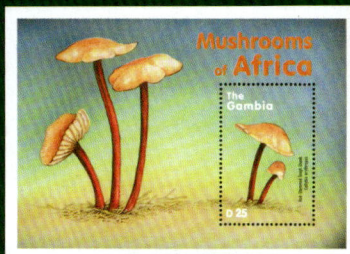

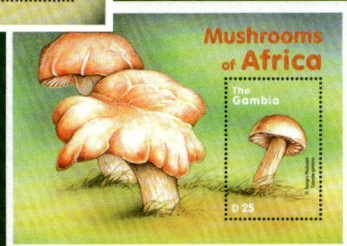

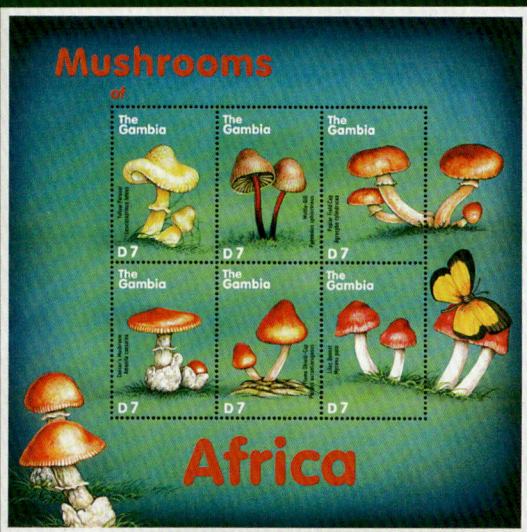

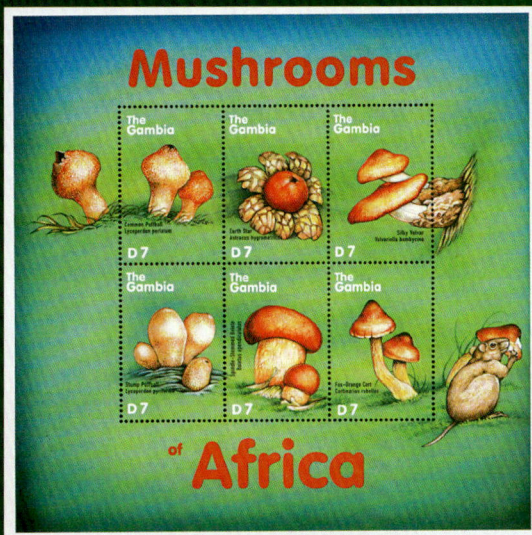

1 GHANA (加纳) 2000.5.2
Suillus luteus (L.) Roussel 褐环乳牛肝菌 1500c
Laccaria amethystina Cooke 紫蜡蘑 1500 c
Trametes versicolor (L.) Lloyd 云芝栓孔菌 1500 c
Armillaria mellea (Vahl) P. Kumm. 蜜环菌 1500 c
Chlorophyllum rhacodes (Vittad.) Vellinga 粗鳞青褶伞 1500c
Russula queletii Fr. 褐紫红菇 1500 c

2 *Amanita vaginata* (Bull.) Lam. 灰鹅膏 2000 c
Lycoperdon perlatum Pers. 网纹马勃 2000 c
Schizophyllum commune Fr. 裂褶菌 2000 c
Cantharellus cibarius Fr. 鸡油菌 2000 c
Coprinellus disseminatus (Pers.) J. E. Lange 白色小鬼伞 2000 c
Russula cyanoxantha (Schaeff.) Fr. 蓝黄红菇 2000 c

3 *Aleuria aurantia* (Pers.) Fuckel 橙黄网孢盘菌 5000 c
Tylopilus felleus (Bull.) P. Karst. 苦粉孢牛肝菌 8000 c

4 GRENADA (格林纳达) 2000.5.1
Infundibulicybe geotropa (Bull.) Harmaja 肉色漏斗伞 35 c

Agaricus augustus Fr. 大紫蘑菇 45 c
Amanita rubescens Pers. 赭盖鹅膏 $ 1
Rubroboletus satanas (Lenz) Kuan Zhao & Zhu L. Yang 细网红牛肝菌 $ 4

5 *Fomitopsis pinicola* (Sw.) P. Karst. 红缘拟层孔菌 $ 1.5
Pleurotus ostreatus (Jacq.) P. Kumm. 糙皮侧耳 $ 1.5
Gymnopilus penetrans (Fr.) Murrill 赭黄裸伞 $ 1.5
Morchella crassipes (Vent.) Pers. 粗柄羊肚菌 $ 1.5
Macrolepiota procera (Scop.) Singer 高大环柄菇 $ 1.5
Tricholoma aurantium (Schaeff.) Ricken 红橙口蘑 $ 1.5

6 *Phaeolepiota aurea* (Matt.) Maire 金盖暗环柄菇 $ 1.5
Mycena polygramma (Bull.) Gray 沟柄小菇 $ 1.5
Gymnopus iocephalus (Berk. & M. A. Curtis) Halling 紫裸脚伞 $ 1.5
Coprinus comatus (O. F. Müll.) Pers. 毛头鬼伞 $ 1.5
Amanita muscaria (L.) Lam. 鹅膏 $ 1.5
Boletus aereus Bull. 铜色牛肝菌 $ 1.5

7 *Echinoderma asperum* (Pers.) Bon 锐鳞棘皮菌 $ 6
Diatrypella quercina (Pers.) Cooke 栎迷孔菌 $ 6

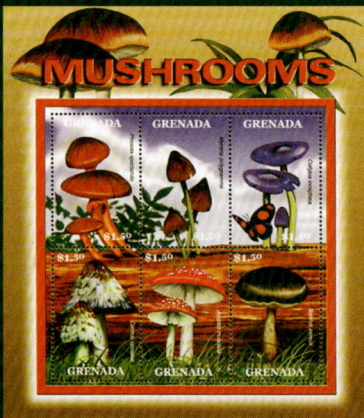

1 GRENADA/CARRIACOU & PETITE MARTINIQUE (格林纳达/卡里亚库岛和小马提尼克岛) 2000.3.3

Cantharellus cinnabarinus (Schwein.) Schwein. 红鸡油菌 $ 2

Hygrocybe conica (Schaeff.) P. Kumm. 锥形湿伞 $ 2

Cortinarius violaceus (L.) Gray 堇紫丝膜菌 $ 2

Leccinum versipelle (Fr. & Hök) Snell 异色疣柄牛肝菌 $ 2

2 *Russula xerampelina* (Schaeff.) Fr. 黄孢红菇 $ 2

Entocybe nitida (Quél.) T. J. Baroni, Largent & V. Hofst. 铁蓝粉褶伞 $ 2

Lentinus tigrinus (Bull.) Fr. 虎皮韧伞 $ 2

Atheniella flavoalba (Fr.) Redhead, Moncalvo, Vilgalys, Desjardin & B. A. Perry 乳黄香小菇 $ 2

3 *Rubroboletus legaliae* (Pilát & Dermek) Della Maggiora & Trassin. 利格红牛肝菌 $ 2

Russula emetica (Schaeff.) Pers. 毒红菇 $ 2

Cortinarius alboviolaceus (Pers.) Fr. 灰紫丝膜菌 $ 2

Volvariella bombycina (Schaeff.) Singer 银丝草菇 $ 2

4 *Gymnopus dryophilus* (Bull.) Murrill 栎裸菇 $ 6

Gomphus floccosus (Schwein.) Singer 喇叭陀螺菌 $ 6

5 GUYANA (圭亚那) 2000.5.9

Gomphus floccosus (Schwein.) Singer 喇叭陀螺菌 $ 100

Amanita caesarea (Scop.) Pers. 橙盖鹅膏 $ 100

Leotia lubrica (Scop.) Pers. 润滑锤舌菌 $ 100

Entoloma salmoneum (Peck) Sacc. 肉红粉褶蕈 $ 100

Cheimonophyllum candidissimum (Berk. & M. A. Curtis) Singer 冬菌 $ 100

Cortinarius multiformis (Fr.) Fr. 多形丝膜菌 $ 100

6 *Amanita calyptroderma* G. F. Atk. & V. G. Ballen 皮帽鹅膏 $ 100

Polyporus brumalis (Pers.) Fr. 冬生多孔菌 $ 100

Hygrophorus pudorinus (Fr.) Fr. 粉红蜡伞 $ 100

Stropharia aeruginosa (Curtis) Quél. 铜绿球盖菇 $ 100

Amanita muscaria (L.) Lam. 鹅膏 $ 100

Armillaria mellea (Vahl) P. Kumm. 蜜环菌 $ 100

1

2

3

4

5

6

1 *Cuphophyllus pratensis* (Fr.) Bon 草地拱顶菌 $ 100

Russula xerampelina (Schaeff.) Fr. 黄孢红菇 $ 100

Hygrocybe coccinea (Schaeff.) P. Kumm. 绯红湿伞 $ 100

Psilocybe stuntzii Guzmán & J. Ott. 蓝腿裸盖菇 $ 100

Rhodotus palmatus (Bull.) Maire 缘网粉菇 $ 100

Lactarius indigo (Schwein.) Fr. 蓝绿乳菇 $ 100

2 *Trametes versicolor* (L.) Lloyd 云芝栓孔菌 $ 400

Volvariella pusilla (Pers.) Singer 矮小草菇 $ 400

3 *Marasmius rotula* (Scop.) Fr. 轮小皮伞 $ 400

4 **ICELAND (冰岛) 2000.2.4**

Cantharellus cibarius Fr. 鸡油菌 40 k

Coprinus comatus (O. F. Müll.) Pers. 毛头鬼伞 50 k

5 **LIBERIA (利比里亚) 2000.7.24**

Marasmius haematocephalus (Mont.) Fr. 红盖小皮伞 $ 10

Armillaria mellea (Vahl) P. Kumm. 蜜环菌 $ 15

Ganoderma lucidum (Curtis) P. Karst. 亮盖灵芝 $ 25

Psilocybe cubensis (Earle) Singer 古巴裸盖菇 $ 35

6 *Amanita caesarea* (Scop.) Pers. 橙盖鹅膏 $ 20

Coprinopsis atramentaria (Bull.) Redhead, Vilgalys & Moncalvo 墨汁拟鬼伞 $ 20

Amanita rubescens Pers. 赭盖鹅膏 $ 20

Laccaria amethystina Cooke 紫蜡蘑 $ 20

Amanita gemmata (Fr.) Bertill. 芽鹅膏 $ 20

Butyriboletus frostii (J. L. Russell) G. Wu, Kuan Zhao & Zhu L. Yang 弗氏黄靛牛肝菌 $ 20

7 *Geastrum triplex* Jungh. 尖顶地星 $ 100

8 **LIECHTENSTEIN (列支敦士登) 2000.12.4**

Atheniella adonis (Bull.) Redhead, Moncalvo, Vilgalys, Desjardin & B. A. Perry 贴生香小菇 90 r

Chalciporus piperatus (Bull.) Bataille 辣牛肝菌 1.1 f

Porpolomopsis calyptriformis (Berk.) Bresinsky 粉灰紫拟钉伞 2 f

1

2

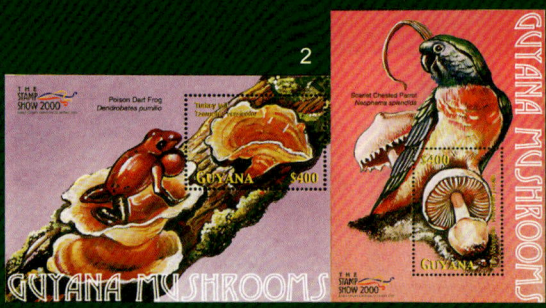

3

4

5

6

7

8

1 **MALI (马里) 2000.9.25**

Volvopluteus earlei (Murrill) Vizzini, Contu & Justo 无囊包脚菇 370 f

Leucocoprinus birnbaumii (Corda) Singer 纯黄白鬼伞 370 f

Mycena aurantiomarginata (Fr.) Quél. 橙黄边小菇 370 f

Leucocoprinus elaeidis (Beeli) Heinem. 白鬼伞 370 f

Leucocoprinus discoideus (Beeli) Heinem. 盘状白鬼伞 370 f

Leucoagaricus carminescens Heinem. 白环菇 370 f

2 *Volvariella parvispora* Heinem. 短孢草菇 390 f

Volvariella surrecta (Knapp) Singer 寄生草菇 390 f

Panus similis (Berk. & Broome) T. W. May & A. E. Wood 绒柄革耳 390 f

Leucoagaricus leucothites (Vittad.) Wasser 粉褶白环菇 390 f

Leucoagaricus pepinus Heinem. 环套白环菇 390 f

Agrocybe elegantior Watling 雅致田头菇 390 f

3 **MAURITANIA (毛里塔尼亚) 2000.11.5**

Echinoderma asperum (Pers.) Bon 锐鳞棘皮菌 50 um

Lactarius camphoratus (Bull.) Fr. 浓香乳菇 50 um

Clitocybe gibba (Pers.) P. Kumm. 深凹杯伞 50 um

Russula sp. 未定名红菇

Otidea leporina (Batsch) Fuckel 兔耳侧盘菌

4 *Russula virescens* (Schaeff.) Fr. 变绿红菇 300 um

Pluteus sp. 未定名光柄菇

Lactarius sp. 未定名乳菇

Hypholoma lateritium (Schaeff.) P. Kumm. 砖红垂幕菇

Volvariella bombycina (Schaeff.) Singer 银丝草菇

5 **MICRONESIA (密克罗尼西亚) 2000.3.19**

Penicillium sp. 未定名青霉 20 c

6 **MICRONESIA (密克罗尼西亚) 2000.5.15**

Coprinellus disseminatus (Pers.) J. E. Lange 白色小鬼伞 33 c

Bulgaria inquinans (Pers.) Fr. 胶陀螺 33 c

Laccaria amethystina Cooke 紫蜡蘑 33 c

Morchella esculenta (L.) Pers. 羊肚菌 33 c

Crucibulum laeve (Huds.) Kambly 白蛋巢 33 c

Infundibulicybe geotropa (Bull.) Harmaja 肉色漏斗伞 33 c

7 *Mycena galericulata* (Scop.) Gray 盔小菇 33 c

Agaricus arvensis Schaeff. 野蘑菇 33 c

Boletus subtomentosus L. 细绒牛肝菌 33 c

Pleurotus ostreatus (Jacq.) P. Kumm. 糙皮侧耳 33 c

Mushroom 蘑菇 33 c

Amanita muscaria (L.) Lam. 鹅膏 33 c

1

2

4

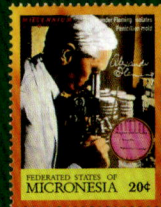

7

3

5

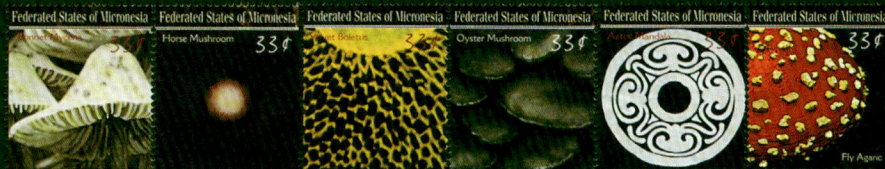

6

1 *Coprinopsis picacea* (Bull.) Redhead, Vilgalys & Moncalvo 鹊拟鬼伞 $ 2
Cuphophyllus aurantius (Murrill) Lodge, K. W. Hughes & Lickey 橙拱顶菌
Leccinum scabrum (Bull.) Gray 褐疣柄牛肝菌 $ 2
Agaricus augustus Fr. 大紫蘑菇

2 **MOZAMBIQUE（莫桑比克）2000.4.28**
Mycena sp. 未定名小菇 4000 Mt
Agaricus sp. 未定名蘑菇 4500 Mt
Agaricus sp. 未定名蘑菇 4500 Mt
Agaricus sp. 未定名蘑菇 4500 Mt

3 **SAINT VINCENT AND THE GRENADINES（圣文森特和格林纳丁斯）2000.3.13**
Penicillium notatum Westling 点青霉 20 c

4 **SIERRA LEONE（塞拉利昂）2000.10.30**
Polyporus tuberaster (Jacq. ex Pers.) Fr. 块茎形多孔菌 le 600
Hygrocybe coccinea (Schaeff.) P. Kumm. 绯红湿伞 le 900
Agaricus bisporus (J. E. Lange) Imbach 双孢蘑菇 le 1200
Psilocybe cyanescens Wakef. 暗蓝裸盖菇 le 2500

5 *Clathrus archeri* (Berk.) Dring 拱形笼头菌 le 1000
Inocybe sp. 未定名丝盖伞 le 1000
Amanita vaginata (Bull.) Lam. 灰鹅膏 le 1000
Inocybe adaequata (Britzelm.) Sacc. 近平丝盖伞 le 1000
Xerula pudens (Pers.) Singer 黄绒干蘑 le 1000
Tricholoma matsutake (S. Ito & S. Imai) Singer 松口蘑 le 1000

6 *Mycena leaiana* (Berk.) Sacc. 橙色小菇 le 1000
Russula amoena Quél. 怡红菇 le 1000
Cantharellus cinnabarinus (Schwein.) Schwein. 红鸡油菌 le 1000
Hydnellum aurantiacum (Batsch) P. Karst. 大孢橙亚齿菌 le 1000
Neolentinus lepideus (Fr.) Redhead & Ginns 豹皮新香菇 le 1000
Gomphidius roseus (Fr.) Fr. 粉红铆钉菇 le 1000
Astraeus hygrometricus (Pers.) Morgan 硬皮地星
Xerocomus sp. 未定名绒盖牛肝菌

7 *Morchella esculenta* (L.) Pers. 羊肚菌 le 5000
Lactarius deliciosus (L.) Gray 松乳菇 le 5000

1

2

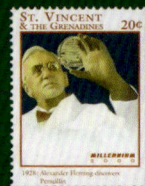

3

4

5

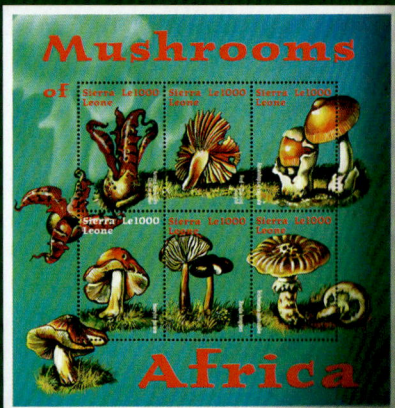

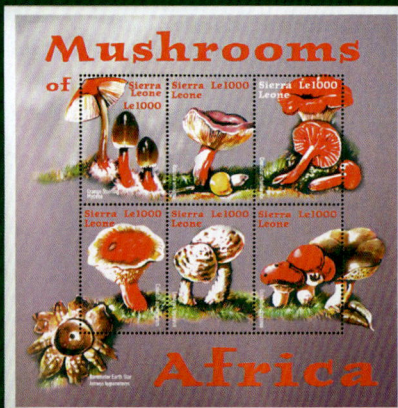

6

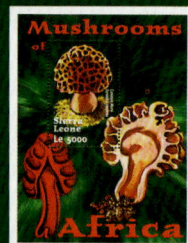

7

1 SWEDEN (瑞典) 2000.3.17
Cantharellus cibarius Fr. 鸡油菌 3.8 k

2 TOGO (多哥) 2000.7.28
Hebeloma crustuliniforme (Bull.) Quél. 大毒黏滑菇 100 f
Cerioporus squamosus (Huds.) Quél. 宽鳞角孔菌 150 f
Morchella deliciosa Fr. 小羊肚菌 200 f
Disciotis venosa (Pers.) Arnould 肋状皱盘菌 300 f
Craterellus tubaeformis (Fr.) Quél. 管形喇叭菌 400 f
Otidea onotica (Pers.) Fuckel 驴耳状侧盘菌 500 f

3 *Suillus granulatus* (L.) Roussel 点柄乳牛肝菌 1000 f

4 TURKS AND CAICOS ISLANDS (特克斯和凯科斯群岛) 2000.7.6
Pholiota squarrosoides (Peck) Sacc. 尖鳞伞 50 c

Leratiomyces squamosus (Pers.) Bridge & Spooner 鳞柄沿丝伞 50 c
Spathulariopsis velutipes (Cooke & Farl. ex Cooke) Maas Geest. 拟地勺菌 50 c
Russula sp. 未定名红菇 50 c
Ampulloclitocybe clavipes (Pers.) Redhead, Lutzoni, Moncalvo & Vilgalys 棒柄瓶杯伞 50 c
Butyriboletus frostii (J. L. Russell) G. Wu, Kuan Zhao & Zhu L. Yang 弗氏黄靛牛肝菌 50 c
Coprinus comatus (O. F. Müll.) Pers. 毛头鬼伞

5 *Strobilurus conigenoides* (Ellis) Singer 玉兰小伞 $ 2
Stereum ostrea (Blume & T. Nees) Fr. 扁韧革菌 $ 2

6 UNITED STATES (美国) 2000.3.29
Lichen 地衣 33 c
Lichen 地衣 33 c

7 YUGOSLAVIA (南斯拉夫) 2000.2.25
Boletus edulis Bull. 美味牛肝菌 40 d

1 AFGHANISTAN（阿富汗）2001.8.21

Amanita vaginata (Bull.) Lam. 灰鹅膏 20000 a

Russula pseudointegra Arnould & Coris 拟全缘红菇 30000 a

Pleurotus spodoleucus (Fr.) Quél. 长柄侧耳 40000 a

Tricholoma saponaceum (Fr.) P. Kumm. 皂味口蘑 50000 a

Hygrocybe conica (Schaeff.) P. Kumm. 锥形湿伞 60000 a

Hygrocybe mucronella (Fr.) P. Karst. 条缘湿伞 100000 a

2 *Rugosomyces persicolor* (Fr.) Bon 桃色皱蘑 200000 a

Armillaria mellea (Vahl) P. Kumm. 蜜环菌

3 ANTIGUA AND BARBUDA（安提瓜和巴布达）2001.3.26

Entoloma serrulatum (Fr.) Hesler 细齿粉褶蕈 25 c

Morchella esculenta (L.) Pers. 羊肚菌 90 c

Clathrus ruber P. Micheli ex Pers. 红笼头菌 $ 1

Pluteus cervinus (Schaeff.) P. Kumm. 灰光柄菇 $ 1.75

4 *Omphalotus olearius* (DC.) Singer 奥尔类脐菇

$ 1.65

Agaricus campestris L. 蘑菇 $ 1.65

Chlorophyllum molybdites (G. Mey.) Massee ex P. Syd. 大青褶伞 $ 1.65

Amanita pantherina (DC.) Krombh. 豹斑鹅膏 $ 1.65

Amanita phalloides (Vaill. ex Fr.) Link 鬼笔鹅膏 $ 1.65

Boletus edulis Bull. 美味牛肝菌 $ 1.65

5 *Mycena pura* (Pers.) P. Kumm. 洁小菇 $ 1.65

Volvariella bombycina (Schaeff.) Singer 银丝草菇 $ 1.65

Cyclocybe cylindracea (DC.) Vizzini & Angelini 柱状圆盖伞 $ 1.65

Calocybe gambosa (Fr.) Donk 香杏丽蘑 $ 1.65

Gymnopus erythropus (Pers.) Antonín, Halling & Noordel. 红柄裸脚伞 $ 1.65

Amanita muscaria (L.) Lam. 鹅膏 $ 1.65

6 *Lactarius necator* (Bull.) Pers. 橄榄褶乳菇 $ 6

Leucocoprinus birnbaumii (Corda) Singer 纯黄白鬼伞 $ 6

7 BELGIUM（比利时）2001.6.12

Ganoderma sp. 未定名灵芝 0.84 €

1 CAMBODIA (柬埔寨) 2001.2.25

Lycoperdon perlatum Pers. 网纹马勃 200 r
Trametes versicolor (L.) Lloyd 云芝栓孔菌 500 r
Hypholoma lateritium (Schaeff.) P. Kumm. 砖红垂幕菇 900 r
Amanita muscaria (L.) Lam. 鹅膏 1000 r
Lycoperdon umbrinum Pers. 赭褐马勃 1500 r
Cortinarius orellanus Fr. 毒丝膜菌 4000 r

2 *Amanita phalloides* (Vaill. ex Fr.) Link 鬼笔鹅膏 5400 r

3 CENTRAL AFRICA (中非) 2001.5.28

Lentinus sajor-caju (Fr.) Fr. 环柄韧伞 390 f
Lentinus velutinus Fr. 绒毛韧伞 390 f
Pleurotus luteoalbus Beeli 鼠黄侧耳 390 f
Pluteus congolensis Beeli 刚果光柄菇 390 f
Lentinus crinitus (L.) Fr. 毛韧伞 390 f
Leucoagaricus ferruginosus Heinem. 锈色白环菇 390 f

4 *Lentinus squarrosulus* Mont. 翘鳞韧伞 465 f
Phlebopus colossus (R. Heim) Singer 网斑牛肝菌 465 f
Lentinus tuber-regium (Fr.) Fr. 菌核韧伞 465 f

Phlebopus sudanicus (Har. & Pat.) Heinem. 苏丹网斑牛肝菌 465 f
Phlebopus silvaticus Heinem. 林地网斑牛肝菌 465 f
Volvariella congolensis N. C. Pathak 刚果草菇 465 f

5 CENTRAL AFRICA (中非) 2001.7.26

Coltricia mortagnei (Fr.) Murrill 大集毛菌 550 f
Inocybe fuscodisca (Peck) Massee 乳突毒丝盖伞 600 f
Sarcodon imbricatus (L.) P. Karst. 鳞形肉齿菌 650 f
Hygrocybe miniata (Fr.) P. Kumm. 朱红湿伞 700 f

6 *Coprinopsis picacea* (Bull.) Redhead, Vilgalys & Moncalvo 鹊拟鬼伞 350 f
Collybia zonata (Peck) Sacc. 环带金钱菌 350 f
Hypholoma fasciculare (Huds.) P. Kumm. 簇生垂幕菇 350 f
Cortinarius caerulescens (Schaeff.) Fr. 蓝丝膜菌 350 f
Amanita muscaria (L.) Lam. 鹅膏 350 f
Cortinarius obtusus (Fr.) Fr. 钝顶丝膜菌 350 f
Entoloma serrulatum (Fr.) Hesler 细齿粉褶蕈 350 f
Strobilomyces strobilaceus (Scop.) Berk. 松塔牛肝菌 350 f

1

2

3

4

5

6

1 *Sarcosphaera coronaria* (Jacq.) J. Schröt. 冠裂球肉盘菌 1500 f

2 **CHAD (乍得) 2001.10.30**
Fomitopsis pinicola (Sw.) P. Karst. 红缘拟层孔菌 1000 f
Geastrum fimbriatum Fr. 毛嘴地星
Gymnopus fusipes (Bull.) Gray 梭柄裸脚伞
Lentinellus cochleatus (Pers.) P. Karst. 贝壳状小香菇
Mycena galericulata (Scop.) Gray 盔小菇

3 **CHINA (中国) 2001.6.12**
Ganoderma sp. 未定名灵芝 80 f

4 **CHINA (中国) 2001.12.5**
Ganoderma sp. 未定名灵芝 80 f

5 **CHILE (智利) 2001.7.25**
Chlorophyllum rhacodes (Vittad.) Vellinga 粗鳞青褶伞 $ 300
Laccaria ohiensis (Mont.) Singer 灰酒红蜡蘑 $ 400

6 **CHRISTMAS ISLAND (圣诞岛) 2001.10.25**
Chaetocalathus semisupinus (Berk. & Broome) Pegler 侧盖蘑 $ 1
Pycnoporus sanguineus (L.) Murrill 血红密孔菌 $ 1.5

7 **DOMINICA (多米尼克) 2001.6.18**
Cantharellus cibarius Fr. 鸡油菌 15 c
Cuphophyllus pratensis (Fr.) Bon 草地拱顶菌 25 c
Leccinum aurantiacum (Bull.) Gray 橙黄疣柄牛肝菌 55 c
Mycena haematopus (Pers.) P. Kumm. 血红小菇 $ 3

8 *Amanita caesarea* (Scop.) Pers. 橙盖鹅膏 90 c
Agaricus augustus Fr. 大紫蘑菇 90 c
Lepista nuda (Bull.) Cooke 紫丁香蘑 90 c
Hygrocybe flavescens (Kauffman) Singer 浅黄湿伞 90 c
Stropharia kauffmanii A. H. Sm. 考夫曼球盖菇 90 c
Hygrophorus speciosus Peck 美丽蜡伞 90 c

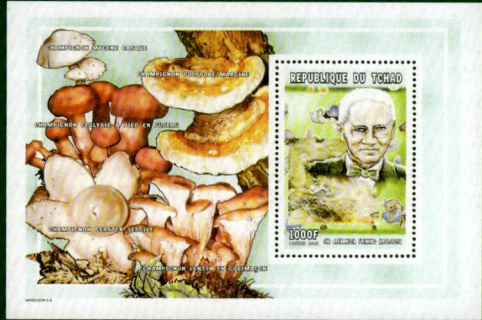

1 *Marasmiellus candidus* (Bolton) Singer 白微皮伞 $ 2

Calostoma cinnabarinum Desv. 红皮美味菌 $ 2

Craterellus tubaeformis (Fr.) Quél. 管形喇叭菌 $ 2

Hygrocybe punicea (Fr.) P. Kumm. 红湿伞 $ 2

Phallus indusiatus Vent. 长裙竹荪 $ 2

Agrocybe praecox (Pers.) Fayod 田头菇 $ 2

2 *Amanita muscaria* (L.) Lam. 鹅膏 $ 5

Phaeolepiota aurea (Matt.) Maire 金盖暗环柄菇 $ 5

3 DOMINICAN (多米尼加) 2001.9.13

Pycnoporus sanguineus (L.) Murrill 血红密孔菌 $ 6

Morchella elata Fr. 高羊肚菌 $ 6

Mycena epipterygia (Scop.) Gray 黄柄小菇 $ 6

Peniophora polygonia (Pers.) Bourdot & Galzin 多纹隔孢伏革菌 $ 6

4 EL SALVADOR (萨尔瓦多) 2001.12.20

Lactarius indigo (Schwein.) Fr. 靛蓝松乳菇 $ 0.17

Pleurotus ostreatus (Jacq.) P. Kumm. 糙皮侧耳 $ 0.17

Ramaria sp. 未定名枝瑚菌 $ 0.17

Clavaria fragilis Holmsk. 虫形珊瑚菌 $ 0.17

Amanita muscaria (L.) Lam. 鹅膏 $ 0.46

Phillipsia sp. 未定名歪盘菌 $ 0.46

Russula emetica (Schaeff.) Pers. 毒红菇 $ 0.46

Geastrum triplex Jungh. 尖顶地星 $ 0.46

5 EQUATORIAL GUINEA (赤道几内亚) 2001.7.16

Amanita muscaria (L.) Lam. 鹅膏 400 f

Gyroporus cyanescens (Bull.) Quél. 蓝圆孔牛肝菌 400 f

Pisolithus arhizus (Scop.) Rauschert 豆包菌 400 f

Battarrea phalloides (Dicks.) Pers. 鬼笔状钉灰包 400 f

6 FRANCE (法国) 2001.4.21
Mushroom 蘑菇 2.02 €

7 FRANCE (法国) 2001.9.22
Penicillium notatum Westling 点青霉 0.46 €

1 GUINEA（几内亚）2001.12.26

Termitomyces le-testui (Pat.) R. Heim 粉褐白蚁伞 1900 f

Hygrocybe conica (Schaeff.) P. Kumm. 锥形湿伞 1900 f

Clathrus archeri (Berk.) Dring 拱形笼头菌 1900 f

Aseroe rubra Labill. 红星头鬼笔 1900 f

2 *Hygrocybe punicea* (Fr.) P. Kumm. 红湿伞 2250 f

Amanita rubescens Pers. 赭盖鹅膏 2250 f

Boletus aereus Bull. 铜色牛肝菌 2250 f

Clavariadelphus truncatus (Quél.) Donk 截顶棒瑚菌 2250 f

3 GUINEA-BISSAU（几内亚比绍）2001.4.1

Hygrocybe conica (Schaeff.) P. Kumm. 锥形湿伞 350 f

Clitocybe dealbata (Sowerby) P. Kumm. 毒杯伞 350 f

Tricholoma pessundatum (Fr.) Quél. 锈口蘑 350 f

Boletus edulis Bull. 美味牛肝菌 350 f

Tricholoma terreum (Schaeff.) P. Kumm. 棕灰口蘑 350 f

Hygrophorus agathosmus (Fr.) Fr. 美味蜡伞 350 f

4 GUINEA-BISSAU（几内亚比绍）2001.9.5

Leccinum versipelle (Fr. & Hök) Snell 异色疣柄牛肝菌 1000 f

Suillus granulatus (L.) Roussel 点柄乳牛肝菌 1000 f

Boletus edulis Bull. 美味牛肝菌 1000 f

Russula paludosa Britzelm. 沼泽红菇 1000 f

5 LESOTHO（莱索托）2001.6.29

Panaeolus papilionaceus (Bull.) Quél. 蝶形斑褶菇 5 m

Pholiota aurivella (Batsch) P. Kumm. 金毛鳞伞 5 m

Coprinellus micaceus (Bull.) Vilgalys, Hopple & Jacq. Johnson 晶粒小鬼伞 5 m

Hygrophorus camarophyllus (Alb. & Schwein.) Dumée, Grandjean & Maire 褐盖蜡伞 5 m

6 *Cortinarius violaceus* (L.) Gray 菫紫丝膜菌 3 m

Pleurocybella porrigens (Pers.) Singer 贝形圆孢侧耳 3 m

Flammulina velutipes (Curtis) Singer 毛腿冬菇 3 m

Lentinellus cochleatus (Pers.) P. Karst. 贝壳状小香菇 3 m

Clathrus archeri (Berk.) Dring 拱形笼头菌 3 m

Amanita caesarea (Scop.) Pers. 橙盖鹅膏 3 m

7 *Cortinarius traganus* (Fr.) Fr. 烈味丝膜菌 4 m

Aleuria aurantia (Pers.) Fuckel 橙黄网孢盘菌 4 m

Russula emetica (Schaeff.) Pers. 毒红菇 4 m

Stropharia ambigua (Peck) Zeller 黄球盖菇 4 m

Guepinia helvelloides (DC.) Fr. 焰耳 4 m

Clitocybe odora (Bull.) P. Kumm. 香杯伞 4 m

8 *Hygrocybe conica* (Schaeff.) P. Kumm. 锥形湿伞 15 m

Pseudoboletus parasiticus (Bull.) Šutara 寄生假牛肝菌 15 m

9 LIBERIA（利比里亚）2001.9.15

Cortinarius caerulescens (Schaeff.) Fr. 蓝丝膜菌 $ 20

Russula emetica (Schaeff.) Pers. 毒红菇 $ 20

Suillus luteus (L.) Roussel 褐环乳牛肝菌 $ 20

Suillus granulatus (L.) Roussel 点柄乳牛肝菌 $ 20

Chlorociboria aeruginascens (Nyl.) Kanouse 绿钉菌 $ 20

Rubroboletus legaliae (Pilát & Dermek) Della Maggiora & Trassin. 利格红牛肝菌 $ 20

10 *Leccinum versipelle* (Fr. & Hök) Snell 异色疣柄牛肝菌 $ 20

Paxillus involutus (Batsch) Fr. 卷边网褶菌 $ 20

Entocybe nitida (Quél.) T. J. Baroni, Largent & V. Hofst. 铁蓝粉褶伞 $ 20

Lyophyllum decastes (Fr.) Singer 荷叶离褶伞 $ 20

Amanita excelsa (Fr.) Bertill. 青鹅膏 $ 20

Cantharellus cibarius Fr. 鸡油菌 $ 20

11 *Mycena pura* (Pers.) P. Kumm. 洁小菇 $ 100

Gomphus sp. 未定名钉菇 $ 100

12 *Phallus indusiatus* Vent. 长裙竹荪 $ 25

Lactarius deliciosus (L.) Gray 松乳菇 $ 25

Lactarius indigo (Schwein.) Fr. 靛蓝松乳菇 $ 25

Boletus edulis Bull. 美味牛肝菌 $ 25

Amanita pantherina (DC.) Krombh. 豹斑鹅膏 $ 25

Hypholoma lateritium (Schaeff.) P. Kumm. 砖红垂幕菇 $ 25

13 *Amanita muscaria* (L.) Lam. 鹅膏 $ 100

14 MALAYSIA（马来西亚）2001.1.22

Ganoderma applanatum (Pers.) Pat. 树舌灵芝 Rm 4

15 MALDIVES（马尔代夫）2001.1.2

Cortinarius collinitus (Sowerby) Gray 黏腿丝膜菌 30 l

Russula ochroleuca Fr. 黄白红菇 50 l

Echinoderma asperum (Pers.) Bon 锐鳞棘皮菌 Rf 2

Hebeloma radicosum (Bull.) Ricken 长根黏滑菇 Rf 3

Amanita echinocephala (Vittad.) Quél. 刺头鹅膏 Rf 13

Gymnopus iocephalus (Berk. & M. A. Curtis) Halling 紫裸脚伞 Rf 15

1
2
3

4
5
6
8

7

9
11
12

10
14

13
15

1 *Tricholoma aurantium* (Schaeff.) Ricken 红橙口蘑 Rf 7

Phaeolepiota aurea (Matt.) Maire 金盖暗环柄菇 Rf 7

Russula caerulea (Pers.) Fr. 蓝紫红菇 Rf 7

Amanita phalloides (Vaill. ex Fr.) Link 鬼笔鹅膏 Rf 7

Mycena strobilinoidea Peck 松生小菇 Rf 7

Rubroboletus satanas (Lenz) Kuan Zhao & Zhu L. Yang 细网红牛肝菌 Rf 7

2 *Amanita muscaria* (L.) Lam. 鹅膏 Rf 7

Mycena lilacifolia (Peck) A. H. Sm. 乳褶小菇 Rf 7

Coprinus comatus (O. F. Müll.) Pers. 毛头鬼伞 Rf 7

Morchella crassipes (Vent.) Pers. 粗柄羊肚菌 Rf 7

Russula nigricans Fr. 黑红菇 Rf 7

Macrolepiota procera (Scop.) Singer 高大环柄菇 Rf 7

3 *Macrolepiota procera* (Scop.) Singer 高大环柄菇 Rf 25

Tricholoma aurantium (Schaeff.) Ricken 红橙口蘑 Rf 25

4 MONGOLIA（蒙古国）2001.9.1
Agaricus sylvaticus Schaeff. 林地蘑菇 300 t

5 NEVIS（尼维斯）2001.5.15
Clavulinopsis corniculata (Schaeff.) Corner 角拟锁瑚菌 20 c

Cantharellus cibarius Fr. 鸡油菌 25 c

Chlorociboria aeruginascens (Nyl.) Kanouse 绿钉菌 50 c

Auricularia auricula-judae (Bull.) Quél. 木耳 80 c

Peziza vesiculosa Pers. 泡质盘菌 $ 2

Mycena acicula (Schaeff.) P. Kumm. 珊瑚红小菇 $ 3

6 *Entoloma incanum* (Fr.) Hesler 变绿粉褶蕈 $ 1

Entocybe nitida (Quél.) T. J. Baroni, Largent & V. Hofst. 铁蓝粉褶伞 $ 1

Stropharia cyanea Tuom. 变蓝球盖菌 $ 1

Otidea onotica (Pers.) Fuckel 驴耳状侧盘菌 $ 1

Aleuria aurantia (Pers.) Fuckel 橙黄网孢盘菌 $ 1

Mitrula paludosa Fr. 湿生地杖菌 $ 1

Gyromitra esculenta (Pers.) Fr. 鹿花菌 $ 1

Helvella crispa (Scop.) Fr. 皱柄白马鞍菌 $ 1

Mitrophora semilibera (DC.) Lév. 半开钟柄菌 $ 1

7 *Omphalotus olearius* (DC.) Singer 奥尔类脐菇 $ 5

Russula sardonia Fr. 红肉红菇 $ 5

8 ROMANIA（罗马尼亚）2001.7.26
Mushroom 蘑菇 300 l

9 SAINT KITTS（圣基茨）2001.3.12
Agaricus arvensis Schaeff. 野蘑菇 $ 1.2

10 SAINT KITTS（圣基茨）2001.9.18
Phaeolepiota aurea (Matt.) Maire 金盖暗环柄菇 $ 1.6

Gymnopilus penetrans (Fr.) Murrill 赭黄裸伞 $ 1.6

Fomitopsis pinicola (Sw.) P. Karst. 红缘拟层孔菌 $ 1.6

Gymnopus iocephalus (Berk. & M. A. Curtis) Halling 紫裸脚伞 $ 1.6

Amanita muscaria (L.) Lam. 鹅膏 $ 1.6

Mycena polygramma (Bull.) Gray 沟柄小菇

Coprinus comatus (O. F. Müll.) Pers. 毛头鬼伞 $ 1.6

11 *Macrolepiota procera* (Scop.) Singer 高大环柄菇 $ 5

12 SAINT VINCENT AND THE GRENADINES（圣文森特和格林纳丁斯）2001.3.15
Amanita fulva Fr. 褐托鹅膏 20 c

Hygrophorus speciosus Peck 美丽蜡伞 90 c

Amanita phalloides (Vaill. ex Fr.) Link 鬼笔鹅膏 $ 1.1

Cantharellus cibarius Fr. 鸡油菌 $ 2

13 *Amanita muscaria* (L.) Lam. 鹅膏 $ 1.4

Xerocomellus zelleri (Murrill) Klofac 泽勒亚绒盖牛肝菌 $ 1.4

Coprinopsis picacea (Bull.) Redhead, Vilgalys & Moncalvo 鹊拟鬼伞 $ 1.4

Stropharia aeruginosa (Curtis) Quél. 铜绿球盖菌 $ 1.4

Lepista nuda (Bull.) Cooke 紫丁香蘑 $ 1.4

Hygrocybe conica (Schaeff.) P. Kumm. 锥形湿伞 $ 1.4

14 *Lactarius deliciosus* (L.) Gray 松乳菇 $ 1.4

Gliophorus psittacinus (Schaeff.) Herink 青绿胶柄菌 $ 1.4

Tricholomopsis rutilans (Schaeff.) Singer 赭红拟口蘑 $ 1.4

Hygrocybe coccinea (Schaeff.) P. Kumm. 绯红湿伞 $ 1.4

Gymnopus iocephalus (Berk. & M. A. Curtis) Halling 紫裸脚伞 $ 1.4

Gyromitra esculenta (Pers.) Fr. 鹿花菌 $ 1.4

1

2

3

4

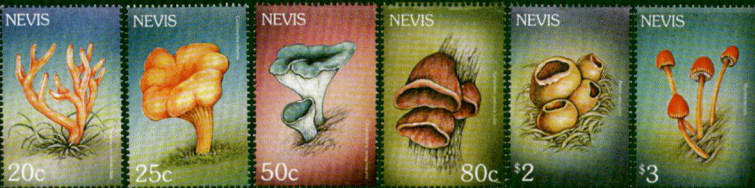

5

6

8

9

10

7

11

13

14

12

1 *Lactarius peckii* Burl. 砖红环纹乳菇 $ 1.4
Lactarius rufus (Scop.) Fr. 红乳菇 $ 1.4
Cortinarius elatior Fr. 较高丝膜菌 $ 1.4
Suillellus luridus (Schaeff.) Murrill 褐黄小乳牛肝菌 $ 1.4
Russula cyanoxantha (Schaeff.) Fr. 蓝黄红菇 $ 1.4
Craterellus cornucopioides (L.) Pers. 灰黑喇叭菌 $ 1.4

2 *Cyathus olla* (Batsch) Pers. 壶黑蛋巢菌 $ 5

3 *Lycoperdon pyriforme* Schaeff. 梨形马勃 $ 5
Pleurotus ostreatus (Jacq.) P. Kumm. 糙皮侧耳 $ 5

4 **SAINT VINCENT AND THE GRENADINES (圣文森特和格林纳丁斯) 2001.12.10**
Mushroom 蘑菇 $ 1.4
Amanita muscaria (L.) Lam. 鹅膏 $ 1.4
Amanita muscaria (L.) Lam. 鹅膏 $ 1.4

5 **THAILAND (泰国) 2001.7.4**
Schizophyllum commune Fr. 裂褶菌 2 r

Pleurotus giganteus (Berk.) Karun. & K. D. Hyde 大杯侧耳 3 r
Pleurotus citrinopileatus Singer 金顶侧耳 5 r
Pleurotus flabellatus Sacc. 扇形侧耳 10 r

6 **UGANDA (乌干达) 2001.11.26**
Amanita excelsa (Fr.) Bertill. 青鹅膏 300 s
Coprinopsis cinerea (Schaeff.) Redhead, Vilgalys & Moncalvo 灰盖拟鬼伞 500 s
Scleroderma aurantium (L.) Pers. 金黄硬皮马勃 600 s
Armillaria mellea (Vahl) P. Kumm. 蜜环菌 700 s
Macrolepiota procera (Scop.) Singer 高大环柄菇 1200 s
Flammulina velutipes (Curtis) Singer 毛腿冬菇 2000 s

7 *Amanita phalloides* (Vaill. ex Fr.) Link 鬼笔鹅膏 3000 s
Amanita fulva Fr. 褐托鹅膏 3000 s

1 VIETNAM (越南) 2001.5.2

Phallus indusiatus Vent. 长裙竹荪 400 d

Lysurus arachnoideus (E. Fisch.) Trierv.-Per. & K. Hosaka 星头散尾鬼笔 400 d

Phallus tenuis (E. Fisch.) Kuntze 细黄鬼笔 400 d

Phallus impudicus L. 白鬼笔 2000 d

Phallus rugulosus Lloyd 细皱鬼笔 5000 d

Simblum periphragmoides Klotzsch 围篱状柄笼头菌 6000 d

Mutinus bambusinus (Zoll.) E. Fisch. 竹林蛇头菌 7000 d

2 *Pseudocolus fusiformis* (E. Fisch.) Lloyd 纺锤爪鬼笔 13000 d

3 BHUTAN (不丹) 2002.11.25

Russula integra (L.) Fr. 全绿红菇 25 Nu

Hygrophorus marzuolus (Fr.) Bres. 三月蜡伞 25 Nu

Tricholoma fulvum (DC.) Bigeard & H. Guill. 黄褐口蘑 25 Nu

Hypholoma fasciculare (Huds.) P. Kumm. 簇生垂幕菇 25 Nu

Tricholoma populinum J. E. Lange 杨树口蘑 25 Nu

Cortinarius orellanus Fr. 毒丝膜菌 25 Nu

4 *Clathrus archeri* (Berk.) Dring 拱形笼头菌 90 Nu

5 BOSNIA AND HERZEGOVINA (波斯尼亚和黑塞哥维那) 2002.10.17

Butyriboletus regius (Krombh.) D. Arora & J. L. Frank 桃红黄靛牛肝菌 0.5 m

Macrolepiota procera (Scop.) Singer 高大环柄菇 0.5 m

Amanita caesarea (Scop.) Pers. 橙盖鹅膏 1 m

Craterellus cornucopioides (L.) Pers. 灰黑喇叭菌 1 m

6 CENTRAL AFRICA (中非) 2002.12.23

Pleurotus ostreatus (Jacq.) P. Kumm. 糙皮侧耳 665 f

Russula virescens (Schaeff.) Fr. 变绿红菇 665 f

Lactarius deliciosus (L.) Gray 松乳菇 665 f

Hebeloma crustuliniforme (Bull.) Quél. 大毒黏滑菇

Trichoderma sp. 未定名口蘑

Agaricus sp. 未定名蘑菇

1

2

3

4

5

6

1 *Pleurotus ostreatus* (Jacq.) P. Kumm. 糙皮侧耳 665 f

Lyophyllum decastes (Fr.) Singer 荷叶离褶伞

Ganoderma lucidum (Curtis) P. Karst. 亮盖灵芝

Hericium erinaceus (Bull.) Pers. 猴头菇

Russula virescens (Schaeff.) Fr. 变绿红菇 665 f

Lenzites sp. 未定名褶孔菌

Lactarius deliciosus (L.) Gray 松乳菇 665 f

Hygrocybe sp. 未定名湿伞

2 CONGO D R [刚果（金）] 2002.11.25

Agaricus augustus Fr. 大紫蘑菇 400 f

Bolbitius titubans (Bull.) Fr. 粪锈伞

Amanita sp. 未定名鹅膏

Mycena sp. 未定名小菇

Tremella fuciformis Berk. 银耳 400 f

Amanita fulva Fr. 褐托鹅膏

Panus conchatus (Bull.) Fr. 贝壳革耳

Amanita sp. 未定名鹅膏 400 f

Russula sp. 未定名红菇

Stropharia aeruginosa (Curtis) Quél. 铜绿球盖菇

3 CUBA（古巴）2002.6.20

Amanita gemmata (Fr.) Bertill. 芽鹅膏 5 c

Leucoagaricus nympharum (Kalchbr.) Bon 翘鳞

白环菇 15 c

Cortinarius cumatilis Fr. 波缘丝膜菌 45 c

Pholiota adiposa (Batsch) P. Kumm. 多脂鳞伞 65 c

Coprinus comatus (O. F. Müll.) Pers. 毛头鬼伞 75 c

Macrocybe lobayensis (R. Heim) Pegler & Lodge 洛巴伊大口蘑

4 DOMINICA（多米尼克）2002.4.8

Mushroom 蘑菇 $ 6

5 GRENADA（格林纳达）2002.10.21

Leccinellum crocipodium (Letell.) Della Magg. & Trassin. 黄皮小疣柄牛肝菌 $ 1.5

Boletus aereus Bull. 铜色牛肝菌 $ 1.5

Gymnopilus penetrans (Fr.) Murrill 赭黄裸伞 $ 1.5

Amanita phalloides (Vaill. ex Fr.) Link 鬼笔鹅膏 $ 1.5

Echinoderma asperum (Pers.) Bon 锐鳞棘皮菌 $ 1.5

Amanita muscaria (L.) Lam. 鹅膏 $ 1.5

Macrolepiota procera (Scop.) Singer 高大环柄菇

6 *Tricholoma aurantium* (Schaeff.) Ricken 红橙口蘑 $ 6

1

6

2

5

3

4

1 GRENADA/CARRIACOU & PETITE MARTINIQUE (格林纳达/卡里亚库岛和小马提尼克岛) 2002.8.12

Coprinus comatus (O. F. Müll.) Pers. 毛头鬼伞 $ 2

**Macrolepiota procera* (Scop.) Singer 高大环柄菇 $ 2

Gymnopus iocephalus (Berk. & M. A. Curtis) Halling 紫裸脚伞 $ 2

Echinoderma asperum (Pers.) Bon 锐鳞棘皮菌 $ 2

Morchella crassipes (Vent.) Pers. 粗柄羊肚菌 $ 2

**Mycena polygramma* (Bull.) Gray 沟柄小菇 $ 2

Pleurotus ostreatus (Jacq.) P. Kumm. 糙皮侧耳

Gymnopilus penetrans (Fr.) Murrill 赭黄裸伞

Amanita muscaria (L.) Lam. 鹅膏

2 *Gymnopilus penetrans* (Fr.) Murrill 赭黄裸伞 $ 6

Amainta phalloides (Vaill. ex Fr.) Link 鬼笔鹅膏 $ 6

3 GUINEA (几内亚) 2002.12.19

Lepiota sp. 未定名环柄菇 2000 f

Coprinopsis atramentaria (Bull.) Redhead, Vilgalys & Moncalvo 墨汁拟鬼伞

4 GUINEA (几内亚) 2002.12.27

Aseroe rubra Labill. 红星头鬼笔 300 f

Amanita sp. 未定名鹅膏

Agaricus sp. 未定名蘑菇

Boletus edulis Bull. 美味牛肝菌 750 f

Hygrocybe coccinea (Schaeff.) P. Kumm. 绯红湿伞

Morchella sp. 未定名羊肚菌

Hygrocybe punicea (Fr.) P. Kumm. 红湿伞 5000 f

Clathrus archeri (Berk.) Dring 拱形笼头菌

Clavariadelphus truncatus (Quél.) Donk 截顶棒瑚菌

Boletus sp. 未定名牛肝菌

5 ICELAND (冰岛) 2002.1.17

Leccinum scabrum (Bull.) Gray 褐疣柄牛肝菌 40 k

Hydnum repandum L. 齿菌 85 k

6 ISRAEL (以色列) 2002.2.24

Agaricus campestris L. 蘑菇 190 n

Amanita muscaria (L.) Lam. 鹅膏 220 n

Suillus granulatus (L.) Roussel 点柄乳牛肝菌 280 n

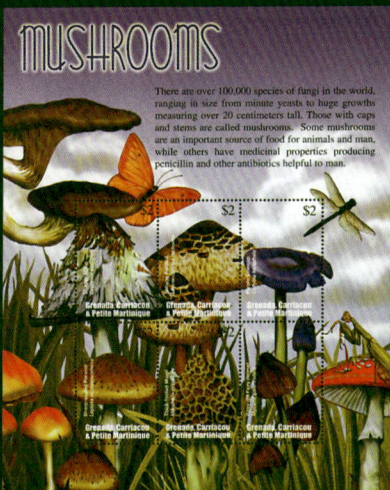

1 KOREA D P R (朝鲜) 2002.2.25

Gymnopus confluens (Pers.) Antonín, Halling & Noordel. 群生裸脚伞 10 c

Sparassis laminosa Fr. 黄绣球菌 40 c

Amanita vaginata (Bull.) Lam. 灰鹅膏 80 c

Russula integra (L.) Fr. 全绿红菇 1.2 w

Pholiota squarrosa (Vahl) P. Kumm. 翘鳞伞 1.5 w

2 MICRONESIA (密克罗尼西亚) 2002.12.16

*Diatrypella quercina (Pers.) Cooke 栎迷孔菌 55 c

Gymnopus iocephalus (Berk. & M. A. Curtis) Halling 紫裸脚伞 55 c

*Macrolepiota procera (Scop.) Singer 高大环柄菇 55 c

*Boletus aereus Bull. 铜色牛肝菌 55 c

Leccinellum crocipodium (Letell.) Della Magg. & Trassin. 黄皮小疣柄牛肝菌 55 c

*Tricholoma aurantium (Schaeff.) Ricken 红橙口蘑 55 c

Chlorophyllum rhacodes (Vittad.) Vellinga 粗鳞青褶伞

3 *Echinoderma asperum* (Pers.) Bon 锐鳞棘皮菌 $ 2

4 MOZAMBIQUE (莫桑比克) 2002.6.17

Amanita muscaria (L.) Lam. 鹅膏 10000 Mt

5 MOZAMBIQUE (莫桑比克) 2002.9.28

Leccinum sp. 未定名疣柄牛肝菌 17000 Mt

Rubroboletus satanas (Lenz) Kuan Zhao & Zhu L. Yang 细网红牛肝菌 17000 Mt

6 *Boletus* sp. 未定名牛肝菌 17000 Mt

7 *Boletus* sp. 未定名牛肝菌 88000 Mt

Tylopilus sp. 未定名粉孢牛肝菌

8 *Tricholoma terreum* (Schaeff.) P. Kumm. 棕灰口蘑 33000 Mt

9 *Boletus edulis* Bull. 美味牛肝菌 33000 Mt

10 NEW ZEALAND (新西兰) 2002.3.6

Hygrocybe rubrocarnosa (G. Stev.) E. Horak 肉色湿伞 40 c

Entoloma hochstetteri (Reichardt) G. Stev. 赫氏粉褶蕈 80 c

Aseroe rubra Labill. 红星头鬼笔 90 c

Hericium coralloides (Scop.) Pers. 珊瑚状猴头菌 $ 1.3

Cortinarius porphyroideus Peintner & M. M. Moser 紫色丝膜菌 $ 1.5

Ramaria aurea (Schaeff.) Quél. 金黄枝瑚菌 $ 2

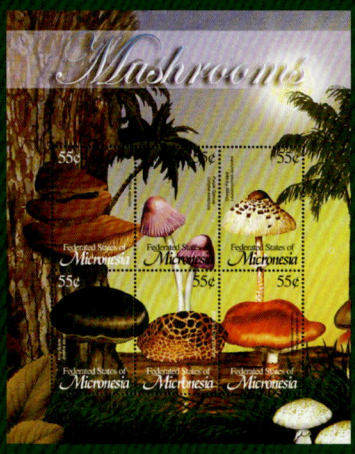

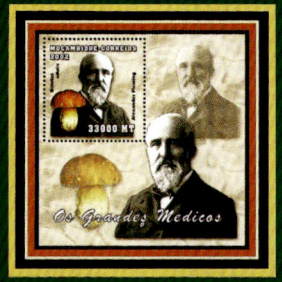

1 NIGER (尼日尔) 2002.5.16

Otidea onotica (Pers.) Fuckel 驴耳状侧盘菌 825 f

Lentinus sajor-caju (Fr.) Fr. 环柄韧伞 825 f

Pleurotus luteoalbus Beeli 鼠黄侧耳 825 f

Boletus edulis Bull. 美味牛肝菌

Macrolepiota procera (Scop.) Singer 高大环柄菇

Volvariella volvacea (Bull.) Singer 草菇

2 SOMALIA (索马里) 2002.12.16

Gliophorus psittacinus (Schaeff.) Herink 青绿胶柄菌 100 sh

Cuphophyllus aurantius (Murrill) Lodge, K. W. Hughes & Lickey 橙拱顶菌 200 sh

Infundibulicybe geotropa (Bull.) Harmaja 肉色漏斗伞 600 sh

Leucoagaricus leucothites (Vittad.) Wasser 粉褶白环菇 3300 sh

3 *Leucoagaricus leucothites* (Vittad.) Wasser 粉褶白环菇 3300 sh

Infundibulicybe geotropa (Bull.) Harmaja 肉色漏斗伞

Gliophorus psittacinus (Schaeff.) Herink 青绿胶柄菌

Cuphophyllus aurantius (Murrill) Lodge, K. W. Hughes & Lickey 橙拱顶菌

4 TAJIKISTAN (塔吉克斯坦) 2002.4.9

Leccinum sp. 未定名疣柄牛肝菌 0.41 s

5 UGANDA (乌干达) 2002.2.16

Cyptotrama asprata (Berk.) Redhead & Ginns 橙盖干蘑 1400 s

6 *Termitomyces microcarpus* (Berk. & Broome) R. Heim 小白蚁伞 1000 s

Agaricus trisulphuratus Berk. 皱柄蘑菇 1000 s

Macrolepiota zeyheri Heinem. 则氏大环柄菇 1000 s

Lentinus stuppeus Klotzsch 麻屑韧伞 1000 s

Lentinus sajor-caju (Fr.) Fr. 环柄韧伞 1000 s

Lentinus velutinus Fr. 绒毛韧伞 1000 s

7 *Podoscypha parvula* (Lloyd) D. A. Reid 疏柄杯菌 4000 s

8 UKRAINE (乌克兰) 2002.5.25

Cerrena unicolor (Bull.) Murrill 一色齿毛菌 40 k

Cerrena unicolor (Bull.) Murrill 一色齿毛菌 70 k

Cerrena unicolor (Bull.) Murrill 一色齿毛菌 80 k

Cerrena unicolor (Bull.) Murrill 一色齿毛菌 250 k

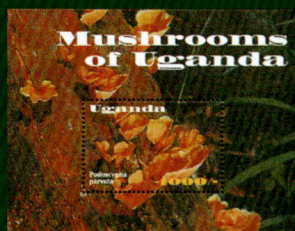

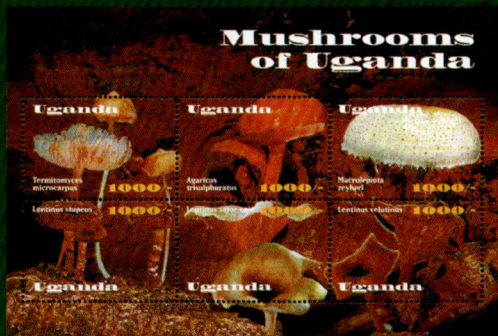

1 ZAMBIA（赞比亚）2002.9.9
Omphalotus olearius (DC.) Singer 奥尔类脐菇 2500 k
Boletus edulis Bull. 美味牛肝菌 2500 k
Amanita phalloides (Vaill. ex Fr.) Link 鬼笔鹅膏 2500 k
Amanita muscaria (L.) Lam. 鹅膏 2500 k
Cantharellus cibarius Fr. 鸡油菌 2500 k
Inocybe erubescens A. Blytt 变红丝盖伞 2500 k

2 *Psathyrella piluliformis* (Bull.) P. D. Orton 珠芽小脆柄菇 8000 k

3 ALAND ISLANDS（奥兰群岛）2003.1.2
Cantharellus cibarius Fr. 鸡油菌 0.1 €
Boletus edulis Bull. 美味牛肝菌 0.5 €
Macrolepiota procera (Scop.) Singer 高大环柄菇 2.5 €

4 ANDORRA（安道尔）2003.9.15
Sparassis crispa (Wulfen) Fr. 绣球菌 0.45 €

5 CHAD（乍得）2003.6.2
Amanita muscaria (L.) Lam. 鹅膏 600 f
Amanita rubescens Pers. 赭盖鹅膏 600 f

Lactarius sp. 未定名乳菇
Crucibulum laeve (Huds.) Kambly 白蛋巢

6 *Cortinarius orellanus* Fr. 毒丝膜菌 600 f
Hygrophorus hypothejus (Fr.) Fr. 青黄蜡伞 600 f
Cortinarius sp. 未定名丝膜菌
Armillaria mellea (Vahl) P. Kumm. 蜜环菌

7 *Leccinum piceinum* Pilát & Dermek 兰里疣柄牛肝菌 600 f
Strobilomyces strobilaceus (Scop.) Berk. 松塔牛肝菌 600 f
Xerocomus sp. 未定名绒盖牛肝菌
Clitocybe sp. 未定名杯伞

8 CHAD（乍得）2003.12.1
Hygrocybe punicea (Fr.) P. Kumm. 红湿伞 3000 f
Hygrocybe punicea (Fr.) P. Kumm. 红湿伞 3000 f
Cortinarius sp. 未定名丝膜菌
Morchella esculenta (L.) Pers. 羊肚菌
Boletus edulis Bull. 美味牛肝菌

9 CHINA（中国）2003.1.25
Ganoderma sp. 未定名灵芝 80 f

1 CONGO D R [刚果（金）] 2003.5.26
Russula aurea Pers. 橙黄红菇 455 f
Russula virescens (Schaeff.) Fr. 变绿红菇
Russula amoena Quél. 怡红菇 455 f
Ganoderma applanatum (Pers.) Pat. 树舌灵芝
Gomphidius sp. 未定名铆钉菇
Cortinarius varius (Schaeff.) Fr. 多变丝膜菌 455 f
Russula sp. 未定名红菇

2 CZECH (捷克) 2003.11.5
Mushroom 蘑菇 17 k

3 GHANA (加纳) 2003.2.24
Boletus edulis Bull. 美味牛肝菌 c 1000

4 GIBRALTAR (直布罗陀) 2003.9.15
Lepista nuda (Bull.) Cooke 紫丁香蘑 30 p
Clitocybe odora (Bull.) P. Kumm. 香杯伞 30 p
Hypholoma fasciculare (Huds.) P. Kumm. 簇生
垂幕菇 30 p
Agaricus campestris L. 蘑菇 £ 1.2

5 GUINEA-BISSAU (几内亚比绍) 2003.5.15
Morchella sp. 未定名羊肚菌 450 f
Boletus sp. 未定名牛肝菌 450 f
Cantharellus cibarius Fr. 鸡油菌 450 f
Leccinum sp. 未定名疣柄牛肝菌 450 f

6 *Morchella* sp. 未定名羊肚菌 450 f
Cortinarius sp. 未定名丝膜菌
Boletus sp. 未定名牛肝菌 450 f
Boletus sp. 未定名牛肝菌

7 *Cantharellus cibarius* Fr. 鸡油菌 450 f
Leccinum sp. 未定名疣柄牛肝菌 450 f

8 *Leccinum* sp. 未定名疣柄牛肝菌 3000 f

9 *Agrocybe* sp. 未定名田头菇 450 f
Boletus sp. 未定名牛肝菌 450 f
Russula sp. 未定名红菇 450 f
Chlorophyllum rhacodes (Vittad.) Vellinga 粗鳞
青褶伞 450 f

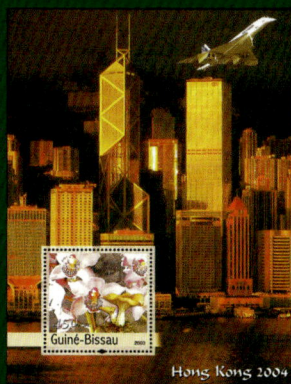

1 *Chlorophyllum rhacodes* (Vittad.) Vellinga 粗鳞青褶伞 3000 f
Gomphidius sp. 未定名铆钉菇
Agaricus sp. 未定名蘑菇

2 **GUINEA-BISSAU（几内亚比绍）2003.6.10**
Paxillus involutus (Batsch) Fr. 卷边网褶菌 350 f
Leccinum sp. 未定名疣柄牛肝菌 3500 f

3 **GUINEA-BISSAU（几内亚比绍）2003.6.25**
Paxillus involutus (Batsch) Fr. 卷边网褶菌 450 f

4 *Paxillus involutus* (Batsch) Fr. 卷边网褶菌 3000 f
Russula sp. 未定名红菇

5 *Paxillus involutus* (Batsch) Fr. 卷边网褶菌 3000 f

6 **GUYANA（圭亚那）2003.12.1**
Ampulloclitocybe clavipes (Pers.) Redhead, Lutzoni, Moncalvo & Vilgalys 棒柄瓶杯伞 $ 20
Clitocybe gibba (Pers.) P. Kumm. 深凹杯伞 $ 20
Calocybe cyanea (Bull.) Donk. 肉色黄丽蘑 $ 30 p
Marasmius sp. 未定名小皮伞 $ 300

7 *Amanita excelsa* (Fr.) Bertill. 青鹅膏 $ 150
Boletus reticulatus Schaeff. 网纹牛肝菌 $ 150
Hortiboletus rubellus (Krombh.) Simonini, Vizzini & Gelardi 朱红花园牛肝菌 $ 150
Clathrus archeri (Berk.) Dring 拱形笼头菌 $ 150

8 *Volvariella bombycina* (Schaeff.) Singer 银丝草菇 $ 400

9 **KOREA D P R（朝鲜）2003.1.1**
Mushroom 蘑菇 50 w
Mushroom 蘑菇 100 w

10 Mushroom 蘑菇 150 w

11 **KOREA D P R（朝鲜）2003.9.5**
Pholiota flammans (Batsch) P. Kumm. 黄鳞伞 3 w
Geastrum fimbriatum Fr. 毛嘴地星 12 w
Coprinopsis atramentaria (Bull.) Redhead, Vilgalys & Moncalvo 墨汁拟鬼伞 70 w
Pleurotus cornucopiae (Paulet) Rolland 白黄侧耳 130 w

12 *Ganoderma applanatum* (Pers.) Pat. 树舌灵芝 250 w

13 **MACAU（中国澳门）2003.5.28**
Ophiocordyceps sinensis (Berk.) G. H. Sung, J. M. Sung, Hywel-Jones & Spatafora 冬虫夏草 $ 1.5

1

2

3

4

8

6

5

7

9

10

11

12

13

1 MALAWI (马拉维) 2003.11.10

Pleurotus ostreatus (Jacq.) P. Kumm. 糙皮侧耳 50 k

Macrolepiota procera (Scop.) Singer 高大环柄菇 50 k

Amanita vaginata (Bull.) Lam. 灰鹅膏 50 k

Craterellus tubaeformis (Fr.) Quél. 管形喇叭菌 50 k

Hydnum repandum L. 齿菌 50 k

Trametes versicolor (L.) Lloyd 云芝栓孔菌 50 k

2 *Auricularia auricula-judae* (Bull.) Quél. 木耳 180 k

3 MONACO (摩纳哥) 2003.9.1

Penicillium notatum Westling 点青霉 1.11 €

4 MONGOLIA (蒙古国) 2003.2.1

Russula aeruginea Fr. 铜绿红菇 50 t

Boletus edulis Bull. 美味牛肝菌 100 t

Imleria badia (Fr.) Vizzini 黑褐牛肝菌 150 t

Agaricus campestris L. 蘑菇 200 t

Marasmius oreades (Bolton) Fr. 硬柄小皮伞 250 t

Cantharellus cibarius Fr. 鸡油菌 300 t

Amanita phalloides (Vaill. ex Fr.) Link 鬼笔鹅膏 400 t

Suillus granulatus (L.) Roussel 点柄乳牛肝菌 550 t

5 *Lactarius torminosus* (Schaeff.) Gray 毛头乳菇 800 t

Tricholoma portentosum (Fr.) Quél. 灰口蘑 800 t

6 MONGOLIA (蒙古国) 2003.12.10

Hypholoma fasciculare (Huds.) P. Kumm. 簇生垂幕菇 800 t

Marasmiellus ramealis (Bull.) Singer 枝生微皮伞 800 t

Gymnopus fusipes (Bull.) Gray 梭柄裸脚伞 800 t

Kuehneromyces mutabilis (Schaeff.) Singer & A. H. Sm. 库恩菇 800 t

7 *Psathyrella multipedata* (Peck) A. H. Sm. 多足小脆柄菇 2500 t

8 MONTSERRAT (蒙特塞拉特) 2003.11.28

Lactarius trivialis (Fr.) Fr. 常见乳菇 $ 1.5

Gomphidius roseus (Fr.) Fr. 粉红铆钉菇 $ 1.5

Lycoperdon pyriforme Schaeff. 梨形马勃 $ 1.5

Hygrocybe coccinea (Schaeff.) P. Kumm. 绯红湿伞 $ 1.5

Russula xerampelina (Schaeff.) Fr. 黄孢红菇 $ 1.5

Turbinellus floccosus (Schwein.) Earle ex Giachini & Castellano 小陀螺菌 $ 1.5

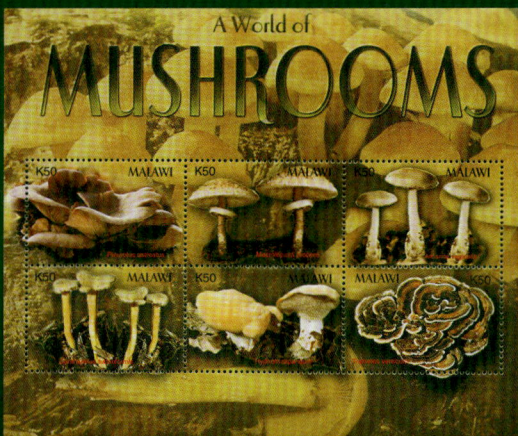

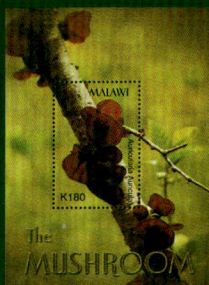

1 *Amanita muscaria* (L.) Lam. 鹅膏 $ 6

2 **ROMANIA (罗马尼亚) 2003.9.19**
Agaricus xanthodermus Genev. 黄斑蘑菇 15500 l
Clathrus ruber P. Micheli ex Pers. 红笼头菌 15500 l
Amanita pantherina (DC.) Krombh. 豹斑鹅膏 15500 l
Leccinum aurantiacum (Bull.) Gray 橙黄疣柄牛肝菌 20500 l
Laetiporus sulphureus (Bull.) Murrill 硫黄菌 20500 l
Russula xerampelina (Schaeff.) Fr. 黄孢红菇 20500 l

3 **RUSSIA (俄罗斯) 2003.8.20**
Rubroboletus satanas (Lenz) Kuan Zhao & Zhu L. Yang 细网红牛肝菌 2 r
Suillellus luridus (Schaeff.) Murrill 褐黄小乳牛肝菌
Amanita phalloides (Vaill. ex Fr.) Link 鬼笔鹅膏 2.5 r
Agaricus campestris L. 蘑菇
Amanita pantherina (DC.) Krombh. 豹斑鹅膏 3 r
Amanita rubescens Pers. 赭盖鹅膏
Amanita excelsa (Fr.) Bertill. 青鹅膏 4 r
Amanita vaginata (Bull.) Lam. 灰鹅膏
Tylopilus felleus (Bull.) P. Karst. 苦粉孢牛肝菌 5 r
Boletus edulis Bull. 美味牛肝菌
Amanita muscaria (L.) Lam. 鹅膏

4 **SAN MARINO (圣马力诺) 2003.1.24**
Mushroom 蘑菇 0.41 €

5 **SAO TOME AND PRINCIPE (圣多美和普林西比) 2003.3.1**
Boletus subtomentosus L. 细绒牛肝菌 Db 1000
Suillus placidus (Bonord.) Singer 无环乳牛肝菌 Db 2000
Boletus aereus Bull. 铜色牛肝菌 Db 3000
Suillus variegatus (Sw.) Richon & Roze 斑乳牛肝菌 Db 5000
Tylopilus felleus (Bull.) P. Karst. 苦粉孢牛肝菌 Db 6000
Aureoboletus gentilis (Quél.) Pouzar 红盖金牛肝菌 Db 15000

6 *Boletus aereus* Bull. 铜色牛肝菌 Db 38000

7 *Boletus edulis* Bull. 美味牛肝菌 Db 1000
Boletus pinophilus Pilát & Dermek 褐红牛肝菌 Db 2000
Butyriboletus appendiculatus (Schaeff.) D. Arora & J. L. Frank 黄靛牛肝菌 Db 3000
Butyriboletus fechtneri (Velen.) D. Arora & J. L. Frank 费氏黄靛牛肝菌 Db 5000
Suillellus luridus (Schaeff.) Murrill 褐黄小乳牛肝菌 Db 6000
Hemileccinum impolitum (Fr.) Šutara 黄褐半疣柄牛肝菌 Db 15000

8 *Boletus edulis* Bull. 美味牛肝菌 Db 38000
Cantharellus cibarius Fr. 鸡油菌
Hohenbuehelia petaloides (Bull.) Schulzer 勺状亚侧耳

1 *Russula nigricans* Fr. 黑红菇 Db 1000

Lactarius volemus (Fr.) Fr. 多汁乳菇 Db 2000

Russula cyanoxantha (Schaeff.) Fr. 蓝黄红菇 Db 3000

Gomphidius roseus (Fr.) Fr. 粉红铆钉菇 Db 5000

Russula integra (L.) Fr. 全绿红菇 Db 6000

Agaricus bisporus (J. E. Lange) Imbach 双孢蘑菇 Db 15000

2 *Agaricus bisporus* (J. E. Lange) Imbach 双孢蘑菇 Db 38000

3 **SAO TOME AND PRINCIPE (圣多美和普林西比) 2003.4.15**

Lactarius torminosus (Schaeff.) Gray 毛头乳菇 Db 5000

Russula sp. 未定名红菇

4 **UNITED STATES (美国) 2003.7.2**

Rhizocarpon geographicum (L.) DC. 黄绿地图衣 37 c

Cladonia rangiferina (L.) Weber ex F. H. Wigg. 驯鹿石蕊 37 c

Peltigera leucophlebia (Nyl.) Gyeln. 白腹地卷 37 c

5 **ALDERNEY (奥尔德林岛) 2004.1.29**

Hypholoma fasciculare (Huds.) P. Kumm. 簇生垂幕菇 22 p

Aleuria aurantia (Pers.) Fuckel 橙黄网孢盘菌 27 p

Coprinellus micaceus (Bull.) Vilgalys, Hopple & Jacq. Johnson 晶粒小鬼伞 36 p

Calvatia gigantea (Batsch) Lloyd 大秃马勃 40 p

Macrolepiota procera (Scop.) Singer 高大环柄菇 45 p

Xylaria hypoxylon (L.) Grev. 鹿角炭角菌 65 p

6 **BELARUS (白俄罗斯) 2004.5.4**

Mushroom 蘑菇 320 r

7 **BELGIUM (比利时) 2004.9.25**

Leccinum sp. 未定名疣柄牛肝菌 0.44 €

8 **BULGARIA (保加利亚) 2004.11.17**

Cerioporus squamosus (Huds.) Quél. 宽鳞角孔菌 0.1 l

Fomes fomentarius (L.) Fr. 木蹄层孔菌 0.2 l

Fomitopsis betulina (Bull.) B. K. Cui, M. L. Han & Y. C. Dai 桦滴拟层孔菌 0.45 l

Laetiporus sulphureus (Bull.) Murrill 硫黄菌 0.8 l

1

3

4

2

6

7

5

8

1　BURUNDI（布隆迪）2004.11.8

Stropharia aeruginosa (Curtis) Quél. 铜绿球盖菇 650 f

Inocybe rimosa (Bull.) P. Kumm. 裂拉丝盖伞 650 f

Cortinarius alboviolaceus (Pers.) Fr. 灰紫丝膜菌 650 f

Hypholoma fasciculare (Huds.) P. Kumm. 簇生垂幕菇 650 f

Cortinarius purpurascens Fr. 紫丝膜菌 650 f

Hebeloma crustuliniforme (Bull.) Quél. 大毒黏滑菇 650 f

2　*Coprinopsis picacea* (Bull.) Redhead, Vilgalys & Moncalvo 鹊拟鬼伞 2500 f

3　CHAD（乍得）2004.4.13

Otidea leporina (Batsch) Fuckel 兔耳侧盘菌 1000 f

Russula aeruginea Fr. 铜绿红菇

Hygrophoropsis aurantiaca (Wulfen) Maire 金黄拟蜡伞

Mycena zephirus (Fr.) P. Kumm. 泽费罗斯小菇

4　CONGO D R [刚果（金）] 2004.12.9

Clavaria sp. 未定名珊瑚菌 1800 f

Clavaria sp. 未定名珊瑚菌 1800 f

5　GAMBIA（冈比亚）2004.3.8

Hygrocybe conica (Schaeff.) P. Kumm. 锥形湿伞 30 d

Laccaria fraterna (Sacc.) Pegler 毛柄蜡蘑 30 d

Gomphus clavatus (Pers.) Gray 钉菇 30 d

Gliophorus psittacinus (Schaeff.) Herink 青绿胶柄菌 30 d

Omphalotus olivascens H. E. Bigelow, O. K. Mill. & Thiers 橄榄色类脐菇

Lepista nuda (Bull.) Cooke 紫丁香蘑

6　*Entocybe nitida* (Quél.) T. J. Baroni, Largent & V. Hofst. 铁蓝粉褶伞 30 d

Clathrus ruber P. Micheli ex Pers. 红笼头菌 30 d

Leucocoprinus birnbaumii (Corda) Singer 纯黄白鬼伞 30 d

Singerocybe sp. 未定名辛格杯伞 30 d

Marasmius sp. 未定名小皮伞

7　*Russula sanguinaria* (Schumach.) Rauschert 血红菇 75 d

Laccaria amethystina Cooke 紫蜡蘑

1

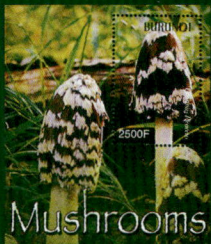

2

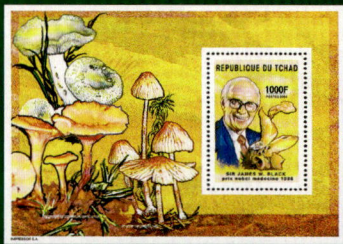

3

4

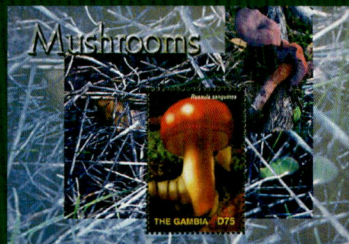

5

7

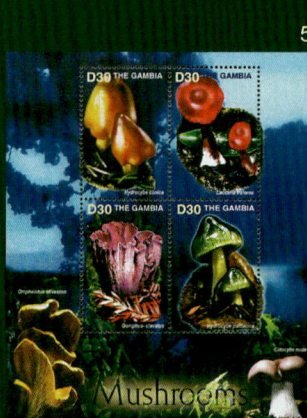

6

1 GHANA (加纳) 2004.12.27
Imleria badia (Fr.) Vizzini 黑褐牛肝菌 500 c
Clitocybe nebularis (Batsch) P. Kumm. 水粉杯伞 3000 c
Amanita muscaria (L.) Lam. 鹅膏 5000 c
Russula vesca Fr. 菱红菇 8000 c

2 *Pseudoboletus parasiticus* (Bull.) Šutara 寄生假牛肝菌 7500 c
Cortinarius armillatus (Fr.) Fr. 蜜环丝膜菌 7500 c
Phaeolepiota aurea (Matt.) Maire 金盖暗环柄菇 7500 c
Cortinarius flexipes (Pers.) Fr. 弯柄丝膜菌 7500 c
Armillaria mellea (Vahl) P. Kumm. 蜜环菌

3 *Chlorociboria aeruginascens* (Nyl.) Kanouse 绿钉菌 20000 c

4 GUINEA (几内亚) 2004.7.21
Cantharellus cinnabarinus (Schwein.) Schwein. 红鸡油菌 300 f
Boletus edulis Bull. 美味牛肝菌 500 f
Cantharellus rhodophyllus Heinem. 红褶鸡油菌 750 f

5 *Cantharellus cinnabarinus* (Schwein.) Schwein.

红鸡油菌 4000 f
Galerina marginata (Batsch) Kühner 纹缘盔孢菌
Macrolepiota procera (Scop.) Singer 高大环柄菇
Phylloporus rhodoxanthus (Schwein.) Bres. 褶孔牛肝菌

6 *Cantharellus rhodophyllus* Heinem. 红褶鸡油菌 4000 f
Hygrophoropsis aurantiaca (Wulfen) Maire 金黄拟蜡伞
Mycena sp. 未定名小菇
Cantharellus cibarius Fr. 鸡油菌

7 *Boletus edulis* Bull. 美味牛肝菌 4000 f
Penicillium notatum Westling 点青霉
Cortinarius sp. 未定名丝膜菌
Macrolepiota procera (Scop.) Singer 高大环柄菇
Panaeolus sp. 未定名斑褶菇

8 *Agaricus* sp. 未定名蘑菇 750 f

9 *Agaricus* sp. 未定名蘑菇 4000 f
Pleurotus ostreatus (Jacq.) P. Kumm. 糙皮侧耳
Ganoderma lucidum (Curtis) P. Karst. 亮盖灵芝
Bonomyces sinopicus (Fr.) Vizzini 赭杯伞

1

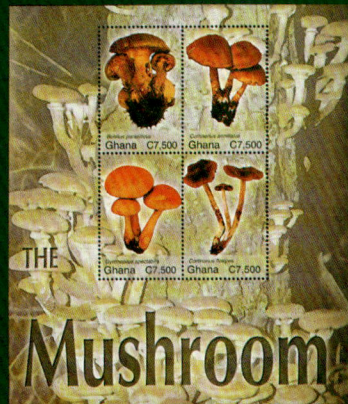

2

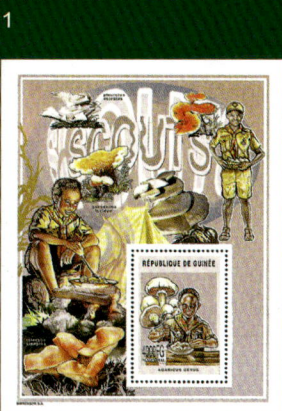

9

6

5

3

8

4

7

1　GUINEA-BISSAU（几内亚比绍）2004.12.15
Butyriboletus regius (Krombh.) D. Arora & J. L. Frank 桃红黄靛牛肝菌 400 f
Calocybe gambosa (Fr.) Donk 香杏丽蘑 400 f
Catathelasma imperiale (Quél.) Singer 壮丽环苞菇 400 f
Pleurotus eryngii (DC.) Quél. 刺芹侧耳 400 f
Entoloma sinuatum (Bull.) P. Kumm. 毒粉褶蕈 400 f
Paralepista flaccida (Sowerby) Vizzini 白黄近香蘑 400 f

2　*Tricholomopsis rutilans* (Schaeff.) Singer 赭红拟口蘑 3500 f

3　*Boletus* sp. 未定名牛肝菌 350 f

4　HONG KONG（中国香港）2004.11.23
Volvariella volvacea (Bull.) Singer 草菇 $ 1.4
Hypholoma sublateritium (Schaeff.) Quél. 亚砖红垂幕菇 $ 2.4
Marasmius haematocephalus (Mont.) Fr. 红盖小皮伞 $ 3
Ganoderma lucidum (Curtis) P. Karst. 亮盖灵芝 $ 5

5　*Hexagonia tenuis* (Fr.) Fr. 薄边蜂窝菌 $ 5

6　ICELAND（冰岛）2004.9.2
Amanita vaginata (Bull.) Lam. 灰鹅膏 50 k
Cuphophyllus pratensis (Fr.) Bon 草地拱顶菌 60 k

7　LUXEMBOURG（卢森堡）2004.3.16
Craterellus tubaeformis (Fr.) Quél. 管形喇叭菌 0.1 €
Ramaria flava (Schaeff.) Quél. 黄枝瑚菌 0.1 €
Stropharia cyanea Tuom. 变蓝球盖菇 0.1 €
Helvella lacunosa Afzel. 棱柄马鞍菌 0.5 €
Clathrus archeri (Berk.) Dring 拱形笼头菌 0.5 €
Clitopilus prunulus (Scop.) P. Kumm. 斜盖伞 0.5 €

8　MALDIVES（马尔代夫）2004.12.15
Gliophorus psittacinus (Schaeff.) Herink 青绿胶柄菌 Rf 10
Hygrocybe miniata (Fr.) P. Kumm. 朱红湿伞 Rf 10
Aleuria aurantia (Pers.) Fuckel 橙黄网孢盘菌 Rf 10
Cortinarius porphyroideus Peintner & M. M. Moser 紫色丝膜菌 Rf 10
Mucidula mucida (Schrad.) Pat. 黏盖菌

9　*Galerina marginata* (Batsch) Kühner 纹缘盔孢菌 Rf 25

1

2

8

4

9

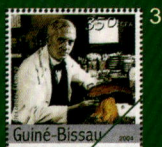

3

6

7

5

1 SAO TOME AND PRINCIPE (圣多美和普林西比) 2004.8.8

Mushroom 蘑菇 Db 5000

2 Mushroom 蘑菇 Db 35000

3 SOMALIA (索马里) 2004.6.15

Coprinellus disseminatus (Pers.) J. E. Lange 白色小鬼伞 2500 sh

Laccaria laccata (Scop.) Cooke 红蜡蘑 2500 sh

Amanita sp. 未定名鹅膏 2500 sh

Amanita sp. 未定名鹅膏 2500 sh

Ramaria sp. 未定名枝瑚菌 2500 sh

Hygrocybe miniata (Fr.) P. Kumm. 朱红湿伞 2500 sh

4 SWEDEN (瑞典) 2004.8.19

Macrolepiota procera (Scop.) Singer 高大环柄菇 5.5 k

5 *Boletus edulis* Bull. 美味牛肝菌 5.5 k

Cantharellus cibarius Fr. 鸡油菌

Lactarius deliciosus (L.) Gray 松乳菇

6 TAJIKISTAN (塔吉克斯坦) 2004.1.4

Pleurotus eryngii (DC.) Quél. 刺芹侧耳 0.20 s on 100 tr

Lepista nuda (Bull.) Cooke 紫丁香蘑 0.66 s on 270 tr

7 *Pleurotus eryngii* (DC.) Quél. 刺芹侧耳 0.20 s on 100 tr

Lepista nuda (Bull.) Cooke 紫丁香蘑 0.66 s on 270 tr

8 TANZANIA (坦桑尼亚) 2004.7.19

Amanita muscaria (L.) Lam. 鹅膏 550 s

Mycena galericulata (Scop.) Gray 盔小菇 550 s

Gymnopus iocephalus (Berk. & M. A. Curtis) Halling 紫裸脚伞 550 s

Flammulina velutipes (Curtis) Singer 毛腿冬菇 550 s

Morchella crassipes (Vent.) Pers. 粗柄羊肚菌 550 s

Boletus edulis Bull. 美味牛肝菌 550 s

9 *Echinoderma asperum* (Pers.) Bon 锐鳞棘皮菌 2000 s

10 BENIN (贝宁) 2005

Psilocybe zapotecorum R. Heim 普替裸盖菇 175 f on 50 f

Hohenbuehelia petaloides (Bull.) Schulzer 勺状亚侧耳 175 f on 270 f

Amanita bisporigera G. F. Atk. 双孢鹅膏 1200 f on 200 f

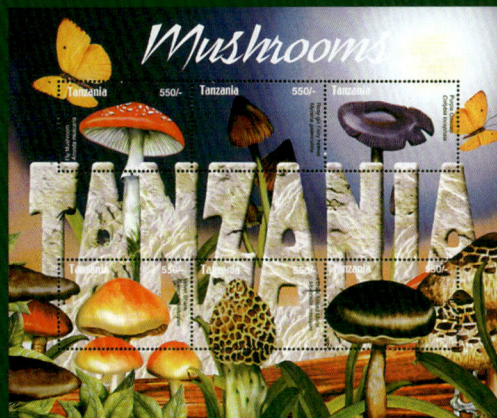

1　BULGARIA (保加利亚) 2005.5.20
Mushroom 蘑菇 0.8 l

2　CONGO D R [刚果（金）] 2005.1.10
Lepista nuda (Bull.) Cooke 紫丁香蘑 190 f
Boletus edulis Bull. 美味牛肝菌
Paralepista flaccida (Sowerby) Vizzini 白黄近香蘑
Coprinus comatus (O. F. Müll.) Pers. 毛头鬼伞
Chroogomphus rutilus (Schaeff.) O. K. Mill. 色钉菇
Morchella elata Fr. 高羊肚菌

3　CÔTE D'IVOIRE (科特迪瓦) 2005.11.10
Clathrus archeri (Berk.) Dring 拱形笼头菌 350 f
Armillaria mellea (Vahl) P. Kumm. 蜜环菌

4　*Russula xerampelina* (Schaeff.) Fr. 黄孢红菇 1000 f
Astraeus hygrometricus (Pers.) Morgan 硬皮地星 400 f
Echinoderma asperum (Pers.) Bon 锐鳞棘皮菌 250 f
Peziza repanda Wahlenb. 波缘盘菌 350 f
Cantharellus rufopunctatus (Beeli) Heinem. 棕斑鸡油菌

Marasmius zenkeri Henn. 岑克尔氏小皮伞

5　CÔTE D'IVOIRE (科特迪瓦) 2005.12.28
Marasmius zenkeri Henn. 岑克尔氏小皮伞 220 f
Cantharellus rufopunctatus (Beeli) Heinem. 棕斑鸡油菌 250 f

6　CUBA (古巴) 2005.12.15
Clathrus ruber P. Micheli ex Pers. 红笼头菌 10 c
Leucoagaricus nympharum (Kalchbr.) Bon 翘鳞白环菇 30 c
Clitocybe infundibuliformis Quél. 杯伞 75 c

7　*Cortinarius caperatus* (Pers.) Fr. 皱盖丝膜菌 1p

8　DOMINICA (多米尼克) 2005.1.10
Cortinarius mucosus (Bull.) J. Kickx f. 黏膜丝膜菌 $ 2
Cortinarius splendens Rob. Henry 闪亮丝膜菌 $ 2
Cortinarius rufo-olivaceus (Pers.) Fr. 紫红丝膜菌 $ 2
Inocybe erubescens A. Blytt 变红丝盖伞 $ 2

9　*Inocybe rimosa* (Bull.) P. Kumm. 裂拉丝盖伞 $ 6

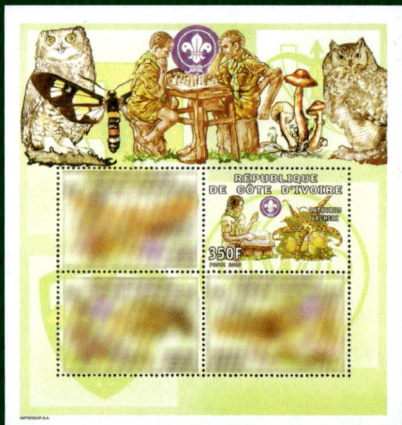

1　FRANCE (法国) 2005.5.5
Mushroom 蘑菇 0.53 €

2　GREENLAND (格陵兰) 2005.1.17
Leccinum sp. 未定名疣柄牛肝菌 5.25 k
Russula subrubens (J. E. Lange) Bon 大花红菇 6 k
Amanita groenlandica Bas ex Knudsen & T. Borgen 格陵兰鹅膏 7 k

3　GUINEA-BISSAU (几内亚比绍) 2005.3.15
Mushroom 蘑菇 400 f × 5

4　Mushroom 蘑菇 3000 f

5　GUINEA-BISSAU (几内亚比绍) 2005.10.15
Mushroom 蘑菇 450 f × 3

6　Mushroom 蘑菇 2500 f

7　*Boletus* sp. 未定名牛肝菌 350 f

8　HONDURAS (洪都拉斯) 2005.10.18

Morchella esculenta (L.) Pers. 羊肚菌 L 20
Lactarius deliciosus (L.) Gray 松乳菇 L 25
Boletus pinophilus Pilát & Dermek 褐红牛肝菌 L 30
Tricholoma aurantium (Schaeff.) Ricken 红橙口蘑 L 50

9　JERSEY (泽西岛) 2005.9.13
Porpolomopsis calyptriformis (Berk.) Bresinsky 粉灰紫拟钉伞 33 p
Neoboletus erythropus (Pers.) C. Hahn 红柄新牛肝菌 34 p
Inocybe godeyi Gillet 土黄丝盖伞 41p
Myriostoma coliforme (Dicks.) Corda 鸟状多口地星 50 p
Helvella crispa (Scop.) Fr. 皱柄白马鞍菌 56 p
Hygrocybe coccinea (Schaeff.) P. Kumm. 绯红湿伞 73 p

10　*Marasmius oreades* (Bolton) Fr. 硬柄小皮伞 ￡2

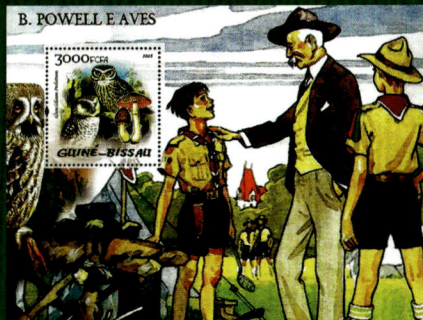

1 **NEVIS (尼维斯) 2005.1.10**

Xeromphalina campanella (Batsch) Kühner & Maire 铃形干脐菇 $ 2

Calvatia sculpta (Harkn.) Lloyd 刻鳞马勃 $ 2

Mitrula elegans Berk. 雅致地杖菌 $ 2

Aleuria aurantia (Pers.) Fuckel 橙黄网孢盘菌 $ 2

Hygrocybe miniata (Fr.) P. Kumm. 朱红湿伞

Mycena sp. 未定名小菇

2 *Sarcoscypha coccinea* (Gray) Boud. 绯红肉杯菌 $ 5

3 **PAKISTAN (巴基斯坦) 2005.10.1**

Cantharellus cibarius Fr. 鸡油菌 Rs 5

Suillellus luridus (Schaeff.) Murrill 褐黄小乳牛肝菌 Rs 5

Calocybe gambosa (Fr.) Donk 香杏丽蘑 Rs 5

Amanita caesarea (Scop.) Pers. 橙盖鹅膏 Rs 5

Macrolepiota procera (Scop.) Singer 高大环柄菇 Rs 5

Agaricus arvensis Schaeff. 野蘑菇 Rs 5

Infundibulicybe geotropa (Bull.) Harmaja 肉色漏斗伞 Rs 5

Morchella esculenta (L.) Pers. 羊肚菌 Rs 5

Amanita vaginata (Bull.) Lam. 灰鹅膏 Rs 5

Coprinus comatus (O. F. Müll.) Pers. 毛头鬼伞 Rs 5

4 **PAPUA NEW GUINEA (巴布亚新几内亚) 2005.5.18**

Phaeolepiota aurea (Matt.) Maire 金盖暗环柄菇 75 t

Melanogaster ambiguus (Vittad.) Tul. & C. Tul. 含糊黑腹菌 75 t

Microporus xanthopus (Fr.) Kuntze 黄柄小孔菌 3.1 k

Psilocybe subcubensis Guzmán 黄褐裸盖菇 5.2 k

5 *Amanita muscaria* (L.) Lam. 鹅膏 2 k

Amanita rubescens Pers. 赭盖鹅膏 2 k

Suillus luteus (L.) Roussel 褐环乳牛肝菌 2 k

Psilocybe cubensis (Earle) Singer 古巴裸盖菇 2 k

Aseroe rubra Labill. 红星头鬼笔 2 k

Psilocybe aucklandiae Guzmán, C. C. King & Bandala 奥克兰裸盖菇 2 k

6 *Mycena pura* (Pers.) P. Kumm. 洁小菇 10 k

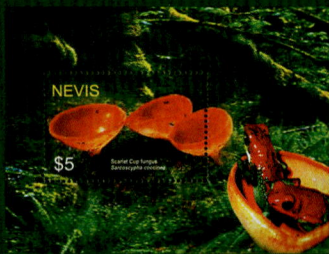

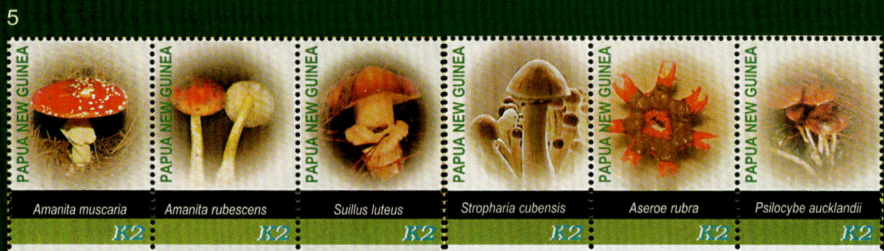

1 SINGAPORE (新加坡) 2005.3.30
Mushroom 蘑菇 $ 4.6

2 UKRAINE (乌克兰) 2005.2.11
Fomes sp. 未定名层孔菌 2.61 g

3 UNITED STATES (美国) 2005.3.3
Armillaria mellea (Vahl) P. Kumm. 蜜环菌 37 c
Laetiporus sulphureus (Bull.) Murrill 硫黄菌 37 c

4 BOSNIA AND HERZEGOVINA (波斯尼亚和黑塞哥维那) 2006.4.20
Sarcosphaera coronaria (Jacq.) J. Schröt. 冠裂球肉盘菌 3 m

5 ECUDOR (厄瓜多尔) 2006.5.22
Schizophyllum commune Fr. 裂褶菌 $ 0.20

6 GREENLAND (格陵兰) 2006.5.22
Cortinarius caperatus (Pers.) Fr. 皱盖丝膜菌 5.5 k
Lactarius dryadophilus Kühner 栎乳菇 7 k
Calvatia cretacea (Berk.) Lloyd 白垩马勃 10 k

7 GUINEA (几内亚) 2006.11.6
Lactarius deliciosus (L.) Gray 松乳菇 4500 f
Clitocybe gibba (Pers.) P. Kumm. 深凹杯伞 7500 f
Amanita sp. 未定名鹅膏
Aleuria aurantia (Pers.) Fuckel 橙黄网孢盘菌
Flammulina velutipes (Curtis) Singer 毛腿冬菇
Lycoperdon perlatum Pers. 网纹马勃

8 *Lactarius deliciosus* (L.) Gray 松乳菇 4500 f
Morchella esculenta (L.) Pers. 羊肚菌
Russula virescens (Schaeff.) Fr. 变绿红菇
Clitocybe gibba (Pers.) P. Kumm. 深凹杯伞 7500 f
Lepista nuda (Bull.) Cooke 紫丁香蘑
Clitocybe gibba (Pers.) P. Kumm. 深凹杯伞
Boletus edulis Bull. 美味牛肝菌

9 GUINEA (几内亚) 2006.12.5
Russula amoena Quél. 怡红菇 10000 f
Hygrophoropsis aurantiaca (Wulfen) Maire 金黄拟蜡伞 15000 f
Tricholoma sp. 未定名口蘑
Marasmius sp. 未定名小皮伞

1 *Russula amoena* Quél. 怡红菇 25000 f
Cortinarius sp. 未定名丝膜菌
Mycena haematopus (Pers.) P. Kumm. 血红小菇
Russula virescens (Schaeff.) Fr. 变绿红菇

2 *Hygrophoropsis aurantiaca* (Wulfen) Maire 金黄拟蜡伞 25000 f
Russula sanguinaria (Schumach.) Rauschert 血红菇
Lactarius sp. 未定名乳菇
Marasmius sp. 未定名小皮伞

3 **ICELAND (冰岛) 2006.11.2**
Boletus subtomentosus L. 细绒牛肝菌 70 k
Kuehneromyces mutabilis (Schaeff.) Singer & A. H. Sm. 库恩菇 95 k

4 **KOREA (韩国) 2006.11.9**
Mushroom 蘑菇 250 w

5 **KOREA D P R (朝鲜) 2006.4.13**
Volvopluteus gloiocephalus (DC.) Vizzini, Contu & Justo 黏盖包脚菇 140 wX6
Lentinula edodes (Berk.) Pegler 香菇
Volvariella volvacea (Bull.) Singer. 草菇

6 *Volvopluteus gloiocephalus* (DC.) Vizzini, Contu & Justo 黏盖包脚菇 140 wX6
Lentinula edodes (Berk.) Pegler 香菇

7 **LUXEMBOURG (卢森堡) 2006.9.26**
Agaricus bisporus (J. E. Lange) Imbach 双孢蘑菇 0.7 €
Agaricus bisporus (J. E. Lange) Imbach 双孢蘑菇 0.7 €

8 **NEPAL (尼泊尔) 2006.6.12**
Russula kathmanduensis Adhikari 凯特红菇 10 r

1 SAO TOME AND PRINCIPE（圣多美和普林西比）2006.5.25

Cortinarius triumphans Fr. 黄花丝膜菌 Db 7000
Cortinarius multiformis (Fr.) Fr. 多形丝膜菌
Cortinarius subfulgens P. D. Orton 淡褐绒丝膜菌 Db 9000
Cantharellus cibarius Fr. 鸡油菌
Agaricus augustus Fr. 大紫蘑菇 Db 10000
Cortinarius glaucopus (Schaeff.) Gray 灰柄丝膜菌
Leucocortinarius bulbiger (Alb. & Schwein.) Singer 球基污白丝膜菌 Db 14000
Kuehneromyces mutabilis (Schaeff.) Singer & A. H. Sm. 库恩菇

2 *Imleria badia* (Fr.) Vizzini 黑褐牛肝菌 Db 40000
Coprinopsis atramentaria (Bull.) Redhead, Vilgalys & Moncalvo 墨汁拟鬼伞

3 SAO TOME AND PRINCIPE（圣多美和普林西比）2006.12.15

Russula sp. 未定名红菇 Db 14000

Boletus sp. 未定名牛肝菌 Db 14000

4 *Russula* sp. 未定名红菇 Db 14000
Boletus sp. 未定名牛肝菌 Db 14000

5 *Lepiota* sp. 未定名环柄菇 Db 14000
Coprinus sp. 未定名鬼伞 Db 14000
Termitomyces sp. 未定名白蚁伞 Db 14000
Clitocybe sp. 未定名杯伞 Db 14000

6 *Russula* sp. 未定名红菇 Db 56000
Russula sp. 未定名红菇

7 *Lepiota* sp. 未定名环柄菇 Db 14000
Coprinus sp. 未定名鬼伞 Db 14000
Termitomyces sp. 未定名白蚁伞 Db 14000
Clitocybe sp. 未定名杯伞 Db 14000

8 *Russula* sp. 未定名红菇 Db 56000
Lactarius volemus (Fr.) Fr. 多汁乳菇

9 TAIWAN（中国台湾）2006.9.30
Phallus sp. 未定名竹荪 10 y

10 *Phallus* sp. 未定名竹荪 10 y

1

2

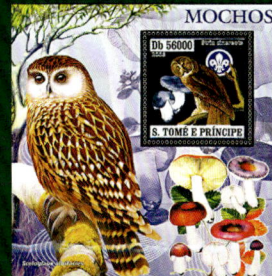

6

8

3

4

5

7

9

10

1 TOGO（多哥）2006.12.28

Coprinellus micaceus (Bull.) Vilgalys, Hopple & Jacq. Johnson 晶粒小鬼伞 450 f

Cookeina tricholoma (Mout.) Kuntze 毛缘毛杯菌 450 f

Hygrocybe coccinea (Schaeff.) P. Kumm. 绯红湿伞 450 f

Chlorophyllum molybdites (G. Mey.) Massee ex P. Syd. 大青褶伞 450 f

Aleuria aurantia (Pers.) Fuckel 橙黄网孢盘菌

2 *Volvariella volvacea* (Bull.) Singer 草菇 4500 f

Agaricus campestris L. 蘑菇

3 UKRAINE（乌克兰）2006.7.14

Stereum sp. 未定名革菌 70 k

Stereum sp. 未定名革菌 70 k

4 ZIMBABWE（津巴布韦）2006.1.17

Agaricus campestris L. 蘑菇 $ 25000

Boletus edulis Bull. 美味牛肝菌

Cantharellus cibarius Fr. 鸡油菌

5 ANTIGUA AND BARBUDA（安提瓜和巴布达）2007.4.2

Cantharellus cibarius Fr. 鸡油菌 $ 2

Auricularia auricula-judae (Bull.) Quél. 木耳 $ 2

Mycena acicula (Schaeff.) P. Kumm. 珊瑚红小菇 $ 2

Peziza vesiculosa Pers. 泡质盘菌 $ 2

Abortiporus biennis (Bull.) Singer 二年残孔菌

6 *Pleurotus djamor* (Rumph. ex Fr.) Boedjin 淡红侧耳 $ 6

Ganoderma sp. 未定名灵芝

7 BELGIUM（比利时）2007.5.22

Mushroom 蘑菇 0.46 €

8 BOTSWANA（博茨瓦纳）2007.7.31

Chlorophyllum molybdites (G. Mey.) Massee ex P. Syd. 大青褶伞 P 1.1

Phlebopus sudanicus (Har. & Pat.) Heinem. 苏丹网纹牛肝菌 P 2.6

Ganoderma lucidum (Curtis) P. Karst. 亮盖灵芝 P 4.1

Geastrum triplex Jungh. 尖顶地星 P 4.9

9 BURUNDI（布隆迪）2007

Russula sejuncta Buyck 离生红菇 1200 f

Russula sejuncta Buyck 离生红菇 1300 f

Russula sejuncta Buyck 离生红菇 2500 f

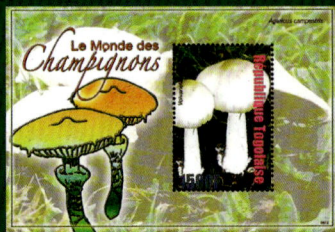

1 CONGO D R [刚果（金）] 2007.4.4

Amanita caesarea (Scop.) Pers. 橙盖鹅膏 375 f

Crucibulum laeve (Huds.) Kambly 白蛋巢

Geastrum fimbriatum Fr. 毛嘴地星

Amanita sp. 未定名鹅膏

Cortinarius sp. 未定名丝膜菌

Armillaria mellea (Vahl) P. Kumm. 蜜环菌 800 f

Tremella fuciformis Berk. 银耳

Amanita sp. 未定名鹅膏

Catathelasma imperiale (Quél.) Singer 壮丽环苞菇

Coprinus comatus (O. F. Mull.) Pers. 毛头鬼伞

Coprinellus micaceus (Bull.) Vilgalys, Hopple & Jacq. Johnson 晶粒小鬼伞

2 CONGO D R [刚果（金）] 2007.11.21

Amanita congolensis (Beeli) Tulloss, B. E. Wolfe, K. W. Hughes, et al. 刚果鹅膏 960 f

3 *Amanita rubescens* Pers. 赭盖鹅膏 960 f

4 *Crucibulum laeve* (Huds.) Kambly 白蛋巢 960 f

5 *Agaricus arvensis* Schaeff. 野蘑菇 960 f

6 GRENADA/CARRIACOU & PETITE MARTINIQUE（格林纳达/里亚库岛和小马提尼克岛）2007.5.16

Mitrophora semilibera (DC.) Lév. 半开钟柄菌 75 c

Ganoderma resinaceum Boud. 无柄灵芝 $ 1

Helvella crispa (Scop.) Fr. 皱柄白马鞍菌 $ 1

Ganoderma sp. 未定名灵芝 $ 4

7 *Aleuria aurantia* (Pers.) Fuckel 橙黄网孢盘菌 $ 2

Boletus sp. 未定名牛肝菌 $ 2

Aureoboletus russellii (Frost) G. Wu & Zhu L. Yang 楞柄南牛肝菌 $ 2

Otidea onotica (Pers.) Fuckel 驴耳状侧盘菌 $ 2

Aleuria aurantia (Pers.) Fuckel 橙黄网孢盘菌

8 *Russula sardonia* Fr. 红肉红菇 $ 2

Amanita cruzii O. K. Miller & Lodge 克鲁兹鹅膏 $ 2

Macrocybe titans (H. E. Bigelow & Kimbr.) Pegler, Lodge & Nakasone 巨型大口蘑 $ 2

Amanita microspora O. K. Miller 小孢鹅膏 $ 2

Omphalotus olearius (DC.) Singer 奥尔类脐菇

1 *Amanita polypyramis* (Berk. & M. A. Curtis) Sacc. 多锥鹅膏 $ 5

Asterophora lycoperdoides (Bull.) Ditmar 马勃状星孢菌

Boletellus ananas (M. A. Curtis) Murrill 凤梨条孢牛肝菌 $ 5

Amanita polypyramis (Berk. & M. A. Curtis) Sacc. 多锥鹅膏

2 *Cantharellus cibarius* Fr. 鸡油菌 $ 5

Boletus sp. 未定名牛肝菌

3 **GUERNSEY (格恩西岛) 2007.3.8**

Macrolepiota procera (Scop.) Singer 高大环柄菇 32 p

4 **GUINEA (几内亚) 2007.9.28**

Amanita caesarea (Scop.) Pers. 橙盖鹅膏 2000 f

Lactarius deliciosus (L.) Gray 松乳菇 7500 f

Amanita muscaria (L.) Lam. 鹅膏 20000 f

5 *Amanita caesarea* (Scop.) Pers. 橙盖鹅膏 25000 f

Cantharellus cibarius Fr. 鸡油菌

6 *Lactarius deliciosus* (L.) Gray 松乳菇 25000 f

Cantharellus cibarius Fr. 鸡油菌

7 *Amanita muscaria* (L.) Lam. 鹅膏 25000 f

Boletus edulis Bull. 美味牛肝菌

8 **KOREA D P R (朝鲜) 2007.4.29**

Mushroom 蘑菇 337 s

9 **LATVIA (拉脱维亚) 2007.8.25**

Cantharellus cibarius Fr. 鸡油菌 58 s

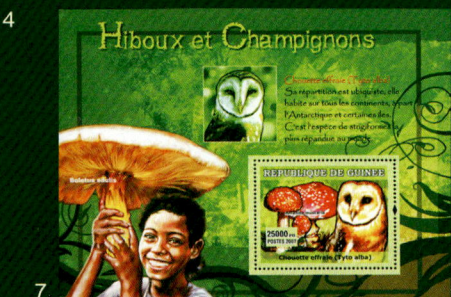

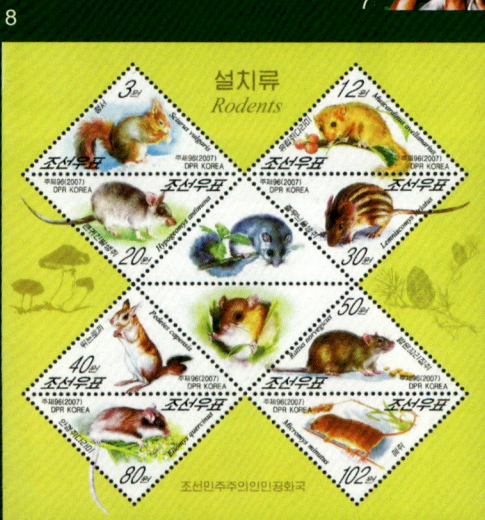

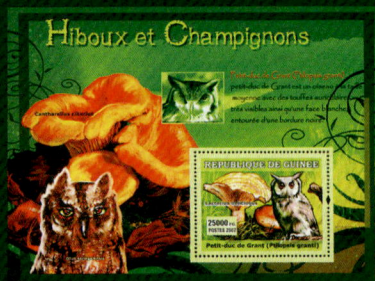

1 LESOTHO (莱索托) 2007.8.20

Amanita pantherina (DC.) Krombh. 豹斑鹅膏 1 m

Agaricus xanthodermus Genev. 黄斑蘑菇 1.5 m

Amanita rubescens Pers. 赭盖鹅膏 2.1 m

Amanita phalloides (Vaill. ex Fr.) Link 鬼笔鹅膏 15 m

2 *Amanita phalloides* (Vaill. ex Fr.) Link 鬼笔鹅膏 6 m

Amanita pantherina (DC.) Krombh. 豹斑鹅膏 6 m

Panaeolus papilionaceus (Bull.) Quél. 蝶形斑褶菇 6 m

Amanita rubescens Pers. 赭盖鹅膏 6 m

Coprinellus micaceus (Bull.) Vilgalys, Hopple & Jacq. Johnson 晶粒小鬼伞

3 *Amanita pantherina* (DC.) Krombh. 豹斑鹅膏 15 m

Parasola plicatilis (Curtis) Redhead 褶纹近地伞

Podaxis pistillaris (L.) Fr. 轴灰包 15 m

Coprinellus micaceus (Bull.) Vilgalys, Hopple & Jacq. Johnson 晶粒小鬼伞

4 LIBERIA (利比里亚) 2007.4.1

Boletus edulis Bull. 美味牛肝菌 $ 25

Russula parazurea Jul. Schäff. 青灰红菇 $ 35

Lactarius helvus (Fr.) Fr. 亮栗色乳菇 $ 45

Amanita pantherina (DC.) Krombh. 豹斑鹅膏 $ 50

5 *Russula cyanoxantha* (Schaeff.) Fr. 蓝黄红菇 $ 45

Cantharellus subalbidus A. H. Sm. & Morse 近白鸡油菌 $ 45

Leccinum scabrum (Bull.) Gray 褐疣柄牛肝菌 $ 45

Imleria badia (Fr.) Vizzini 黑褐牛肝菌 $ 45

Suillus granulatus (L.) Roussel 点柄乳牛肝菌

1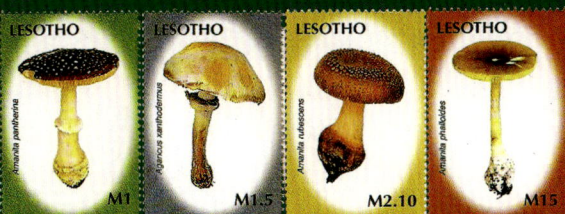

4

2

5

3

1 *Amanita bingensis* (Beeli) Heim 橙红鹅膏 $ 45
Chlorophyllum molybdites (G. Mey.) Massee ex P. Syd. 大青褶伞 $ 45
Bovistella utriformis (Bull.) Demoulin & Rebriev 龟裂静灰球 $ 45
Amanita loosii Beeli 鲁西鹅膏 $ 45
Clavaria fumosa Pers. 烟色珊瑚菌

2 *Amanita muscaria* (L.) Lam. 鹅膏 $ 100
Hygrocybe conica (Schaeff.) P. Kumm. 锥形湿伞
Chlorophyllum molybdites (G. Mey.) Massee ex P. Syd. 大青褶伞 $ 100
Gomphidius roseus (Fr.) Fr. 粉红铆钉菇

3 *Agaricus sylvaticus* Schaeff. 林地蘑菇 $ 100
Gymnopus confluens (Pers.) Antonín, Halling & Noordel. 群生裸脚伞

4 **MOLDOVA (摩尔多瓦) 2007.4.23**
Morchella steppicola Zerova 草坡羊肚菌 65 b
Phylloporus rhodoxanthus (Schwein.) Bres. 褶

孔牛肝菌 85 b
Amanita solitaria (Bull.) Fr. 角鳞白鹅膏 2 l
Boletus aereus Bull. 铜色牛肝菌 6.2 l

5 **NETHERLANDS (荷兰) 2007.10.3**
Amanita muscaria (L.) Lam. 鹅膏 0.44 €

6 **NETHERLANDS ANTILLES (荷属安的列斯) 2007.5.22**
Agaricus bisporus (J. E. Lange) Imbach 双孢蘑菇 275 c

7 **PALAU (帕劳) 2007.4.1**
Entoloma hochstetteri (Reichardt) G. Stev. 赫氏粉褶蕈 $ 1
Aseroe rubra Labill. 红星头鬼笔 $ 1
Omphalotus illudens (Schwein.) Bresinsky & Besl 亮光类脐菇 $ 1
Amanita sp. 未定名鹅膏 $ 1
Mycena interrupta (Berk.) Sacc. 离生小菇

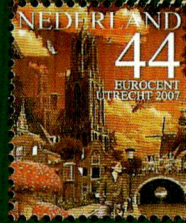

1　*Aseroe rubra* Labill. 红星头鬼笔 $ 2
　　Amanita hemibapha (Berk. & Broome) Sacc. 红黄鹅膏

2　**PERU (秘鲁) 2007.10.15**
　　Phallus indusiatus Vent. 长裙竹荪 SI 2.5
　　Geopora arenicola (Lév.) Kers 砂生地孔菌 SI 2.5
　　Marasmius haematocephalus (Mont.) Fr. 红盖小皮伞 SI 2.5
　　Marasmiellus volvatus Singer 托柄微皮伞 SI 2.5

3　**SAINT VINCENT AND THE GRENADINES (圣文森特和格林纳丁斯) 2007.1.15**
　　Clavulina sp. 未定名拟锁瑚菌 75 c
　　Cortinarius sp. 未定名丝膜菌 90 c
　　Cortinarius sp. 未定名丝膜菌 $ 2
　　Conocybe sp. 未定名锥盖伞 $ 3

4　*Galerina paludosa* (Fr.) Kühner 沼生盔孢伞 $ 6
　　Cortinarius sp. 未定名丝膜菌

5　**SAO TOME AND PRINCIPE (圣多美和普林西比) 2007.2.2**
　　Imleria badia (Fr.) Vizzini 黑褐牛肝菌 Db 7000

Boletus edulis Bull. 美味牛肝菌 Db 9000
Leccinum aurantiacum (Bull.) Gray 橙黄疣柄牛肝菌
Amanita muscaria (L.) Lam. 鹅膏 Db 10000
Russula vesca Fr. 菱红菇
Amanita muscaria (L.) Lam. 鹅膏 Db 14000

6　**SAO TOME AND PRINCIPE (圣多美和普林西比) 2007.3.15**
Catathelasma sp. 未定名环苞菇 Db 7000
Pleurotus salignus (Schrad.) P. Kumm. 柳瘤侧耳
Suillus luteus (L.) Roussel 褐环乳牛肝菌
Lactarius torminosus (Schaeff.) Gray 毛头乳菇 Db 9000
Tricholoma portentosum (Fr.) Quél. 灰口蘑
Lactarius necator (Bull.) Pers. 橄榄褐乳菇 Db 10000
Pleurotus ostreatus (Jacq.) P. Kumm. 糙皮侧耳
Pleurotus eryngii (DC.) Quél. 刺芹侧耳 Db 14000
Tricholomopsis rutilans (Schaeff.) Singer 赭红拟口蘑
Macrolepiota procera (Scop.) Singer 高大环柄菇

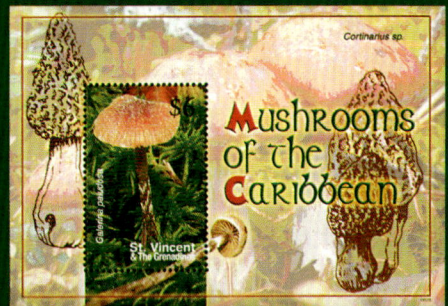

1　*Lactarius torminosus* (Schaeff.) Gray 毛头乳菇
Db 9000
Tricholoma portentosum (Fr.) Quél. 灰口蘑
Arillaria mellea (Vahl) P. Kumm. 蜜环菌

2　*Pleurotus eryngii* (DC.) Quél. 刺芹侧耳 Db 14000
Tricholomopsis rutilans (Schaeff.) Singer 赭红拟
口蘑
Leccinum sp. 未定名疣柄牛肝菌

3　*Calocybe gambosa* (Fr.) Donk 香杏丽蘑 Db 40000
Entoloma sinuatum (Bull.) P. Kumm. 毒粉褶蕈
Laetiporus sulphureus (Bull.) Murrill 硫黄菌
Morchella esculenta (L.) Pers. 羊肚菌
Boletus edulis Bull. 美味牛肝菌

Marasmius sp. 未定名小皮伞

4　SLOVENIA (斯洛文尼亚) 2007.3.23
Boletus edulis Bull. 美味牛肝菌 3.84 €

5　SPAIN (西班牙) 2007.7.1
Tricholoma equestre (L.) P. Kumm. 油口蘑 0.3 €
Amanita muscaria (L.) Lam. 鹅膏 0.78 €

6　UNITED STATES (美国) 2007.8.28
Rhizocarpon geographicum (L.) DC. 黄绿地图
衣 41 cX6

7　BOSNIA AND HERZEGOVINA (波斯尼
亚和黑塞哥维那) 2008.5.26
Gyromitra esculenta (Pers.) Fr. 鹿花菌 0.7 m
Amanita muscaria (L.) Lam. 鹅膏 0.7 m
Amanita pantherina (DC.) Krombh. 豹斑鹅膏 0.7 m
Amanita phalloides (Vaill. ex Fr.) Link 鬼笔鹅膏 0.7 m

1　**BULGARIA (保加利亚) 2008.7.21**

Amanita caesarea (Scop.) Pers. 橙盖鹅膏 1.5 l

Trametes versicolor (L.) Lloyd 云芝栓孔菌

2　**BELARUS (白俄罗斯) 2008.7.8**

Cantharellus cibarius Fr. 鸡油菌 1000 r

Boletus edulis Bull. 美味牛肝菌 1500 r

3　**FRANCE (法国) 2008.9.8**

Boletus edulis Bull. 美味牛肝菌 5.5 €

4　**GUINEA (几内亚) 2008.3.10**

Rubroboletus satanas (Lenz) Kuan Zhao & Zhu L. Yang 细网红牛肝菌 5000 f

Russula emetica (Schaeff.) Pers. 毒红菇 5000 f

Volvariella volvacea (Bull.) Singer 草菇 5000 f

Cantharellus cibarius Fr. 鸡油菌

Craterellus cornucopioides (L.) Pers. 灰黑喇叭菌

Macrolepiota procera (Scop.) Singer 高大环柄菇

5　*Entoloma hochstetteri* (Reichardt) G. Stev. 赫氏粉褶蕈 25000 f

Macrolepiota procera (Scop.) Singer 高大环柄菇

Otidea onotica (Pers.) Fuckel 驴耳状侧盘菌

Craterellus cornucopioides (L.) Pers. 灰黑喇叭菌 25000 f

Cantharellus cibarius Fr. 鸡油菌

Coprinus comatus (O. F. Müll.) Pers. 毛头鬼伞

1

5

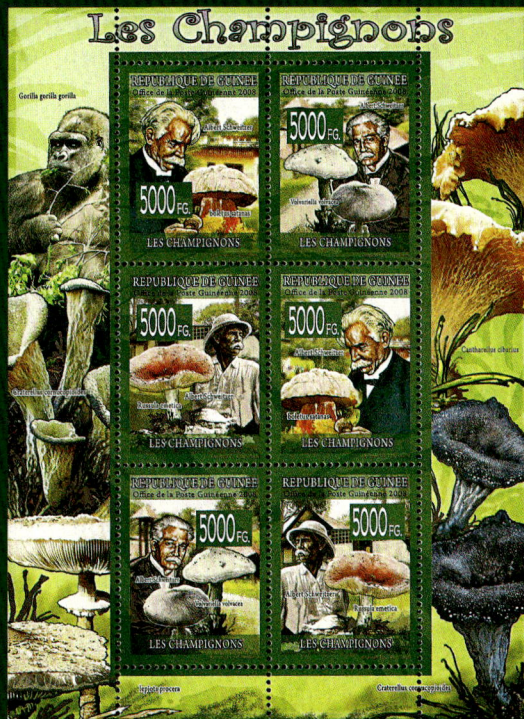

4

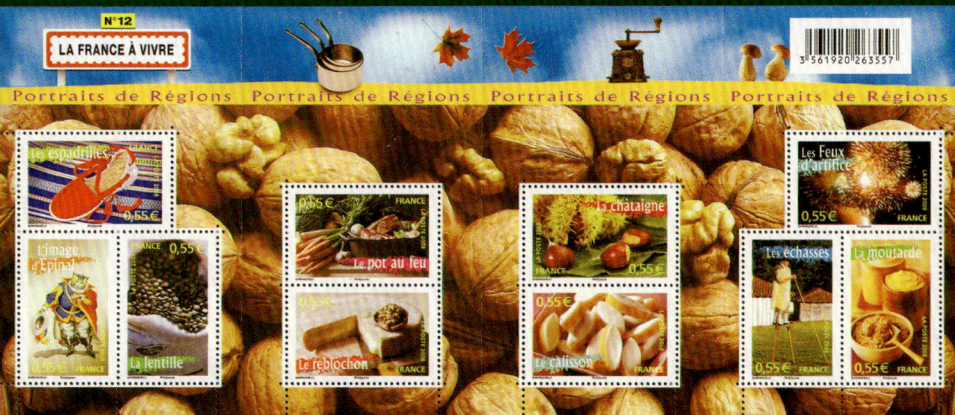

3

2

1　GUINEA（几内亚）2008.12.15
Phallus indusiatus Vent. 长裙竹荪 5000 f

2　*Hericium coralloides* (Scop.) Pers. 珊瑚状猴头菌 25000 f
Auricularia auricula-judae (Bull.) Quél. 木耳

3　GUINEA-BISSAU（几内亚比绍）2008.8.5
Boletus edulis Bull. 美味牛肝菌 500 f
Leccinum aurantiacum (Bull.) Gray 橙黄疣柄牛肝菌 500 f
Lactarius torminosus (Schaeff.) Gray 毛头乳菇 500 f
Russula cyanoxantha (Schaeff.) Fr. 蓝黄红菇 500 f
Laccaria laccata (Scop.) Cooke 红蜡蘑
Gyroporus cyanescens (Bull.) Quél. 蓝圆孔牛肝菌

4　*Lactarius deliciosus* (L.) Gray 松乳菇 3000 f
Morchella esculenta (L.) Pers. 羊肚菌
Suillus grevillei (Klotzsch) Singer 厚环乳牛肝菌

5　IRELAND（爱尔兰）2008.8.1
Macrolepiota procera (Scop.) Singer 高大环柄菇 55 c
Leccinum versipelle (Fr. & Hök) Snell 异色疣柄牛肝菌 55 c
Porpolomopsis calyptriformis (Berk.) Bresinsky

粉灰紫拟钉伞 82 c

6　*Sarcoscypha austriaca* (O. Beck ex Sacc.) Boud. 澳洲肉杯菌 95 c

7　JAPAN（日本）2008.11.4
Entoloma clypeatum (L.) P. Kumm. 盾状粉褶蕈 50 y
Entoloma clypeatum (L.) P. Kumm. 盾状粉褶蕈 50 y

8　KOREA D P R（朝鲜）2008.5.5
Amanita muscaria (L.) Lam. 鹅膏 12 w
Armillaria mellea (Vahl) P. Kumm. 蜜环菌 50 w
Macrolepiota procera (Scop.) Singer 高大环柄菇 135 w
Tricholoma terreum (Schaeff.) P. Kumm. 棕灰口蘑 155 w

9　LATVIA（拉脱维亚）2008.9.6
Leccinum aurantiacum (Bull.) Gray 橙黄疣柄牛肝菌 58 s

10 MAN ISLAND（马恩岛）2008.10.1
Fomitopsis betulina (Bull.) B. K. Cui, M. L. Han & Y. C. Dai 桦滴拟层孔菌 50 p

11 NAMIBIA（纳米比亚）2008.10.1
Podaxis pistillaris (L.) Fr. 轴灰包 $ 18.2

1 NEPAL (尼泊尔) 2008.12.24

Russula chloroides (Krombh.) Bres. 黄绿红菇 5 r

2 NETHERLANDS (荷兰) 2008.10.1

Clathrus archeri (Berk.) Dring 拱形笼头菌 0.44 €

Geastrum fimbriatum Fr. 毛嘴地星 0.44 €

Amanita muscaria (L.) Lam. 鹅膏 0.44 €

Cyathus striatus (Huds.) Willd. 隆纹黑蛋巢菌 0.44 €

Coprinus comatus (O. F. Müll.) Pers. 毛头鬼伞 0.44 €

Clathrus archeri (Berk.) Dring 拱形笼头菌 0.44 €

Geastrum fimbriatum Fr. 毛嘴地星 0.44 €

Amanita muscaria (L.) Lam. 鹅膏 0.44 €

Cyathus striatus (Huds.) Willd. 隆纹黑蛋巢菌 0.44 €

Coprinus comatus (O. F. Müll.) Pers. 毛头鬼伞 0.44 €

3 Mushroom 蘑菇 0.75 €

4 ROMANIA (罗马尼亚) 2008.1.18

Chlorophyllum rhacodes (Vittad.) Vellinga 粗鳞青褶伞 1.2 l

Lactarius deliciosus (L.) Gray 松乳菇 1.4 l

Morchella esculenta (L.) Pers. 羊肚菌 2.0 l

Paxillus involutus (Batsch) Fr. 卷边网褶菌 2.4 l

Gyromitra esculenta (Pers.) Fr. 鹿花菌 3.0 l

Russula emetica (Schaeff.) Pers. 毒红菇 4.5 l

5 RUSSIA (俄罗斯) 2008.9.12

Mushroom 蘑菇 7 r

6 SAO TOME AND PRINCIPE (圣多美和普林西比) 2008.2.4

Strobilomyces strobilaceus (Scop.) Berk. 松塔牛肝菌 Db 10000

Entoloma clypeatum (L.) P. Kumm. 盾状粉褶蕈 Db 10000

Hemipholiota populnea (Pers.) Bon 白半球鳞伞 Db 10000

Leccinum scabrum (Bull.) Gray 褐疣柄牛肝菌 Db 10000

Cortinarius praestans (Cordier) Gillet 缘纹丝膜菌 Db 10000

Cortinarius traganus (Fr.) Fr. 烈味丝膜菌 Db 10000

Inocybe rimosa (Bull.) P. Kumm. 裂拉丝盖伞 Db 10000

Phaeolepiota aurea (Matt.) Maire 金盖暗环柄菇 Db 10000

Hebeloma radicosum (Bull.) Ricken 长根黏滑菇 Db 10000

2

1

3

4

6

5

1　*Suillus viscidus* (L.) Roussel 灰乳牛肝菌 Db 95000
Suillus granulatus (L.) Roussel 点柄乳牛肝菌
Imleria badia (Fr.) Vizzini 黑褐牛肝菌

2　**SPAIN (西班牙) 2008.10.10**
Lepista nuda (Bull.) Cooke 紫丁香蘑 0.31 €
Butyriboletus regius (Krombh.) D. Arora & J. L.
Frank 桃红黄靛牛肝菌 0.31 €

3　**URUGUAY (乌拉圭) 2008.10.7**
Usnea aurantiacoatrd (Jacq.) Bory 簇花松萝 $ 40

4　**AUSTRALIA (澳大利亚) 2009.2.19**
Mushroom 蘑菇 $ 2.75

5　**BRITISH INDIAN OCEAN TERRITORY**
(英属印度洋领地) 2009.12.7
Lentinus sp. 未定名韧伞 54 p

Entoloma sp. 未定名粉褶蕈 54 p
Leucocoprinus sp. 未定名白鬼伞 90 p
Pycnoporus sp. 未定名密孔菌 90 p

6　**COMORO (科摩罗) 2009.1.7**
Chroogomphus vinicolor (Peck) O. K. Mill. 紫红
色钉菇 200 f
Macrolepiota procera (Scop.) Singer 高大环柄
菇 250 f
Paxillus involutus (Batsch) Fr. 卷边网褶菌 350 f
Tricholoma equestre (L.) P. Kumm. 油口蘑 450 f
Phallus impudicus L. 白鬼笔 500 f
Armillaria mellea (Vahl) P. Kumm. 蜜环菌 1000 f

1

3

5

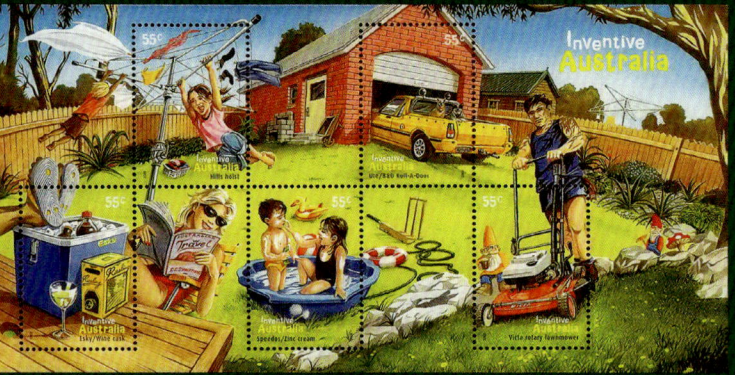

4

2

6

1 *Marasmius oreades* (Bolton) Fr. 硬柄小皮伞 3000 f
Lactarius lignyotus Fr. 黑褐乳菇
Lactarius necator (Bull.) Pers. 橄榄褶乳菇
Leccinum aurantiacum (Bull.) Gray 橙黄疣柄牛肝菌
Lactarius pyrogalus (Bull.) Fr. 灰褐乳菇

2 COMORO (科摩罗) 2009.3.2
Amanita caesarea (Scop.) Pers. 橙盖鹅膏 125 f
Amanita pantherina (DC.) Krombh. 豹斑鹅膏 150 f
Pleurotus eryngii (DC.) Quél. 刺芹侧耳 225 f
Amanita rubescens Pers. 赭盖鹅膏 300 f
Boletus edulis Bull. 美味牛肝菌 400 f
Pluteus leoninus (Schaeff.) P. Kumm. 狮黄光柄菇 1000 f

3 *Amanita phalloides* (Vaill. ex Fr.) Link 鬼笔鹅膏 3000 f
Amanita muscaria (L.) Lam. 鹅膏

4 COMORO (科摩罗) 2009.12.14
Suillus granulatus (L.) Roussel 点柄乳牛肝菌 500 f

Amanita vaginata (Bull.) Lam. 灰鹅膏 500 f
Chlorophyllum molybdites (G. Mey.) Massee ex P. Syd. 大青褶伞 500 f
Macrolepiota excoriata (Schaeff.) M. M. Wasser 裂皮大环柄菇 500 f

5 *Canthar ellus cibarius* Fr. 鸡油菌 3000 f

6 CZECH (捷克) 2009.9.2
Leccinum aurantiacum (Bull.) Gray 橙黄疣柄牛肝菌 10 k

7 DOMINICA (多米尼克) 2009.9.8
Leucopaxillus gracillimus Singer & A. H. Sm. 纤细白桩菇 50 c
Calvatia cyathiformis (Bosc) Morgan 杯形秃马勃 65 c
Hygrocybe viridiphylla Lodge, S. A. Cantrell & Baroni 绿褶湿伞 90 c
Boletellus coccineus (Sacc.) Singer 血红条孢牛肝菌 $ 1

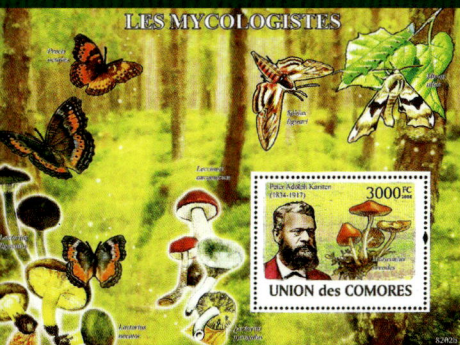

1 *Hygrocybe acutoconica* (Clem.) Singer 锥盖湿伞 $ 2

Lepiota sulphureocyanescens Franco-Molano 变蓝黄环柄菇 $ 2

Lactarius rubrilacteus Hesler & A. H. Sm. 流血乳菇 $ 2

Lactarius ferrugineus Pegler 红褐乳菇 $ 2

Asterophora lycoperdoides (Bull.) Ditmar 马勃状星孢菌 $ 2

Amanita polypyramis (Berk. & M. A. Curtis) Sacc. 多锥鹅膏 $ 2

2 FRANCE（法国）2009.4.27
Boletus edulis Bull. 美味牛肝菌 0.55 €

3 GAMBIA（冈比亚）2009.12.30
Panaeolus bisporus (Malençon & Bertault) Ew. Gerhardt 双孢斑褶菇 10 d

Panaeolus tropicalis Ola'h. 热带斑褶菇 15 d

Psilocybe mairei Singer 梅尔裸盖菇 25 d

Gymnopilus aeruginosus (Peck) Singer 绿褐裸伞 30 d

4 *Panaeolus reticulatus* Overh. 网状斑褶菇 15 d

Gymnopilus junonius (Fr.) P. D. Orton 橘黄裸伞 15 d

Psilocybe natalensis Gartz, D. A. Reid, M. T. Sm. & Eicker 纳塔尔裸盖菇 15 d

Panaeolus africanus Ola'h 非洲斑褶菇 15 d

Panaeolus cinctulus (Bolton) Sacc. 环带斑褶菇 15 d

Panaeolus subbalteatus (Berk. & Broome) Sacc. 红褐斑褶菇 15 d

5 GRENADA（格林纳达）2009.2.9
Panaeolus papilionaceus (Bull.) Quél. 蝶形斑褶菇 25 c

Panaeolus cyanescens Sacc. 蓝灰斑褶菇 50 c

Panaeolus papilionaceus (Bull.) Quél. 蝶形斑褶菇 75 c

Panaeolus fimicola (Pers.) Gillet 粪生斑褶菇 90 c

Panaeolus cyanescens Sacc. 蓝灰斑褶菇 $ 1

Psilocybe cubensis (Earle) Singer 古巴裸盖菇 $ 4

6 *Panaeolus subbalteatus* (Berk. & Broome) Sacc. 红褐斑褶菇 $ 2.5

Entoloma murrillii Hesler 默里尔粉褶蕈 $ 2.5

Porphyrellus portoricensis 波多黎各红孢牛肝菌 $ 2.5

Psilocybe caerulescens Murrill 变蓝裸盖菇 $ 2.5

7 GRENADA/CARRIACOU & PETITE MARTINIQUE（卡里亚库岛和小马提尼克岛）2009.7.2
Psilocybe mexicana R. Heim 墨西哥裸盖菇 25 c

Crinipellis piceae Singer 云杉毛皮伞 $ 1

Psilocybe subcubensis Guzmán 黄褐裸盖菇 $ 2

Psilocybe cubensis (Earle) Singer 古巴裸盖菇 $ 5

8 *Panaeolus fimicola* (Pers.) Gillet 粪生斑褶菇 $ 2.5

Psilocybe yungensis Singer & A. H. Sm. 越南裸盖菇 $ 2.5

Panaeolus subbalteatus (Berk. & Broome) Sacc. 红褐斑褶菇 $ 2.5

Russula cremeolilacina Pegler 奶榛色红菇 $ 2.5

9 *Psilocybe guilartensis* Guzmán, F. Tapia & Nieves-Riv. 吉莱特裸盖菇 $ 3

Psilocybe aztecorum R. Heim 欧洲裸盖菇 $ 3

10 GUINEA（几内亚）2009.12.15
Morchella esculenta (L.) Pers. 羊肚菌 5000 f

Cortinarius austrovenetus Cleland 南风丝膜菌 5000 f

Stropharia aeruginosa (Curtis) Quél. 铜绿球盖菇 5000 f

Cantharellus cibarius Fr. 鸡油菌 5000 f

Gyromitra esculenta (Pers.) Fr. 鹿花菌 5000 f

Russula virescens (Schaeff.) Fr. 变绿红菇 5000 f

Pleurotus eryngii (DC.) Quél. 刺芹侧耳

11 *Hygrocybe helobia* (Arnolds) Bon 粉粒红湿伞 29000 f

Amanita muscaria (L.) Lam. 鹅膏

12 GUINEA-BISSAU（几内亚比绍）2009.7.3
Amanita gemmata (Fr.) Bertill. 芽鹅膏 450 f

Caloboletus radicans (Pers.) Vizzini 拟根美柄牛肝菌 550 f

Tricholoma sejunctum (Sowerby) Quél. 黄绿口蘑 800 f

Tricholoma virgatum (Fr.) P. Kumm. 条纹口蘑

Tricholoma albobrunneum (Pers.) P. Kumm. 白棕口蘑 800 f

Hygrocybe nigrescens (Quél.) Kühner 变黑湿伞

Russula sardonia Fr. 红肉红菇 1000 f

Tricholoma equestre (L.) P. Kumm. 油口蘑

Amanita vaginata (Bull.) Lam. 灰鹅膏

13 *Cortinarius bolaris* (Pers.) Fr. 掷丝膜菌 3500 f

Lactarius helvus (Fr.) Fr. 亮栗色乳菇

Amanita pantherina (DC.) Krombh. 豹斑鹅膏

Amanita regalis (Fr.) Michael 皇家鹅膏

Amanita muscaria (L.) Lam. 鹅膏

Tricholoma saponaceum (Fr.) P. Kumm. 皂味口蘑

1

2

3

5

4

6

7

8

10

12

11

13

9

1　JERSEY (泽西岛) 2009.10.15
Gliophorus psittacinus (Schaeff.) Herink 青绿胶柄菌 37 p
Russula sardonia Fr. 辣红菇 42 p
Flammulina velutipes (Curtis) Singer 毛腿冬菇 45 p
Armillaria mellea (Vahl) P. Kumm. 蜜环菌 55 p
Aleuria aurantia (Pers.) Fuckel 橙黄网孢盘菌 61 p
Amanita gemmata (Fr.) Bertill. 芽鹅膏 80 p

2　KOREA D P R (朝鲜) 2009.5.6
Tricholoma matsutake (S. Ito & S. Imai) Singer 松口蘑 120 w

3　KOREA D P R (朝鲜) 2009.7.1
Mushroom 蘑菇 140 w

4　KOREA D P R (朝鲜) 2009.9.12
Mushroom 蘑菇 374 w

5　LATVIA (拉脱维亚) 2009.9.12
Russula paludosa Britzelm. 沼泽红菇 60 s

6　MALAYSIA (马来西亚) 2009.1.29
Pycnoporus cinnabarinus (Jacq.) P. Karst. 朱红密孔菌 30 c
Cortinarius sp. 未定名丝膜菌 50 c

7　MALDIVES (马尔代夫) 2009.11.18
Panaeolus bisporus (Malençon & Bertault) Ew. Gerhardt 双孢斑褶菇 Rf 8
Panaeolus cyanescens Sacc. 蓝灰斑褶菇 Rf 8
Psilocybe semilanceata (Fr.) P. Kumm. 半裸盖菇 Rf 8
Volvariella volvacea (Bull.) Singer 草菇 Rf 8
Amanita sp. 未定名鹅膏

8　*Coprinus* sp. 未定名鬼伞 Rf 8
Cortinarius sp. 未定名丝膜菌 Rf 8
Agaricus sp. 未定名蘑菇 Rf 8
Amanita sp. 未定名鹅膏 Rf 8
Cortinarius sp. 未定名丝膜菌 Rf 8
Pleurotus sp. 未定名侧耳 Rf 8

1 MALTA (马耳他) 2009.3.27

Laetiporus sulphureus (Bull.) Murrill 硫黄菌 0.05 €

Montagnea arenaria (DC.) Zeller 沙生蒙氏假菇 0.12 €

Pleurotus eryngii (DC.) Quél. 刺芹侧耳 0.19 €

Fulvifomes indicus (Massee) L. W. Zhou 印度黄层肉孔菌 0.26 €

Suillus collinitus (Fr.) Kuntze 褐乳牛肝菌 1.57 €

2 NORFOLK ISLAND (诺福克岛) 2009.5.29

Boletinellus merulioides (Schwein.) Murrill 迷孔牛肝菌 15 c

Stereum ostrea (Blume & T. Nees) Fr. 扁韧革菌 55 c

Cymatoderma elegans Jungh. 片状波缘伞 $ 1.4

Chlorophyllum molybdites (G. Mey.) Massee ex P. Syd. 大青褶伞 $ 2.05

3 SAO TOME AND PRINCIPE (圣多美和普林西比) 2009.5.29

Cantharellus cibarius Fr. 鸡油菌 Db 20000

Sarcodon imbricatus (L.) P. Karst. 鳞形肉齿菌 Db 20000

Agaricus bisporus (J. E. Lange) Imbach 双孢蘑菇 Db 20000

Hortiboletus rubellus (Krombh.) Simonini,

Vizzini & Gelardi 朱红花园牛肝菌 Db 40000

4 SAO TOME AND PRINCIPE (圣多美和普林西比) 2009.7.1

Clitocybe odora (Bull.) P. Kumm. 香杯伞 Db 13000

Gomphidius roseus (Fr.) Fr. 粉红铆钉菇 Db 13000

Xerocomus porosporus (Imler ex Watling) Šutara 孔孢绒盖牛肝菌 Db39000

Russula olivacea (Schaeff.) Fr. 青黄红菇 Db 39000

Russula paludosa Britzelm. 沼泽红菇

Russula sanguinaria (Schumach.) Rauschert 血红菇

5 *Clitocybe gibba* (Pers.) P. Kumm. 深凹杯伞 Db 100000

Leccinum versipelle (Fr. & Hök) Snell 异色疣柄牛肝菌

Boletus reticulatus Schaeff. 网纹牛肝菌

2

1

3

5

4

1 SAO TOME AND PRINCIPE (圣多美和普林西比) 2009.7.30
Russula paludosa Britzelm. 沼泽红菇 Db 25000
Tricholomopsis rutilans (Schaeff.) Singer 赭红拟口蘑 Db 25000
Boletus reticulatus Schaeff. 网纹牛肝菌 Db 25000
Lentinus tigrinus (Bull.) Fr. 虎皮韧伞 Db 35000

2 *Omphalotus olearius* (DC.) Singer 奥尔类脐菇 Db 100000
Tricholoma colossus (Fr.) Quél. 巨大口蘑
Bovista nigrescens Pers. 黑灰球菌
Boletus rufescens Secr. ex Konrad 粉红牛肝菌

3 SIERRA LEONE (塞拉利昂) 2009.9.30
Panaeolus papilionaceus (Bull.) Quél. 蝶形斑褶

菇 le 1000
Lactarius deliciosus (L.) Gray 松乳菇 le 1500
Laccaria amethystina Cooke 紫蜡蘑 le 2000
Lactarius hepaticus Plowr. 肝乳菇 le 3000

4 *Amanita phalloides* (Vaill. ex Fr.) Link 鬼笔鹅膏 le 1700
Pycnoporus cinnabarinus (Jacq.) P. Karst. 朱红密孔菌 le 1700
Boletus edulis Bull. 美味牛肝菌 le 1700
Amanita pantherina (DC.) Krombh. 豹斑鹅膏 le 1700
Amanita muscaria (L.) Lam. 鹅膏 le 1700
Coprinellus micaceus (Bull.) Vilgalys, Hopple & Jacq. Johnson 晶粒小鬼伞 le 1700

5 SPAIN (西班牙) 2009.10.16
Cantharellus cibarius Fr. 鸡油菌 0.32 €
Boletus pinophilus Pilát & Dermek 褐红牛肝菌 0.32 €

6 BELARUS (白俄罗斯) 2010.2.8
Mushroom 蘑菇 1500 r

1

2

3

4

5

6

1 BELARUS (白俄罗斯) 2010.8.18

Clavariadelphus pistillaris (L.) Donk 棒瑚菌 500 r

Hericium coralloides (Scop.) Pers. 珊瑚状猴头菌 500 r

Calvatia gigantea (Batsch) Lloyd 大秃马勃 500 r

Polyporus umbellatus (Pers.) Fr. 猪苓多孔菌 1000 r

Sparassis laminosa Fr. 瓣偏绣球菌 1000 r

2 BELGIUM (比利时) 2010.3.15

Mushroom 蘑菇 6 €

3 BOSNIA AND HERZEGOVINA (波斯尼亚和黑塞哥维那) 2010.11.1

Amanita muscaria (L.) Lam. 鹅膏 2.1 m

Lycoperdon perlatum Pers. 网纹马勃 2.1 m

4 FRANCE (法国) 2010.6.12

Agaricus bisporus (J. E. Lange) Imbach 双孢蘑菇 0.55€

5 GREAT BRITAIN (英国) 2010.9.1

Penicillium notatum Westling 点青霉 58 p

6 GUINEA-BISSAU (几内亚比绍) 2010.1.31

Amanita pachycolea D. E. Stuntz 厚环鹅膏 550 f

Boletus edulis Bull. 美味牛肝菌

Amanita muscaria (L.) Lam. 鹅膏 650 f

Morchella elata Fr. 高羊肚菌

Leccinum versipelle (Fr. & Hök) Snell 异色疣柄牛肝菌 800 f

Cortinarius glaucopus (Schaeff.) Gray 灰柄丝膜菌

Amanita pantherina (DC.) Krombh. 豹斑鹅膏 850 f

Amanita pantherina (DC.) Krombh. 豹斑鹅膏

Amanita velosa (Peck) Lloyd 具托鹅膏 1000 f

Russula foetens (Pers.) Pers. 臭红菇

Gomphidius glutinosus (Schaeff.) Fr. 黏铆钉菇

Tricholoma equestre (L.) P. Kumm. 油口蘑

7 *Leccinum versipelle* (Fr. & Hök) Snell 异色疣柄牛肝菌 2500 f

Tricholoma magnivelare (Peck) Redhead 美洲口蘑

Amanita pantherina (DC.) Krombh. 豹斑鹅膏

Amanita muscaria (L.) Lam. 鹅膏

Boletus edulis Bull. 美味牛肝菌

Macrolepiota procera (Scop.) Singer 高大环柄菇

Pholiota squarrosa (Vahl) P. Kumm. 翘鳞伞

1 GUINEA-BISSAU（几内亚比绍）2010.11.9
Amanita phalloides (Vaill. ex Fr.) Link 鬼笔鹅膏
550 f

2 *Amanita rubescens* Pers. 赭盖鹅膏 600 f
Amanita vaginata (Bull.) Lam. 灰鹅膏 600 f
Laccaria amethystina Cooke 紫蜡蘑 600 f
Macrolepiota procera (Scop.) Singer 高大环柄
菇 600 f
Russula emetica (Schaeff.) Pers. 毒红菇 600 f
Russula ochroleuca Fr. 黄白红菇 600 f

3 *Clitocybe nebularis* (Batsch) P. Kumm. 水粉杯
伞 3400 f
Amanita excelsa (Fr.) Bertill. 青鹅膏
Hygrocybe coccinea (Schaeff.) P. Kumm. 绯红
湿伞
Hygrophoropsis aurantiaca (Wulfen) Maire 金黄
拟蜡伞

Pleurotus ostreatus (Jacq.) P. Kumm. 糙皮侧耳

4 ISRAEL（以色列）2010.4.14
Mushroom 蘑菇 4.6 n

5 JORDAN（约旦）2010.10.3
Cortinarius balteatus (Fr.) Fr. 黑纹丝膜菌 20 Pt
Russula bicolor Burl. 双色红菇 20 Pt
Amanita muscaria (L.) Lam. 鹅膏 20 Pt
Amanita muscaria (L.) Lam. 鹅膏 20 Pt
Boletus edulis Bull. 美味牛肝菌 20 Pt
Amanita albocreata (G. F. Atk.) E. J. Gilbert 白
肉色鹅膏 20 Pt
Agaricus andrewii A. E. Freeman 安德鲁蘑菇 20 Pt
Agaricus bisporus (J. E. Lange) Imbach 双孢蘑
菇 20 Pt

6 KOREA D P R（朝鲜）2010.1.5
Mushroom 蘑菇 171 w

1

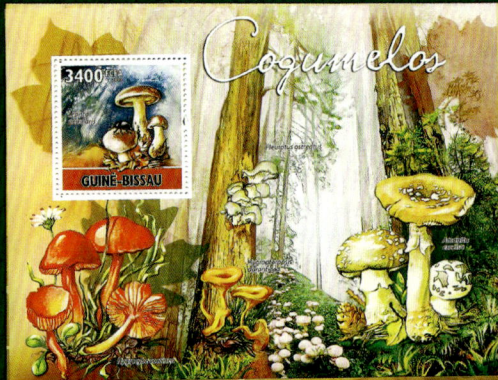

3

2

6

5

4

1 KOREA D P R (朝鲜) 2010.4.9
Mushroom 蘑菇 288 w

2 KOREA D P R (朝鲜) 2010.6.30
Mushroom 蘑菇 268 w

3 LATVIA (拉脱维亚) 2010.9.10
Leccinum scabrum (Bull.) Gray 褐疣柄牛肝菌
120 s

4 MICRONESIA (密克罗尼西亚) 2010.6.8
Galerina decipiens A. H. Sm. & Singer 长尖盔
孢伞 28 c
Amanita pekeoides G. S. Ridl. 袋环鹅膏 44 c
Rhodocollybia laulaha Desjardin, Halling &
Hemmes 常见暗粉金钱菌 75 c

Amanita nothofagi G. Stev. 假山毛榉鹅膏 98 c

5 *Hygrocybe minutula* (Peck) Murrill 微小湿伞 75 c
Hygrocybe pakelo Desjardin & Hemmes 派克
龙湿伞 75 c
Amanita nehuta G. S. Ridl. 睡魔鹅膏 75 c
Amanita muscaria (L.) Lam. 鹅膏 75 c
Amanita australis G. Stev. 澳大利亚鹅膏 75 c
Hygrocybe constrictospora Arnolds 缩孢湿伞
75 c

6 MOLDOVA (摩尔多瓦) 2010.5.1
Lactarius piperatus (L.) Pers. 辣味乳菇 1.2 l
Amanita pantherina (DC.) Krombh. 豹斑鹅膏 2 l
Russula sanguinaria (Schumach.) Rauschert 血
红菇 5.4 l
Coprinopsis picacea (Bull.) Redhead, Vilgalys &
Moncalvo 鹊拟鬼伞 7 l

1

2

3

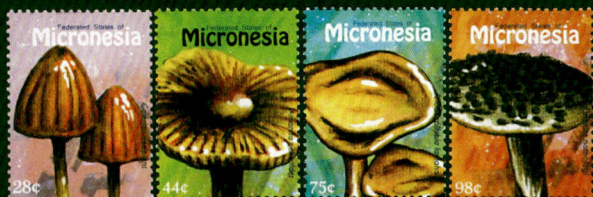

4

5

6

1　MOZAMBIQUE（莫桑比克）2010.11.30
Macrolepiota procera (Scop.) Singer 高大环柄菇 66 Mt
Suillellus luridus (Schaeff.) Murrill 褐小乳牛肝菌 66 Mt
Tricholoma album (Schaeff.) P. Kumm. 苦白口蘑 66 Mt
Agaricus nitidus Schaeff. 光泽蘑菇 66 Mt

2　*Cortinarius torvus* (Fr.) Fr. 野丝膜菌 175 Mt
Amanita phalloides (Vaill. ex Fr.) Link 鬼笔鹅膏
Lactarius pyrogalus (Bull.) Fr. 灰褐乳菇
Russula emetica (Schaeff.) Pers. 毒红菇

3　MUSTIQUE（马斯蒂克）2010.10.5
Psilocybe montana (Pers.) P. Kumm. 山地裸盖菇 25 c
Panaeolus cyanescens Sacc. 蓝灰斑褶菇 $ 1.25
Psilocybe guilartensis Guzmán, F. Tapia & Nieves-Riv. 吉莱特裸盖菇 $ 1.5
Tetrapyrgos nigripes (Fr.) E. Horak 黑柄叉孢菌 $ 2

4　*Chroogomphus rutilus* (Schaeff.) O. K. Mill. 色钉菇 $ 2
Sarcoscypha occidentalis (Schwein.) Sacc. 西方肉杯菌 $ 2
Panaeolus papilionaceus (Bull.) Quél. 蝶形斑褶菇 $ 2

Pseudoplectania nigrella (Pers.) Fuckel 假黑盘菌 $ 2
Entoloma murrillii Hesler 默里尔粉褶蕈 $ 2
Clathrus crispus Turpin 皱纹笼头菌 $ 2

5　NETHERLANDS（荷兰）2010.8.17
Mushroom 蘑菇 0.44 €

6　NEVIS（尼维斯）2010.4.16
Psilocybe guilartensis Guzmán, F. Tapia & Nieves-Riv. 吉莱特裸盖菇 25 c
Entoloma perflavifolium Noordel. & Co-David 深黄褶粉褶蕈 80 c
Agaricus sp. 未定名蘑菇 $ 1
Psilocybe caerulescens Murrill 变蓝裸盖菇 $ 5

7　*Psilocybe portoricensis* Guzmán, Nieves-Riv. & F. Tapia 波多黎各裸盖菇 $ 1.5
Boletus ruborculus T. J. Baroni 微红牛肝菌 $ 1.5
Psilocybe plutonia (Berk. & M. A. Curtis) Sacc. 玄武裸盖菇 $ 1.5
Entoloma davidii Noordel. & Co-David 大卫粉褶蕈 $ 1.5
Psilocybe plutonia (Berk. & M. A. Curtis) Sacc. 玄武裸盖菇 $ 1.5
Tricholomopsis aurea (Beeli) Desjardin & B. A. Perry 金盖拟口蘑 $ 1.5

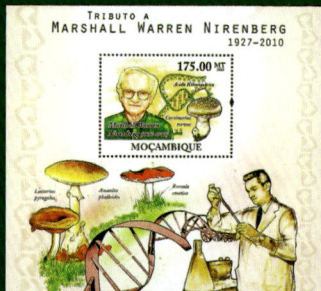

1　NORFOLK ISLAND (诺福克岛) 2010.11.7
Boletinellus merulioides (Schwein.) Murrill 迷孔牛肝菌 15 c
Stereum ostrea (Blume & T. Nees) Fr. 扁韧革菌 55 c
Cymatoderma elegans Jungh. 片状波缘伞 $ 1.4
Chlorophyllum molybdites (G. Mey.) Massee ex P. Syd. 大青褶伞 $ 2.05

2　PERU (秘鲁) 2010.9.16
Suillus luteus (L.) Roussel 褐环乳牛肝菌 Sl 6
Pleurotus cornucopiae (Paulet) Rolland 白黄侧耳 Sl 6

3　SAINT KITTS (圣基茨) 2010.6.7
Alboleptonia stylophora (Berk. & Broome) Pegler 葶柱白小粉褶蕈 25 c
Cantharellus cibarius Fr. 鸡油菌 80 c
Armillaria puiggarii Speg. 普氏蜜环菌 $ 1
Battarrea phalloides (Dicks.) Pers. 鬼笔状钉灰包 $ 5

4　*Cantharellus cinnabarinus* (Schwein.) Schwein. 红鸡油菌 $ 2
Tricholomopsis aurea (Beeli) Desjardin & B. A. Perry 金盖拟口蘑 $ 2
Collybia disciformis Wettst. 厚白金钱菌 $ 2

Amanita ocreata Peck 赭鹅膏 $ 2
Calocybe cyanea Singer ex Redhead & Singer 紫色丽蘑 $ 2
Chroogomphus rutilus (Schaeff.) O. K. Mill. 色钉菇 $ 2

5　SURINAM (苏里南) 2010.2.24
Amanita muscaria (L.) Lam. 鹅膏 S 2
Boletus edulis Bull. 美味牛肝菌 S 5
Agaricus xanthodermus Genev. 黄斑蘑菇 S 8

6　TAIWAN (中国台湾) 2010.3.25
Phallus luteus (Liou. & L. Hwang) T. Kasuya 纯黄竹荪 5 y
Pleurotus djamor (Rumph. ex Fr.) Boedjin 淡红侧耳 5 y
Pseudocolus fusiformis (E. Fisch.) Lloyd 纺锤爪鬼笔 12 y
Coprinellus disseminatus (Pers.) J. E. Lange 白色小鬼伞 12 y

1 *Pleurotus djamor* (Rumph. ex Fr.) Boedjin 淡红侧耳 5 y

Phallus luteus (Liou. & L. Hwang) T. Kasuya 纯黄竹荪 5 y

Pseudocolus fusiformis (E. Fisch.) Lloyd 纺锤爪鬼笔 12 y

Coprinellus disseminatus (Pers.) J. E. Lange 白色小鬼伞 12 y

2 UNITED STATES (美国) 2010.9.1
Mushroom 蘑菇 44 c

3 ANTIGUA AND BARBUDA (安提瓜和巴布达) 2011.5.9

Tylopilus potamogeton Singer 多眼粉孢牛肝菌 $ 2

Amanita campinaranae Bas 坎品那然那鹅膏 $ 2

Craterellus atratus (Corner) Yomyart, Watling, Phosri, Piap. & Sihan. 黑喇叭菌 $ 2

Tylopilus orsonianus Fulgenzi & T. W. Henkel 奥森粉孢牛肝菌 $ 2

Boletellus ananas (M. A. Curtis) Murrill 凤梨条孢牛肝菌 $ 2

Amanita craseoderma Bas 薄皮鹅膏 $ 2

Amanita cyanopus C. M. Simmons, T. W. Henkel & Bas 紫绀鹅膏

4 *Amanita cyanopus* C. M. Simmons, T. W. Henkel & Bas 紫绀鹅膏 $ 2.5

Phyllobolites miniatus (Rick) Singer 朱红褶牛肝菌 $ 2.5

Chroogomphus jamaicensis (Murrill) O. K. Mill. 牙买加色钉菇 $ 2.5

Coltricia mortagnei (Fr.) Murrill 大集毛菌 $ 2.5

5 *Austroboletus rostrupii* (Syd. & P. Syd.) E. Horak 靛杨南牛肝菌 $ 6

6 *Austroboletus festivus* (Singer) Wolfe 杂色南牛肝菌 $ 6

Boletellus ananas (M. A. Curtis) Murrill 凤梨条孢牛肝菌

7 AUSTRALIA (澳大利亚) 2011.10.4
Mushroom 蘑菇 60 c

8 AUSTRIA (奥地利) 2011.6.15
Mushroom 蘑菇 0.9 €

1

2

4

7

8

6

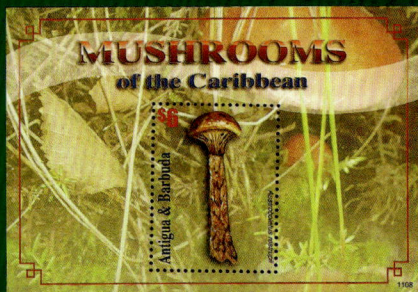
5

3

1 BULGARIA (保加利亚) 2011.7.29

Inocybe erubescens A. Blytt 变红丝盖伞 0.65 l
Entoloma sinuatum (Bull.) P. Kumm. 毒粉褶蕈 0.65 l
Omphalotus olearius (DC.) Singer 奥尔类脐菇 1 l
Russula emetica (Schaeff.) Pers. 毒红菇 1 l

2 CANADA (加拿大) 2011.4.21

Amanita muscaria (L.) Lam. 鹅膏 108 c

3 *Amanita muscaria* (L.) Lam. 鹅膏 54 c

4 CENTRAL AFRICA (中非) 2011.12.27

Hygrophoropsis aurantiaca (Wulfen) Maire 金黄拟蜡伞 1000 f

Stropharia viridula (Schaeff.) Morgan 稍绿球盖菇 1000 f

Amanita citrina Pers. 橙黄鹅膏 1000 f

5 *Lactarius vellereus* (Fr.) Fr. 绒白乳菇 2700 f
Cortinarius armillatus (Fr.) Fr. 蜜环丝膜菌
Flammulina velutipes (Curtis) Singer 毛腿冬菇
Pholiota squarrosa (Vahl) P. Kumm. 翘鳞伞

6 *Calocera viscosa* (Pers.) Fr. 鹿胶角菌 2700 f
Hypholoma fasciculare (Huds.) P. Kumm. 簇生

垂幕菇
Lactarius torminosus (Schaeff.) Gray 毛头乳菇
Russula emetica (Schaeff.) Pers. 毒红菇
Scleroderma citvinum Pers. 橙黄硬皮马勃

7 CONGO D R [刚果 (金)] 2011.5.18

Amanita caesarea (Scop.) Pers. 橙盖鹅膏 1350 f
Morchella esculenta (L.) Pers. 羊肚菌 1350 f
Amanita muscaria (L.) Lam. 鹅膏 1350 f
Laccaria laccata (Scop.) Cooke 红蜡蘑
Mucidula mucida (Schrad.) Pat. 黏盖菌
Suillus luteus (L.) Roussel 褐环乳牛肝菌
Tuber melanosporum Vittad. 黑孢块菌

8 *Amanita caesarea* (Scop.) Pers. 橙盖鹅膏 1350 f
Fistulina hepatica (Schaeff.) With. 牛排菌
Russula emetica (Schaeff.) Pers. 毒红菇

9 *Morchella esculenta* (L.) Pers. 羊肚菌 1350 f
Coprinus comatus (O. F. Müll.) Pers. 毛头鬼伞
Pleurotus ostreatus (Jacq.) P. Kumm. 糙皮侧耳

10 *Amanita muscaria* (L.) Lam. 鹅膏 1350 f
Lepsita nuda (Bull.) Cooke 紫丁香蘑
Peziza vesiculosa Pers. 泡质盘菌

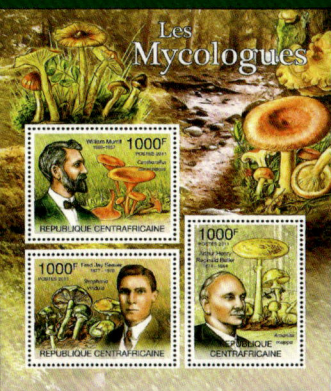

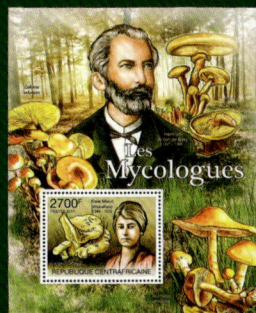

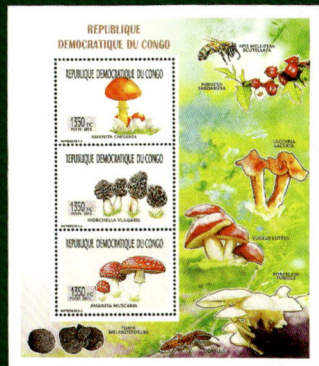

1 CYPRUS（塞浦路斯）2011.10.5
Mushroom 蘑菇 1.7 €

2 CZECH（捷克）2011.8.30
Suillellus gabretae (Pilát) Blanco-Dios 黄小乳牛

肝菌 62 k

3 ECUDOR（厄瓜多尔）2011.6.8
Pleurotus ostreatus (Jacq.) P. Kumm. 糙皮侧耳
$ 0.75

4 FRANCE（法国）2011.5.8
Boletus edulis Bull. 美味牛肝菌 0.75 €
Macrolepiota procera (Scop.) Singer 高大环柄菇

5 GRENADA/CARRIACOU & PETITE MARTINIQUE（格林纳达/卡里亚库岛和小马提尼克岛）2011.12.16
Coltriciella navispora T. W. Henkel, Aime & Ryvarden 船形孢小集毛菌 $ 2
Tylopilus rufonigricans T. W. Henkel 红黑粉孢牛

肝菌 $ 2
Chroogomphus rutilus (Schaeff.) O. K. Mill. 色钉菇 $ 2
Entoloma rugosostriatum Largent & T. W. Henkel 皱条纹粉褶蕈 $ 2
Xerocomus amazonicus Singer 亚马逊绒盖牛肝菌 $ 2
Coltricia oblectabilis (Lloyd) Ryvarden 悦目集毛菌 $ 2

6 *Tylopilus exiguus* T. W. Henkel 小粉孢牛肝菌 $ 2.5
Mycena acicula (Schaeff.) P. Kumm. 珊瑚红小菇 $ 2.5
Panaeolus papilionaceus (Bull.) Quél. 蝶形斑褶菇 $ 2.5
Chroogomphus ochraceus (Kauffman) O. K. Mill. 赭色钉菇 $ 2.5

7 *Amanita calochroa* C. M. Simmons, T. W. Henkel & Bas 美彩鹅膏 $ 6

8 *Psilocybe cubensis* (Earle) Singer 古巴裸盖菇 $ 6

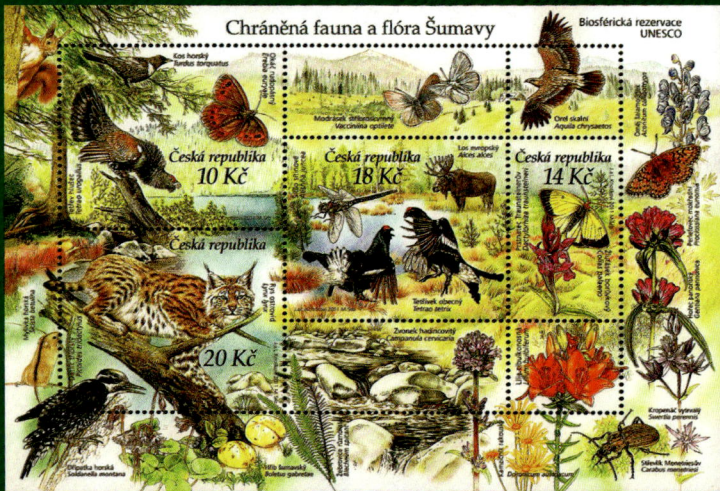

1　**GUINEA (几内亚) 2011.5.10**
Clathrus ruber P. Micheli ex Pers. 红笼头菌 10000 f
Morchella esculenta (L.) Pers. 羊肚菌
Suillus salmonicolor (Frost) Halling 鲑色乳牛肝菌 5000 f
Chlorophyllum molybdites (G. Mey.) Massee ex P. Syd. 大青褶伞 5000 f
Cantharellus lateritius (Berk.) Singer 光鸡油菌 10000 f
Armillaria gallica Marxm. & Romagn. 法国蜜环菌
Cantharellus lateritius (Berk.) Singer 光鸡油菌

2　*Armillaria gallica* Marxm. & Romagn. 法国蜜环菌 40000 f
Auricularia auricula-judae (Bull.) Quél. 木耳
Clathrus ruber P. Micheli ex Pers. 红笼头菌

3　**GUINEA (几内亚) 2011.12.2**
Xerocomellus chrysenteron (Bull.) Šutara 红亚绒盖牛肝菌 5000 f
Boletus aereus Bull. 铜色牛肝菌 15000 f

Craterellus tubaeformis (Fr.) Quél. 管形喇叭菌 20000 f

4　**GUINEA-BISSAU (几内亚比绍) 2011.9.27**
Lactarius vellereus (Fr.) Fr. 绒白乳菇 750 f
Tricholoma equestre (L.) P. Kumm. 油口蘑 750 f
Imleria badia (Fr.) Vizzini 黑褐牛肝菌 750 f
Gomphidius glutinosus (Schaeff.) Fr. 黏铆钉菇 750 f

5　*Hypholoma fasciculare* (Huds.) P. Kumm. 簇生垂幕菇 2900 f
Agaricus arvensis Schaeff. 野蘑菇

6　*Phallus indusiatus* Vent. 长裙竹荪 550 f
Lycoperdon perlatum Pers. 网纹马勃 550 f
Clathrus archeri (Berk.) Dring 拱形笼头菌 550 f
Podaxis pistillaris (L.) Fr. 轴灰包 550 f
Geastrum saccatum Fr. 袋形地星 550 f
Puccinia urticata F. Kern 荨麻疹状柄锈菌 550 f

7　*Phallus impudicus* L. 白鬼笔 3100 f

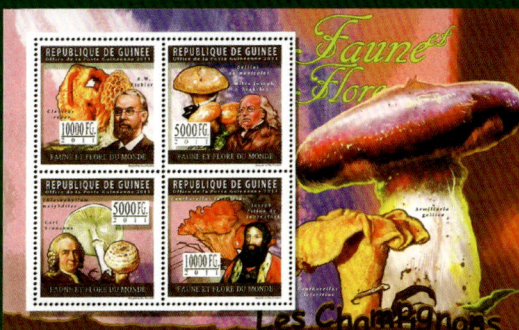

1 GUYANA (圭亚那) 2011.10.12

Pseudotulostoma volvatum O. K. Mill. & T. W. Henkel 托假柄灰锤菌 $ 150

Inocybe ayangannae Matheny, Aime & T. W. Henkel 阿雅那杆丝盖伞 $ 150

Amanita perphaea C. M. Simmons, T. W. Henkel & Bas 假无孢鹅膏 $ 150

Entoloma olivaceocoloratum Largent & T. W. Henkel 橄榄色粉褶蕈 $ 150

Panaeolus cyanescens Sacc. 蓝灰斑褶菇 $ 150

Tylopilus vinaceipallidus (Corner) T. W. Henkel 淡酒紫粉孢牛肝菌 $ 150

Craterellus excelsus T. W. Henkel & Aime 肥黑喇叭菌

2 *Boletellus dicymbophilus* Fulgenzi & T. W. Henkel 戴杏生条孢牛肝菌 $ 225

Inocybe epidendron Matheny, Aime & T. W. Henkel 木生丝盖伞 $ 225

Tylopilus pakaraimensis T. W. Henkel 帕卡拉粉孢牛肝菌 $ 225

Amanita aurantiobrunnea C. M. Simmons, T. W. Henkel & Bas 棕黄色鹅膏 $ 225

3 *Craterellus excelsus* T. W. Henkel & Aime 肥黑喇叭菌 $ 475

Amauroderma schomburgkii (Mont. & Berk.) Torrend 拟模假芝 $ 475

4 ITALY (意大利) 2011.5.9
Mushroom 蘑菇 0.6 €

5 KOREA D P R (朝鲜) 2011.1.5
Mushroom 蘑菇 210 s

6 KOREA D P R (朝鲜) 2011.2.16
Mushroom 蘑菇 125 s

7 KOREA D P R (朝鲜) 2011.7.30
Mushroom 蘑菇 100 s

8 KYRGYZSTAN (吉尔吉斯斯坦) 2011.11.12
Agaricus sp. 未定名蘑菇 16 c
Pleurotus sp. 未定名侧耳 28 c
Marasmius oreades (Bolton) Fr. 硬柄小皮伞 42 c
Lycoperdon sp. 未定名马勃 72 c

1

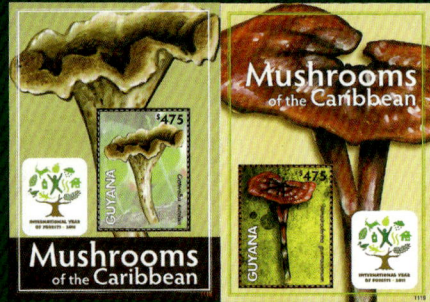

2

3

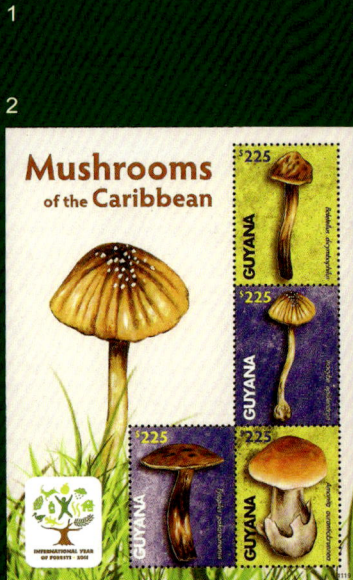

4

5

6

7

8

1　LIBERIA（利比里亚）2011.3.28

Boletus edulis Bull. 美味牛肝菌 $ 65

Panaeolus africanus Ola'h 非洲斑褶菇 $ 65

Clitopilus prunulus (Scop.) P. Kumm. 斜盖伞 $ 65

Podaxis pistillaris (L.) Fr. 轴灰包 $ 65

Amanita rubescens Pers. 赭盖鹅膏 $ 65

Coprinellus micaceus (Bull.) Vilgalys, Hopple & Jacq. Johnson 晶粒小鬼伞 $ 65

Boletus sp. 未定名牛肝菌

2　*Amanita phalloides* (Vaill. ex Fr.) Link 鬼笔鹅膏 $ 65

Amanita pantherina (DC.) Krombh. 豹斑鹅膏 $ 65

Amanita muscaria (L.) Lam. 鹅膏

3　MOLDOVA（摩尔多瓦）2011.5.1

Mushroom 蘑菇 28.8 l

4　MOZAMBIQUE（莫桑比克）2011.6.30

Penicillium sp. 未定名青霉 16 Mt

Penicillium sp. 未定名青霉 92 Mt

5　*Penicillium* sp. 未定名青霉 175 Mt

6　MOZAMBIQUE（莫桑比克）2011.12.30

Crinipellis scabella (Alb. & Schwein.) Murrill 柄毛皮伞 66 Mt

Psilocybe semilanceata (Fr.) P. Kumm. 半裸盖菇 66 Mt

Collybia zonata (Peck) Sacc. 环带金钱菌 66 Mt

Inocybe erubescens A. Blytt 变红丝盖伞 66 Mt

Stephanospora caroticolor (Berk.) Pat. 胡萝卜色冠孢菇 66 Mt

Sarcodon fuligineoviolaceus (Kalchbr.) Pat. 烟紫肉齿菌 66 Mt

Clavulina cinerea (Bull.) J. Schröt. 灰色锁瑚菌

7　*Clavariadelphus truncatus* (Quél.) Donk 截顶棒瑚菌 175 Mt

Pseudobaeospora sp. 未定名假弱孢菌

Rhodotus palmatus (Bull.) Maire 缘网粉菇

Parasola auricoma (Pat.) Redhead, Vilgalys & Hopple 金毛近地伞

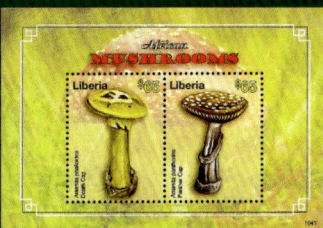

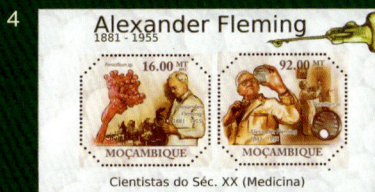

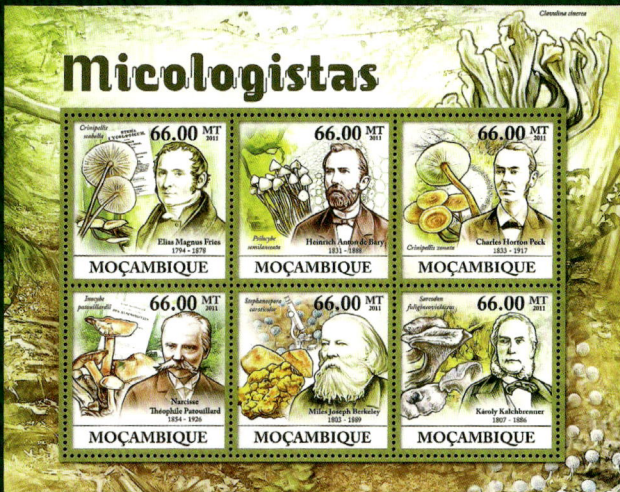

1 NEW CALEDONIA（新喀里多尼亚）2011.6.23
Podoserpula miranda Buyck, Duhem, Eyssart. & Ducousso 美兰达地陀螺菌 110 f

2 SAO TOME AND PRINCIPE（圣多美和普林西比）2011.3.30
Amanita muscaria (L.) Lam. 鹅膏 Db 55000
Macrolepiota procera (Scop.) Singer 高大环柄菇 Db 55000

3 *Imleria badia* (Fr.) Vizzini 黑褐牛肝菌 Db 35000
Neoboletus luridiformis (Rostk.) Gelardi, Simonini & Vizzini 朱柄新牛肝菌 Db 35000
Butyriboletus regius (Krombh.) D. Arora & J. L. Frank 桃红黄靛牛肝菌
Laetiporus sulphureus (Bull.) Murrill 硫黄菌
Leccinum versipelle (Fr. & Hök) Snell 异色疣柄牛肝菌
Cyanoboletus pulverulentus (Opat.) Gelardi, Vizzini & Simonini 变蓝牛肝菌

4 SURINAM（苏里南）2011.2.16
Russula paludosa Britzelm. 沼泽红菇 8 s
Phaeolepiota aurea (Fr.) Konrad & Maubl. 金褐伞 10 s

5 TOGO（多哥）2011.2.15
Amanita muscaria (L.) Lam. 鹅膏 750 f
Coprinus comatus (O. F. Müll.) Pers. 毛头鬼伞 750 f
Turbinellus floccosus (Schwein.) Earle ex Giachini & Castellano 小陀螺菌 750 f
Amanita phalloides (Vaill. ex Fr.) Link 鬼笔鹅膏 750 f

6 *Coprinellus micaceus* (Bull.) Vilgalys, Hopple & Jacq. Johnson 晶粒小鬼伞 3000 f
Rubroboletus satanas (Lenz) Kuan Zhao & Zhu L. Yang 细网红牛肝菌
Clitocybe dealbata (Sowerby) P. Kumm. 毒杯伞
Strobilomyces strobilaceus (Scop.) Berk. 松塔牛肝菌

7 TOGO（多哥）2011.3.15
Psilocybe wassonii R. Heim 华生裸盖菇 750 f
Psilocybe cubensis (Earle) Singer 古巴裸盖菇 750 f
Psilocybe zapotecorum R. Heim 扎普替裸盖菇 750 f
Psilocybe mixaeensis R. Heim 米克森裸盖菇 750 f

8 *Psilocybe caerulescens* Murrill 变蓝裸盖菇 3000 f
Psilocybe cubensis (Earle) Singer 古巴裸盖菇
Psilocybe semilanceata (Fr.) P. Kumm. 半裸盖菇
Psilocybe zapotecorum R. Heim 扎普替裸盖菇

1 *Armillaria mellea* (Vahl) P. Kumm. 蜜环菌 750 f

2 BURUNDI (布隆迪) 2012.8.31
Gyromitra esculenta (Pers.) Fr. 鹿花菌 1070 f
Calvatia gigantea (Batsch) Lloyd 大秃马勃 1070 f
Chorioactis geaster (Peck) Kupfer 恶魔雪茄 3000 f
Hydnellum peckii Banker 出血亚齿菌 3000 f

3 *Entoloma hochstetteri* (Reichardt) G. Stev. 赫氏粉褶蕈 7500 f
Anthracophyllum archeri (Berk.) Pegler 拱形炭褶菌
Dermocybe splendida E. Horak 华美皮囊菌
Trametes versicolor (L.) Lloyd 云芝栓孔菌

4 BURUNDI (布隆迪) 2012.12.21
Entoloma sinuatum (Bull.) P. Kumm. 毒粉褶蕈 1180 f
Amanita muscaria (L.) Lam. 鹅膏 1190 f
Amanita verna (Bull.) Lam. 春生鹅膏
Paxillus involutus (Batsch) Fr. 卷边网褶菌 3000 f
Amanita phalloides (Vaill. ex Fr.) Link 鬼笔鹅膏
Russula emetica (Schaeff.) Pers. 毒红菇 3000 f

5 *Rubroboletus satanas* (Lenz) Kuan Zhao & Zhu L. Yang 细网红牛肝菌 7500 f

Ramaria formosa (Pers.) Quél. 美丽枝瑚菌
Amanita muscaria (L.) Lam. 鹅膏
Amanita phalloides (Vaill. ex Fr.) Link 鬼笔鹅膏

6 *Amanita rubescens* Pers. 赭盖鹅膏 1180 f
Morchella esculenta (L.) Pers. 羊肚菌 1190 f
Cantharellus cibarius Fr. 鸡油菌 3000 f
Boletus edulis Bull. 美味牛肝菌 3000 f

7 *Amanita caesarea* (Scop.) Pers. 橙盖鹅膏 7500 f
Amanita solitaria (Bull.) Fr. 角鳞白鹅膏

8 CENTRAL AFRICA (中非) 2012.4.25
Neoboletus erythropus (Pers.) C. Hahn 红柄新牛肝菌 750 f
Suillus luteus (L.) Roussel 褐环乳牛肝菌 750 f
Caloboletus calopus (Pers.) Vizzini 美柄牛肝菌 750 f
Suillus grevillei (Klotzsch) Singer 厚环乳牛肝菌 750 f

9 *Clathrus archeri* (Berk.) Dring 拱形笼头菌 2650 f
Trichia decipiens (Pers.) T. Macbr. var. *decipiens* 长尖团毛菌原变种
Vibrissea truncorum (Alb. & Schwein.) Fr. 线孢地锤菌
Morchella esculenta (L.) Pers. 羊肚菌

1 CENTRAL AFRICA (中非) 2012.6.25

Suillellus luridus (Schaeff.) Murrill 褐黄小乳牛肝菌 900 f

Leucocoprinus badhamii (Berk. & Broome) Locq. 巴德姆白鬼伞 900 f

Clavariadelphus pistillaris (L.) Donk 棒瑚菌 900 f

Strobilomyces strobilaceus (Scop.) Berk. 松塔牛肝菌 900 f

Pleurotus cornucopiae (Paulet) Rolland 白黄侧耳

Scleroderma citvinum Pers. 橙黄硬皮马勃

Amanita pustulata Iordanov, Vanev & Fakirova 刚毛鹅膏

2 *Agaricus bitorquis* (Quél.) Sacc. 大肥蘑菇 3000f

Laetiporus sulphureus (Bull.) Murrill 硫黄菌

Pleurotus ostreatus (Jacq.) P. Kumm. 糙皮侧耳

Peziza sp. 未定名盘菌

Peziza vesiculosa Pers. 泡质盘菌

Craterellus cornucopioides (L.) Pers. 灰黑喇叭菌

3 CHAD (乍得) 2012.9.4

Sarcoscypha coccinea (Gray) Boud. 绯红肉杯菌 500 f

Amanita caesarea (Scop.) Pers. 橙盖鹅膏 500 f

Armillaria gallica Marxm. & Romagn. 法国蜜环菌 500 f

Amanita jacksonii Pomerl. 杰克逊鹅膏 500 f

Armillaria heimii Pegler 谷堆蜜环菌

Craterellus aureus Berk. & M. A. Curtis 金黄喇叭菌

Macrolepiota africana (R. Heim) Heinem. 非洲大环柄菇

4 *Sarcoscypha coccinea* (Gray) Boud. 绯红肉杯菌 500 f

Rhodotus palmatus (Bull.) Maire 缘网粉菇

Tremella mesenterica Retz. 金黄银耳

5 *Amanita caesarea* (Scop.) Pers. 橙盖鹅膏 500 f

Cantharellus lateritius (Berk.) Singer 光鸡油菌

Chlorophyllum molybdites (G. Mey.) Massee ex P. Syd. 大青褶伞

6 *Armillaria gallica* Marxm. & Romagn. 法国蜜环菌 500 f

Pluteus leoninus (Schaeff.) P. Kumm. 狮黄光柄菇

Russula emetica (Schaeff.) Pers. 毒红菇

7 *Amanita jacksonii* Pomerl. 杰克逊鹅膏 500 f

Lycoperdon echinatum Pers. 长刺马勃

Panaeolus tropicalis Ola´h. 热带斑褶菇

8 *Boletus edulis* Bull. 美味牛肝菌 600 f

Marasmius rotula (Scop.) Fr. 轮小皮伞 600 f

Cystodermella cinnabarina (Alb. & Schwein.) Harmaja 朱红小囊皮伞 600 f

Lysurus periphragmoides (Klotzsch) Dring 围篱状散尾鬼笔 600 f

Afroboletus luteolus (Heinem.) Pegler & T. W. K. Young 非洲黄牛肝菌

Cookeina speciosa (Fr.) Dennis 橘黄毛杯菌

Marasmius arborescens (Henn.) Beeli 树下小皮伞

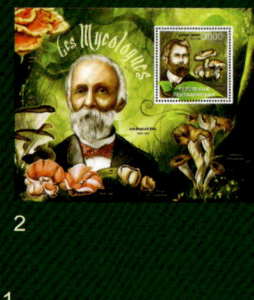

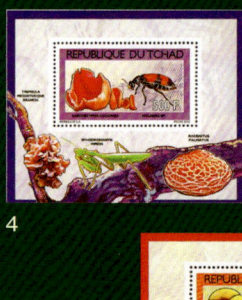

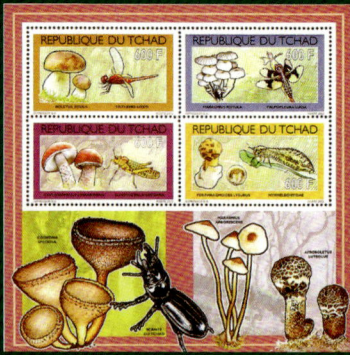

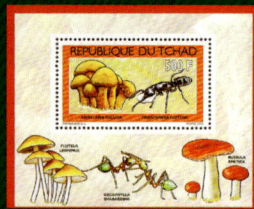

1 *Boletus edulis* Bull. 美味牛肝菌 600 f

Myriostoma coliforme (Dicks.) Corda 鸟状多口地星

Suillus salmonicolor (Frost) Halling 鲑色乳牛肝菌

2 *Marasmius rotula* (Scop.) Fr. 轮小皮伞 600 f

Amanita bisporigera G. F. Atk. 双孢鹅膏

Hygrophorus eburneus (Bull.) Fr. 象牙白蜡伞

3 *Cystodermella cinnabarina* (Alb. & Schwein.) Harmaja 朱红小囊皮伞 600 f

Mycena galericulata (Scop.) Gray 盔小菇

Pseudocolus fusiformis (E. Fisch.) Lloyd 纺锤爪鬼笔

4 *Lysurus periphragmoides* (Klotzsch) Dring 围篱状散尾鬼笔 600 f

Clathrus ruber P. Micheli ex Pers. 红笼头菌

Laetiporus persicinus (Berk. & M. A. Curtis) Gilb. 桃色硫黄菌

5 *Lactifluus gymnocarpus* (R. Heim ex Singer) Verbeken 裸盖多汁乳菇 5000 f

Phallus indusiatus Vent. 长裙竹荪 5000 f

Geastrum fimbriatum Fr. 毛嘴地星

Phlebopus sudanicus (Har. & Pat.) Heinem. 苏丹网斑牛肝菌

Hypholoma fasciculare (Huds.) P. Kumm. 簇生垂幕菇

Coprinus comatus (O. F. Müll.) Pers. 毛头鬼伞

6 *Lactifluus gymnocarpus* (R. Heim ex Singer) Verbeken 裸盖多汁乳菇 5000 f

Pluteus tomentosulus Peck 微绒光柄菇

Laccaria amethystina Cooke 紫蜡蘑

Imleria badia (Fr.) Vizzini 黑褐牛肝菌

Calvatia gigantea (Batsch) Lloyd 大秃马勃

Amanita sp. 未定名鹅膏

7 *Phallus indusiatus* Vent. 长裙竹荪 5000 f

Agaricus campestris L. 蘑菇

Phellodon niger (Fr.) P. Karst. 黑栓齿菌

Auriscalpium vulgare Gray 耳匙菌

Crucibulum laeve (Huds.) Kambly 白蛋巢

Aleuria aurantia (Pers.) Fuckel 橙黄网孢盘菌

Armillaria gallica Marxm. & Romagn. 法国蜜环菌

8 CONGO D R [刚果（金）] 2012.1.9

Amanita phalloides (Vaill. ex Fr.) Link 鬼笔鹅膏 375 f

Omphalotus olearius (DC.) Singer 奥尔类脐菇 375 f

Clathrus ruber P. Micheli ex Pers. 红笼头菌

1

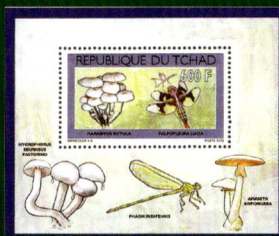

2

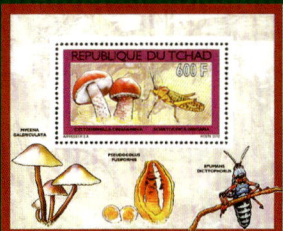

3

4

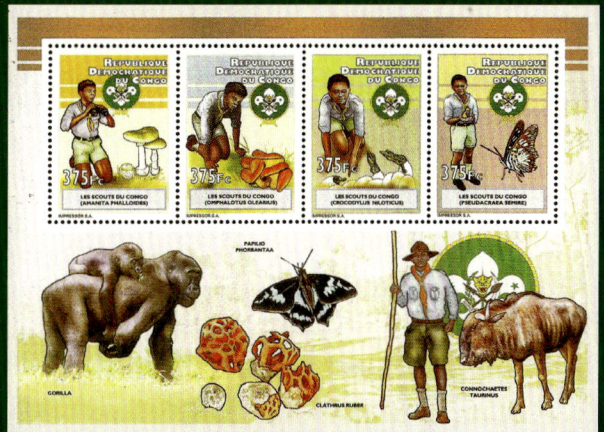

8

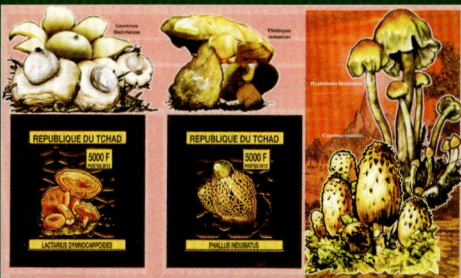

5

6

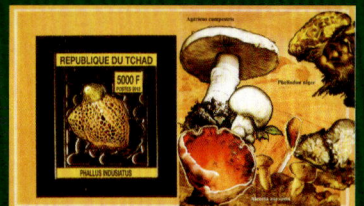

7

1 *Amanita phalloides* (Vaill. ex Fr.) Link 鬼笔鹅膏 375 f

Amanita muscaria (L.) Lam . 鹅膏

2 *Omphalotus olearius* (DC.) Singer 奥尔类脐菇 375 f

Coprinellus domesticus (Bolton) Vilgalys, Hopple & Jacq. Johnson 家园小鬼伞

3 CONGO D R [刚果（金）] 2012.3.20
Russula crustosa Peck 壳状红菇 1500 f

4 CONGO D R [刚果（金）] 2012.6.25
Ganoderma curtisii (Berk.) Murrill 弱光泽灵芝 10000 f

Volvariella bombycina (Schaeff.) Singer 银丝草菇 10000 f

Termitomyces schimperi (Pat.) R. Heim 鳞盖白蚁伞

Russula virescens (Schaeff.) Fr. 变绿红菇

Lentinus velutinus Fr. 绒毛韧伞

Macrolepiota africana (R. Heim) Heinem. 非洲大环柄菇

5 *Ganoderma curtisii* (Berk.) Murrill 弱光泽灵芝 10000 f

Volvariella bombycina (Schaeff.) Singer 银丝草菇 10000 f

Termitomyces schimperi (Pat.) R. Heim 鳞盖白蚁伞

Russula virescens (Schaeff.) Fr. 变绿红菇

Lentinus velutinus Fr. 绒毛韧伞

Macrolepiota africana (R. Heim) Heinem. 非洲大环柄菇

6 *Ganoderma curtisii* (Berk.) Murrill 弱光泽灵芝 10000 f

Trametes versicolor (L.) Lloyd 云芝栓孔菌

Auricularia auricula-judae (Bull.) Quél. 木耳

Cortinarius caperatus (Pers.) Fr. 皱盖丝膜菌

7 *Volvariella bombycina* (Schaeff.) Singer 银丝草菇 10000 f

Pleurotus djamor (Rumph. ex Fr.) Boedjin 淡红侧耳

Lactarius sp. 未定名乳菇

8 *Ganoderma curtisii* (Berk.) Murrill 弱光泽灵芝 10000 f

Trametes versicolor (L.) Lloyd 云芝栓孔菌

Auricularia auricula-judae (Bull.) Quél. 木耳

Cortinarius caperatus (Pers.) Fr. 皱盖丝膜菌

9 *Volvariella bombycina* (Schaeff.) Singer 银丝草菇 10000 f

Pleurotus djamor (Rumph. ex Fr.) Boedjin 淡红侧耳

Lactarius sp. 未定名乳菇

10 CÔTE D'IVOIRE (科特迪瓦) 2012.11.29
Cortinarius violaceus (L.) Gray 堇紫丝膜菌 650 f
Clathrus archeri (Berk.) Dring 拱形笼头菌 650 f

11 *Aleuria aurantia* (Pers.) Fuckel 橙黄网孢盘菌 1650 f

12 ESTONIA (爱沙尼亚) 2012.8.30
Amanita virosa (Peck) Lloyd 毒鹅膏 0.45 €

13 GHANA (加纳) 2012.12.12
Pleurotus ostreatus (Jacq.) P. Kumm. 糙皮侧耳 3 c
Agaricus subrufescens Peck 赭鳞蘑菇 3 c
Lactarius deliciosus (L.) Gray 松乳菇 3 c
Omphalotus olearius (DC.) Singer 奥尔类脐菇 3 c
Amanita muscaria (L.) Lam. 鹅膏 3 c
Amanita phalloides (Vaill. ex Fr.) Link 鬼笔鹅膏 3 c

14 GUINEA (几内亚) 2012.8.30
Pleurotus sp. 未定名侧耳 15000 f

15 GUINEA-BISSAU (几内亚比绍) 2012.1.5
Agaricus sylvaticus Schaeff. 林地蘑菇 600 f
Tricholoma robustum (Alb. & Schwein.) Ricken 粗壮口蘑 600 f
Agaricus subgibbosus Fr. 微隆顶蘑菇
Tricholoma robustum (Alb. & Schwein.) Ricken 粗壮口蘑 600 f
Stropharia aeruginosa (Curtis) Quél. 铜绿球盖菇
Tricholoma robustum (Alb. & Schwein.) Ricken 粗壮口蘑 600 f
Amanita rubescens Pers. 赭盖鹅膏
Tricholoma robustum (Alb. & Schwein.) Ricken 粗壮口蘑 600 f
Lactarius piperatus (L.) Pers. 辣味乳菇

16 *Tricholoma robustum* (Alb. & Schwein.) Ricken 粗壮口蘑 3000 f
Armillaria mellea (Vahl) P. Kumm. 蜜环菌
Agaricus sylvaticus Schaeff. 林地蘑菇
Agaricus campestris L. 蘑菇

17 GUINEA-BISSAU (几内亚比绍) 2012.5.25
Clitocybe infundibuliformis Quél. 杯伞 750 f
Cystolepiota hispida Bon 粗毛囊小伞 750 f
Gomphidius roseus (Fr.) Fr. 粉红铆钉菇 750 f
Phylloporus pelletieri (Lév.) Quél. 佩氏褶孔牛肝菌 750 f
Cyclocybe cylindracea (DC.) Vizzini & Angelini 柱状圆盖伞
Phaeolepiota aurea (Matt.) Maire 金盖暗环柄菇

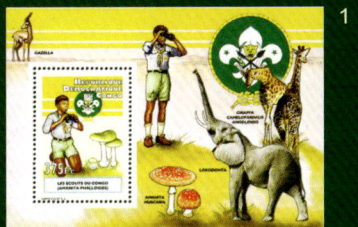

1

2

3

4

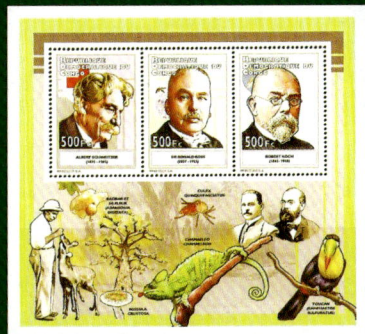

5

6

9

7

8

10

13

11

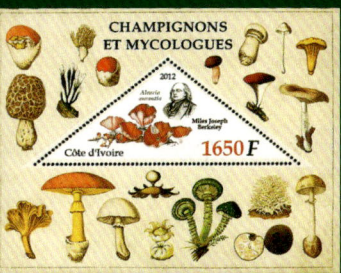

12

14

17

15

16

1 *Gomphidius glutinosus* (Schaeff.) Fr. 黏铆钉菇 3300 f
Agaricus mimicus W. G. Sm. 拟态蘑菇
Clitocybe nebularis (Batsch) P. Kumm. 水粉杯伞
Lacrymaria lacrymabunda (Bull.) Pat. 毡毛小脆柄菇

2 GUINEA-BISSAU (几内亚比绍) 2012.7.16
Aseroe rubra Labill. 红星头鬼笔 700 f
Penicillium chrysogenum Thom 产黄青霉 700 f
Clathrus ruber P. Micheli ex Pers. 红笼头菌 700 f
Penicillium notatum Westling 点青霉 700 f
Pholiota squarrosa (Vahl) P. Kumm. 翘鳞伞

3 *Penicillium chrysogenum* Thom 产黄青霉 3000 f
Gomphus clavatus (Pers.) Gray 钉菇
Laetiporus sulphureus (Bull.) Murrill 硫黄菌
Sparassis crispa (Wulfen) Fr. 绣球菌

4 ICELAND (冰岛) 2012.7.2
Russula xerampelina (Schaeff.) Fr. 黄孢红菇 103 k

5 ICELAND (冰岛) 2012.11.1
Boletus edulis Bull. 美味牛肝菌 103 k

6 KOREA D P R (朝鲜) 2012.6.18
Mushroom 蘑菇 30 w

7 MOZAMBIQUE (莫桑比克) 2012.10.30
Hygrophorus lucorum Kalchbr. 柠檬黄蜡伞 16 Mt
Lycoperdon perlatum Pers. 网纹马勃 16 Mt
Leccinum scabrum (Bull.) Gray 褐疣柄牛肝菌 16 Mt
Bolbitius psittacinus Hauskn., Antonín & Polčák 青绿粪绣伞 66 Mt
Calocera viscosa (Pers.) Fr. 鹿胶角菌 66 Mt
Armillaria gallica Marxm. & Romagn. 法国蜜环菌 66 Mt
Hygrophoropsis aurantiaca (Wulfen) Maire 金黄拟蜡伞
Mycena crocata (Schrad.) P. Kumm. 杏黄小菇

8 *Plectania melaena* (Fr.) Paden 暗盘菌 175 Mt
Geastrum triplex Jungh. 尖顶地星
Lepista nuda (Bull.) Cooke 紫丁香蘑
Lepista personata (Fr.) Cooke 粉紫香蘑
Mycena galericulata (Scop.) Gray 盔小菇
Phaeolepiota aurea (Matt.) Maire 金盖暗环柄菇

9 NEPAL (尼泊尔) 2012.7.29
Ganoderma lucidum (Curtis) P. Karst. 亮盖灵芝 10 r

10 POLAND (波兰) 2012.8.31
Russula virescens (Schaeff.) Fr. 变绿红菇 1.55 z
Amanita phalloides (Vaill. ex Fr.) Link 鬼笔鹅膏
Morchella esculenta (L.) Pers. 羊肚菌 1.95 z
Gyromitra esculenta (Pers.) Fr. 鹿花菌
Macrolepiota procera (Scop.) Singer 高大环柄菇 3 z

Amanita pantherina (DC.) Krombh. 豹斑鹅膏
Armillaria ostoyae (Romagn.) Herink 奥氏蜜环菌 4.15 z
Hypholoma fasciculare (Huds.) P. Kumm. 簇生垂幕菇

11 SPAIN (西班牙) 2012.9.6
Entoloma sinuatum (Bull.) P. Kumm. 毒粉褶蕈 0.51 €
Calocybe gambosa (Fr.) Donk 香杏丽蘑 0.51 €
Amanita verna (Bull.) Lam. 春生鹅膏 0.51 €

12 TAIWAN (中国台湾) 2012.3.23
Amanita rubrovolvata S. Imai 红托鹅膏 5 y
Entoloma murrayi (Berk. & M. A. Curtis) Sacc. 尖顶粉褶蕈 5 y
Geastrum fimbriatum Fr. 毛嘴地星 12 y
Clavulinopsis miyabeana (S. Ito) S. Ito 宫部拟锁瑚菌 12 y

13 *Amanita rubrovolvata* S. Imai 红托鹅膏 5 y
Entoloma murrayi (Berk. & M. A. Curtis) Sacc. 尖顶粉褶蕈 5 y
Geastrum fimbriatum Fr. 毛嘴地星 12 y
Clavulinopsis miyabeana (S. Ito) S. Ito 宫部拟锁瑚菌 12 y

14 TOGO (多哥) 2012.3.30
Amanita muscaria (L.) Lam. 鹅膏 750 f
Cantharellus cibarius Fr. 鸡油菌 750 f
Morchella sp. 未定名羊肚菌 750 f
Russula sp. 未定名红菇 750 f

15 *Cortinarius torvus* (Fr.) Fr. 野丝膜菌 3000 f

16 UGANDA (乌干达) 2012.11.4
Amanita pantherina (DC.) Krombh. 豹斑鹅膏 3000 s
Amanita phalloides (Vaill. ex Fr.) Link 鬼笔鹅膏 3000 s
Amanita rubescens Pers. 赭盖鹅膏 3000 s
Boletus edulis Bull. 美味牛肝菌 3000 s
Lactarius deliciosus (L.) Gray 松乳菇 3000 s
Morchella esculenta (L.) Pers. 羊肚菌 3000 s

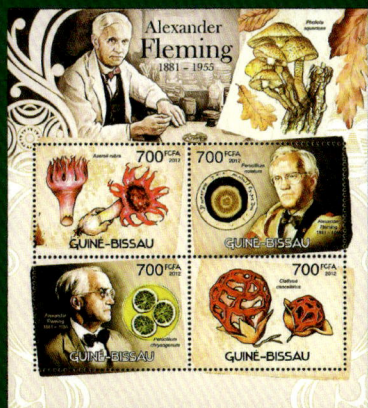
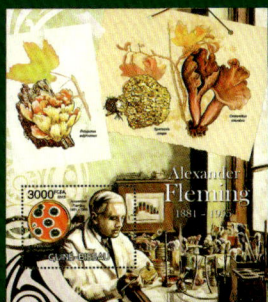

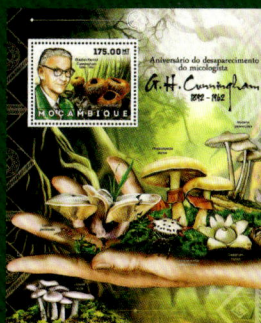

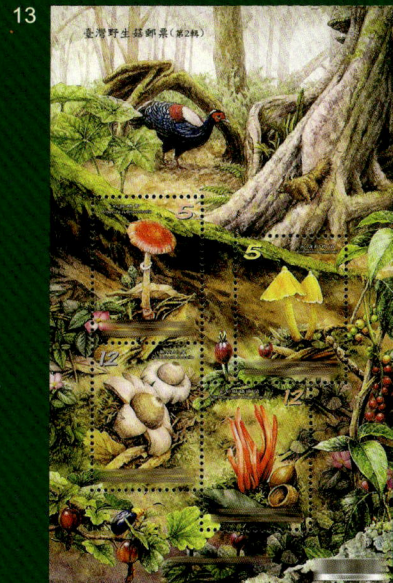

1 *Laccaria amethystina* Cooke 紫蜡蘑 5000 s
Coprinellus micaceus (Bull.) Vilgalys, Hopple & Jacq. Johnson 晶粒小鬼伞 5000 s

2 ARMENIA（亚美尼亚）2013.11.25
Chlorophyllum rhacodes (Vittad.) Vellinga 粗鳞青褶伞 230 d
Boletus edulis Bull. 美味牛肝菌 330 d

3 BELARUS（白俄罗斯）2013.9.10
Hydnum repandum L. 齿菌 6000 r
Lactarius torminosus (Schaeff.) Gray 毛头乳菇 6000 r
Cantharellus cinereus (Pers.) Fr. 灰褐鸡油菌 7800 r
Cortinarius caperatus (Pers.) Fr. 皱盖丝膜菌 7800 r

4 BURUNDI（布隆迪）2013.8.5
Butyriboletus appendiculatus (Schaeff.) D. Arora & J. L. Frank 黄靛牛肝菌 1090 f
Cortinarius caperatus (Pers.) Fr. 皱盖丝膜菌 1180 f
Amanita muscaria (L.) Lam. 鹅膏 3000 f
Hypholoma fasciculare (Huds.) P. Kumm. 簇生垂幕菇 3000 f

5 *Boletus edulis* Bull. 美味牛肝菌 7500 f

6 *Butyriboletus appendiculatus* (Schaeff.) D. Arora & J. L. Frank 黄靛牛肝菌 1090 f
Boletus edulis Bull. 美味牛肝菌

7 *Hypholoma fasciculare* (Huds.) P. Kumm. 簇生垂幕菇 3000 f
Amanita muscaria (L.) Lam. 鹅膏

8 CENTRAL AFRICA（中非）2013.3.25
Leccinum versipelle (Fr. & Hök) Snell 异色疣柄牛肝菌 900 f
Russula virescens (Schaeff.) Fr. 变绿红菇 900 f
Agaricus sylvaticus Schaeff. 林地蘑菇 900 f
Boletus pinophilus Pilát & Dermek 褐红牛肝菌 900 f

9 *Melanoleuca cognata* (Fr.) Konrad & Maubl. 锗囊蘑 3000 f
Flammulina velutipes (Curtis) Singer 毛腿冬菇
Laetiporus sulphureus (Bull.) Murrill 硫黄菌
Sarcosphaera eximia (Durieu & Lév.) Maire 超群肉盘菌
Boletus pinophilus Pilát & Dermek 褐红牛肝菌

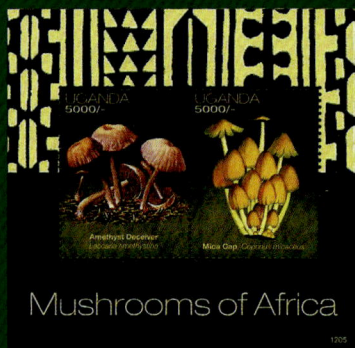

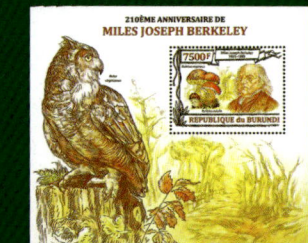

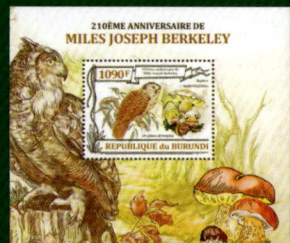

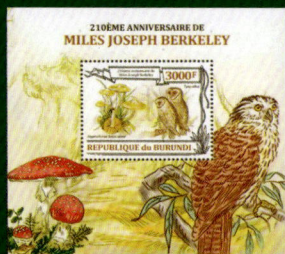

1　CENTRAL AFRICA（中非）2013.8.30
Amanita muscaria (L.) Lam. 鹅膏 750 f
Peziza vesiculosa Pers. 泡质盘菌 750 f
Lactarius semisanguifluus R. Heim & Leclair 半血红乳菇 750 f
Hygrophoropsis aurantiaca (Wulfen) Maire 金黄拟蜡伞 750 f
Discina ancilis (Pers.) Sacc. 珠亮平盘菌 750 f
Russula sanguinaria (Schumach.) Rauschert 血红菇

2　*Agaricus campestris* L. 蘑菇 2650 f
Gloeophyllum odoratum (Wulfen) Imazeki 茴香褐褶菌
Tricholoma andinum E. Horak 安第斯口蘑
Calocera viscosa (Pers.) Fr. 鹿胶角菌

3　CHAD（乍得）2013.4.18
Boletus edulis Bull. 美味牛肝菌 800 f
Lactifluus gymnocarpus (R. Heim ex Singer) Verbeken 裸盖多汁乳菇

4　*Boletus edulis* Bull. 美味牛肝菌 800 f
Amanita loosii Beeli 鲁西鹅膏
Echinoderma asperum (Pers.) Bon 锐鳞棘皮菌
Armillaria mellea (Vahl) P. Kumm. 蜜环菌
Lentinus sajor-caju (Fr.) Fr. 环柄韧伞

5　*Lentinus tuber-regium* (Fr.) Fr. 菌核韧伞 5000 f

Cortinarius praestans (Cordier) Gillet 缘纹丝膜菌
Lactarius acutus R. Heim 尖顶乳菇
Chlorophyllum molybdites (G. Mey.) Massee ex P. Syd. 大青褶伞
Lentinus tuber-regium (Fr.) Fr. 菌核韧伞 5000 f

6　*Penicillium notatum* Westling 点青霉 550 f

7　*Cortinarius emilii* M. Langl. & Reumaux 埃米尔丝膜菌 1100 f

8　*Pleurotus phosphorus* (Berk.) Sacc. 富磷侧耳 550 f

9　CONGO D R [刚果（金）] 2013.7.30
Cantharellus floridulus Heinem. 花簇鸡油菌 900 f
Amanita muscaria (L.) Lam. 鹅膏 900 f
Afroboletus luteolus (Heinem.) Pegler & T. W. K. Young 非洲黄牛肝菌 900 f
Clavulina amethystina (Bull.) Donk. 紫锁瑚菌 900 f

10　*Cantharellus floridulus* Heinem. 花簇鸡油菌 900 f
Cantharellus rufopunctatus (Beeli) Heinem. 棕斑鸡油菌
Cantharellus congolensis Beeli 刚果鸡油菌
Cantharellus solidus De Kesel 硬鸡油菌

11　*Amanita muscaria* (L.) Lam. 鹅膏 900 f
Amanita craseoderma Bas 薄皮鹅膏
Amanita xanthogala Bas 假黄乳鹅膏
Amanita zambiana Pegler & Piearce 赞比亚鹅膏

1

2

3

4

5

6

7

10

9

11

8

1 *Afroboletus luteolus* (Heinem.) Pegler & T. W. K. Young 非洲黄牛肝菌 900 f
Agaricus semotus Fr. 小红褐蘑菇
Lactifluus gymnocarpus (R. Heim ex Singer) Verbeken 裸盖流乳菇
Pholiota sp. 未定名鳞伞

2 *Clavulina amethystina* (Bull.) Donk. 紫锁瑚菌 900 f
Clavulina ornatipes (Peck) Corner 金黄锁瑚菌
Xylaria sp. 未定名炭角菌
Pycnoporus sanguineus (L.) Murrill 血红密孔菌

3 *Cantharellus floridulus* Heinem. 花簇鸡油菌 900 f
Amanita muscaria (L.) Lam. 鹅膏 900 f
Afroboletus luteolus (Heinem.) Pegler & T. W. K. Young 非洲黄牛肝菌 900 f
Clavulina amethystina (Bull.) Donk. 紫锁瑚菌 900 f
Butyriboletus regius (Krombh.) D. Arora & J. L. Frank 桃红黄靛牛肝菌
Cortinarius rubellus Cooke 细鳞丝膜菌
Amanita rubescens Pers. 赭盖鹅膏
Catathelasma imperiale (Quél.) Singer 壮丽环苞菇

4 *Cookeina tricholoma* (Mout.) Kuntze 毛缘毛杯菌 900 f
Amanita masasiensis Härk. & Saarim. 马萨西鹅膏 900 f
Macrolepiota procera (Scop.) Singer 高大环柄菇 900 f
Clitocybe nebularis (Batsch) P. Kumm. 水粉杯伞 900 f

5 *Cookeina tricholoma* (Mout.) Kuntze 毛缘毛杯菌 900 f
Favolaschia calocera R. Heim 杏黄胶孔菌
Cookeina sulcipes (Berk.) Kuntze 槽柄毛杯菌

Lentinus squarrosulus Mont. 翘鳞韧伞

6 *Amanita masasiensis* Härk. & Saarim. 马萨西鹅膏 900 f
Phallus impudicus L. 白鬼笔
Russula congoana Pat. 刚果红菇

7 *Macrolepiota procera* (Scop.) Singer 高大环柄菇 900 f
Podaxis pistillaris (L.) Fr. 轴灰包
Lepiota cortinarius J. E. Lange 丝膜环柄菇

8 *Clitocybe nebularis* (Batsch) P. Kumm. 水粉杯伞 900 f
Volvariella volvacea (Bull.) Singer 草菇
Russula oleifera Buyck 油桐红菇

9 *Cookeina tricholoma* (Mout.) Kuntze 毛缘毛杯菌 900 f
Amanita masasiensis Härk. & Saarim. 马萨西鹅膏 900 f
Macrolepiota procera (Scop.) Singer 高大环柄菇 900 f
Clitocybe nebularis (Batsch) P. Kumm. 水粉杯伞 900 f
Cerioporus squamosus (Huds.) Quél. 宽鳞角孔菌
Volvariella bombycina (Schaeff.) Singer 银丝草菇
Lentinus tigrinus (Bull.) Fr. 虎皮韧伞

3

4

1

2

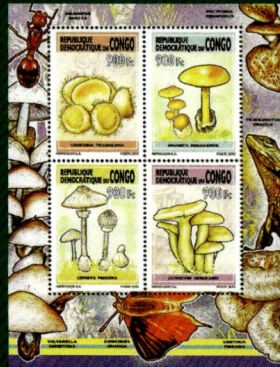

9

5

6

7

8

1 CROATIA (克罗地亚) 2013.9.3

Macrolepiota procera (Scop.) Singer 高大环柄菇 4.6 k

Butyriboletus regius (Krombh.) D. Arora & J. L. Frank 桃红黄靛牛肝菌 4.6 k

Tuber magnatum Picco 白块菌 4.6 k

Tuber melanosporum Vittad. 黑孢块菌

2 CUBA (古巴) 2013.5.12

Penicillium notatum Westling 点青霉 65 c

3 CZECH (捷克) 2013.9.4

Caloscypha fulgens (Pers.) Boud. 闪光盘菌 10 k

4 DJIBOUTI (吉布提) 2013.9.18

Ramaria stricta (Pers.) Quél. 密枝瑚菌 350 f

Lycoperdon echinatum Pers. 长刺马勃 350 f

Boletus sp. 未定名牛肝菌

5 ESTONIA (爱沙尼亚) 2013.9.12

Amanita phalloides (Vaill. ex Fr.) Link 鬼笔鹅膏 0.45 €

6 FALKLAND ISLANDS (福克兰群岛) 2013.10.3

Cuphophyllus adonis (Singer) Lodge & M. E. Sm. 密褶拱顶菌 30 p

7 GAMBIA (冈比亚) 2013.9.30

Mycena aurantiomarginata (Fr.) Quél. 橙黄边小菇 D 35

Mycena galericulata (Scop.) Gray 盔小菇 D 35

8 *Russula emetica* (Schaeff.) Pers. 毒红菇 D 110

9 GUINEA (几内亚) 2013.5.31

Mushroom 蘑菇 50000 f

10 GUINEA (几内亚) 2013.9.15

Suillus granulatus (L.) Roussel 点柄乳牛肝菌 15000 f

11 GUINEA-BISSAU (几内亚比绍) 2013.3.25

Neoboletus luridiformis (Rostk.) Gelardi, Simonini & Vizzini 朱柄新牛肝菌 560 f

Tricholoma pardinum (Pers.) Quél. 豹斑口蘑 560 f

Tricholoma saponaceum (Fr.) P. Kumm. 皂味口蘑 560 f

Laccaria amethystina Cooke 紫蜡蘑 560 f

Laccaria laccata (Scop.) Cooke 红蜡蘑

Russula emetica (Schaeff.) Pers. 毒红菇 560 f

Suillus cavipes (Opat.) A. H. Sm. & Thiers 空柄乳牛肝菌 560 f

Phylloporus rhodoxanthus (Schwein.) Bres. 褶孔牛肝菌

Ganoderma applanatum (Pers.) Pat. 树舌灵芝

Clitocybe nebularis (Batsch) P. Kumm. 水粉杯伞

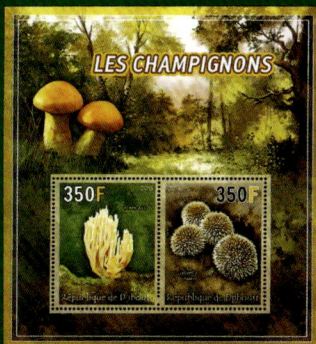

1 *Russula vesca* Fr. 菱红菇 2000 f
Leccinum scabrum (Bull.) Gray 褐疣柄牛肝菌
Mitrophora semilibera (DC.) Lév. 半开钟柄菌
Auricularia auricula-judae (Bull.) Quél. 木耳
Exidia glandulosa (Bull.) Fr. 黑耳

2 GUINEA-BISSAU (几内亚比绍) 2013.6.24
Amanita muscaria (L.) Lam. 鹅膏 800 f

3 *Gomphidius roseus* (Fr.) Fr. 粉红铆钉菇 900 f
Morchella esculenta (L.) Pers. 羊肚菌 900 f
Phaeolepiota aurea (Matt.) Maire 金盖暗环柄菇 900 f
Hygrocybe coccinea (Schaeff.) P. Kumm. 绯红湿伞 900 f

4 *Cantharellus cibarius* Fr. 鸡油菌 3300 f
Amanita robusta Beeli 粗壮鹅膏
Lycoperdon perlatum Pers. 网纹马勃

5 LUXEMBOURG (卢森堡) 2013.12.3
Aleuria aurantia (Pers.) Fuckel 橙黄网孢盘菌 0.6 €
Imleria badia (Fr.) Vizzini 黑褐牛肝菌 0.6 €
Trametes versicolor (L.) Lloyd 云芝栓孔菌 0.6 €

Amanita muscaria (L.) Lam. 鹅膏 0.6 €
Lycoperdon perlatum Pers. 网纹马勃 0.6 €

6 MACEDONIA (马其顿) 2013.10.16
Rubroboletus satanas (Lenz) Kuan Zhao & Zhu L. Yang 细网红牛肝菌 10 d
Myriostoma coliforme (Dicks.) Corda 鸟状多口地星 20 d
Caloscypha fulgens (Pers.) Boud. 闪光盘菌 50 d
Byssocorticium atrovirens (Fr.) Bondartsev & Singer 暗绿棉状菌 100 d

7 MALAYSIA (马来西亚) 2013.5.13
Mycena chlorophos (Berk. & M. A. Curtis) Sacc. 荧光小菇 Rm 1
Mushroom 蘑菇 Rm 1

8 MICRONESIA (密克罗尼西亚) 2013.6.3
Psilocybe aucklandiae Guzmán, C. C. King & Bandala 奥克兰裸盖菇 $ 1.25
Entoloma hochstetteri (Reichardt) G. Stev. 赫氏粉褶蕈 $ 1.25
Amanita citrina Pers. 橙黄鹅膏 $ 1.25
Agaricus bernardii Quél. 白鳞蘑菇 $ 1.25

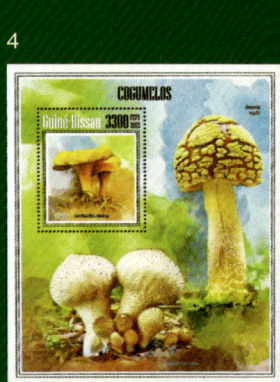

1 *Psilocybe subaeruginosa* Cleland. 近绿裸盖菇 $ 1.25

Gymnopilus junonius (Fr.) P. D. Orton 橘黄裸伞 $ 1.25

Gymnopilus luteofolius (Peck) Singer 黄褶裸伞 $ 1.25

Panaeolus cyanescens Sacc. 蓝灰斑褶菇 $ 1.25

2 *Panaeolus subbalteatus* (Berk. & Broome) Sacc. 红褐斑褶菇 $ 3.5

3 *Psilocybe weraroa* Borovička, Oborník & Noordel. 僧帽裸盖菇 $ 3.5

4 **MOZAMBIQUE（莫桑比克）2013.6.25**

Coprinus comatus (O. F. Müll.) Pers. 毛头鬼伞 16 Mt

Helvella acetabulum (L.) Quél. 碟形马鞍菌 16 Mt

Amanita rubescens Pers. 赭盖鹅膏 92 Mt

Paralepista flaccida (Sowerby) Vizzini 白黄近香蘑 92 Mt

5 *Agaricus campestris* L. 蘑菇 175 Mt

Auricularia auricula-judae (Bull.) Quél. 木耳

Morchella esculenta (L.) Pers. 羊肚菌

Lepiota clypeolarioides Rea 白巧克力环柄菇

Paralepista flaccida (Sowerby) Vizzini 白黄近香蘑

6 *Pluteus cervinus* (Schaeff.) P. Kumm. 灰光柄菇 16 Mt

Gymnopus dryophilus (Bull.) Murrill 栎裸菇 16 Mt

Cortinarius torvus (Fr.) Fr. 野丝膜菌 92 Mt

Russula sp. 未定名红菇 92 Mt

7 *Coprinellus micaceus* (Bull.) Vilgalys, Hopple & Jacq. Johnson 晶粒小鬼伞 175 Mt

Panaeolus sp. 未定名斑褶菇

Phallus impudicus L. 白鬼笔

Ganoderma lucidum (Curtis) P. Karst. 亮盖灵芝

8 **MOZAMBIQUE（莫桑比克）2013.11.25**

Coprinus comatus (O. F. Müll.) Pers. 毛头鬼伞 46 Mt

Paxillus involutus (Batsch) Fr. 卷边网褶菌 46 Mt

Amanita citrina Pers. 橙黄鹅膏 46 Mt

9 *Russula emetica* (Schaeff.) Pers. 毒红菇 175 Mt

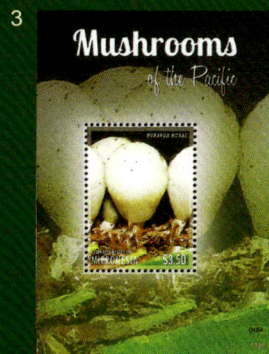

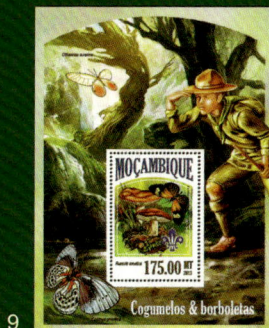

1　NIGER（尼日尔）2013.7.1

Armillaria mellea (Vahl) P. Kumm. 蜜环菌 750 f

Gomphidius glutinosus (Schaeff.) Fr. 黏铆钉菇 750 f

Boletus sp. 未定名牛肝菌 750 f

Sarcodon imbricatus (L.) P. Karst. 翘鳞肉齿菌 750 f

2　*Tylopilus felleus* (Bull.) P. Karst. 苦粉孢牛肝菌 2500 f

3　NIGER（尼日尔）2013.12.20

Macrolepiota procera (Scop.) Singer 高大环柄菇 750 f

Sarcodon imbricatus (L.) P. Karst. 翘鳞肉齿菌 750 f

Cantharellus cibarius Fr. 鸡油菌 750 f

Leccinum aurantiacum (Bull.) Gray 橙黄疣柄牛肝菌 750 f

4　*Boletus edulis* Bull. 美味牛肝菌 2500 f

Russula sp. 未定名红菇

5　SAO TOME AND PRINCIPE（圣多美和普林西比）2013.8.15

Hygrocybe punicea (Fr.) P. Kumm. 红湿伞 Db 25000

Amanita phalloides (Vaill. ex Fr.) Link 鬼笔鹅膏 Db 25000

Suillus grevillei (Klotzsch) Singer 厚环乳牛肝菌 Db 25000

Agaricus campestris L. 蘑菇 Db 25000

6　*Caloboletus calopus* (Pers.) Vizzini 美柄牛肝菌 Db 96000

Leccinum versipelle (Fr. & Hök) Snell 异色疣柄牛肝菌

7　SENEGAL（塞内加尔）2013.12.18

Amanita pantherina (DC.) Krombh. 豹斑鹅膏 25 f

Cantharellus cibarius Fr. 鸡油菌

8　SIERRA LEONE（塞拉利昂）2013.12.23

Lactarius deliciosus (L.) Gray 松乳菇 le 4000

Laccaria amethystina Cooke 紫蜡蘑 le 4000

Boletus edulis Bull. 美味牛肝菌 le 4000

Coprinellus micaceus (Bull.) Vilgalys, Hopple & Jacq. Johnson 晶粒小鬼伞 le 4000

Parasola plicatilis (Curtis) Redhead 褶纹近地伞 le 4000

Amanita pantherina (DC.) Krombh. 豹斑鹅膏 le 4000

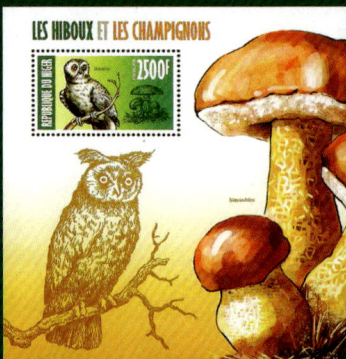

1　SLOVAKIA (斯洛伐克) 2013.11.4
Mushroom 蘑菇 0.45 €

2　SLOVENIA (斯洛文尼亚) 2013.11.22
Mushroom 蘑菇 0.6 €

3　SOLOMON ISLANDS (所罗门群岛) 2013.2.15
Trametes versicolor (L.) Lloyd 云芝栓孔菌 $ 6
Coprinopsis atramentaria (Bull.) Redhead, Vilgalys & Moncalvo 墨汁拟鬼伞 $ 6
Amanita rubescens Pers. 赭盖鹅膏 $ 6
Phellodon confluens (Pers.) Pouzar 波缘栓齿菌 $ 6
Morchella esculenta (L.) Pers. 羊肚菌
Trametes versicolor (L.) Lloyd 云芝栓孔菌

4　*Agaricus dulcidulus* Schulzer 紫色蘑菇 $ 28
Hydnellum concrescens (Pers.) Banker 环纹亚齿菌
Hydnellum aurantiacum (Batsch) P. Karst. 大孢橙亚齿菌
Agaricus bernardii Quél. 白鳞蘑菇
Boletus edulis Bull. 美味牛肝菌
Craterellus cornucopioides (L.) Pers. 灰黑喇叭菌
Agaricus sylvaticus Schaeff. 林地蘑菇
Lactarius deliciosus (L.) Gray 松乳菇
Morchella esculenta (L.) Pers. 羊肚菌
Agaricus augustus Fr. 大紫蘑菇

Trametes versicolor (L.) Lloyd 云芝栓孔菌
Cantharellus cibarius Fr. 鸡油菌

5　SOLOMON ISLANDS (所罗门群岛) 2013.11.22
Microporus xanthopus (Fr.) Kuntze 黄柄小孔菌 $ 7
Cortinarius archeri Berk. 拱形丝膜菌 $ 7
Cortinarius rotundisporus Cleland & Cheel 圆孢丝膜菌 $ 7
Trametes versicolor (L.) Lloyd 云芝栓孔菌 $ 7

6　*Cortinarius austrovenetus* Cleland 南风丝膜菌 $ 35
Bolbitius titubans (Bull.) Fr. 粪绣伞
Aseroe rubra Labill. 红星头鬼笔
Leratiomyces ceres (Cooke & Massee) Spooner & Bridge 橙色沿丝伞

7　SPAIN (西班牙) 2013.10.8
Agaricus xanthodermus Genev. 黄斑蘑菇 0.37 €
Amanita pantherina (DC.) Krombh. 豹斑鹅膏 0.37 €
Marasmius oreades (Bolton) Fr. 硬柄小皮伞 0.37 €

8　TAIWAN (中国台湾) 2013.7.24
Ramaria botrytis (Pers.) Bourdot 葡萄状枝瑚菌 5 y
Morchella elata Fr. 高羊肚菌 5 y
Turbinellus floccosus (Schwein.) Earle ex Giachini & Castellano 小陀螺菌 12 y
Aleuria aurantia (Pers.) Fuckel 橙黄网孢盘菌 12 y

   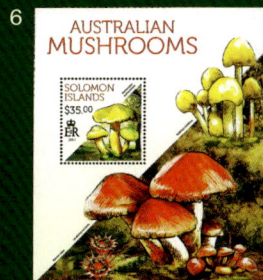

1 *Ramaria botrytis* (Pers.) Bourdot 葡萄状枝瑚菌 5 y
Morchella elata Fr. 高羊肚菌 5 y
Gomphus floccosus (Schwein.) Singer 喇叭陀螺菌 12 y
Aleuria aurantia (Pers.) Fuckel 橙黄网孢盘菌 12 y

2 TOGO（多哥）2013.6.3
Morchella esculenta (L.) Pers. 羊肚菌 750 f
Penicillium notatum Westling 点青霉
Cantharellus cibarius Fr. 鸡油菌 750 f
Penicillium notatum Westling 点青霉
Rubroboletus satanas (Lenz) Kuan Zhao & Zhu L. Yang 细网红牛肝菌 750 f
Penicillium notatum Westling 点青霉
Pleurotus ostreatus (Jacq.) P. Kumm. 糙皮侧耳 750 f
Penicillium notatum Westling 点青霉

3 *Agaricus campestris* L. 蘑菇 2500 f
Amanita citrina Pers. 橙黄鹅膏
Amanita muscaria (L.) Lam. 鹅膏

Amanita phalloides (Vaill. ex Fr.) Link 鬼笔鹅膏
Penicillium notatum Westling 点青霉

4 TOGO（多哥）2013.7.22
Cortinarius violaceus (L.) Gray 堇紫丝膜菌 750 f
Cortinarius mucosus (Bull.) J. Kickx f. 黏膜丝膜菌 750 f

5 *Russula aeruginea* Fr. 铜绿红菇 2500 f

6 TOGO（多哥）2013.12.5
Tuber melanosporum Vittad. 黑孢块菌 750 f
Tuber aestivum Vittad. 夏块菌 750 f
Tuber melanosporum Vittad. 黑孢块菌 750 f
Tuber aestivum Vittad. 夏块菌 750 f

7 *Tuber melanosporum* Vittad. 黑孢块菌 2500 f
Tuber aestivum Vittad. 夏块菌

8 TUVALU（图瓦卢）2013.4.29
Rubroboletus satanas (Lenz) Kuan Zhao & Zhu L. Yang 细网红牛肝菌 $ 1.2
Coprinus comatus (O. F. Müll.) Pers. 毛头鬼伞 $ 1.2
Craterellus cornucopioides (L.) Pers. 灰黑喇叭菌 $ 1.2
Cantharellus cibarius Fr. 鸡油菌 $ 1.2

1 *Entoloma clypeatum* (L.) P. Kumm. 盾状粉褶蕈 $ 3.5

2 **UKRAINE (乌克兰) 2013.8.20**
Boletus edulis Bull. 美味牛肝菌 3.3 K

3 **AUSTRIA (奥地利) 2014.8.18**
Morchella hortensis Boud. 园艺羊肚菌 0.62 €
Boletus sp. 未定名牛肝菌 0.62 €
Pleurotus eryngii (DC.) Quél. 刺芹侧耳 0.62 €
Cantharellus cibarius Fr. 鸡油菌 0.62 €
Kuehneromyces mutabilis (Schaeff.) Singer & A. H. Sm. 库恩菇 0.62 €
Agaricus sp. 未定名蘑菇 0.62 €
Craterellus cornucopioides (L.) Pers. 灰黑喇叭菌 0.62 €
Macrolepiota procera (Scop.) Singer 高大环柄菇 0.62 €

4 **BELRUS (白俄罗斯) 2014.12.4**
Ganoderma applanatum (Pers.) Pat. 树舌灵芝 7800 r

5 **BULGARIA (保加利亚) 2014.2.10**
Boletus pinophilus Pilát & Dermek 褐红牛肝菌 0.1 l
Coprinopsis picacea (Bull.) Redhead, Vilgalys & Moncalvo 鹊拟鬼伞 0.2 l

Amanita citrina Pers. 橙黄鹅膏 0.5 l
Russula virescens (Schaeff.) Fr. 变绿红菇 1.0 l

6 **BULGARIA (保加利亚) 2014.2.28**
Boletus pinophilus Pilát & Dermek 褐红牛肝菌 0.1 l
Coprinopsis picacea (Bull.) Redhead, Vilgalys & Moncalvo 鹊拟鬼伞 0.2 l

7 *Amanita citrina* Pers. 橙黄鹅膏 0.5 l
Russula virescens (Schaeff.) Fr. 变绿红菇 1.0 l

8 **BURUNDI (布隆迪) 2014.11.10**
Amanita muscaria (L.) Lam. 鹅膏 4325 f
Boletus edulis Bull. 美味牛肝菌
Termitomyces striatus (Beeli) R. Heim 条纹白蚁伞
Afrocantharellus platyphyllus (Heinem.) Tibuhwa 淡蓝非洲鸡油菌
Craterellus aureus Berk. & M. A. Curtis 金黄喇叭菌
Tuber melanosporum Vittad. 黑孢块菌

9 *Termitomyces titanicus* Pegler & Piearce 巨大白蚁伞 4325 f
Agaricus goossensiae Heinem. 古森蘑菇
Colus hirudinosus Cavalier & Séchier 燕尾柱菌
Mucidula mucida (Schrad.) Pat. 黏盖菌
Lactarius deliciosus (L.) Gray 松乳菇
Amanita rubescens Pers. 赭盖鹅膏

10 *Butyriboletus regius* (Krombh.) D. Arora & J. L. Frank 桃红黄靛牛肝菌 8500 f
Catathelasma imperiale (Quél.) Singer 壮丽环苞菇
Amanita caesarea (Scop.) Pers. 橙盖鹅膏

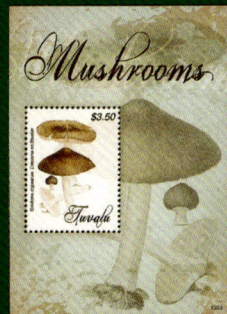

1

2

4

5

6

7

3

8

9

10

1　CENTRAL AFRICA (中非) 2014.6.20
Cantharellus cibarius Fr. 鸡油菌 900 f
Morchella esculenta (L.) Pers. 羊肚菌 900 f
Cantharellus amethysteus (Quél.) Sacc. 紫色鸡油菌 900 f
Lepista nuda (Bull.) Cooke 紫丁香蘑 900 f
Clitocybe gibba (Pers.) P. Kumm. 深凹杯伞
Suillellus luridus (Schaeff.) Murrill 褐黄小乳牛肝菌

2　*Russula virescens* (Schaeff.) Fr. 变绿红菇 3000 f
Clitocybe odora (Bull.) P. Kumm. 香杯伞

3　CENTRAL AFRICA (中非) 2014.11.20
Saproamanita vittadinii (Moretti) Redhead, Vizzini, Drehmel & Contu 白鳞粗柄腐鹅膏 900 f
Cantharellus cibarius Fr. 鸡油菌 900 f
Omphalotus olearius (DC.) Singer 奥尔类脐菇 900 f
Leccinum pseudoscabrum (Kallenb.) Sutara 灰疣柄牛肝菌 900 f

4　*Tuber melanosporum* Vittad. 黑孢块菌 3000 f
Trametes versicolor (L.) Lloyd 云芝栓孔菌

5　CONGO [刚果 (布)] 2014.12.12
Hydnellum ferrugineum (Fr.) P. Karst. 锈色亚齿菌 600 f
Geoglossum umbratile Sacc. 荫蔽地舌菌 600 f
Leotia lubrica (Scop.) Pers. 润滑锤舌菌 600 f
Podoserpula miranda Buyck, Duhem, Eyssart. & Ducousso 美兰达地陀螺菌 600 f

6　*Trametes versicolor* (L.) Lloyd 云芝栓孔菌 1200 f

7　CZECH (捷克) 2014.1.20
Leccinum versipelle (Fr. & Hök) Snell 异色疣柄牛肝菌 13 k

8　DJIBOUTI (吉布提) 2014.12.22
Trichoderma cornu-damae (Pat.) Z. X. Zhu & W. Y. Zhuang 鹿角状木霉 300 f
Bjerkandera adusta (Willd.) P. Karst. 黑管孔菌 300 f
Rubroboletus satanas (Lenz) Kuan Zhao & Zhu L. Yang 细网红牛肝菌 300 f

9　*Amanita pantherina* (DC.) Krombh. 豹斑鹅膏 1200 f

10　ESTONIA (爱沙尼亚) 2014.9.11
Inocybe erubescens A. Blytt 变红丝盖伞 0.55 €

1

2

4

6

7

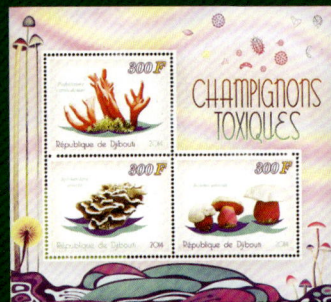
8

9

10

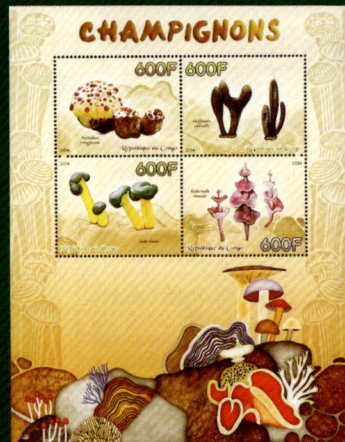
5

3

1 FALKLAND ISLANDS (福克兰群岛) 2014.4.15
Hygrophoropsis aurantiaca (Wulfen) Maire 金黄拟蜡伞 30 p
Hygrocybe sp. 未定名湿伞 75 p
Lyophyllum decastes (Fr.) Singer 荷叶离褶伞 £ 1
Coprinus comatus (O. F. Müll.) Pers. 毛头鬼伞 £ 1.2

2 GABON (加蓬) 2014.6.2
Penicillium chrysogenum Thom 产黄青霉 1000 f

3 GUINEA (几内亚) 2014.3.25
Cantharellus cibarius Fr. 鸡油菌 15000 f
Macrolepiota procera (Scop.) Singer 高大环柄菇 15000 f
Armillaria mellea (Vahl) P. Kumm. 蜜环菌 15000 f
Cantharellus cibarius Fr. 鸡油菌

4 *Cantharellus cibarius* Fr. 鸡油菌 15000 f
Boletus edulis Bull. 美味牛肝菌

5 *Macrolepiota procera* (Scop.) Singer 高大环柄菇 15000 f
Boletus edulis Bull. 美味牛肝菌

6 *Armillaria mellea* (Vahl) P. Kumm. 蜜环菌 15000 f

Boletus edulis Bull. 美味牛肝菌

7 *Boletus edulis* Bull. 美味牛肝菌 40000 f
Boletus edulis Bull. 美味牛肝菌

8 GUINEA (几内亚) 2014.10.20
Cantharellus cibarius Fr. 鸡油菌 10000 f
Russula alutacea (Fr.) Fr. 革质红菇 10000 f
Pleurotus sp. 未定名侧耳 15000 f
Morchella esculenta (L.) Pers. 羊肚菌 15000 f

9 *Suillellus queletii* (Schulzer) Vizzini, Simonini & Gelardi 削脚小乳牛肝菌 40000 f
Leccinum scabrum (Bull.) Gray 褐疣柄牛肝菌
Pleurotus ostreatus (Jacq.) P. Kumm. 糙皮侧耳
Morchella esculenta (L.) Pers. 羊肚菌
Flammulina velutipes (Curtis) Singer 毛腿冬菇

10 GUINEA (几内亚) 2014.10.27
Amanita jacksonii Pomerl. 杰克逊鹅膏 10000 f
Lactarius indigo (Schwein.) Fr. 蓝绿乳菇 15000 f
Leucocoprinus birnbaumii (Corda) Singer 纯黄白鬼伞 10000 f
Amanita phalloides (Vaill. ex Fr.) Link 鬼笔鹅膏 15000 f

1　*Xerocomellus chrysenteron* (Bull.) Šutara　红亚绒盖牛肝菌 40000 f
Amanita muscaria (L.) Lam. 鹅膏
Boletus sp. 未定名牛肝菌
Russula caerulea (Pers.) Fr. 蓝紫红菇

2　**GUINEA-BISSAU（几内亚比绍）2014.5.15**
Suillellus luridus (Schaeff.) Murrill 褐黄小乳牛肝菌 850 f
Agaricus bisporus (J. E. Lange) Imbach 双孢蘑菇 850 f
Hypsizygus tessulatus (Bull.) Singer 玉蕈 850 f
Boletus edulis Bull. 美味牛肝菌 850 f

3　*Pleurotus ostreatus* (Jacq.) P. Kumm. 糙皮侧耳 2800 f
Calocera viscosa (Pers.) Fr. 鹿胶角菌
Boletus edulis Bull. 美味牛肝菌
Suillellus luridus (Schaeff.) Murrill 褐黄小乳牛肝菌

4　**GUINEA-BISSAU（几内亚比绍）2014.10.20**
Macrolepiota procera (Scop.) Singer 高大环柄菇 850 f
Colus hirudinosus Cavalier & Séchier 燕尾柱菌 850 f
Boletus edulis Bull. 美味牛肝菌 850 f

Mitrophora semilibera (DC.) Lév. 半开钟柄菌 850 f
Leccinum aurantiacum (Bull.) Gray 橙黄疣柄牛肝菌
Lycogala epidendrum (J. C. Buxb. ex L.) Fr. 粉瘤菌
Boletus edulis Bull. 美味牛肝菌

5　**GUINEA-BISSAU（几内亚比绍）2014.12.12**
Lactarius deliciosus (L.) Gray 松乳菇 2400 f
Exidia glandulosa (Bull.) Fr. 黑耳
Agaricus altipes (F. H. Møller) F. H. Møller 高柄蘑菇
Macrolepiota procera (Scop.) Singer 高大环柄菇

6　*Pleurotus ostreatus* (Jacq.) P. Kumm. 糙皮侧耳 850 f
Hemipholiota populnea (Pers.) Bon 杨树半鳞伞 850 f
Aleuria aurantia (Pers.) Fuckel 橙黄网孢盘菌 850 f
Russula emetica (Schaeff.) Pers. 毒红菇 850 f

7　*Cantharellus cinereus* (Pers.) Fr. 灰褐鸡油菌 2800 f
Amanita rubescens Pers. 赭盖鹅膏

8　**HONDURAS（洪都拉斯）2014.10.6**
Amanita caesarea (Scop.) Pers. 橙盖鹅膏 L 8

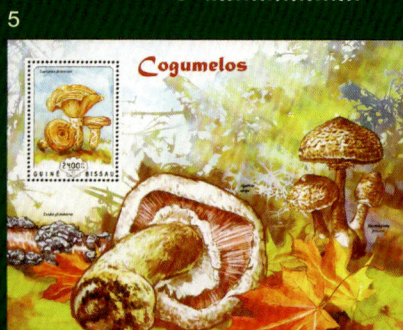

1　JAPAN（日本）2014.10.30
Lentinula edodes (Berk.) Pegler 香菇 18 y

2　KOREA D P R（朝鲜）2014.1.20
Mushroom 蘑菇 70 w

3　LIBERIA（利比里亚）2014.4.2
Amanita muscaria (L.) Lam. 鹅膏 $ 100

4　LIBYA（利比亚）2014.11.20
Mushroom 蘑菇 1000 d

5　MALDIVES（马尔代夫）2014.10.14
Cantharellus cibarius Fr. 鸡油菌 Rf 20
Kuehneromyces mutabilis (Schaeff.) Singer & A.
H. Sm. 库恩菇 Rf 20
Macrolepiota procera (Scop.) Singer 高大环柄
菇 Rf 20
Imleria badia (Fr.) Vizzini 黑褐牛肝菌 Rf 20

6　*Boletus edulis* Bull. 美味牛肝菌 Rf 60
Pleurotus ostreatus (Jacq.) P. Kumm. 糙皮侧耳

7　MALDIVES（马尔代夫）2014.12.15
Lactarius indigo (Schwein.) Fr. 蓝绿乳菇 Rf 22
Ganoderma lucidum (Curtis) P. Karst. 亮盖灵芝
Rf 22
Coprinopsis atramentaria (Bull.) Redhead,
Vilgalys & Moncalvo 墨汁拟鬼伞 Rf 22

Leucocoprinus birnbaumii (Corda) Singer 纯黄
白鬼伞 Rf 22

8　*Psilocybe aztecorum* R. Heim 欧洲裸盖菇 Rf 70
Hypholoma lateritium (Schaeff.) P. Kumm. 砖红
垂幕菇

9　MALI（马里）2014.2.16
Cyathus striatus (Huds.) Willd. 隆纹黑蛋巢菌 1000 f

10　MICRONESIA（密克罗尼西亚）2014.9.15
Mushroom 蘑菇 $ 1.2

11　MONTENEGRO（黑山）2014.3.14
Hypholoma fasciculare (Huds.) P. Kumm. 簇生
垂幕菇 0.95 €

12　MOZAMBIQUE（莫桑比克）2014.8.20
Boletus edulis Bull. 美味牛肝菌 46 Mt
Grifola frondosa (Dicks.) Gray 灰树花 46 Mt
Amanita caesarea (Scop.) Pers. 橙盖鹅膏 46 Mt
Lactarius deliciosus (L.) Gray 松乳菇 46 Mt
Armillaria mellea (Vahl) P. Kumm. 蜜环菌

13　*Cantharellus cibarius* Fr. 鸡油菌 175 Mt
Boletus edulis Bull. 美味牛肝菌
Leccinum scabrum (Bull.) Gray 褐疣柄牛肝菌
Leccinum aurantiacum (Bull.) Gray 橙黄疣柄牛
肝菌

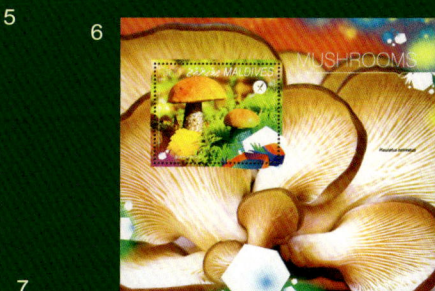

1 NIGER (尼日尔) 2014.9.10
Cantharellus cibarius Fr. 鸡油菌 750 f
Boletus edulis Bull. 美味牛肝菌 750 f
Gyroporus castaneus (Bull.) Quél. 褐圆孔牛肝菌 750 f
Amanita muscaria (L.) Lam. 鹅膏 750 f
Boletus edulis Bull. 美味牛肝菌
Lactarius volemus (Fr.) Fr. 多汁乳菇
Suillus luteus (L.) Roussel 褐环乳牛肝菌

2 *Leccinum aurantiacum* (Bull.) Gray 橙黄疣柄牛肝菌 2500 f
Mycena galericulata (Scop.) Gray 盔小菇

3 NIGER (尼日尔) 2014.10.13
Armillaria mellea (Vahl) P. Kumm. 蜜环菌 750 f
Neoboletus erythropus (Pers.) C. Hahn 红柄新牛肝菌 750 f
Cantharellus cinnabarinus (Schwein.) Schwein. 红鸡油菌 750 f
Leucocoprinus birnbaumii (Corda) Singer 纯黄白鬼伞 750 f

4 *Amanita caesarea* (Scop.) Pers. 橙盖鹅膏 2500 f

Lactarius indigo (Schwein.) Fr. 蓝绿乳菇

5 NIGER (尼日尔) 2014.11.30
Amanita muscaria (L.) Lam. 鹅膏 750 f
Lactarius deliciosus (L.) Gray 松乳菇 750 f
Lactarius turpis (Weinm.) Fr. 丑乳菇 750 f
Amanita pantherina (DC.) Krombh. 豹斑鹅膏 750 f
Trametes versicolor (L.) Lloyd 云芝栓孔菌

6 *Stropharia aeruginosa* (Curtis) Quél. 铜绿球盖菇 2500 f
Ganoderma lucidum (Curtis) P. Karst. 亮盖灵芝

7 POLAND (波兰) 2014.8.29
Cantharellus cibarius Fr. 鸡油菌 1.75 z
Hygrophoropsis aurantiaca (Wulfen) Maire 金黄拟蜡伞
Agaricus campestris L. 蘑菇 2.35 z
Amanita virosa (Peck) Lloyd 毒鹅膏
Russula vesca Fr. 菱红菇 3.75 z
Russula emetica (Schaeff.) Pers. 毒红菇
Boletus edulis Bull. 美味牛肝菌 4.2 z
Tylopilus felleus (Bull.) P. Karst. 苦粉孢牛肝菌

1

2

5

7

3

4

6

1 SAO TOME AND PRINCIPE (圣多美和普林西比) 2014.8.8
Pleurotus eryngii (DC.) Quél. 刺芹侧耳 Db 25000
Boletus edulis Bull. 美味牛肝菌 Db 25000
Cantharellus cibarius Fr. 鸡油菌 Db 25000
Flammulina velutipes (Curtis) Singer 毛腿冬菇 Db 25000
Tremella fuciformis Berk. 银耳
Tremella mesenterica Retz. 金黄银耳

2 *Leccinum aurantiacum* (Bull.) Gray 橙黄疣柄牛肝菌 Db 96000
Hypsizygus tessulatus (Bull.) Singer 玉蕈
Hypsizygus ulmarius (Bull.) Redhead 榆生玉蕈

3 SAO TOME AND PRINCIPE (圣多美和普林西比) 2014.10.15
Boletus edulis Bull. 美味牛肝菌 Db 25000
Macrolepiota procera (Scop.) Singer 高大环柄菇 Db 25000
Cantharellus cibarius Fr. 鸡油菌 Db 25000
Xerocomellus chrysenteron (Bull.) Šutara 红亚绒盖牛肝菌 Db 25000

4 *Morchella esculenta* (L.) Pers. 羊肚菌 Db 96000
Boletus bicolor Raddi 双色牛肝菌
Coprinus comatus (O. F. Müll.) Pers. 毛头鬼伞

Lactarius deliciosus (L.) Gray 松乳菇

5 SLOVENIA (斯洛文尼亚) 2014.5.30
Mushroom 蘑菇 0.64 €

6 SLOVENIA (斯洛文尼亚) 2014.11.28
Amanita muscaria (L.) Lam. 鹅膏 0.32 €
Amanita muscaria (L.) Lam. 鹅膏 0.32 €
Amanita muscaria (L.) Lam. 鹅膏 0.64 €
Boletus edulis Bull. 美味牛肝菌 0.6 €

7 SOLOMON ISLANDS (所罗门群岛) 2014.8.25
Armillaria mellea (Vahl) P. Kumm. 蜜环菌 $ 7
Suillellus luridus (Schaeff.) Murrill 褐黄小乳牛肝菌 $ 7
Pycnoporus cinnabarinus (Jacq.) P. Karst. 朱红密孔菌 $ 7
Coprinus comatus (O. F. Müll.) Pers. 毛头鬼伞 $ 7
Leccinum scabrum (Bull.) Gray 褐疣柄牛肝菌

8 *Amanita caesarea* (Scop.) Pers. 橙盖鹅膏 $ 35
Cantharellus cibarius Fr. 鸡油菌
Russula vesca Fr. 菱红菇
Leccinum aurantiacum (Bull.) Gray 橙黄疣柄牛肝菌
Pleurotus ostreatus (Jacq.) P. Kumm. 糙皮侧耳

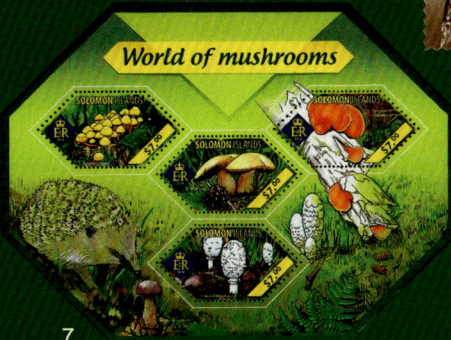

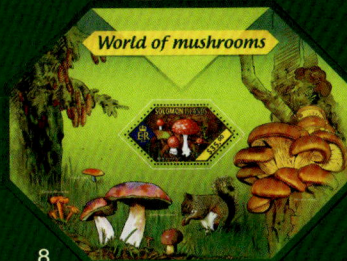

1　SOLOMON ISLANDS (所罗门群岛) 2014.11.28

Boletus edulis Bull. 美味牛肝菌 $ 7

Leccinum versipelle (Fr. & Hök) Snell 异色疣柄牛肝菌 $ 7

Russula aurora Krombh. 橙红菇 $ 7

Leccinum scabrum (Bull.) Gray 褐疣柄牛肝菌 $ 7

Boletus edulis Bull. 美味牛肝菌

2　*Xerocomellus chrysenteron* (Bull.) Šutara 红亚绒盖牛肝菌 $ 35

Morchella esculenta (L.) Pers. 羊肚菌

3　SURINAM (苏里南) 2014.1.15

Amanita pantherina (DC.) Krombh. 豹斑鹅膏 2.5 s

Cystodermella granulosa (Batsch) Harmaja 疣盖小囊皮菌 3.5 s

Lactarius quietus (Fr.) Fr. 静生乳菇 5.5 s

Stropharia hornemannii (Fr.) S. Lundell & Nannf. 浅赭色球盖菇 7.5 s

Russula foetens (Pers.) Pers. 臭红菇 9.5 s

Tricholomopsis rutilans (Schaeff.) Singer 赭红拟口蘑 11.5 s

4　SWITZERLAND (瑞士) 2014.3.6

Cantharellus cibarius Fr. 鸡油菌 0.1 f

Lactarius lignyotus Fr. 黑褐乳菇 0.15 f

Hydnellum caeruleum (Hornem.) P. Karst. 蓝色亚齿菌 0.2 f

Strobilomyces strobilaceus (Scop.) Berk. 松塔牛肝菌 0.5 f

5　TAJIKISTAN (塔吉克斯坦) 2014.10.3

Hortiboletus rubellus (Krombh.) Simonini, Vizzini & Gelardi 朱红花园牛肝菌 1.6 s

Cantharellus cibarius Fr. 鸡油菌 2.0 s

Cantharellula umbonata (J. F. Gmel.) Singer 脐形鸡油菌 2.5 s

6　TAIWAN (中国台湾) 2014.2.20

Mushroom 蘑菇 128 y

7　TOGO (多哥) 2014.4.10

Aseroe rubra Labill. 红星头鬼笔 750 f

Armillaria obscura (Schaeff.) Herink 暗蜜环菌 750 f

Leccinum pseudoscabrum (Kallenb.) Šutara 灰疣柄牛肝菌 750 f

Leucocoprinus cretaceus (Bull.) Locq. 石灰白鬼伞 750 f

8　*Armillaria obscura* (Schaeff.) Herink 暗蜜环菌 2500 f

Hygrophorus fuligineus Frost 乌黑蜡伞

Lentinellus cochleatus (Pers.) P. Karst. 贝壳状小香菇

Ramaria sp. 未定名枝瑚菌

Tricholomopsis rutilans (Schaeff.) Singer 赭红拟口蘑

1

2

3

4

5

6

7

8

1 TOGO（多哥）**2014.6.30**
Mushroom 蘑菇 750 f

2 TOGO（多哥）**2014.8.30**
Phylloporus rhodoxanthus (Schwein.) Bres. 褶孔牛肝菌 750 f
Morchella esculenta (L.) Pers. 羊肚菌 750 f
Russula risigallina (Batsch) Sacc. 鸡冠红菇 750 f
Caloboletus radicans (Pers.) Vizzini 拟根美柄牛肝菌 750 f
Amanita muscaria (L.) Lam. 鹅膏

3 *Imperator luteocupreus* (Bertéa & Estadès) Assyov, Bellanger, Bertéa, et al. 褐黄帝牛肝菌 2500 f
Coprinus comatus (O. F. Müll.) Pers. 毛头鬼伞
Amanita muscaria (L.) Lam. 鹅膏
Omphalotus olearius (DC.) Singer 奥尔类脐菇

4 TOGO（多哥）**2014.12.30**
Boletus pinophilus Pilát & Dermek 褐红牛肝菌 750 f
Cantharellus cibarius Fr. 鸡油菌 750 f
Armillaria mellea (Vahl) P. Kumm. 蜜环菌 750 f
Amanita muscaria (L.) Lam. 鹅膏 750 f

Boletus edulis Bull. 美味牛肝菌

5 *Leccinum aurantiacum* (Bull.) Gray 橙黄疣柄牛肝菌 2500 f
Morchella esculenta (L.) Pers. 羊肚菌

6 TURKEY（土耳其）**2014.7.9**
Amanita muscaria (L.) Lam. 鹅膏 2.5 l

7 BENIN（贝宁）**2015.5.3**
Hydnellum caeruleum (Hornem.) P. Karst. 蓝色亚齿菌 1200 f
Rubroboletus legaliae (Pilát & Dermek) Della Maggiora & Trassin. 利格红牛肝菌 600 f

8 *Rubroboletus legaliae* (Pilát & Dermek) Della Maggiora & Trassin. 利格红牛肝菌 3000 f

9 *Cantharellus cibarius* Fr. 鸡油菌 750 f
Boletus bicolor Raddi 双色牛肝菌 750 f

10 *Lepista nuda* (Bull.) Cooke 紫丁香蘑 2000 f
Amanita muscaria (L.) Lam. 鹅膏

11 BOSNIA AND HERZEGOVINA（波斯尼亚和黑塞哥维那）**2015.7.1**
Mushroom 蘑菇 1.5 m

1

6

7

2

3

8

9

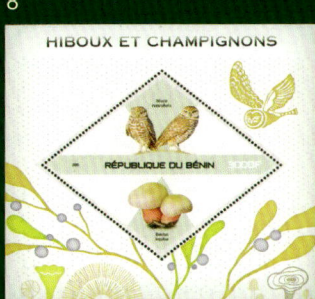
10

10

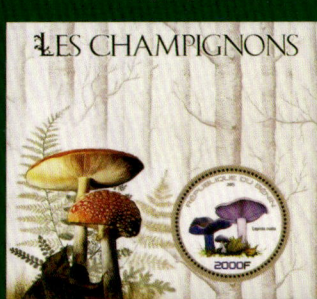

4

5

11

1　BURUNDI (布隆迪) 2015.12.18

Rubroboletus satanas (Lenz) Kuan Zhao & Zhu L. Yang 细网红牛肝菌 3090 f

Strobilomyces strobilaceus (Scop.) Berk. 松塔牛肝菌 3090 f

Chlorophyllum molybdites (G. Mey.) Massee ex P. Syd. 大青褶伞 3090 f

Cortinarius purpurascens Fr. 紫丝膜菌 3090 f

Russula emetica (Schaeff.) Pers. 毒红菇

Pseudoclitocybe cyathiformis (Bull.) Singer 假杯伞

2　*Rubroboletus satanas* (Lenz) Kuan Zhao & Zhu L. Yang 细网红牛肝菌 3090 f

Suillus luteus (L.) Roussel 褐环乳牛肝菌

Hortiboletus rubellus (Krombh.) Simonini, Vizzini & Gelardi 朱红花园牛肝菌

3　*Strobilomyces strobilaceus* (Scop.) Berk. 松塔牛肝菌 3090 f

Mycetinis scorodonius (Fr.) A. W. Wilson & Desjardin 蒜头状微菇

Agaricus bisporus (J. E. Lange) Imbach 双孢蘑菇

4　*Chlorophyllum molybdites* (G. Mey.) Massee ex P. Syd. 大青褶伞 3090 f

Clitocybe fragrans (With.) P. Kumm. 芳香杯伞

Cantharellula umbonata (J. F. Gmel.) Singer 脐形鸡油菌

5　*Cortinarius purpurascens* Fr. 紫丝膜菌 3090 f

Craterellus cornucopioides (L.) Pers. 灰黑喇叭菌

Stropharia aeruginosa (Curtis) Quél. 铜绿球盖菇

6　*Paxillus involutus* (Batsch) Fr. 卷边网褶菌 4640 f

Geastrum fornicatum (Huds.) Hook. 拱状地星 4640 f

Morchella esculenta (L.) Pers. 羊肚菌 4640 f

Aleuria aurantia (Pers.) Fuckel 橙黄网孢盘菌 4640 f

Gymnopus fusipes (Bull.) Gray 梭柄裸脚伞

Otidea onotica (Pers.) Fuckel 驴耳状侧盘菌

7　*Paxillus involutus* (Batsch) Fr. 卷边网褶菌 4640 f

Mycena pura (Pers.) P. Kumm. 洁小菇

Melanoleuca grammopodia (Bull.) Murrill 条柄铦囊蘑

8　*Geastrum fornicatum* (Huds.) Hook. 拱状地星 4640 f

Mucidula mucida (Schrad.) Pat. 黏盖菌

Panellus serotinus (Pers.) Kühner 晚生扇菇

9　*Morchella esculenta* (L.) Pers. 羊肚菌 4640 f

Morchella esculenta (L.) Pers. 羊肚菌

Gyromitra esculenta (Pers.) Fr. 鹿花菌

Morchella elata Fr. 高羊肚菌

10　*Aleuria aurantia* (Pers.) Fuckel 橙黄网孢盘菌 4640 f

Tricholoma sulphureum (Bull.) P. Kumm. 硫黄色口蘑

Tricholoma ustale (Fr.) P. Kumm. 褐黑口蘑

1

2

3

4

5

6

7

8

9

10

1 *Cantharellus cibarius* Fr. 鸡油菌 8000 f

Lentinus tigrinus (Bull.) Fr. 虎皮韧伞

2 *Gliophorus psittacinus* (Schaeff.) Herink 青绿胶柄菌 8000 f

Kuehneromyces mutabilis (Schaeff.) Singer & A. H. Sm. 库恩菇

3 *Hebeloma crustuliniforme* (Bull.) Quél. 大毒黏滑菇 3440 f

Pluteus cervinus (Schaeff.) P. Kumm. 灰光柄菇 3440 f

Russula aurea Pers. 橙黄红菇 3440 f

Tricholoma sejunctum (Sowerby) Quél. 黄绿口蘑 3440 f

Clavulina rugosa (Bull.) J. Schröt. 皱锁瑚菌

Panus conchatus (Bull.) Fr. 贝壳革耳

4 *Hebeloma crustuliniforme* (Bull.) Quél. 大毒黏滑菇 3440 f

Leccinum versipelle (Fr. & Hök) Snell 异色疣柄牛肝菌

Hygrocybe aurantiosplendens R. Haller Aar. 橙黄湿伞

5 *Pluteus cervinus* (Schaeff.) P. Kumm. 灰光柄菇 3440 f

Hygrocybe intermedia (Pass.) Fayod 纤维湿伞

Hygrocybe conica (Schaeff.) P. Kumm. 锥形湿伞

6 *Russula aurea* Pers. 橙黄红菇 3440 f

Russula olivacea (Schaeff.) Fr. 青黄红菇

Tulostoma volvulatum Kalchbr. 托柄灰包

7 *Tricholoma sejunctum* (Sowerby) Quél. 黄绿口蘑 3440 f

Laccaria amethystina Cooke 紫蜡蘑

Bolbitius titubans (Bull.) Fr. 粪绣伞

8 *Clavariadelphus pistillaris* (L.) Donk 棒瑚菌 3640 f

Coprinopsis picacea (Bull.) Redhead, Vilgalys & Moncalvo 鹊拟鬼伞 3640 f

Amanita phalloides (Vaill. ex Fr.) Link 鬼笔鹅膏 3640 f

Peziza repanda Wahlenb. 波缘盘菌 3640 f

Butyriboletus appendiculatus (Schaeff.) D. Arora & J. L. Frank 黄靛牛肝菌

Suillus grevillei (Klotzsch) Singer 厚环乳牛肝菌

9 *Clavariadelphus pistillaris* (L.) Donk 棒瑚菌 3640 f

Lactarius camphoratus (Bull.) Fr. 浓香乳菇

Lactarius subumbonatus Lindgr. 近脐突乳菇

10 *Coprinopsis picacea* (Bull.) Redhead, Vilgalys & Moncalvo 鹊拟鬼伞 3640 f

Leucocybe connata (Schumach.) Vizzini, P. Alvarado, G. Moreno & Consiglio 银白杯伞

Marasmius rotula (Scop.) Fr. 轮小皮伞

11 *Amanita phalloides* (Vaill. ex Fr.) Link 鬼笔鹅膏 3640 f

Amanita muscaria (L.) Lam. 鹅膏

Amanita ceciliae (Berk. & Broome) Bas 圈托鹅膏

Amanita rubescens Pers. 赭盖鹅膏

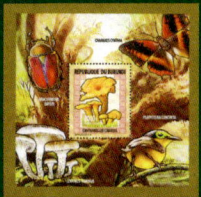
1

2

3

7

8

9

10

11

4

5

6

1 *Peziza repanda* Wahlenb. 波缘盘菌 3640 f
Mycena galericulata (Scop.) Gray 盔小菇
Mycena crocata (Schrad.) P. Kumm. 杏黄小菇

2 *Amanita citrina* Pers. 橙黄鹅膏 8000 f
Hygrocybe coccinea (Schaeff.) P. Kumm. 绯红湿伞

3 *Macrolepiota procera* (Scop.) Singer 高大环柄菇 8500 f
Lepista nuda (Bull.) Cooke 紫丁香蘑

4 **CENTRAL AFRICA（中非）2015.6.25**
Scleroderma citrinum Pers. 橙黄硬皮马勃 750 f
Suillus variegatus (Sw.) Richon & Roze 斑乳牛肝菌 750 f
Imleria badia (Fr.) Vizzini 黑褐牛肝菌 750 f
Amanita muscaria (L.) Lam. 鹅膏 750 f

5 *Macrolepiota procera* (Scop.) Singer 高大环柄菇 2650 f
Cerioporus squamosus (Huds.) Quél. 宽鳞角孔菌

6 **CENTRAL AFRICA（中非）2015.10.12**
Laccaria laccata (Scop.) Cooke 红蜡蘑 750 f
Lepista nuda (Bull.) Cooke 紫丁香蘑 750 f
Coprinellus disseminatus (Pers.) J. E. Lange 白色小鬼伞 750 f
Marasmius oreades (Bolton) Fr. 硬柄小皮伞 750 f
Omphalotus olearius (DC.) Singer 奥尔类脐菇

7 *Neoboletus erythropus* (Pers.) C. Hahn 红柄新牛肝菌 2650 f
Armillaria mellea (Vahl) P. Kumm. 蜜环菌

8 **CENTRAL AFRICA（中非）2015.12.15**
Russula rhodopus Zvára 红足红菇 750 f
Morchella esculenta (L.) Pers. 羊肚菌 750 f
Pleurotus ostreatus (Jacq.) P. Kumm. 糙皮侧耳 750 f
Tricholomopsis rutilans (Schaeff.) Singer 赭红拟口蘑 750 f
Armillaria ostoyae (Romagn.) Herink 奥氏蜜环菌

9 *Russula aurea* Pers. 橙黄红菇 2650 f
Boletus edulis Bull. 美味牛肝菌

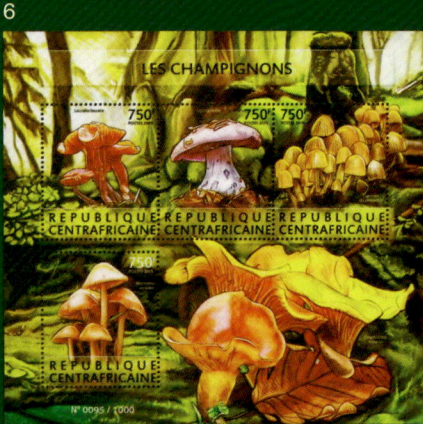

1 CHAD（乍得）2015.11.3

Pleurotus djamor (Rumph. ex Fr.) Boedjin 淡红侧耳 800 f

Phallus indusiatus Vent. 长裙竹荪 800 f

Armillaria mellea (Vahl) P. Kumm. 蜜环菌 800 f

Phellodon niger (Fr.) P. Karst. 黑栓齿菌 800 f

Mitrophora semilibera (DC.) Lév. 半开钟柄菌

Lactifluus gymnocarpus (R. Heim ex Singer) Verbeken 裸盖多汁乳菇

Chlorophyllum molybdites (G. Mey.) Massee ex P. Syd. 大青褶伞

Podaxis pistillaris (L.) Fr. 轴灰包

2 *Pleurotus djamor* (Rumph. ex Fr.) Boedjin 淡红侧耳 800 f

Gomphus clavatus (Pers.) Gray 钉菇

Cantharellus rufopunctatus (Beeli) Heinem. 棕斑鸡油菌

3 *Phallus indusiatus* Vent. 长裙竹荪 800 f

Ramaria botrytis (Pers.) Bourdot 葡萄状枝瑚菌

Cortinarius orellanus Fr. 毒丝膜菌

4 *Armillaria mellea* (Vahl) P. Kumm. 蜜环菌 800 f

Amanita rubescens Pers. 赭盖鹅膏

Amanita phalloides (Vaill. ex Fr.) Link 鬼笔鹅膏

5 *Phellodon niger* (Fr.) P. Karst. 黑栓齿菌 800 f

Hydnum repandum L. 齿菌

Lentinus tuber-regium (Fr.) Fr. 菌核韧伞

6 *Auricularia auricula-judae* (Bull.) Quél. 木耳 2000 f

Termitomyces sp. 未定名白蚁伞

Tremella mesenterica Retz. 金黄银耳

Morchella elata Fr. 高羊肚菌

7 DJIBOUTI（吉布提）2015.10.23

Clitocybe odora (Bull.) P. Kumm. 香杯伞 150 f

Boletus edulis Bull. 美味牛肝菌 150 f

8 ESTONIA（爱沙尼亚）2015.9.10

Cortinarius rubellus Cooke 细鳞丝膜菌 0.55 €

9 FRANCE（法国）2015.11.20

Mushroom 蘑菇 0.68 €

10 GHANA（加纳）2015.11.2

Lentinula edodes (Berk.) Pegler 香菇 c 3.5

Cantharellus cibarius Fr. 鸡油菌 c 3.5

Russula fellea (Fr.) Fr. 苦红菇 c 3.5

Agaricus bisporus (J. E. Lange) Imbach 双孢蘑菇 c 3.5

Pleurotus ostreatus (Jacq.) P. Kumm. 糙皮侧耳 c 3.5

Boletus edulis Bull. 美味牛肝菌 c 3.5

11 *Morchella esculenta* (L.) Pers. 羊肚菌 c 9

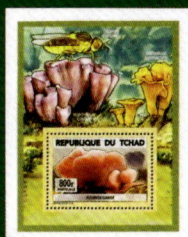

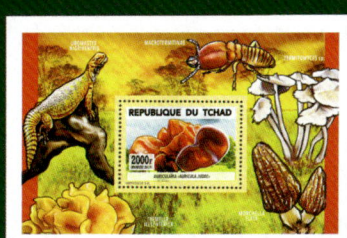

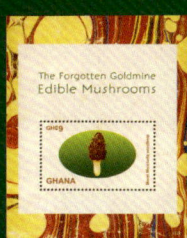

1　GUINEA（几内亚）2015.6.22

Paxillus involutus (Batsch) Fr. 卷边网褶菌 10000 f

Hygrocybe punicea (Fr.) P. Kumm. 红湿伞 10000 f

Craterellus lutescens (Fr.) Fr. 变黄喇叭菌 10000 f

Phylloporus rhodoxanthus (Schwein.) Bres. 褶孔牛肝菌 10000 f

Clathrus archeri (Berk.) Dring 拱形笼头菌

Cantharellus cibarius Fr. 鸡油菌

**2　** *Aseroe rubra* Labill. 红星头鬼笔 35000 f

Colus hirudinosus Cavalier & Séchier 燕尾柱菌

Gymnopilus junonius (Fr.) P. D. Orton 橘黄裸伞

Clavariadelphus truncatus (Quél.) Donk 截顶棒瑚菌

3　GUINEA（几内亚）2015.9.3

Russula emetica (Schaeff.) Pers. 毒红菇 10000 f

Boletus pinophilus Pilát & Dermek 褐红牛肝菌 10000 f

Leccinum aurantiacum (Bull.) Gray 橙黄疣柄牛肝菌 10000 f

Amanita muscaria (L.) Lam. 鹅膏 10000 f

**4　** *Suillus grevillei* (Klotzsch) Singer 厚环乳牛肝菌 35000 f

Macrolepiota procera (Scop.) Singer 高大环柄菇

5　GUINEA-BISSAU（几内亚比绍）2015.2.18

Leccinum aurantiacum (Bull.) Gray 橙黄疣柄牛肝菌 825 f

Leccinum versipelle (Fr. & Hök) Snell 异色疣柄牛肝菌

Boletus reticulatus Schaeff. 网纹牛肝菌 825 f

Macrolepiota procera (Scop.) Singer 高大环柄菇 825 f

Lactarius deliciosus (L.) Gray 松乳菇 825 f

Hemileccinum impolitum (Fr.) Šutara 黄褐半疣柄牛肝菌

**6　** *Cantharellus cibarius* Fr. 鸡油菌 3300 f

Russula aurea Pers. 橙黄红菇

7　GUINEA-BISSAU（几内亚比绍）2015.5.26

Agaricus bisporus (J. E. Lange) Imbach 双孢蘑菇 800 f

Amanita caesarea (Scop.) Pers. 橙盖鹅膏 800 f

Russula emetica (Schaeff.) Pers. 毒红菇 800 f

Cantharellus cibarius Fr. 鸡油菌 800 f

**8　** *Lentinula edodes* (Berk.) Pegler 香菇 2400 f

Agrocybe pediades (Fr.) Fayod 平田头菇

Cortinarius armillatus (Fr.) Fr. 蜜环丝膜菌

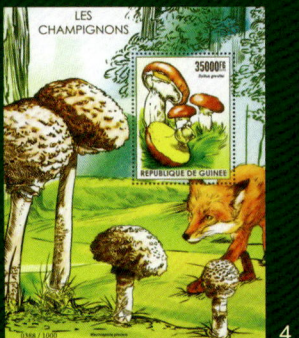

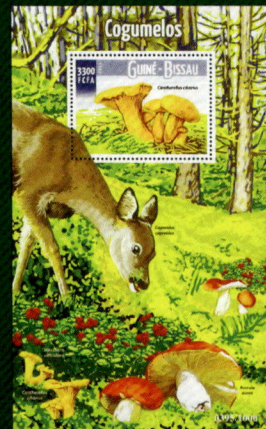

1 GUINEA-BISSAU (几内亚比绍) 2015.10.26

Cortinarius caperatus (Pers.) Fr. 皱盖丝膜菌 900 f

Imleria badia (Fr.) Vizzini 黑褐牛肝菌 900 f

Macrolepiota procera (Scop.) Singer 高大环柄菇 900 f

Lactarius deliciosus (L.) Gray 松乳菇 900 f

Suillus cavipes (Opat.) A. H. Sm. & Thiers 空柄乳牛肝菌

Agaricus arvensis Schaeff. 野蘑菇

Boletus subtomentosus L. 细绒牛肝菌

2 *Leccinum scabrum* (Bull.) Gray 褐疣柄牛肝菌 3300 f

Armillaria obscura (Schaeff.) Herink 暗蜜环菌

Hygrophoropsis aurantiaca (Wulfen) Maire 金黄拟蜡伞

Infundibulicybe geotropa (Bull.) Harmaja 肉色漏斗伞

3 ITALY (意大利) 2015.10.31

Tuber magnatum Picco 白块菌 0.95 €

Tuber melanosporum Vittad. 黑孢块菌

4 KOREA D P R (朝鲜) 2015.3.28

Pleurotus ostreatus (Jacq.) P. Kumm. 糙皮侧耳 30 y

Agaricus bisporus (J. E. Lange) Imbach 双孢蘑菇 50 y

Ganoderma lucidum (Curtis) P. Karst. 亮盖灵芝 70 y

Pleurotus eryngii (DC.) Quél. 刺芹侧耳 110 y

5 MADAGASCAR (马达加斯加) 2015.6.2

Russula emetica (Schaeff.) Pers. 毒红菇 6000 m

6 *Laccaria amethystina* Cooke 紫蜡蘑 6000 m

7 *Tricholoma matsutake* (S. Ito & S. Imai) Singer 松口蘑 6000 m

8 MALDIVES (马尔代夫) 2015.5.25

Leccinum aurantiacum (Bull.) Gray 橙黄疣柄牛肝菌 22 m

Cantharellus cibarius Fr. 鸡油菌 22 m

Amanita muscaria (L.) Lam. 鹅膏 22 m

Boletus edulis Bull. 美味牛肝菌 22 m

Macrolepiota procera (Scop.) Singer 高大环柄菇

9 *Laetiporus sulphureus* (Bull.) Murrill 硫黄菌 70 m

Morchella esculenta (L.) Pers. 羊肚菌

10 MOZAMBIQUE (莫桑比克) 2015.6.15

Boletus edulis Bull. 美味牛肝菌 46 Mt

Boletus edulis Bull. 美味牛肝菌 46 Mt

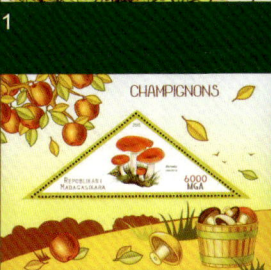

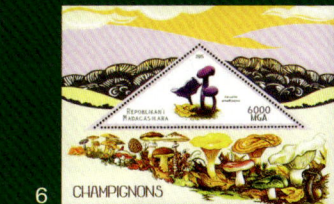

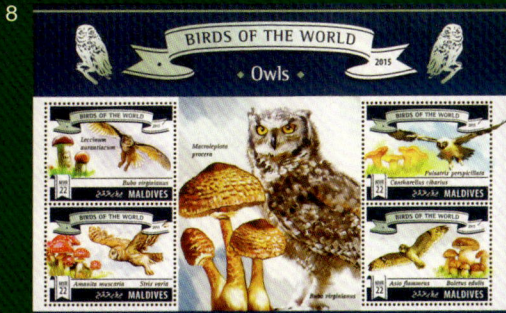

1 *Mycena galericulata* (Scop.) Gray 盔小菇 175 Mt
Russula emetica (Schaeff.) Pers. 毒红菇
Marasmius rotula (Scop.) Fr. 轮小皮伞

2 *Boletus edulis* Bull. 美味牛肝菌 46 Mt
Armillaria mellea (Vahl) P. Kumm. 蜜环菌 46 Mt
Amanita muscaria (L.) Lam. 鹅膏 46 Mt
Morchella esculenta (L.) Pers. 羊肚菌 46 Mt
Stropharia sp. 未定名球盖菇
Cantharellus cibarius Fr. 鸡油菌
Termitomyces sp. 未定名白蚁伞
Leucocoprinus birnbaumii (Corda) Singer 纯黄白鬼伞

3 *Leccinum aurantiacum* (Bull.) Gray 橙黄疣柄牛肝菌 175 Mt
Chlorophyllum molybdites (G. Mey.) Massee ex P. Syd. 大青褶伞
Boletus edulis Bull. 美味牛肝菌
Macrolepiota procera (Scop.) Singer 高大环柄菇

4 MOZAMBIQUE（莫桑比克）2015.8.15
Cortinarius caperatus (Pers.) Fr. 皱盖丝膜菌 66 Mt
Pleurotus ostreatus (Jacq.) P. Kumm. 糙皮侧耳 66 Mt
Cantharellus cibarius Fr. 鸡油菌 66 Mt

Hydnum repandum L. 齿菌 66 Mt

5 *Boletus edulis* Bull. 美味牛肝菌 175 Mt
Armillaria mellea (Vahl) P. Kumm. 蜜环菌
Lepista nuda (Bull.) Cooke 紫丁香蘑

6 MOZAMBIQUE（莫桑比克）2015.10.15
Penicillium chrysogenum Thom 产黄青霉 66 Mt

7 NETHERLANDS（荷兰）2015
Coprinopsis cinerea (Schaeff.) Redhead, Vilgalys & Moncalvo 灰盖拟鬼伞 0.69 €
Postia stiptica (Pers.) Jülich 柄生泊氏孔菌 0.69 €
Xylaria sp. 未定名炭角菌 0.69 €
Laccaria amethystina Cooke 紫蜡蘑

8 *Hypholoma fasciculare* (Huds.) P. Kumm. 簇生垂幕菇 0.69 €
Russula fellea (Fr.) Fr. 苦红菇 0.69 €
Phaeotremella foliacea (Pers.) Wedin, J. C. Zamora & Millanes 茶银耳 0.69 €
Ramaria pallida (Schaeff.) Ricken 淡苍色枝瑚菌

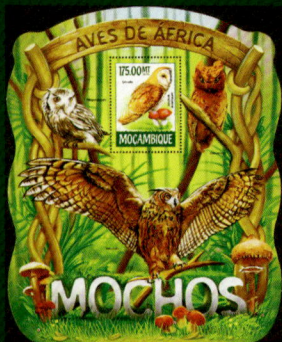

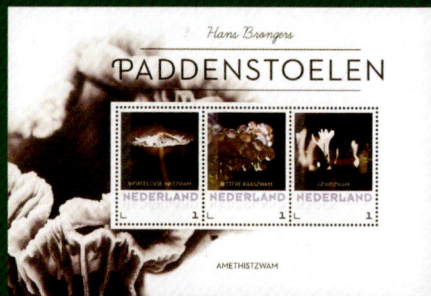

1 *Amanita pantherina* (DC.) Krombh. 豹斑鹅膏 0.69 €

Ramaria pallida (Schaeff.) Ricken 淡苍色枝瑚菌 0.69 €

Mucidula mucida (Schrad.) Pat. 黏盖菌 0.69 €

Mycena interrupta (Berk.) Sacc. 离生小菇

2 *Spinellus fusiger* (Link) Tiegh. 伞菌霉 0.69 €

Clavaria argillacea Pers. 土色珊瑚菌 0.69 €

Laccaria amethystina Cooke 紫蜡蘑 0.69 €

Panellus mitis (Pers.) Singer 白鳞皮扇菇

3 **NIGER (尼日尔) 2015.4.20**

Ramaria botrytis (Pers.) Bourdot 葡萄状枝瑚菌 825 f

Boletus edulis Bull. 美味牛肝菌 825 f

Amanita muscaria (L.) Lam. 鹅膏 825 f

Rhodotus palmatus (Bull.) Maire 缘网粉菇 825 f

Entoloma hochstetteri (Reichardt) G. Stev. 赫氏粉褶蕈

Cantharellus cibarius Fr. 鸡油菌

Cortinarius anthracinus (Fr.) Sacc. 煤黑丝膜菌

Armillaria mellea (Vahl) P. Kumm. 蜜环菌

4 *Morchella esculenta* (L.) Pers. 羊肚菌 3000 f

Boletus edulis Bull. 美味牛肝菌

5 **NIGER (尼日尔) 2015.10.26**

Amanita muscaria (L.) Lam. 鹅膏 825 f

Mushroom 蘑菇 825 f

Cortinarius anthracinus (Fr.) Sacc. 煤黑丝膜菌

825 f

Mushroom 蘑菇 825 f

Boletus edulis Bull. 美味牛肝菌 3000 f

Boletus aereus Bull. 铜色牛肝菌

6 **NIGER (尼日尔) 2015.12.28**

Aureoboletus mirabilis (Murrill) Halling 奇异金牛肝菌 825 f

Cantharellus cibarius Fr. 鸡油菌 825 f

Lactarius deliciosus (L.) Gray 松乳菇 825 f

Morchella tomentosa M. Kuo 绒毛羊肚菌 825 f

Boletus edulis Bull. 美味牛肝菌

7 *Phaeolepiota aurea* (Matt.) Maire 金盖暗环柄菇 3000 f

Pleurocybella porrigens (Pers.) Singer 贝形圆孢侧耳

5

6

7

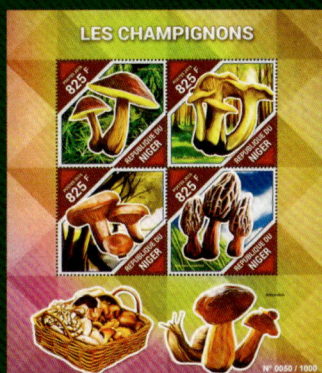

1

2

3

4

1 SAO TOME AND PRINCIPE（圣多美和普林西比）2015.5.21

Pleurotus ostreatus (Jacq.) P. Kumm. 糙皮侧耳 Db 19000

Leucocoprinus birnbaumii (Corda) Singer 纯黄白鬼伞 Db 19000

Cookeina tricholoma (Mout.) Kuntze 毛缘毛杯菌 Db 19000

Lycoperdon perlatum Pers. 网纹马勃 Db 19000

Sarcoscypha coccinea (Gray) Boud. 绯红肉杯菌

Omphalotus olearius (DC.) Singer 奥尔类脐菇

2 *Hygrocybe miniata* (Fr.) P. Kumm. 朱红湿伞 Db 86000

Leucocoprinus birnbaumii (Corda) Singer 纯黄白鬼伞

Cookeina tricholoma (Mout.) Kuntze 毛缘毛杯菌

Helvella crispa (Scop.) Fr. 皱柄白马鞍菌

Hypholoma lateritium (Schaeff.) P. Kumm. 砖红垂幕菇

3 SAO TOME AND PRINCIPE（圣多美和普林西比）2015.11.18

Macrolepiota procera (Scop.) Singer 高大环柄菇 Db 31000

Morchella esculenta (L.) Pers. 羊肚菌 Db 31000

Cortinarius triformis Fr. 三形丝膜菌 Db 31000

Hygrocybe coccinea (Schaeff.) P. Kumm. 绯红湿伞 Db 31000

Armillaria solidipes Peck 硬柄蜜环菌

4 *Amanita caesarea* (Scop.) Pers. 橙盖鹅膏 Db 96000

Coprinus comatus (O. F. Müll.) Pers. 毛头鬼伞

Suillus granulatus (L.) Roussel 点柄乳牛肝菌

5 SIERRA LEONE（塞拉利昂）2015.8.21

Cantharellus cibarius Fr. 鸡油菌 le 5500

Hydnum repandum L. 齿菌 le 5500

Boletus subtomentosus L. 细绒牛肝菌 le 5500

Morchella esculenta (L.) Pers. 羊肚菌 le 5500

6 *Boletus pinophilus* Pilát & Dermek 褐红牛肝菌 le 22000

Amanita muscaria (L.) Lam. 鹅膏

7 SIERRA LEONE（塞拉利昂）2015.12.21

Penicillium notatum Westling 点青霉 le 6500

Trametes versicolor (L.) Lloyd 云芝栓孔菌 le 6500

Polyporus umbellatus (Pers.) Fr. 猪苓多孔菌 le 6500

Ganoderma lucidum (Curtis) P. Karst. 亮盖灵芝 le 6500

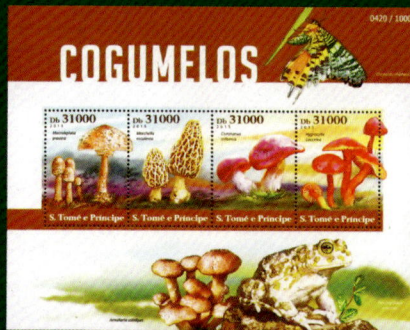

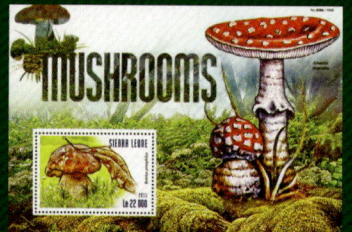

1 *Hericium erinaceus* (Bull.) Pers. 猴头菇 le 26000
Penicillium notatum Westling 点青霉

2 **SOLOMON ISLANDS (所罗门群岛) 2015.6.26**
Kuehneromyces mutabilis (Schaeff.) Singer & A. H. Sm. 库恩菇 $ 12
Porpolompsis calyptriformis (Berk.) Bresinsky 粉灰紫拟钉伞 $ 12
Omphalotus olearius (DC.) Singer 奥尔类脐菇 $ 12
Amanita muscaria (L.) Lam. 鹅膏 $ 12

3 *Amanita flavoconia* G. F. Atk. 黄色鹅膏 $ 40
Cantharellus cibarius Fr. 鸡油菌
Russula claroflava Grove 灰黄红菇
Amanita muscaria (L.) Lam. 鹅膏
Boletus pinophilus Pilát & Dermek 褐红牛肝菌

4 **SOLOMON ISLANDS (所罗门群岛) 2015.9.25**
Sowerbyella rhenana (Fuckel) J. Moravec 黄索氏盘菌 $ 12
Anthracophyllum archeri (Berk.) Pegler 拱形炭褶菌 $ 12
Austropaxillus infundibuliformis (Cleland) Bresinsky & Jarosch 漏斗状南卷褶菌 $ 12
Butyriboletus regius (Krombh.) D. Arora & J. L. Frank 桃红黄靛牛肝菌 $ 12

5 *Mycena interrupta* (Berk.) Sacc. 离生小菇 $ 40
Amanita muscaria (L.) Lam. 鹅膏
Geastrum saccatum Fr. 袋形地星
Aseroe rubra Labill. 红星头鬼笔

6 **SOUTH AFRICA (南非) 2015.9.7**
Pycnoporus sanguineus (L.) Murrill 血红密孔菌 6.25 r
Pholiota flammans (Batsch) P. Kumm. 黄鳞伞

7 **SWEDEN (瑞典) 2015.8.20**
Coprinus comatus (O. F. Müll.) Pers. 毛头鬼伞 7 k
Cantharellus cibarius Fr. 鸡油菌 7 k

8 *Lactarius volemus* (Fr.) Fr. 多汁乳菇 6.5 k
Boletus edulis Bull. 美味牛肝菌 6.5 k
Ramaria flava (Schaeff.) Quél. 黄枝瑚菌 6.5 k
Hygrocybe punicea (Fr.) P. Kumm. 红湿伞 6.5 k
Craterellus tubaeformis (Fr.) Quél. 管形喇叭菌 6.5 k

9 **TOGO (多哥) 2015.6.1**
Boletus edulis Bull. 美味牛肝菌 750 f
Mucidula mucida (Schrad.) Pat. 黏盖菌 750 f
Amanita citrina Pers. 橙黄鹅膏 750 f
Macrolepiota procera (Scop.) Singer 高大环柄菇 750 f
Armillaria solidipes Peck 硬柄蜜环菌

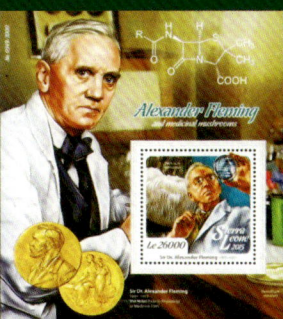

1 *Amanita muscaria* (L.) Lam. 鹅膏 2500 f
Ganoderma sp. 未定名灵芝
Ganoderma sp. 未定名灵芝

2 **TOGO（多哥）2015.10.26**
Leccinum aurantiacum (Bull.) Gray 橙黄疣柄牛肝菌 900 f
Cantharellus cibarius Fr. 鸡油菌 900 f
Boletus edulis Bull. 美味牛肝菌 900 f
Cortinarius caperatus (Pers.) Fr. 皱盖丝膜菌 900 f

3 *Russula paludosa* Britzelm. 沼泽红菇 3200 f
Imleria badia (Fr.) Vizzini 黑褐牛肝菌

4 **TOGO（多哥）2015.12.30**
Fistulina hepatica (Schaeff.) With. 牛排菌 950 f
Amanita caesarea (Scop.) Pers. 橙盖鹅膏 950 f
Agaricus arvensis Schaeff. 野蘑菇 950 f
Imleria badia (Fr.) Vizzini 黑褐牛肝菌 950 f

5 *Porpolomopsis calyptriformis* (Berk.) Bresinsky

粉灰紫拟钉伞 1500 f
Phylloporus pelletieri (Lév.) Quél. 佩氏褶孔牛肝菌 1500 f
Armillaria ostoyae (Romagn.) Herink 奥氏蜜环菌

6 **TOGO（多哥）2015.12.30**
Macrolepiota procera (Scop.) Singer 高大环柄菇 950 f

7 **TRISTAN DA CUNHA（特里斯坦-达库尼亚）2015.12.1**
Amanita muscaria (L.) Lam. 鹅膏 50 p

8 **TURKEY（土耳其）2015.6.5**
Auricularia auricula-judae (Bull.) Quél. 木耳 1.25 l
Coprinopsis picacea (Bull.) Redhead, Vilgalys & Moncalvo 鹊拟鬼伞 1.25 l
Morchella deliciosa Fr. 小羊肚菌 2.5 l
Mucidula mucida (Schrad.) Pat. 黏盖菌 2.5 l

1

3

2

5

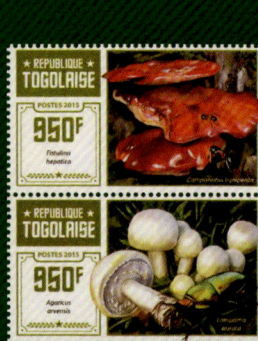

4

7

6

8

1 ANTIGUA AND BARBUDA (安提瓜和巴布达) 2016.5.11

Suillus granulatus (L.) Roussel 点柄乳牛肝菌 $ 3.15

Lactarius deliciosus (L.) Gray 松乳菇 $ 3.15

Craterellus cornucopioides (L.) Pers. 灰黑喇叭菌 $ 3.15

Macrolepiota procera (Scop.) Singer 高大环柄菇 $ 3.15

Russula virescens (Schaeff.) Fr. 变绿红菇 $ 3.15

Lycoperdon perlatum Pers. 网纹马勃 $ 3.15

2 *Leccinum aurantiacum* (Bull.) Gray 橙黄疣柄牛肝菌 $ 3.25

Boletus edulis Bull. 美味牛肝菌 $ 3.25

Amanita muscaria (L.) Lam. 鹅膏 $ 3.25

Psilocybe cubensis (Earle) Singer 古巴裸盖菇 $ 3.25

3 *Cantharellus cibarius* Fr. 鸡油菌 $ 10

4 BOSNIA AND HERZEGOVINA (波斯尼亚和黑塞哥维那) 2016.11.25

Pleurotus ostreatus (Jacq.) P. Kumm. 糙皮侧耳 0.9 m

Cantharellus cibarius Fr. 鸡油菌 0.9 m

Ganoderma lucidum (Curtis) P. Karst. 亮盖灵芝 0.9 m

Trametes versicolor (L.) Lloyd 云芝栓孔菌 0.9 m

5 CENTRAL AFRICA (中非) 2016.5.16

Boletus edulis Bull. 美味牛肝菌 900 f

Suillus bovinus (L.) Roussel 乳牛肝菌 900 f

Cantharellus cibarius Fr. 鸡油菌 900 f

Leccinum versipelle (Fr. & Hök) Snell 异色疣柄牛肝菌 900 f

6 *Hemileccinum impolitum* (Fr.) Šutara 黄褐半疣柄牛肝菌 3000 f

Suillus bovinus (L.) Roussel 乳牛肝菌

Leccinum versipelle (Fr. & Hök) Snell 异色疣柄牛肝菌

7 CENTRAL AFRICA (中非) 2016.7.18

Leucocoprinus birnbaumii (Corda) Singer 纯黄白鬼伞 750 f

Amanita phalloides (Vaill. ex Fr.) Link 鬼笔鹅膏 750 f

Leucocoprinus birnbaumii (Corda) Singer 纯黄白鬼伞 750 f

Trametes versicolor (L.) Lloyd 云芝栓孔菌 750 f

Amanita jacksonii Pomerl. 杰克逊鹅膏

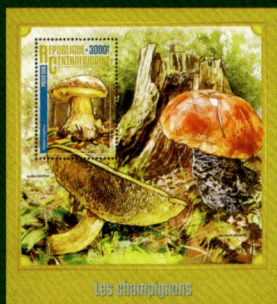

1　*Xerocomellus chrysenteron* (Bull.) Šutara　红亚绒盖牛肝菌 2650 f
　　Lactarius indigo (Schwein.) Fr. 蓝绿乳菇
　　Cantharellus cibarius Fr. 鸡油菌
　　Amanita muscaria (L.) Lam. 鹅膏

2　**CENTRAL AFRICA（中非）2016.12.19**
　　Cantharellus cinnabarinus (Schwein.) Schwein. 红鸡油菌 750 f
　　Lactarius indigo (Schwein.) Fr. 蓝绿乳菇 750 f
　　Cantharellus subalbidus A. H. Sm. & Morse 近白鸡油菌 750 f
　　Craterellus cornucopioides (L.) Pers. 灰黑喇叭菌 750 f

3　*Morchella esculenta* (L.) Pers. 羊肚菌 2650 f
　　Lepista nuda (Bull.) Cooke 紫丁香蘑
　　Craterellus tubaeformis (Fr.) Quél. 管形喇叭菌

4　**CÔTE D'IVOIRE（科特迪瓦）2016.3.28**
　　Coprinopsis picacea (Bull.) Redhead, Vilgalys & Moncalvo 鹊拟鬼伞 1000 f
　　Hygrocybe punicea (Fr.) P. Kumm. 红湿伞 1000 f

Pleurotus ostreatus (Jacq.) P. Kumm. 糙皮侧耳

5　*Morchella crassipes* (Vent.) Pers. 粗柄羊肚菌 1600 f
　　Pholiota sp. 未定名鳞伞
　　Agaricus sp. 未定名蘑菇

6　**DJIBOUTI（吉布提）2016.5.5**
　　Craterellus tubaeformis (Fr.) Quél. 管形喇叭菌 280 f
　　Tricholoma matsutake (S. Ito & S. Imai) Singer 松口蘑 280 f
　　Cantharellus cibarius Fr. 鸡油菌 280 f
　　Stropharia rugosoannulata Farl. ex Murrill 皱环球盖菇 280 f

7　*Boletus edulis* Bull. 美味牛肝菌 960 f
　　Boletus edulis Bull. 美味牛肝菌

8　**DJIBOUTI（吉布提）2016.9.26**
　　Rhodotus palmatus (Bull.) Maire 缘网粉菇 260 f
　　Phallus indusiatus Vent. 长裙竹荪 260 f
　　Lactarius deliciosus (L.) Gray 松乳菇 260 f
　　Leccinum scabrum (Bull.) Gray 褐疣柄牛肝菌 260 f

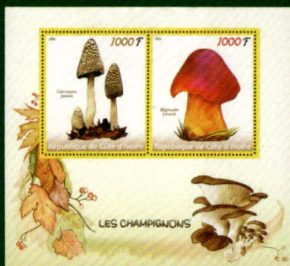

1 *Morchella esculenta* (L.) Pers. 羊肚菌 960 f
Lactarius vellereus (Fr.) Fr. 绒盖乳菇
Aleuria aurantia (Pers.) Fuckel 橙黄网孢盘菌
Mucidula mucida (Schrad.) Pat. 黏盖菌
Sarcosphaera coronaria (Jacq.) J. Schröt. 冠裂球肉盘菌

2　ESTONIA (爱沙尼亚) 2016.9.6
Amanita muscaria (L.) Lam. 鹅膏 0.65 €

3　FINLAND (芬兰) 2016.9.9
Russula paludosa Britzelm. 沼泽红菇 1.3 €
Tricholoma matsutake (S. Ito & S. Imai) Singer 松口蘑 1.3 €
Craterellus cornucopioides (L.) Pers. 灰黑喇叭菌 1.3 €
Cantharellus cibarius Fr. 鸡油菌 1.3 €
Lactarius deliciosus (L.) Gray 松乳菇 1.3 €

4　GUINEA (几内亚) 2016.6.3
Suillus variegatus (Sw.) Richon & Roze 斑乳牛肝菌 10000 f
Laccaria ochropurpurea (Berk.) Peck 粉紫蜡蘑

10000 f
Pleurotus ostreatus (Jacq.) P. Kumm. 糙皮侧耳 10000 f
Hydnum repandum L. 齿菌 10000 f

5　Leucoagaricus americanus (Peck) Vellinga 美洲白环菇 40000 f
Hypholoma capnoides (Fr.) P. Kumm. 橙黄垂幕菇

6　GUINEA (几内亚) 2016.9.26
Suillus luteus (L.) Roussel 褐环乳牛肝菌 10000 f
Leccinum aurantiacum (Bull.) Gray 橙黄疣柄牛肝菌 10000 f
Lactarius volemus (Fr.) Fr. 多汁乳菇 10000 f
Agaricus arvensis Schaeff. 野蘑菇 10000 f

7　Amanita caesarea (Scop.) Pers. 橙盖鹅膏 40000 f
Cerioporus squamosus (Huds.) Quél. 宽鳞角孔菌
Calocybe gambosa (Fr.) Donk 香杏丽蘑
Leccinum aurantiacum (Bull.) Gray 橙黄疣柄牛肝菌

8　GUINEA-BISSAU (几内亚比绍) 2016.1.18
Amanita muscaria (L.) Lam. 鹅膏 500 f
Leccinum aurantiacum (Bull.) Gray 橙黄疣柄牛肝菌 500 f
Caloboletus calopus (Pers.) Vizzini 美柄牛肝菌 500 f
Morchella esculenta (L.) Pers. 羊肚菌 500 f
Tricholomopsis rutilans (Schaeff.) Singer 赭红拟口蘑 500 f
Imleria badia (Fr.) Vizzini 黑褐牛肝菌 500 f

2
1

3

5　　7

4　　6

8

1 *Cantharellus cibarius* Fr. 鸡油菌 3000 f
Caloboletus calopus (Pers.) Vizzini 美柄牛肝菌

2 **GUINEA-BISSAU（几内亚比绍）2016.10.24**
Amanita muscaria (L.) Lam. 鹅膏 600 f
Lentinula edodes (Berk.) Pegler 香菇 600 f
Morchella esculenta (L.) Pers. 羊肚菌 600 f
Cantharellus cibarius Fr. 鸡油菌 600 f
Agaricus campestris L. 蘑菇 600 f

3 *Suillellus luridus* (Schaeff.) Murrill 褐黄小乳牛肝菌 3000 f

4 **JAPAN（日本）2016.5.27**
Mushroom 蘑菇 82 y

5 **JAPAN（日本）2016.10.24**
Lentinula edodes (Berk.) Pegler 香菇 82y × 2

6 **KOSOVO（科索沃）2016.7.4**
Boletus edulis Bull. 美味牛肝菌 0.6 €
Morchella esculenta (L.) Pers. 羊肚菌 0.8 €

Amanita muscaria (L.) Lam. 鹅膏 0.9 €
Leccinum scabrum (Bull.) Gray 褐疣柄牛肝菌 1.3 €

7 **LITHUANIA（立陶宛）2016.2.13**
Caloboletus radicans (Pers.) Vizzini 拟根美柄牛肝菌 0.84 €
Gomphus clavatus (Pers.) Gray 钉菇 0.84 €

8 **MACEDONIA（马其顿）2016.5.10**
Boletus edulis Bull. 美味牛肝菌 144 d

9 **MALDIVES（马尔代夫）2016.5.23**
Agaricus campestris L. 蘑菇 m 22
Morchella esculenta (L.) Pers. 羊肚菌 m 22
Cortinarius caperatus (Pers.) Fr. 皱盖丝膜菌 m 22
Armillaria mellea (Vahl) P. Kumm. 蜜环菌 m 22

10 *Hygrophoropsis aurantiaca* (Wulfen) Maire 金黄拟蜡伞 m 70
Xylaria hypoxylon (L.) Grev. 鹿角炭角菌
Armillaria solidipes Peck 硬柄蜜环菌

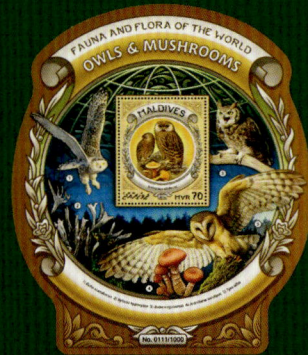

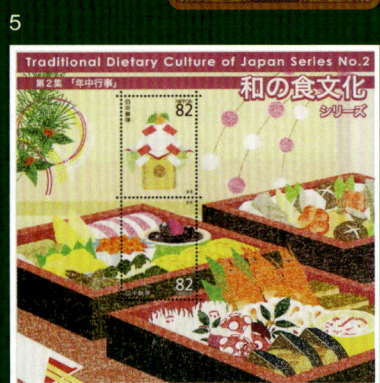

1 MALI（马里）2016.11.16

Laccaria amethystina Cooke 紫蜡蘑 1500 f

Leccinum variicolor Watling 变色疣柄牛肝菌 1500 f

2 *Boletus edulis* Bull. 美味牛肝菌 1500 f

3 MOZAMBIQUE（莫桑比克）2016.1.15

Amanita muscaria (L.) Lam. 鹅膏 66 Mt

Gyromitra esculenta (Pers.) Fr. 鹿花菌 66 Mt

Omphalotus olearius (DC.) Singer 奥尔类脐菇 66 Mt

Amanita virosa (Peck) Lloyd 毒鹅膏 66 Mt

Amanita muscaria (L.) Lam. 鹅膏

4 *Amanita phalloides* (Vaill. ex Fr.) Link 鬼笔鹅膏 175 Mt

Galerina marginata (Batsch) Kühner 纹缘盔孢菌

5 MOZAMBIQUE（莫桑比克）2016.5.10

Hygrocybe punicea (Fr.) P. Kumm. 红湿伞 66 Mt

Laccaria amethystina Cooke 紫蜡蘑 66 Mt

Paxillus involutus (Batsch) Fr. 卷边网褶菌 66 Mt

Entoloma hochstetteri (Reichardt) G. Stev. 赫氏粉褶蕈 66 Mt

Omphalotus olearius (DC.) Singer 奥尔类脐菇

Flammulina velutipes (Curtis) Singer 毛腿冬菇

6 *Neoboletus erythropus* (Pers.) C. Hahn 红柄新牛肝菌 175 Mt

Macrolepiota procera (Scop.) Singer 高大环柄菇

Helvella macropus (Pers.) P. Karst. 灰高脚马鞍菌

7 MOZAMBIQUE（莫桑比克）2016.11.10

Leratiomyces ceres (Cooke & Massee) Spooner & Bridge 橙色沿丝伞 100 Mt

Omphalotus olearius (DC.) Singer 奥尔类脐菇 100 Mt

Pycnoporus sanguineus (L.) Murrill 血红密孔菌 100 Mt

Clathrus transvaalensis Eicker & D. A. Reid 德兰士瓦笼头菌 100 Mt

8 *Boletus edulis* Bull. 美味牛肝菌 350 Mt

Amanita flavoconia G. F. Atk. 黄色鹅膏

Lepista sordida (Schumach.) Singer 花脸香蘑

Clathrus transvaalensis Eicker & D. A. Reid 德兰士瓦笼头菌

9 *Amanita muscaria* (L.) Lam. 鹅膏 350 Mt

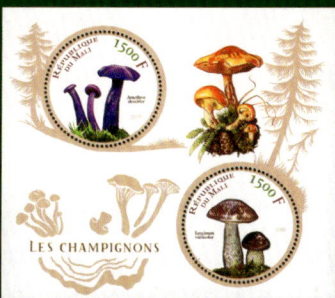

1

2

3

4

5

6

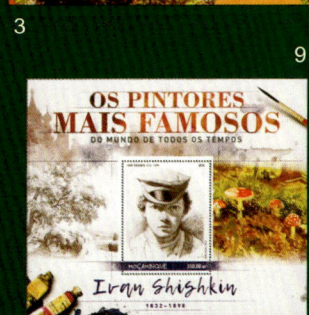

7

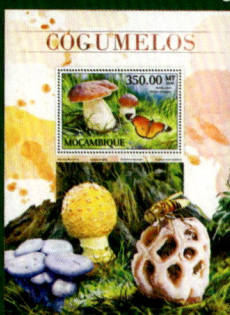

8

9

1 NETHERLANDS (荷兰) 2016
Mycena sp. 未定名小菇 0.69 €

2 *Mycena* sp. 未定名小菇 0.69 €

3 *Mycena* sp. 未定名小菇 2.07 €

4 *Mycena* sp. 未定名小菇 2.07 €

5 NIGER (尼日尔) 2016.4.20
Cantharellus cibarius Fr. 鸡油菌 825 f
Lepista nuda (Bull.) Cooke 紫丁香蘑 825 f
Agaricus arvensis Schaeff. 野蘑菇 825 f
Armillaria mellea (Vahl) P. Kumm. 蜜环菌 825 f

6 *Lactarius volemus* (Fr.) Fr. 多汁乳菇 3300 f
Cortinarius caperatus (Pers.) Fr. 皱盖丝膜菌
Leccinum aurantiacum (Bull.) Gray 橙黄疣柄牛肝菌
Macrolepiota procera (Scop.) Singer 高大环柄菇

7 NIGER (尼日尔) 2016.5.28
Boletus edulis Bull. 美味牛肝菌 750 f

Morchella esculenta (L.) Pers. 羊肚菌 750 f
Cantharellus cibarius Fr. 鸡油菌 750 f
Macrolepiota procera (Scop.) Singer 高大环柄菇 750 f

8 *Amanita muscaria* (L.) Lam. 鹅膏 2500 f

9 NIGER (尼日尔) 2016.10.24
Pleurotus ostreatus (Jacq.) P. Kumm. 糙皮侧耳 750 f
Morchella esculenta (L.) Pers. 羊肚菌 750 f
Agaricus arvensis Schaeff. 野蘑菇
Clitocybe rivulosa (Pers.) P. Kumm. 环带杯伞
Hygrophoropsis aurantiaca (Wulfen) Maire 金黄拟蜡伞 750 f
Tylopilus felleus (Bull.) P. Karst. 苦粉孢牛肝菌 750 f

10 *Suillus luteus* (L.) Roussel 褐环乳牛肝菌 3000 f
Tylopilus felleus (Bull.) P. Karst. 苦粉孢牛肝菌

1 2

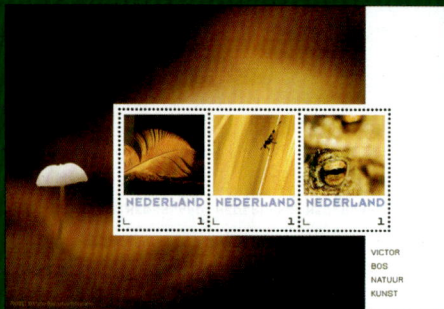
3

4

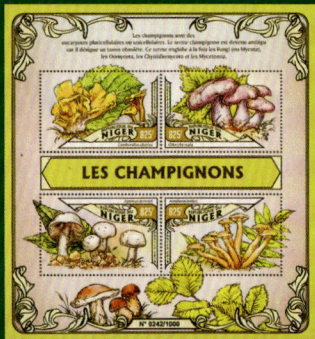
5

6

7

8

9

10

1 NIGER (尼日尔) 2016.12.21

Amanita muscaria (L.) Lam. 鹅膏 825 f

Imleria badia (Fr.) Vizzini 黑褐牛肝菌 825 f

Cantharellus cibarius Fr. 鸡油菌 8250 f

Leccinum versipelle (Fr. & Hök) Snell 异色疣柄牛肝菌 825 f

2 *Tricholomopsis rutilans* (Schaeff.) Singer 赭红拟口蘑 3300 f

Boletus edulis Bull. 美味牛肝菌

3 SAO TOME AND PRINCIPE (圣多美和普林西比) 2016.3.30

Trametes versicolor (L.) Lloyd 云芝栓孔菌 Db 31000

Leucocoprinus birnbaumii (Corda) Singer 纯黄白鬼伞 Db 31000

Amanita phalloides (Vaill. ex Fr.) Link 鬼笔鹅膏 Db 31000

Ganoderma lucidum (Curtis) P. Karst. 亮盖灵芝 Db 31000

4 *Lactarius indigo* (Schwein.) Fr. 蓝绿乳菇 Db 96000

5 SAO TOME AND PRINCIPE (圣多美和普林西比) 2016.9.12

Morchella esculenta (L.) Pers. 羊肚菌 Db 31000

Leratiomyces sp. 未定名沿丝伞 Db 31000

Cyathus striatus (Huds.) Willd. 隆纹黑蛋巢菌 Db 31000

Hydnellum peckii Banker 出血亚齿菌 Db 31000

6 *Ramaria aurea* (Schaeff.) Quél. 金黄枝瑚菌 Db 96000

Russula virescens (Schaeff.) Fr. 变绿红菇

Lactarius rufus (Scop.) Fr. 红乳菇

7 SIERRA LEONE (塞拉利昂) 2016.2.26

Mushroom 蘑菇 le 24000

8 SIERRA LEONE (塞拉利昂) 2016.8.29

Cantharellus cibarius Fr. 鸡油菌 le 6000

Laccaria amethystina Cooke 紫蜡蘑 le 6000

Entoloma hochstetteri (Reichardt) G. Stev. 赫氏粉褶蕈 le 6000

Pleurotus ostreatus (Jacq.) P. Kumm. 糙皮侧耳 le 6000

9 *Phallus indusiatus* Vent. 长裙竹荪 le 24000

Pleurotus ostreatus (Jacq.) P. Kumm. 糙皮侧耳

Cantharellus cibarius Fr. 鸡油菌

Boletus edulis Bull. 美味牛肝菌

1

3

5

8

2

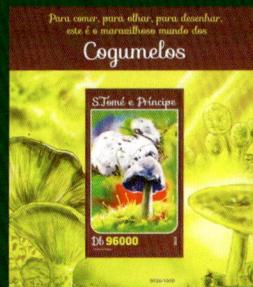

4

6

7

9

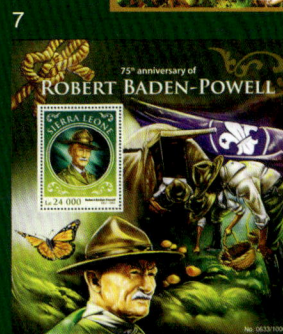

235

1 SIERRA LEONE (塞拉利昂) 2016.12.29
Imleria badia (Fr.) Vizzini 黑褐牛肝菌 le 6000
Cortinarius caperatus (Pers.) Fr. 皱盖丝膜菌 le 6000
Pleurotus ostreatus (Jacq.) P. Kumm. 糙皮侧耳 le 6000
Cantharellus cibarius Fr. 鸡油菌 le 6000

2 *Lepista nuda* (Bull.) Cooke 紫丁香蘑 le 24000
Tylopilus felleus (Bull.) P. Karst. 苦粉孢牛肝菌
Armillaria mellea (Vahl) P. Kumm. 蜜环菌

3 SOLOMON ISLANDS (所罗门群岛) 2016.5.13
Leccinum aurantiacum (Bull.) Gray 橙黄疣柄牛肝菌 $ 7
Craterellus cornucopioides (L.) Pers. 灰黑喇叭菌 $ 7
Lentinula edodes (Berk.) Pegler 香菇 $ 7
Amanita caesarea (Scop.) Pers. 橙盖鹅膏 $ 7

4 *Cantharellus cibarius* Fr. 鸡油菌 $ 35
Boletus edulis Bull. 美味牛肝菌

5 SOLOMON ISLANDS (所罗门群岛) 2016.9.1
Tylopilus felleus (Bull.) P. Karst. 苦粉孢牛肝菌 $ 12
Gyromitra esculenta (Pers.) Fr. 鹿花菌 $ 12
Cantharellus cibarius Fr. 鸡油菌 $ 12
Amanita muscaria (L.) Lam. 鹅膏 $ 12

6 *Morchella esculenta* (L.) Pers. 羊肚菌 $ 35
Agaricus bisporus (J. E. Lange) Imbach 双孢蘑菇
Omphalotus olearius (DC.) Singer 奥尔类脐菇

7 SOLOMON ISLANDS (所罗门群岛) 2016.12.12
Boletus subcaerulescens (E. A. Dick & Snell) Both, Bessette & A. R. Bessette 亚蓝牛肝菌 $ 12
Amanita flavoconia G. F. Atk. 黄色鹅膏 $ 12
Helvella lacunosa Afzel. 棱柄马鞍菌 $ 12
Russula emetica (Schaeff.) Pers. 毒红菇 $ 12

8 *Craterellus tubaeformis* (Fr.) Quél. 管形喇叭菌 $ 40
Pleurotus ostreatus (Jacq.) P. Kumm. 糙皮侧耳
Pleurotus eryngii (DC.) Quél. 刺芹侧耳
Cortinarius orellanus Fr. 毒丝膜菌

9 SURINAM (苏里南) 2016.1.13
Cortinarius varius (Schaeff.) Fr. 多变丝膜菌 7 s
Lactarius torminosus (Schaeff.) Gray 毛头乳菇 9 s
Cortinarius variicolor (Pers.) Fr. 变色丝膜菌 12 s

10 SWEDEN (瑞典) 2016.3.17
Agaricus bisporus (J. E. Lange) Imbach 双孢蘑菇 6.5 k

1

2

4

6

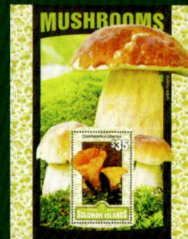
3

7

5

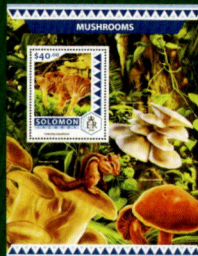
8

9

10

1 TOGO (多哥) 2016.5.20

Morchella esculenta (L.) Pers. 羊肚菌 900 f
Cortinarius orellanus Fr. 毒丝膜菌 900 f
Gyromitra esculenta (Pers.) Fr. 鹿花菌 900 f
Omphalotus olearius (DC.) Singer 奥尔类脐菇
Ramaria formosa (Pers.) Quél. 美丽枝瑚菌 900 f
Amanita muscaria (L.) Lam. 鹅膏
Coprinopsis atramentaria (Bull.) Redhead, Vilgalys & Moncalvo 墨汁拟鬼伞

2 *Suillellus luridus* (Schaeff.) Murrill 褐黄小乳牛肝菌 3000 f
Tylopilus felleus (Bull.) P. Karst. 苦粉孢牛肝菌
Cantharellus cibarius Fr. 鸡油菌
Sarcosphaera coronaria (Jacq.) J. Schröt. 冠裂球肉盘菌

3 TOGO (多哥) 2016.12.15

Leccinum scabrum (Bull.) Gray 褐疣柄牛肝菌 900 f
Lepista nuda (Bull.) Cooke 紫丁香蘑
Flammulina velutipes (Curtis) Singer 毛腿冬菇 900 f
Calocybe gambosa (Fr.) Donk 香杏丽蘑 900 f
Lactarius deterrimus Gröger 劣味乳菇 900 f

4 *Boletus edulis* Bull. 美味牛肝菌 3500 f
Boletus aereus Bull. 铜色牛肝菌
Boletus reticulatus Schaeff. 网纹牛肝菌

5 AUSTRIA (奥地利) 2017.8.1

Morchella esculenta (L.) Pers. 羊肚菌 0.68 €
Agaricus arvensis Schaeff. 野蘑菇 0.68 €
Clitocybe nebularis (Batsch) P. Kumm. 水粉杯伞 0.68 €
Macrolepiota procera (Scop.) Singer 高大环柄菇 0.68 €
Boletus edulis Bull. 美味牛肝菌 0.68 €
Armillaria mellea (Vahl) P. Kumm. 蜜环菌 0.68 €
Coprinus comatus (O. F. Müll.) Pers. 毛头鬼伞 0.68 €
Cantharellus cibarius Fr. 鸡油菌 0.68 €

6 CENTRAL AFRICA (中非) 2017.1.16

Amanita gemmata (Fr.) Bertill. 芽鹅膏 850 f
Morchella esculenta (L.) Pers. 羊肚菌 850 f
Stropharia aeruginosa (Curtis) Quél. 铜绿球盖菇 850 f
Leucoagaricus nympharum (Kalchbr.) Bon 翘鳞白环菇 850 f

7 *Boletus pinophilus* Pilát & Dermek 褐红牛肝菌 3300 f
Leucoagaricus nympharum (Kalchbr.) Bon 翘鳞白环菇
Gymnopus hariolorum (Bull.) Antonín, Halling & Noordel. 占卜裸脚伞
Gomphus clavatus (Pers.) Gray 钉菇

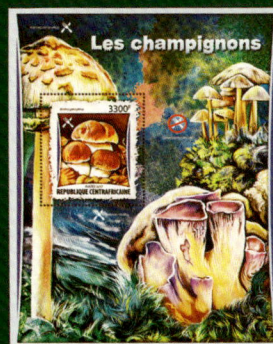

1　CENTRAL AFRICA（中非）2017.7.17
Pseudohydnum gelatinosum (Scop.) P. Karst. 虎掌刺银耳 850 f
Leratiomyces sp. 未定名沿丝伞
Colus hirudinosus Cavalier & Séchier 燕尾柱菌 850 f
Acarospora schleicheri (Ach.) A. Massal. 荒漠微孢衣
Craterellus cornucopioides (L.) Pers. 灰黑喇叭菌 850 f
Abortiporus biennis (Bull.) Singer 二年残孔菌
Fistulinella nivea (G. Stev.) Singer 球形小牛舌菌 850 f
Auricularia cornea Ehrenb. 角质木耳
Bjerkandera adusta (Willd.) P. Karst. 黑管孔菌

2　*Hydnellum peckii* Banker 出血亚齿菌 3300 f
Lentinus fasciatus Berk. 条纹韧伞
Phallus indusiatus Vent. 长裙竹荪
Morchella esculenta (L.) Pers. 羊肚菌

3　CENTRAL AFRICA（中非）2017.12.20
Lentinula edodes (Berk.) Pegler 香菇 900 f
Pleurotus pulmonarius (Fr.) Quél. 肺形侧耳 900 f
Helvella crispa (Scop.) Fr. 皱柄白马鞍菌 900 f
Craterellus cornucopioides (L.) Pers. 灰黑喇叭菌 900 f

4　*Cyclocybe cylindracea* (DC.) Vizzini & Angelini 柱状圆盖伞 3600 f
Pleurotus ostreatus (Jacq.) P. Kumm. 糙皮侧耳
Hypomyces lactifluorum (Schwein.) Tul. & C. Tul. 泌乳菌寄生

5　CHAD（乍得）2017.3.27
Tuber aestivum Vittad. 夏块菌 850 f
Leccinum aurantiacum (Bull.) Gray 橙黄疣柄牛肝菌 850 f
Cantharellus cibarius Fr. 鸡油菌 850 f
Lycoperdon perlatum Pers. 网纹马勃 850 f

6　*Caloboletus calopus* (Pers.) Vizzini 美柄牛肝菌 3300 f
Psilocybe semilanceata (Fr.) P. Kumm. 半裸盖菇
Pleurotus pulmonarius (Fr.) Quél. 肺形侧耳
Ganoderma applanatum (Pers.) Pat. 树舌灵芝
Leccinum vulpinum Watling 赤褐色疣柄牛肝菌
Ramaria flava (Schaeff.) Quél. 黄枝瑚菌

7　CHAD（乍得）2017.7.10
Laccaria amethystina Cooke 紫蜡蘑 800 f
Phallus indusiatus Vent. 长裙竹荪 800 f
Hydnellum peckii Banker 出血亚齿菌 800 f
Lactarius indigo (Schwein.) Fr. 蓝绿乳菇 800 f
Chorioactis geaster (Peck) Kupfer 恶魔雪茄
Coprinus comatus (O. F. Müll.) Pers. 毛头鬼伞

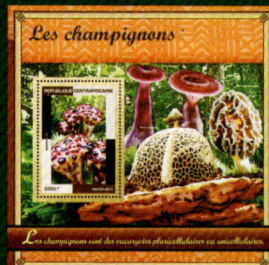

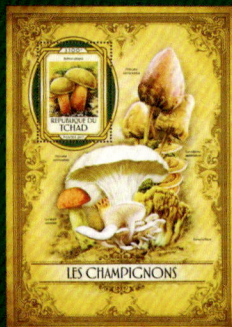

1 *Favolaschia calocera* R. Heim 杏黄胶孔菌 3300 f
Aseroe rubra Labill. 红星头鬼笔
Lentinus fasciatus Berk. 条纹韧伞

2 **CÔTE D'IVOIRE（科特迪瓦）2017.6.16**
Amanita abrupta Peck 球基鹅膏 1500 f
Hypholoma fasciculare (Huds.) P. Kumm. 簇生垂幕菇 1500 f
Mycena galericulata (Scop.) Gray 盔小菇
Mycena alcalina (Fr.) P. Kumm. 碱味小菇

3 *Amanita abrupta* Peck 球基鹅膏 1500 f
Coprinopsis atramentaria (Bull.) Redhead, Vilgalys & Moncalvo 墨汁拟鬼伞
Mycena alcalina (Fr.) P. Kumm. 碱味小菇

4 *Hypholoma fasciculare* (Huds.) P. Kumm. 簇生垂幕菇 1500 f
Rubroboletus satanas (Lenz) Kuan Zhao & Zhu L. Yang 细网红牛肝菌

5 **DJIBOUTI（吉布提）2017.1.30**
Cantharellus cibarius Fr. 鸡油菌 280 f
Gyromitra esculenta (Pers.) Fr. 鹿花菌 280 f
Ramaria formosa (Pers.) Quél. 美丽枝瑚菌 280 f

Tylopilus felleus (Bull.) P. Karst. 苦粉孢牛肝菌 280 f

6 *Clitocybe phyllophila* (Pers.) P. Kumm. 落叶杯伞 960 f
Morchella esculenta (L.) Pers. 羊肚菌

7 *Lentinus squarrosulus* Mont. 翘鳞韧伞 280 f

8 **DJIBOUTI（吉布提）2017.9.19**
Suillus luteus (L.) Roussel 褐环乳牛肝菌 240 f
Chlorophyllum rhacodes (Vittad.) Vellinga 粗鳞青褶伞 240 f
Boletus edulis Bull. 美味牛肝菌 240 f
Tricholoma portentosum (Fr.) Quél. 灰口蘑 240 f

9 *Lycoperdon perlatum* Pers. 网纹马勃 950 f
Lactarius deliciosus (L.) Gray 松乳菇

10 **ESTONIA（爱沙尼亚）2017.9.21**
Paxillus involutus (Batsch) Fr. 卷边网褶菌 0.65 €

11 **FAROE ISLANDS（法罗群岛）2017.2.27**
Parmelia saxatilis (L.) Ach. 石梅衣 9.5 k
Ochrolechia tartarea (L.) A. Massal. 酒石肉疣衣 9.5 k

1

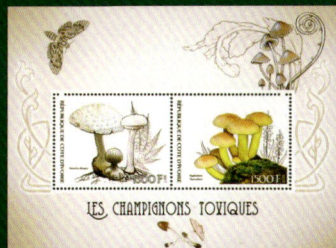
2

3

4

5

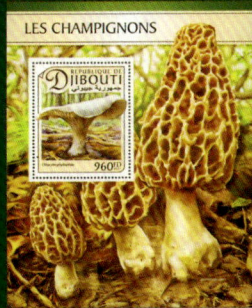
6

9

8

11

7

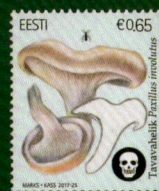
10

1 **GUINEA (几内亚) 2017.4.24**
Cantharellus cibarius Fr. 鸡油菌 12500 f
Mycena galopus (Pers.) P. Kumm. 乳足小菇 12500 f
Amanita phalloides (Vaill. ex Fr.) Link 鬼笔鹅膏 12500 f
Imleria badia (Fr.) Vizzini 黑褐牛肝菌 12500 f

2 *Suillus luteus* (L.) Roussel 褐环乳牛肝菌 50000 f
Amanita muscaria (L.) Lam. 鹅膏
Boletus edulis Bull. 美味牛肝菌

3 **GUINEA (几内亚) 2017.6.20**
Leucocoprinus birnbaumii (Corda) Singer 纯黄白鬼伞 12500 f
Harrya chromipes (Frost) Halling, Nuhn, Osmundson & Manfr. Binder 哈里牛肝菌 12500 f
Rubroboletus satanas (Lenz) Kuan Zhao & Zhu L. Yang 细网红牛肝菌 12500 f
Leccinum versipelle (Fr. & Hök) Snell 异色疣柄牛肝菌 12500 f
Leccinum versipelle (Fr. & Hök) Snell 异色疣柄牛肝菌

4 *Lactarius resimus* (Fr.) Fr. 卷边乳菇 50000 f
Harrya chromipes (Frost) Halling, Nuhn, Osmundson & Manfr. Binder 哈里牛肝菌

Leccinum vulpinum Watling 赤褐色疣柄牛肝菌

5 **GUINEA (几内亚) 2017.8.25**
Pleurotus ostreatus (Jacq.) P. Kumm. 糙皮侧耳 12500 f
Leccinum scabrum (Bull.) Gray 褐疣柄牛肝菌 12500 f
Fomes fomentarius (L.) Fr. 木蹄层孔菌 12500 f
Lactarius indigo (Schwein.) Fr. 蓝绿乳菇 12500 f

6 *Suillellus luridus* (Schaeff.) Murrill 褐黄小乳牛肝菌 50000 f
Gymnopilus junonius (Fr.) P. D. Orton 橘黄裸伞

7 **GUINEA-BISSAU (几内亚比绍) 2017.3.28**
Hydnum repandum L. 齿菌 660 f
Amanita rubescens Pers. 赭盖鹅膏 660 f
Armillaria mellea (Vahl) P. Kumm. 蜜环菌 660 f
Amanita caesarea (Scop.) Pers. 橙盖鹅膏 660 f
Craterellus cornucopioides (L.) Pers. 灰黑喇叭菌 660 f
Lactarius deliciosus (L.) Gray 松乳菇
Boletus auripes Peck 金黄柄牛肝菌
Macrocybe titans (H. E. Bigelow & Kimbr.) Pegler, Lodge & Nakasone 巨型大口蘑
Sarcoscypha coccinea (Gray) Boud. 绯红肉杯菌

1 *Gyromitra esculenta* (Pers.) Fr. 鹿花菌 3300 f
Amanita caesarea (Scop.) Pers. 橙盖鹅膏
Macrolepiota procera (Scop.) Singer 高大环柄菇
Psathyrella longistriata (Murrill) A. H. Sm. 条环小脆柄菇
Morchella esculenta (L.) Pers. 羊肚菌

2 **GUINEA-BISSAU (几内亚比绍) 2017.7.18**
Imleria badia (Fr.) Vizzini 黑褐牛肝菌 640 f
Amanita bisporigera G. F. Atk. 双孢鹅膏 640 f
Omphalotus olearius (DC.) Singer 奥尔类脐菇 640 f
Macrolepiota procera (Scop.) Singer 高大环柄菇 640 f
Leccinum aurantiacum (Bull.) Gray 橙黄疣柄牛肝菌 640 f

3 *Cantharellus cibarius* Fr. 鸡油菌 3300 f
Amanita muscaria (L.) Lam. 鹅膏

4 **GUINEA-BISSAU (几内亚比绍) 2017.8.28**
Boletus edulis Bull. 美味牛肝菌 640 f
Leccinum aurantiacum (Bull.) Gray 橙黄疣柄牛肝菌
Lactarius turpis (Weinm.) Fr. 丑乳菇
Cantharellus cibarius Fr. 鸡油菌

5 *Macrolepiota procera* (Scop.) Singer 高大环柄菇 3300 f

6 **ICELAND (冰岛) 2017.9.14**
Xanthoria parietina (L.) Th. Fr. var. *parietina* 石黄衣原变种 160 k
Placopsis gelida (L.) Linds. 牛眼瘿茶渍 470 k

7 **JAPAN (日本) 2017.8.23**
Mushroom 蘑菇 82 y
Mushroom 蘑菇 82 y

8 *Tricholoma matsutake* (S. Ito & S. Imai) Singer 松口蘑 62 y

9 *Tricholoma matsutake* (S. Ito & S. Imai) Singer 松口蘑 82 y

10 **KOREA D P R (朝鲜) 2017**
Tricholoma matsutake (S. Ito & S. Imai) Singer 松口蘑 10 w
Tricholoma matsutake (S. Ito & S. Imai) Singer 松口蘑 30 w
Tricholoma matsutake (S. Ito & S. Imai) Singer 松口蘑 50 w

11 *Tricholoma matsutake* (S. Ito & S. Imai) Singer 松口蘑 70 w

12 **KYRGYZSTAN (吉尔吉斯斯坦) 2017.4.6**
Pleurotus ostreatus (Jacq.) P. Kumm. 糙皮侧耳 50 k
Leccinum scabrum (Bull.) Gray 褐疣柄牛肝菌 50 k
Morchella esculenta (L.) Pers. 羊肚菌 100 k
Pleurotus eryngii (DC.) Quél. 刺芹侧耳 100 k

1

2

3

4

5

6

7

8

9

10

11

12

1　MADAGASCAR (马达加斯加) 2017.12.20
Cortinarius caperatus (Pers.) Fr. 皱盖丝膜菌 2500 m
Gomphidius glutinosus (Schaeff.) Fr. 黏铆钉菇 2500 m
Armillaria mellea (Vahl) P. Kumm. 蜜环菌 2500 m
Boletus edulis Bull. 美味牛肝菌

2　*Amanita caesarea* (Scop.) Pers. 橙盖鹅膏 8600 m
Leccinum aurantiacum (Bull.) Gray 橙黄疣柄牛肝菌

3　MALDIVES (马尔代夫) 2017.3.16
Morchella esculenta (L.) Pers. 羊肚菌 22 m
Psilocybe zapotecorum R. Heim 扎普替裸盖菇 22 m
Amanita phalloides (Vaill. ex Fr.) Link 鬼笔鹅膏 22 m
Armillaria ostoyae (Romagn.) Herink 奥氏蜜环菌 22 m

4　*Agaricus bitorquis* (Quél.) Sacc. 大肥蘑菇 70 m
Leucocoprinus birnbaumii (Corda) Singer 纯黄白鬼伞

5　MALDIVES (马尔代夫) 2017.6.14
Mycena haematopus (Pers.) P. Kumm. 血红小菇 20 m
Penicillium notatum Westling 点青霉 20 m
Amanita muscaria (L.) Lam. 鹅膏 20 m

6　*Penicillium notatum* Westling 点青霉 60 m
Coprinus comatus (O. F. Müll.) Pers. 毛头鬼伞

Armillaria mellea (Vahl) P. Kumm. 蜜环菌

7　MALDIVES (马尔代夫) 2017.6.21
Mushroom 蘑菇 22 m
Mushroom 蘑菇 22 m
Mushroom 蘑菇 22 m
Mushroom 蘑菇 22 m

8　Mushroom 蘑菇 70 m

9　MALDIVES (马尔代夫) 2017.9.26
Callistosporium luteo-olivaceum (Berk. & M. A. Curtis) Singer 黄褐色孢菌 20 m
Gyromitra esculenta (Pers.) Fr. 鹿花菌 20 m
Craterellus cornucopioides (L.) Pers. 灰黑喇叭菌 20 m
Imleria badia (Fr.) Vizzini 黑褐牛肝菌 20 m
Hygrophoropsis aurantiaca (Wulfen) Maire 金黄拟蜡伞
Agaricus bisporus (J. E. Lange) Imbach 双孢蘑菇
Hygrophoropsis aurantiaca (Wulfen) Maire 金黄拟蜡伞

10　*Ganoderma lucidum* (Curtis) P. Karst. 亮盖灵芝 60 m
Craterellus cornucopioides (L.) Pers. 灰黑喇叭菌
Amanita caesarea (Scop.) Pers. 橙盖鹅膏

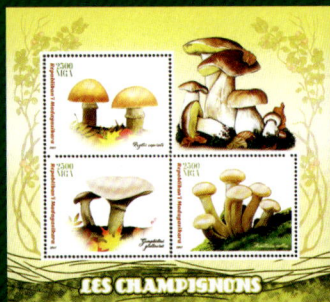

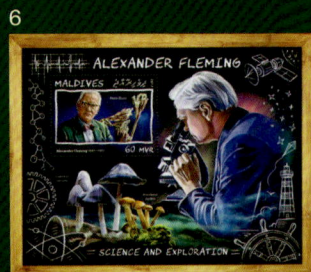

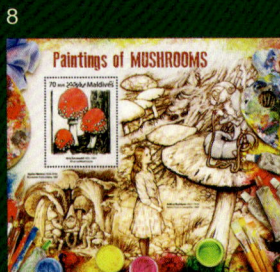

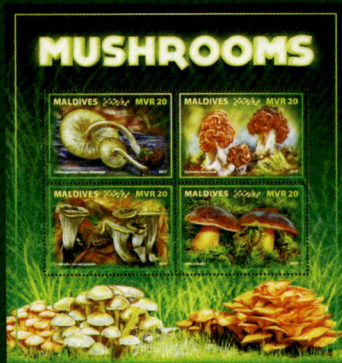

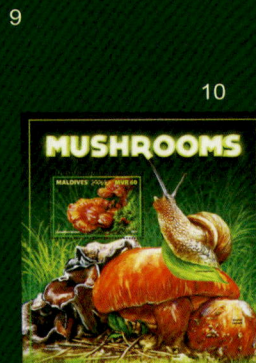

1 NIGER（尼日尔）2017.2.20

Suillus luteus (L.) Roussel 褐环乳牛肝菌 900 f

Rubroboletus satanas (Lenz) Kuan Zhao & Zhu L. Yang 细网红牛肝菌 900 f

Amanita phalloides (Vaill. ex Fr.) Link 鬼笔鹅膏 900 f

Macrolepiota procera (Scop.) Singer 高大环柄菇 900 f

2 *Amanita muscaria* (L.) Lam. 鹅膏 3500 f

Rubroboletus satanas (Lenz) Kuan Zhao & Zhu L. Yang 细网红牛肝菌

Amanita muscaria (L.) Lam. 鹅膏

Boletus aereus Bull. 铜色牛肝菌

3 NIGER（尼日尔）2017.11.20

Morchella esculenta (L.) Pers. 羊肚菌 800 f

Boletus edulis Bull. 美味牛肝菌 800 f

Caloboletus radicans (Pers.) Vizzini 拟根美柄牛肝菌 800 f

Amanita muscaria (L.) Lam. 鹅膏 800 f

4 *Boletus sensibilis* Peck 敏感牛肝菌 3300 f

Cantharellus cibarius Fr. 鸡油菌

5 ROMANIA（罗马尼亚）2017.10.6

Amanita caesarea (Scop.) Pers. 橙盖鹅膏 2.5 l

Amanita rubescens Pers. 赭盖鹅膏 4.5 l

Leccinum aurantiacum (Bull.) Gray 橙黄疣柄牛肝菌 8 l

Macrolepiota procera (Scop.) Singer 高大环柄菇 15 l

Armillaria mellea (Vahl) P. Kumm. 蜜环菌

6 SAO TOME AND PRINCIPE（圣多美和普林西比）2017.3.13

Morchella esculenta (L.) Pers. 羊肚菌 Db 31000

Leccinum aurantiacum (Bull.) Gray 橙黄疣柄牛肝菌 Db 31000

Gyromitra esculenta (Pers.) Fr. 鹿花菌 Db 31000

Cantharellus cibarius Fr. 鸡油菌 Db 31000

7 *Pleurotus pulmonarius* (Fr.) Quél. 肺形侧耳 Db 124000

Leccinum aurantiacum (Bull.) Gray 橙黄疣柄牛肝菌

8 SAO TOME AND PRINCIPE（圣多美和普林西比）2017.11.7

Amanita phalloides (Vaill. ex Fr.) Link 鬼笔鹅膏 Db 31000

Chroogomphus fulmineus (R. Heim) Courtec. 发光色钉菇 Db 31000

Suillus grevillei (Klotzsch) Singer 厚环乳牛肝菌 Db 31000

Gymnopilus junonius (Fr.) P. D. Orton 橙裸伞 Db 31000

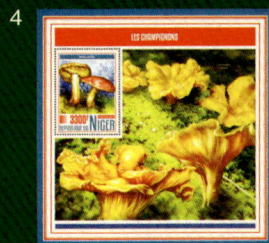

243

1 *Phaeolepiota aurea* (Matt.) Maire 金盖暗环柄菇 Db 124000

Kuehneromyces mutabilis (Schaeff.) Singer & A. H. Sm. 库恩菇

Cystodermella cinnabarina (Alb. & Schwein.) Harmaja 朱红小囊皮伞

Hygrophoropsis aurantiaca (Wulfen) Maire 金黄拟蜡伞

Panellus serotinus (Pers.) Kühner 晚生扇菇

2 SIERRA LEONE（塞拉利昂）2017.3.30

Sarcoscypha coccinea (Gray) Boud. 绯红肉杯菌 le 9800

Boletus aereus Bull. 铜色牛肝菌 le 9800

Myriostoma coliforme (Dicks.) Corda 鸟状多口地星 le 9800

Cantharellus cibarius Fr. 鸡油菌 le 9800

3 *Rhodotus palmatus* (Bull.) Maire 缘网粉菇 le 40000

Laccaria amethystina Cooke 紫蜡蘑

Clathrus ruber P. Micheli ex Pers. 红笼头菌

4 SIERRA LEONE（塞拉利昂）2017.8.30

Panaeolus papilionaceus (Bull.) Quél. 蝶形斑褶菇 le 9800

Amanita pantherina (DC.) Krombh. 豹斑鹅膏 le 9800

Cortinarius archeri Berk. 拱形丝膜菌 le 9800

Psilocybe aztecorum R. Heim 欧洲裸盖菇 le 9800

5 *Amanita phalloides* (Vaill. ex Fr.) Link 鬼笔鹅膏 le 40000

Amanita muscaria (L.) Lam. 鹅膏

Mycena interrupta (Berk.) Sacc. 离生小菇

6 SIERRA LEONE（塞拉利昂）2017.9.29

Cantharellus cibarius Fr. 鸡油菌 le 9800

Morchella elata Fr. 高羊肚菌 le 9800

Amanita phalloides (Vaill. ex Fr.) Link 鬼笔鹅膏 le 9800

Imleria badia (Fr.) Vizzini 黑褐牛肝菌 le 9800

Gyromitra esculenta (Pers.) Fr. 鹿花菌

Amanita rubescens Pers. 赭盖鹅膏

Russula emetica (Schaeff.) Pers. 毒红菇

7 *Tricholomopsis rutilans* (Schaeff.) Singer 赭红拟口蘑 le 40000

Lactarius indigo (Schwein.) Fr. 蓝绿乳菇

Ramaria formosa (Pers.) Quél. 美丽枝瑚菌

Rhodotus palmatus (Bull.) Maire 缘网粉菇

8 SIERRA LEONE（塞拉利昂）2017.11.30

Penicillium chrysegonum Thom 产黄青霉 le 9800

9 SLOVAKIA（斯洛伐克）2017.10.12

Caloscypha fulgens (Pers.) Boud. 闪光盘菌 0.65 €

Clavaria zollingeri Lév. 佐林格珊瑚菌 0.65 €

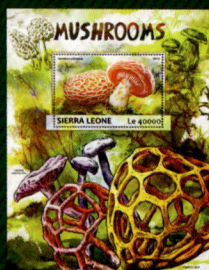

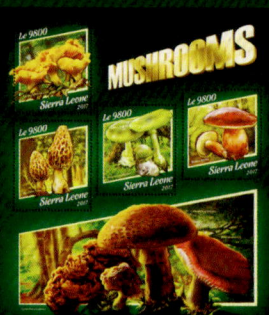

1 **SOLOMON ISLANDS（所罗门群岛）2017.5.15**
Gliophorus psittacinus (Schaeff.) Herink 青绿胶柄菌 $ 10
Cantharellus cibarius Fr. 鸡油菌 $ 10
Russula aurea Pers. 橙黄红菇 $ 10
Rubroboletus satanas (Lenz) Kuan Zhao & Zhu L. Yang 细网红牛肝菌 $ 10

2 *Gomphidius glutinosus* (Schaeff.) Fr. 黏铆钉菇 $ 40
Cantharellus cibarius Fr. 鸡油菌

3 **SOLOMON ISLANDS（所罗门群岛）2017.8.21**
Russula vesca Fr. 菱红菇 $ 40

4 **SOLOMON ISLANDS（所罗门群岛）2017.9.4**
Laccaria amethystina Cooke 紫蜡蘑 $ 10
Boletellus obscurecoccineus (Höhn.) Singer 深红条孢牛肝菌 $ 10
Omphalotus olearius (DC.) Singer 奥尔类脐菇 $ 10
Mycena interrupta (Berk.) Sacc. 离生小菇 $ 10

5 *Gliophorus psittacinus* (Schaeff.) Herink 青绿胶柄菌 $ 40
Pleurotus djamor (Rumph. ex Fr.) Boedjin 淡红侧耳
Stropharia aeruginosa (Curtis) Quél. 铜绿球盖菇

6 **SURINAM（苏里南）2017.8.16**
Neoboletus erythropus (Pers.) C. Hahn 红柄新

牛肝菌 1 s
Suillellus luridus (Schaeff.) Murrill 褐黄小乳牛肝菌 2 s
Boletus pinophilus Pilát & Dermek 褐红牛肝菌 3 s
Suillellus queletii (Schulzer) Vizzini, Simonini & Gelardi 削脚小乳牛肝菌 4 s
Boletus reticulatus Schaeff. 网纹牛肝菌 7 s
Tylopilus felleus (Bull.) P. Karst. 苦粉孢牛肝菌 8 s

7 **TOGO（多哥）2017.2.28**
Gomphidius glutinosus (Schaeff.) Fr. 黏铆钉菇 900 f
Galerina marginata (Batsch) Kühner 纹缘盔孢菌 900 f
Morchella esculenta (L.) Pers. 羊肚菌 900 f
Pleurotus pulmonarius (Fr.) Quél. 肺形侧耳 900 f

8 *Russula paludosa* Britzelm. 沼泽红菇 3500 f
Coprinopsis atramentaria (Bull.) Redhead, Vilgalys & Moncalvo 墨汁拟鬼伞
Cortinarius rubellus Cooke 细鳞丝膜菌

9 **TOGO（多哥）2017.7.31**
Lactarius glyciosmus (Fr.) Fr. 甜味乳菇 800 f
Cantharellus cibarius Fr. 鸡油菌 800 f
Boletus pinophilus Pilát & Dermek 褐红牛肝菌 800 f
Craterellus cornucopioides (L.) Pers. 灰黑喇叭菌 800 f

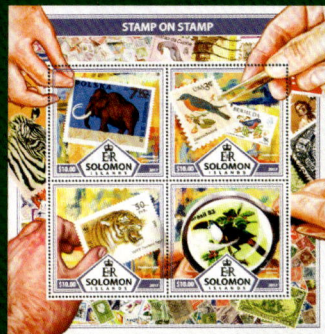

1 *Boletus edulis* Bull. 美味牛肝菌 3300 f
Russula adusta (Pers.) Fr. 烟色红菇

2 **ANGOLA (安哥拉) 2018.12.10**
Agaricus xanthodermus Genev. 黄斑蘑菇 k 300
Amanita muscaria (L.) Lam. 鹅膏 k 300
Amanita rubescens Pers. 赭盖鹅膏 k 300
Coprinellus micaceus (Bull.) Vilgalys, Hopple & Jacq. Johnson 晶粒小鬼伞 k 300

3 *Gliophorus psittacinus* (Schaeff.) Herink 青绿胶柄菌 k 1200
Amanita excelsa (Fr.) Bertill. 青鹅膏
Agaricus xanthodermus Genev. 黄斑蘑菇
Amanita muscaria (L.) Lam. 鹅膏

4 **AUSTRIA (奥地利) 2018.8.14**
Pleurotus ostreatus (Jacq.) P. Kumm. 糙皮侧耳 0.8 €
Morchella esculenta (L.) Pers. 羊肚菌 0.8 €
Suillus luteus (L.) Roussel 褐环乳牛肝菌 0.8 €
Cantharellus cibarius Fr. 鸡油菌 0.8 €

Sparassis crispa (Wulfen) Fr. 绣球菌 0.8 €
Macrolepiota procera (Scop.) Singer 高大环柄菇 0.8 €
Lactarius deliciosus (L.) Gray 松乳菇 0.8 €
Calvatia gigantea (Batsch) Lloyd 大秃马勃 0.8 €

5 **CENTRAL AFRICA (中非) 2018.1.16**
Amanita bisporigera G. F. Atk. 双孢鹅膏 850 f
Cortinarius rubellus Cooke 细鳞丝膜菌 850 f
Amanita phalloides (Vaill. ex Fr.) Link 鬼笔鹅膏 850 f
Lepiota brunneoincarnata Chodat & C. Martín 肉褐鳞环柄菇 850 f

6 *Gyromitra esculenta* (Pers.) Fr. 鹿花菌 3300 f
Conocybe rugosa (Peck) Watling 皱盖锥盖伞
Amanita muscaria (L.) Lam. 鹅膏
Trichoderma cornu-damae (Pat.) Z. X. Zhu & W. Y. Zhuang 鹿角状木霉

7 **CENTRAL AFRICA (中非) 2018.7.17**
Cantharellus cibarius Fr. 鸡油菌 850 f
Leucocoprinus cretaceus (Bull.) Locq. 石灰白鬼伞 850 f
Morchella esculenta (L.) Pers. 羊肚菌 850 f
Flammulina velutipes (Curtis) Singer 毛腿冬菇 850 f

8 *Galerina marginata* (Batsch) Kühner 纹缘盔孢菌 3300 f
Amanita muscaria (L.) Lam. 鹅膏

1　CENTRAL AFRICA (中非) 2018.12.20
Colus hirudinosus Cavalier & Séchier 燕尾柱菌 850 f
Pleurotus ostreatus (Jacq.) P. Kumm. 糙皮侧耳 850 f
Russula emetica (Schaeff.) Pers. 毒红菇 850 f
Amanita muscaria (L.) Lam. 鹅膏 850 f

2　*Trametes versicolor* (L.) Lloyd 云芝栓孔菌 3300 f
Russula emetica (Schaeff.) Pers. 毒红菇

3　CONGO [刚果 (布)] 2018
Penicillium notatum Westling 点青霉 2000 f
Penicillium notatum Westling 点青霉 2000 f

4　CZECH (捷克) 2018.6.20
Leccinum versipelle (Fr. & Hök) Snell 异色疣柄牛肝菌 13 k
Amanita rubescens Pers. 赭盖鹅膏 13 k

5　DENMARK (丹麦) 2018.9.6
Boletus edulis Bull. 美味牛肝菌 9 k

6　DJIBOUTI (吉布提) 2018.3.15
Cantharellus cibarius Fr. 鸡油菌 240 f
Entoloma hochstetteri (Reichardt) G. Stev. 赫氏粉褶蕈 240 f

Laccaria amethystina Cooke 紫蜡蘑 240 f
Boletus edulis Bull. 美味牛肝菌 240 f

7　*Russula emetica* (Schaeff.) Pers. 毒红菇 950 f
Lepista nuda (Bull.) Cooke 紫丁香蘑

8　DJIBOUTI (吉布提) 2018.7.27
Mycena polygramma (Bull.) Gray 沟柄小菇 240 f
Cantharellus cibarius Fr. 鸡油菌 240 f
Lactarius deliciosus (L.) Gray 松乳菇 240 f
Macrolepiota procera (Scop.) Singer 高大环柄菇 240 f

9　*Bovistella utriformis* (Bull.) Demoulin & Rebriev 龟裂静灰球 950 f
Armillaria mellea (Vahl) P. Kumm. 蜜环菌

10　ESTONIA (爱沙尼亚) 2018.8.23
Gyromitra esculenta (Pers.) Fr. 鹿花菌 0.65 €

11　FRANCE (法国) 2018.1.5
Lichen 地衣 0.8 €

12　GERMANY F R (德国) 2018.8.9
Cantharellus cibarius Fr. 鸡油菌 0.7 € + 0.3 €
Boletus edulis Bull. 美味牛肝菌 0.85 € + 0.4 €
Imleria badia (Fr.) Vizzini 黑褐牛肝菌 1.45 € + 0.55 €

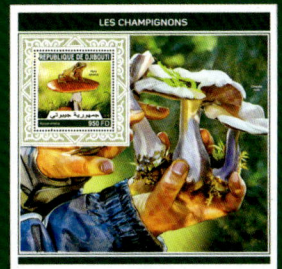

1　GUINEA（几内亚）2018.2.27
Gyromitra gigas (Krombh.) Cooke 巨大鹿花菌 12500 f
Chalciporus piperatus (Bull.) Bataille 辣牛肝菌 12500 f
Boletus aereus Bull. 铜色牛肝菌 12500 f
Entoloma incanum (Fr.) Hesler 变绿粉褶蕈 12500 f

2　*Cantharellus cibarius* Fr. 鸡油菌 50000 f
Amanita caesarea (Scop.) Pers. 橙盖鹅膏

3　*Cortinarius mucosus* (Bull.) J. Kickx f. 黏膜丝膜菌 12500 f
Tricholoma portentosum (Fr.) Quél. 灰口蘑 12500 f
Leccinum melaneum (Smotl.) Pilát & Dermek 暗黑疣柄牛肝菌 12500 f
Cantharellus cibarius Fr. 鸡油菌 12500 f

4　*Tubaria confragosa* (Fr.) Harmaja 粗糙假脐菇 50000 f
Amanita regalis (Fr.) Michael 皇家鹅膏

5　*Cantharellus cibarius* Fr. 鸡油菌 12500 f

6　*Cerioporus squamosus* (Huds.) Quél. 宽鳞角孔菌 12500 f
Coprinus comatus (O. F. Müll.) Pers. 毛头鬼伞 12500 f

Flammulina velutipes (Curtis) Singer 毛腿冬菇 12500 f
Flammulina filiformis (Z. W. Ge, X. B. Liu & Zhu L. Yang) P. M. Wang, Y. C. Dai, E. Horak & Zhu L. Yang 丝盖冬菇
Calvatia sculpta (Harkn.) Lloyd 刻鳞秃马勃 12500 f

7　*Russula virescens* (Schaeff.) Fr. 变绿红菇 50000 f
Coprinus comatus (O. F. Müll.) Pers. 毛头鬼伞
Cerioporus squamosus (Huds.) Quél. 宽鳞角孔菌

8　GUINEA-BISSAU（几内亚比绍）2018.4.16
Trametes versicolor (L.) Lloyd 云芝栓孔菌 640 f
Amanita caesarea (Scop.) Pers. 橙盖鹅膏 640 f
Amanita phalloides (Vaill. ex Fr.) Link 鬼笔鹅膏 640 f
Imleria badia (Fr.) Vizzini 黑褐牛肝菌 640 f
Suillus luteus (L.) Roussel 褐环乳牛肝菌 640 f

9　*Amanita muscaria* (L.) Lam. 鹅膏 3300 f
Suillus luteus (L.) Roussel 褐环乳牛肝菌
Trametes versicolor (L.) Lloyd 云芝栓孔菌

10　GUINEA-BISSAU（几内亚比绍）2018.7.17
Boletus edulis Bull. 美味牛肝菌 640 f

1 GUINEA-BISSAU (几内亚比绍) 2018.10.15
Clavariadelphus pistillaris (L.) Donk 棒瑚菌 640 f
Cortinarius vanduzerensis A. H. Sm. & Trappe 凡杜泽丝膜菌 640 f
Leucocybe connata (Schumach.) Vizzini, P. Alvarado, G. Moreno & Consiglio 银白杯伞 640 f
Peziza badia Pers. 疣孢褐盘菌 640 f
Scleroderma citrinum Pers. 橙黄硬皮马勃 640 f
Leccinum aurantiacum (Bull.) Gray 橙黄疣柄牛肝菌

2 *Leccinum aurantiacum* (Bull.) Gray 橙黄疣柄牛肝菌 3300 f
Leucocybe connata (Schumach.) Vizzini, P. Alvarado, G. Moreno & Consiglio 银白杯伞
Scleroderma citrinum Pers. 橙黄硬皮马勃

3 GUINEA-BISSAU (几内亚比绍) 2018.12.17
Coprinus comatus (O. F. Müll.) Pers. 毛头鬼伞 640 f
Entoloma hochstetteri (Reichardt) G. Stev. 赫氏粉褶蕈 640 f
Boletus edulis Bull. 美味牛肝菌 640 f
Amanita muscaria (L.) Lam. 鹅膏 640 f
Cantharellus cibarius Fr. 鸡油菌 640 f
Mucidula mucida (Schrad.) Pat. 黏盖菌

Mucidula mucida (Schrad.) Pat. 黏盖菌 3300 f
Coprinus comatus (O. F. Müll.) Pers. 毛头鬼伞
Entoloma hochstetteri (Reichardt) G. Stev. 赫氏粉褶蕈

5 HAITI (海地) 2018.1
Craterellus cornucopioides (L.) Pers. 灰黑喇叭菌 1 g
Hydnum repandum L. 齿菌 5 g
Cortinarius caperatus (Pers.) Fr. 皱盖丝膜菌 9 g
Lactarius torminosus (Schaeff.) Gray 毛头乳菇 11 g

6 JAPAN (日本) 2018.8.23
Boletus sp. 未定名牛肝菌 62 y
Flammulina filiformis (Z. W. Ge, X. B. Liu & Zhu L. Yang) P. M. Wang, Y. C. Dai, E. Horak & Zhu L. Yang 丝盖冬菇 82 y
Oudemansiella sp. 未定名小奥德蘑 82 y

7 LIBERIA (利比里亚) 2018.5.22
Boletus edulis Bull. 美味牛肝菌 $ 100
Russula xerampelina (Schaeff.) Fr. 黄孢红菇 $ 100
Cantharellus cibarius Fr. 鸡油菌 $ 200
Agaricus campestris L. 蘑菇 $ 200
Armillaria mellea (Vahl) P. Kumm. 蜜环菌 $ 300
Morchella esculenta (L.) Pers. 羊肚菌 $ 300

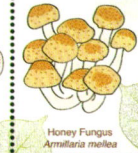
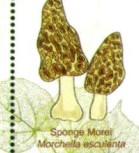

1　MALDIVES（马尔代夫）2018.5.17
Russula paludosa Britzelm. 沼泽红菇 m 20
Cantharellus cibarius Fr. 鸡油菌 m 20
Cortinarius violaceus (L.) Gray 堇紫丝膜菌 m 20
Lycoperdon echinatum Pers. 长刺马勃 m 20

2　*Verpa bohemica* (Krombh.) J. Schrot. 波地钟菌 m 60
Leccinum holopus (Rostk.) Watling 污白疣柄牛肝菌
Lactarius torminosus (Schaeff.) Gray 毛头乳菇

3　MALDIVES（马尔代夫）2018.8.1
Amanita muscaria (L.) Lam. 鹅膏 20 m
Pleurotus ostreatus (Jacq.) P. Kumm. 糙皮侧耳 20 m
Boletus edulis Bull. 美味牛肝菌 20 m
Tuber melanosporum Vittad. 黑孢块菌 20 m

4　*Hygrophoropsis aurantiaca* (Wulfen) Maire 金黄拟蜡伞 60 m
Boletus edulis Bull. 美味牛肝菌
Cantharellus cibarius Fr. 鸡油菌

Tuber melanosporum Vittad. 黑孢块菌

5　MALDIVES（马尔代夫）2018.10.4
Russula aurea Pers. 橙黄红菇 20 m
Boletus pinophilus Pilát & Dermek 褐红牛肝菌 20 m
Lactarius scrobiculatus (Scop.) Fr. 窝柄黄乳菇 20 m
Laccaria amethystina Cooke 紫蜡蘑 20 m

6　*Amanita muscaria* (L.) Lam. 鹅膏 60 m
Lactarius scrobiculatus (Scop.) Fr. 窝柄黄乳菇
Boletus pinophilus Pilát & Dermek 褐红牛肝菌

7　MOZAMBIQUE（莫桑比克）2018.4.15
Leccinum aurantiacum (Bull.) Gray 橙黄疣柄牛肝菌 116 Mt
Suillus luteus (L.) Roussel 褐环乳牛肝菌 116 Mt
Imleria badia (Fr.) Vizzini 黑褐牛肝菌 116 Mt
Russula alutacea (Fr.) Fr. 革质红菇 116 Mt

8　*Cantharellus cibarius* Fr. 鸡油菌 300 Mt
Boletus edulis Bull. 美味牛肝菌
Calocybe gambosa (Fr.) Donk 香杏丽蘑

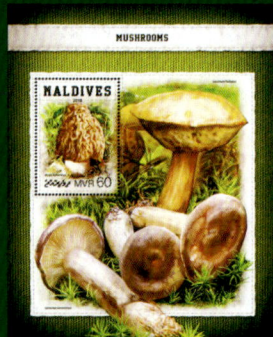

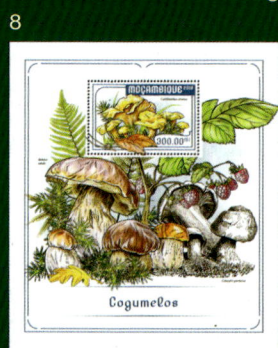

1 MOZAMBIQUE (莫桑比克) 2018.6.15

Craterellus cornucopioides (L.) Pers. 灰黑喇叭菌 116 Mt

Aleuria aurantia (Pers.) Fuckel 橙黄网孢盘菌 116 Mt

Leccinum aurantiacum (Bull.) Gray 橙黄疣柄牛肝菌 116 Mt

Omphalotus olivascens H. E. Bigelow, O. K. Mill. & Thiers 橄榄色类脐菇 116 Mt

2 *Laccaria fraterna* (Sacc.) Pegler 毛柄蜡蘑 300 Mt
Stropharia aeruginosa (Curtis) Quél. 铜绿球盖菇
Leccinum versipelle (Fr. & Hök) Snell 异色疣柄牛肝菌

3 NETHERLANDS (荷兰) 2018.9.18

Pterula multifida (Chevall.) Fr. 白须瑚菌 0.83 €

Amanita muscaria (L.) Lam. 鹅膏 0.83 €

Marasmiellus ramealis (Bull.) Singer 枝生微皮伞 0.83 €

Russula fragilis Fr. 脆红菇 0.83 €

Spinellus fusiger (Link) Tiegh. 伞菌霉 0.83 €

Clavaria argillacea Pers. 土色珊瑚菌 0.83 €

Plicaturopsis crispa (Pers.) D. A. Reid 皱波褶尾菌 0.83 €

Stropharia aeruginosa (Curtis) Quél. 铜绿球盖菇 0.83 €

Mycena haematopus (Pers.) P. Kumm. 血红小菇 0.83 €

Sparassis crispa (Wulfen) Fr. 绣球菌 0.83 €

4 NIGER (尼日尔) 2018.2.15

Clitocybe gibba (Pers.) P. Kumm. 深凹杯伞 800 f

Suillus luteus (L.) Roussel 褐环乳牛肝菌 800 f

Galerina marginata (Batsch) Kühner 纹缘盔孢菌 800 f

Laccaria amethystina Cooke 紫蜡蘑 800 f

5 *Rubroboletus satanas* (Lenz) Kuan Zhao & Zhu L. Yang 细网红牛肝菌 3300 f
Galerina marginata (Batsch) Kühner 纹缘盔孢菌
Amanita muscaria (L.) Lam. 鹅膏

6 NIGER (尼日尔) 2018.6.26

Amanita regalis (Fr.) Michael 皇家鹅膏 800 f

Chlorophyllum rhacodes (Vittad.) Vellinga 粗鳞青褶伞 800 f

Leccinum versipelle (Fr. & Hök) Snell 异色疣柄牛肝菌 800 f

Gymnopus foetidus (Sowerby) P. M. Kirk 臭味裸脚伞 800f

7 *Russula virescens* (Schaeff.) Fr. 变绿红菇 3300 f
Russula emetica (Schaeff.) Pers. 毒红菇
Suillus grevillei (Klotzsch) Singer 厚环乳牛肝菌

1　NIGER (尼日尔) 2018.10.24
Hydnum repandum L. 齿菌 800 f
Gomphus clavatus (Pers.) Gray 钉菇 800 f
Lepista nuda (Bull.) Cooke 紫丁香蘑 800 f
Suillus luteus (L.) Roussel 褐环乳牛肝菌 800 f

2　*Craterellus cornucopioides* (L.) Pers. 灰黑喇叭菌 3300 f
Coprinellus micaceus (Bull.) Vilgalys, Hopple & Jacq. Johnson 晶粒小鬼伞

3　NIGER (尼日尔) 2018.11.22
Penicillium notatum Westling 点青霉 800 f
Penicillium notatum Westling 点青霉 800 f

4　*Penicillium notatum* Westling 点青霉 3300 f

5　SAINT PIERRE AND MIQUELON (圣皮埃尔和密克隆) 2018.11.8
Marasmius oreades (Bolton) Fr. 硬柄小皮伞 0.95 €

6　SAO TOME AND PRINCIPE (圣多美和普林西比) 2018.5.19
Campanella caesia Romagn. 白脉褶菌 Db 31
Pleurotus djamor (Rumph. ex Fr.) Boedjin 淡红侧耳 Db 31
Cantharellus lateritius (Berk.) Singer 光鸡油菌 Db 31
Caloscypha fulgens (Pers.) Boud. 闪光盘菌 Db 31

7　*Cribraria argillacea* (Pers.) Pers. 赭褐筛菌 Db 124
Cyptotrama asprata (Berk.) Redhead & Ginns 橙盖干蘑

Laetiporus sulphureus (Bull.) Murrill 硫黄菌
Mucidula mucida (Schrad.) Pat. 黏盖菌

8　SAO TOME AND PRINCIPE (圣多美和普林西比) 2018.9.18
Amanita phalloides (Vaill. ex Fr.) Link 鬼笔鹅膏 Db 31
Leucocoprinus birnbaumii (Corda) Singer 纯黄白鬼伞 Db 31
Fomes fomentarius (L.) Fr. 木蹄层孔菌 Db 31
Agaricus bitorquis (Quél.) Sacc. 大肥蘑菇 Db 31
Lactarius indigo (Schwein.) Fr. 蓝绿乳菇 Db 124
Leucocoprinus birnbaumii (Corda) Singer 纯黄白鬼伞

9　*Amanita phalloides* (Vaill. ex Fr.) Link 鬼笔鹅膏 Db 6.25
Leucocoprinus birnbaumii (Corda) Singer 纯黄白鬼伞 Db 6.25
Fomes fomentarius (L.) Fr. 木蹄层孔菌 Db 6.25
Agaricus bitorquis (Quél.) Sacc. 大肥蘑菇 Db 6.25
Lactarius indigo (Schwein.) Fr. 蓝绿乳菇 Db 25
Leucocoprinus birnbaumii (Corda) Singer 纯黄白鬼伞

10 SIERRA LEONE (塞拉利昂) 2018.1.30
Rubroboletus satanas (Lenz) Kuan Zhao & Zhu L. Yang 细网红牛肝菌 le 9800
Cortinarius caperatus (Pers.) Fr. 皱盖丝膜菌 le 9800
Amanita muscaria (L.) Lam. 鹅膏
Suillus grevillei (Klotzsch) Singer 厚环乳牛肝菌 le 9800
Boletus edulis Bull. 美味牛肝菌 le 9800

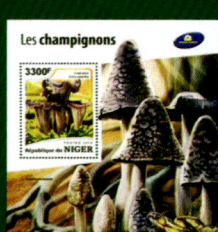

1   *Agaricus sylvicola* (Vittad.) Peck 白林地蘑菇
le 40000
Leccinum aurantiacum (Bull.) Gray 橙黄疣柄牛
肝菌

2   SIERRA LEONE (塞拉利昂) 2018.6.29
Agaricus arvensis Schaeff. 野蘑菇 le 9800
Tricholoma equestre (L.) P. Kumm. 油口蘑 le 9800
Lactarius volemus (Fr.) Fr. 多汁乳菇 le 9800
Megacollybia platyphylla (Pers.) Kotl. & Pouzar
宽褶大金钱菌 le 9800

3   *Armillaria mellea* (Vahl) P. Kumm. 蜜环菌 le 40000
Leccinum melaneum (Smotl.) Pilát & Dermek 暗
黑疣柄牛肝菌
Russula cyanoxantha (Schaeff.) Fr. 蓝黄红菇

4   *Hypsizygus tessulatus* (Bull.) Singer 玉蕈 le 9800
Cortinarius archeri Pers. 拱形丝膜菌 le 9800
Morchella esculenta (L.) Pers 羊肚菌 le 9800
Amanita muscaria (L.) Lam. 鹅膏 le 9800

5   *Amanita virosa* (Peck) Lloyd 毒鹅膏 le 40000
Hypsizygus tessulatus (Bull.) Singer 玉蕈

6   SURINAM (苏里南) 2018.3.14
Imperator rhodopurpureus (Smotl.) Assyov,
Bellanger, Bertéa, et al. 紫红帝牛肝菌 A
Phylloporus rhodoxanthus (Schwein.) Bres. 褶

孔牛肝菌 15.5 s
Rubroboletus satanas (Lenz) Kuan Zhao & Zhu
L. Yang 细网红牛肝菌 19 s
*Imleria badia (Fr.) Vizzini 黑褐牛肝菌 20 s

7   TAJIKISTAN (塔吉克斯坦) 2018.12.15
Mushroom 蘑菇 5 s

8   TOGO (多哥) 2018.2.9
Cantharellus cibarius Fr. 鸡油菌 800 f
Morchella esculenta (L.) Pers. 羊肚菌 800 f
Boletus edulis Bull. 美味牛肝菌 800 f
Tricholoma matsutake (S. Ito & S. Imai) Singer
松口蘑 800 f

9   *Pleurotus ostreatus* (Jacq.) P. Kumm. 糙皮侧耳 3300 f
Cantharellus cibarius Fr. 鸡油菌
Amanita muscaria (L.) Lam. 鹅膏
Boletus edulis Bull. 美味牛肝菌

10 TOGO (多哥) 2018.11.30
Leccinum versipelle (Fr. & Hök) Snell 异色疣柄
牛肝菌 800 f
Gyromitra esculenta (Pers.) Fr. 鹿花菌 800 f
Tarzetta catinus (Holmsk.) Korf & J. K. Rogers
碗状疣杯菌 800 f
Hypholoma lateritium (Schaeff.) P. Kumm. 砖红
垂幕菇 800 f

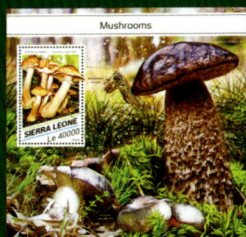

1 *Craterellus cornucopioides* (L.) Pers. 灰黑喇叭菌 800 f

Bovistella utriformis (Bull.) Demoulin & Rebriev 龟裂静灰球 800 f

Trametes versicolor (L.) Lloyd 云芝栓孔菌 800 f

Tylopilus felleus (Bull.) P. Karst. 苦粉孢牛肝菌 800 f

2 UNITED STATES (美国) 2018.2.22
Mycena chlorophos (Berk. & M. A. Curtis) Sacc. 荧光小菇 $ 0.5

3 ARTSAKH (阿尔查赫) 2019.4.22
Cerioporus squamosus (Huds.) Quél. 宽鳞角孔菌 230 f

Morchella esculenta (L.) Pers. 羊肚菌 230 f

Macrolepiota procera (Scop.) Singer 高大环柄菇 230 f

Lactarius vellereus (Fr.) Fr. 绒盖乳菇 230 f

4 BELARUS (白俄罗斯) 2019.6.27
Xanthoria parietina (L.) Th. Fr. var. *parietina* 石黄衣原变种 0.48 r

Lobaria pulmonaria (L.) Hoffm. 肺衣 1.56 r

Cladonia floerkeana (Fr.) Flörke 红头石蕊 1.68 r

5 BRAZIL (巴西) 2019.6.5
Geastrum violaceus Rick 紫绒地星 $ 1.6

Laetiporus sulphureus (Bull.) Murrill 硫黄菌 $ 1.6

Oudemansiella cubensis (Berk. & M. A. Curtis)

R. H. Petersen 古巴小奥德蘑 $ 1.6

Clathrus chrysomycelinus Möller 黄笼头菌 $ 1.6

Hydnopolyporus fimbriatus (Cooke) D. A. Reid 流苏刺孔菌 $ 1.6

Clathrus columnatus Bosc 柱状笼头菌 $ 1.6

6 CENTRAL AFRICA (中非) 2019.1.16
Morchella elata Fr. 高羊肚菌 900 f

Morchella esculenta (L.) Pers. 羊肚菌

Morchella rufobrunnea Guzmán & F. Tapia 变红羊肚菌

Amanita muscaria (L.) Lam. 鹅膏 900 f

Lactarius salmonicolor R. Heim & Leclair 鲑色乳菇 900 f

Lepsita nuda (Bull.) Cooke 紫丁香蘑 900 f

7 *Russula nobilis* Velen. 高贵红菇 3600 f

Amanita muscaria (L.) Lam. 鹅膏

8 *Boletus aereus* Bull. 铜色牛肝菌 850 f

Boletus edulis Bull. 美味牛肝菌

9 CENTRAL AFRICA (中非) 2019.8.22
Cortinarius rubellus Cooke 细鳞丝膜菌 900 f

Amanita pantherina (DC.) Krombh. 豹斑鹅膏 900 f

Amanita caesarea (Scop.) Pers. 橙盖鹅膏 900 f

Chlorophyllum molybdites (G. Mey.) Massee ex P. Syd. 大青褶伞 900 f

1

4

2

3

7

8

6

5

9

1   *Amanita muscaria* (L.) Lam. 鹅膏 3600 f

2   **CENTRAL AFRICA (中非) 2019.11.21**

Pleurotus djamor (Rumph. ex Fr.) Boedjin 淡红侧耳 850 f

Cantharellus cibarius Fr. 鸡油菌 850 f

Armillaria mellea (Vahl) P. Kumm. 蜜环菌 850f

Boletus edulis Bull. 美味牛肝菌 850 f

3   *Morchella esculenta* (L.) Pers. 羊肚菌 3300 f

Russula emetica (Schaeff.) Pers. 毒红菇

Lactarius quietus (Fr.) Fr. 静生乳菇

Suillus luteus (L.) Roussel 褐环乳牛肝菌

4   **CENTRAL AFRICA (中非) 2019.12.21**

Cantharellus cibarius Fr. 鸡油菌 900 f

Amanita excelsa (Fr.) Bertill. 青鹅膏 900 f

Tricholoma imbricatum (Fr.) P. Kumm. 鳞盖口蘑 900 f

Amanita muscaria (L.) Lam. 鹅膏 900 f

5   *Armillaria mellea* (Vahl) P. Kumm. 蜜环菌 3600 f

Mycena inclinata (Fr.) Quél. 美腿小菇

6   **DJIBOUTI (吉布提) 2019.2.27**

Macrolepiota procera (Scop.) Singer 高大环柄菇 240 f

Leccinum aurantiacum (Bull.) Gray 橙黄疣柄牛肝菌 240 f

Boletus edulis Bull. 美味牛肝菌 240 f

Lactarius deterrimus Gröger 劣味乳菇 240 f

7   *Leccinum versipelle* (Fr. & Hök) Snell 异色疣柄牛肝菌 950 f

Leccinum aurantiacum (Bull.) Gray 橙黄疣柄牛肝菌

8   **DJIBOUTI (吉布提) 2019.7.27**

Tricholoma equestre (L.) P. Kumm. 油口蘑 250 f

Gyroporus cyanescens (Bull.) Quél. 蓝圆孔牛肝菌 250 f

Boletus edulis Bull. 美味牛肝菌 250 f

Boletus aereus Bull. 铜色牛肝菌 250 f

Schizophyllum commune Fr. 裂褶菌

1

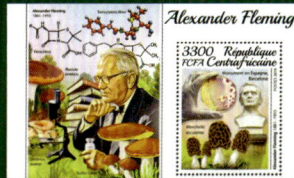
2

3

4

5

6

7

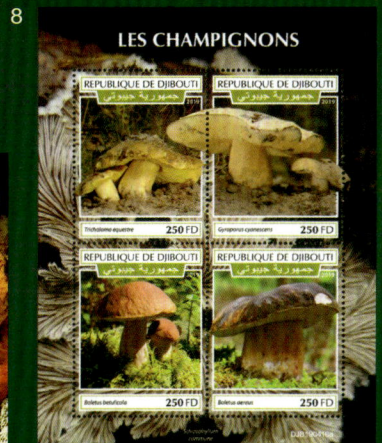
8

1 *Hydnum repandum* L. 齿菌 1000 f
Leccinum scabrum (Bull.) Gray 褐疣柄牛肝菌
Suillus variegatus (Sw.) Richon & Roze 斑乳牛肝菌

2 DJIBOUTI (吉布提) 2019.12.10
Leccinum versipelle (Fr. & Hök) Snell 异色疣柄牛肝菌 250 f
Hypsizygus tessulatus (Bull.) Singer 玉蕈 250 f
Leccinum scabrum (Bull.) Gray 褐疣柄牛肝菌 250 f
Morchella esculenta (L.) Pers. 羊肚菌 250 f

3 *Boletus edulis* Bull. 美味牛肝菌 1000 f
Amanita muscaria (L.) Lam. 鹅膏
Leccinum versipelle (Fr. & Hök) Snell 异色疣柄牛肝菌

4 DOMINICAN (多米尼加) 2019.8.21
Chlorophyllum molybdites (G. Mey.) Massee ex P. Syd. 大青褶伞 $ 20
Amanita cruzii O. K. Miller & Lodge 克鲁兹鹅膏 $ 20
Clathrus roseovolvatus Lécuru, Mornand, Fiard & Courtec. 玫瑰状托笼头菌 $ 20
Cookeina sulcipes (Berk.) Kuntze 槽柄毛杯菌 $ 20
Entoloma altissimum (Massee) E. Horak 高粉褶蕈 $ 20

Leucocoprinus fragilissimus (Ravenel ex Berk. & M. A. Curtis) Pat. 易碎白鬼伞 $ 20
Leucopaxillus gracillimus Singer & A. H. Sm. 纤细白桩菇 $ 20
Marasmius tageticolor Berk. 万寿菊小皮伞 $ 20
Phallus indusiatus Vent. 长裙竹荪 $ 20
Geastrum violaceum Rick 紫绒地星 $ 20
Phillipsia domingensis Berk. 多地歪盘菌 $ 20
Laternea pusilla Berk. & M. A. Curtis 小笼柱菌 $ 20
Clathrus crispus Turpin 皱纹笼头菌
Tremella fuciformis Berk. 银耳

5 ESTONIA (爱沙尼亚) 2019.8.29
Galerina marginata (Batsch) Kühner 纹缘盔孢伞 0.65 €

6 GREAT BRITAIN (英国) 2019.10.10
Amanita muscaria (L.) Lam. 鹅膏 ￡ 4.34
Boletus edulis Bull. 美味牛肝菌

7 GUINEA (几内亚) 2019.7
Pleurotus ostreatus (Jacq.) P. Kumm. 糙皮侧耳 12500 f
Cantharellus cibarius Fr. 鸡油菌 12500 f
Amanita muscaria (L.) Lam. 鹅膏 12500 f
Lentinula edodes (Berk.) Pegler 香菇 12500 f

1 *Boletus edulis* Bull. 美味牛肝菌 50000 f

Armillaria mellea (Vahl) P. Kumm. 蜜环菌

2 **GUINEA（几内亚）2019.12**

Cortinarius rubellus Cooke 细鳞丝膜菌 12500 f

Gyromitra esculenta (Pers.) Fr. 鹿花菌 12500 f

Amanita virosa (Peck) Lloyd 毒鹅膏 12500 f

Galerina marginata (Batsch) Kühner 纹缘盔孢伞 12500 f

3 *Amanita phalloides* (Vaill. ex Fr.) Link 鬼笔鹅膏 50000 f

Clathrus ruber P. Micheli ex Pers. 红笼头菌

Geastrum fimbriatum Fr. 毛嘴地星

4 **GUINEA（几内亚）2019.12**

Morchella esculenta (L.) Pers. 羊肚菌 12500f

Cantharellus cibarius Fr. 鸡油菌 12500 f

Russula emetica (Schaeff.) Pers. 毒红菇 12500 f

Boletus edulis Bull. 美味牛肝菌 12500 f

Hypsizygus tessulatus (Bull.) Singer 玉蕈

5 *Leccinum aurantiacum* (Bull.) Gray 橙黄疣柄牛肝菌 50000 f

Amanita muscaria (L.) Lam. 鹅膏

Armillaria mellea (Vahl) P. Kumm. 蜜环菌

Lactarius deliciosus (L.) Gray 松乳菇

Tricholoma matsutake (S. Ito & S. Imai) Singer 松口蘑

6 **GUINEA-BISSAU（几内亚比绍）2019.3**

Lepista nuda (Bull.) Cooke 紫丁香蘑 640 f

Hypholoma fasciculare (Huds.) P. Kumm. 簇生垂幕菇 640 f

Morchella esculenta (L.) Pers. 羊肚菌 640 f

Amanita phalloides (Vaill. ex Fr.) Link 鬼笔鹅膏 640 f

7 *Hypsizygus tessulatus* (Bull.) Singer 玉蕈 3300 f

Amanita muscaria (L.) Lam. 鹅膏

8 **GUINEA-BISSAU（几内亚比绍）2019**

Lactarius deliciosus (L.) Gray 松乳菇 640 f

Hypomyces lactifluorum (Schwein.) Tul. & C. Tul. 泌乳菌寄生 640 f

Russula aurea Pers. 橙黄红菇 640 f

Caloboletus calopus (Pers.) Vizzini 美柄牛肝菌 640 f

Sarcoscypha coccinea (Gray) Boud. 绯红肉杯菌 640 f

Microstoma floccosum (Schwein.) Raitv. 卷毛小口盘菌

9 *Craterellus cornucopioides* (L.) Pers. 灰黑喇叭菌 3300 f

Microstoma floccosum (Schwein.) Raitv. 卷毛小口盘菌

Boletus edulis Bull. 美味牛肝菌

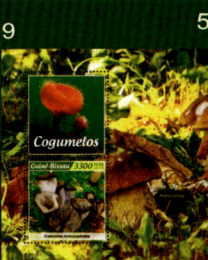

1 GUINEA-BISSAU（几内亚比绍）2019

Amanita muscaria (L.) Lam. 鹅膏 550 f
Boletus pinophilus Pilát & Dermek 褐红牛肝菌 550 f
Amanita pantherina (DC.) Krombh. 豹斑鹅膏 550 f
Hortiboletus rubellus (Krombh.) Simonini, Vizzini & Gelardi 朱红花园牛肝菌 550 f
Amanita phalloides (Vaill. ex Fr.) Link 鬼笔鹅膏 550 f
Cantharellus cibarius Fr. 鸡油菌 550 f

2 *Agaricus augustus* Fr. 大紫蘑菇 3300 f
Boletus edulis Bull. 美味牛肝菌

3 JAPAN（日本）2019.8.23

Amanita hemibapha (Berk. & Broome) Sacc. 红黄鹅膏 84 y

4 JAPAN（日本）2019.9.4

Lentinula edodes (Berk.) Pegler 香菇 63 y

5 JAPAN（日本）2019.10.23

Mushroom 蘑菇 63 y
Amanita caesareoides Lj.N. Vassiljeva 拟橙盖鹅膏 84 y

6 KAZAKHSTAN（哈萨克斯坦）2019.12.10

Lactarius resimus (Fr.) Fr. 卷边乳菇 280 t

Morchella steppicola Zerova 草坡羊肚菌 280 t
Cantharellus cibarius Fr. 鸡油菌 280 t
Leccinum vulpinum Watling 赤褐色疣柄牛肝菌 280 t
Marasmius oreades (Bolton) Fr. 硬柄小皮伞 280 t
Boletus edulis Bull. 美味牛肝菌 280 t

7 KRGYZSTAN（吉尔吉斯斯坦）2019.3.14

Clitocybe dealbata (Sowerby) P. Kumm. 毒杯伞 50 k
Agaricus xanthodermus Genev. 黄斑蘑菇 75 k
Hypholoma fasciculare (Huds.) P. Kumm. 簇生垂幕菇 100 k
Lepiota brunneoincarnata Chodat & C. Martín 肉褐鳞环柄菇 150 k

8 MALDIVES（马尔代夫）2019.6.15

Leucocoprinus birnbaumii (Corda) Singer 纯黄白鬼伞 m 20
Pleurotus ostreatus (Jacq.) P. Kumm. 糙皮侧耳 m 20
Leccinum aurantiacum (Bull.) Gray 橙黄疣柄牛肝菌 m 20
Stropharia aeruginosa (Curtis) Quél. 铜绿球盖菇 m 20

9 *Boletus edulis* Bull. 美味牛肝菌 m 60
Armillaria mellea (Vahl) P. Kumm. 蜜环菌

1 MALDIVES（马尔代夫）2019.10.20

Hericium erinaceus (Bull.) Pers. 猴头菇 m 20

Amanita muscaria (L.) Lam. 鹅膏 m 20

Tricholoma imbricatum (Fr.) P. Kumm. 鳞盖口蘑 m 20

Craterellus cornucopioides (L.) Pers. 灰黑喇叭菌 m 20

2 *Cantharellus cibarius* Fr. 鸡油菌 m 60

Flammulina filiformis (Z. W. Ge, X. B. Liu & Zhu L. Yang) P. M. Wang, Y. C. Dai, E. Horak & Zhu L. Yang 丝盖冬菇

3 MOZAMBIQUE（莫桑比克）2019.2.10

Galerina marginata (Batsch) Kühner 纹缘盔孢伞 116 Mt

Amanita verna (Bull.) Lam. 春生鹅膏 116 Mt

Amanita excelsa (Fr.) Bertill. 青鹅膏 116 Mt

Omphalotus illudens (Schwein.) Bresinsky & Besl 亮光类脐菇 116 Mt

4 *Amanita phalloides* (Vaill. ex Fr.) Link 鬼笔鹅膏 300 Mt

Amanita muscaria (L.) Lam. 鹅膏

5 MOZAMBIQUE（莫桑比克）2019

Hericium erinaceus (Bull.) Pers. 猴头菇 116 Mt

Rubroboletus satanas (Lenz) Kuan Zhao & Zhu L. Yang 细网红牛肝菌 116 Mt

Flammulina velutipes (Curtis) Singer 毛腿冬菇 116 Mt

Laccaria amethystina Cooke 紫蜡蘑 116 Mt

6 *Phallus indusiatus* Vent. 长裙竹荪 300 Mt

Leccinum aurantiacum (Bull.) Gray 橙黄疣柄牛肝菌

7 MOZAMBIQUE（莫桑比克）2019.2.10

Penicillium roqueforti Thom 娄地青霉 116 Mt

Sporothrix schenckii Hektoen & C. F. Perkins 申克氏孢子丝菌 116 Mt

Talaromyces marneffei (Segretain, Capponi & Sureau) Samson, N. Yilmaz, Frisvad & Seifert 马尔尼菲篮状菌 116 Mt

Penicillium roqueforti Thom 娄地青霉

8 *Penicillium roqueforti* Thom 娄地青霉 300 Mt

Penicillium roqueforti Thom 娄地青霉

9 MOZAMBIQUE（莫桑比克）2019.11

Amanita caesarea (Scop.) Pers. 橙盖鹅膏 116 Mt

Lactarius torminosus (Schaeff.) Gray 毛头乳菇 116 Mt

Suillus luteus (L.) Roussel 褐环乳牛肝菌 116 Mt

Flammulina velutipes (Curtis) Singer 毛腿冬菇 116 Mt

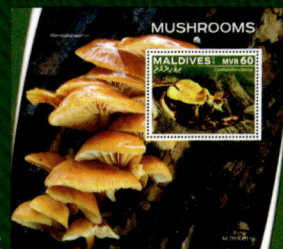

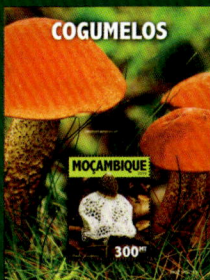

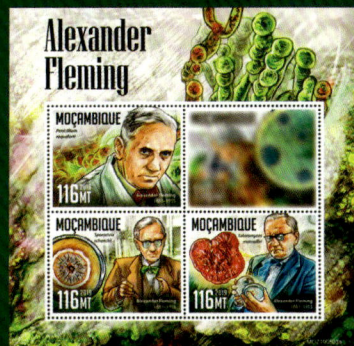

1　*Imleria badia* (Fr.) Vizzini 黑褐牛肝菌 300 MT
　　Cantharellus cibarius Fr. 鸡油菌

2　**MUSTIQUE（马斯蒂克）2019.4.6**
　　Agaricus bisporus (J. E. Lange) Imbach 双孢蘑
　　菇 $ 2
　　Cantharellus cibarius Fr. 鸡油菌 $ 4
　　Leccinum aurantiacum (Bull.) Gray 橙黄疣柄牛
　　肝菌 $ 6
　　Amanita muscaria (L.) Lam. 鹅膏 $ 2
　　Armillaria mellea (Vahl) P. Kumm. 蜜环菌 $ 4
　　Boletus edulis Bull. 美味牛肝菌 $ 6

3　**NIGER（尼日尔）2019.2.27**
　　Cantharellus cibarius Fr. 鸡油菌 800 f
　　Boletus edulis Bull. 美味牛肝菌 800 f
　　Morchella esculenta (L.) Pers. 羊肚菌 800 f
　　Lactarius deliciosus (L.) Gray 松乳菇 800 f
　　Hypsizygus tessulatus (Bull.) Singer 玉蕈

4　*Amanita phalloides* (Vaill. ex Fr.) Link 鬼笔鹅膏 3300 f
　　Galerina marginata (Batsch) Kühner 纹缘盔孢伞
　　Amanita muscaria (L.) Lam. 鹅膏
　　Coprinus comatus (O. F. Müll.) Pers. 毛头鬼伞

5　**NIGER（尼日尔）2019.6.26**
　　Cystoderma amianthinum (Scop.) Fayod 皱盖囊
　　皮伞 800 f
　　Hypsizygus tessulatus (Bull.) Singer 玉蕈 800 f

**　**　*Cantharellus cibarius* Fr. 鸡油菌 800 f
　　Lepsita nuda (Bull.) Cooke 紫丁香蘑 800 f

6　*Flammulina velutipes* (Curtis) Singer 毛腿冬菇 3300 f
　　Leccinum scabrum (Bull.) Gray 褐疣柄牛肝菌

7　**NIGER（尼日尔）2019.8.24**
　　Sarcoscypha coccinea (Gray) Boud. 绯红肉杯
　　菌 800 f
　　Penicillium chrysogenum Thom 产黄青霉 800 f
　　Penicillium chrysogenum Thom 产黄青霉 800 f
　　Armillaria solidipes Peck 硬柄蜜环菌 800 f

8　*Omphalotus nidiformis* (Berk.) O. K. Mill. 巢形类
　　脐菇 3300 f
　　Armillaria solidipes Peck 硬柄蜜环菌
　　Penicillium chrysogenum Thom 产黄青霉

9　**NIGER（尼日尔）2019.12.10**
　　Ramaria aurea (Schaeff.) Quél. 金黄枝瑚菌 800 f
　　Spathularia flavida Pers. 黄地勺菌 800 f
　　Lycoperdon echinatum Pers. 长刺马勃 800 f
　　Sarcodon imbricatus (L.) P. Karst. 翘鳞肉齿菌 800 f

10　*Leccinum aurantiacum* (Bull.) Gray 橙黄疣柄牛
　　肝菌 3300 f
　　Neoboletus erythropus (Pers.) C. Hahn 红柄新
　　牛肝菌
　　Cantharellus cibarius Fr. 鸡油菌

1 PHILIPPINES（菲律宾）2019.11.20

Russula luteotacta Rea 触黄红菇 25 p

Geastrum saccatum Fr. 袋形地星 25 p

Microporus veluticeps (Speg.) Kuntze 绒盖小孔菌 25 p

Macrolepiota procera (Scop.) Singer 高大环柄菇 25 p

2 SAO TOME AND PRINCIPE（圣皮埃尔和密克隆）2019.11.12

Boletus chippewaensis A. H. Sm. & Thiers 齐佩瓦牛肝菌 1.5 €

3 SAO TOME AND PRINCIPE（圣多美和普林西比）2019.4.10

Hortiboletus rubellus (Krombh.) Simonini, Vizzini & Gelardi 朱红花园牛肝菌 Db 31

Laccaria amethystina Cooke 紫蜡蘑 Db 31

Russula emetica (Schaeff.) Pers. 毒红菇 Db 31

Macrolepiota procera (Scop.) Singer 高大环柄菇 Db 31

4 *Stropharia caerulea* Kreisel 蓝紫球盖菇 Db 124

Amanita muscaria (L.) Lam. 鹅膏

5 SAO TOME AND PRINCIPE（圣多美和普林西比）2019.8.14

Boletus edulis Bull. 美味牛肝菌 Db 31

Cerioporus squamosus (Huds.) Quél. 宽鳞角孔菌 Db 31

Ganoderma lucidum (Curtis) P. Karst. 亮盖灵芝 Db 31

Lactarius deliciosus (L.) Gray 松乳菇 Db 31

6 *Cantharellus cibarius* Fr. 鸡油菌 Db 124

Grifola frondosa (Dicks.) Gray 灰树花

7 SAO TOME AND PRINCIPE（圣多美和普林西比）2019.11.19

Mitrophora semilibera (DC.) Lév. 半开钟柄菌 Db 31

Leccinum versipelle (Fr. & Hök) Snell 异色疣柄牛肝菌 Db 31

Hypholoma lateritium (Schaeff.) P. Kumm. 砖红垂幕菇 Db 31

Calocera viscosa (Pers.) Fr. 鹿胶角菌 Db 31

8 *Craterellus lutescens* (Fr.) Fr. 变黄喇叭菌 Db 124

Macrolepiota procera (Scop.) Singer 高大环柄菇

Ramaria flava (Schaeff.) Quél. 黄枝瑚菌

9 SERBIA（塞尔维亚）2019.3.7

Psilocybe serbica M. M. Moser & E. Horak 塞尔维亚裸盖菇 50 d

Tuber petrophilum Milenković, P. Jovan., Grebenc, Ivančević & Marković 岩屑块菌 50 d

Coprinopsis picacea (Bull.) Redhead, Vilgalys & Moncalvo 鹊拟鬼伞 50 d

Octospora pannosa T. Richter, M. Vega & D. Savić 粗糙八孢盘菌 50 d

1　SIERRA LEONE（塞拉利昂）2019.2.10
Amanita muscaria (L.) Lam. 鹅膏 le 12500
Amanita ibotengutake T. Oda, C. Tanaka & Tsuda 假球基鹅膏 le 12500
Psilocybe semilanceata (Fr.) P. Kumm. 半裸盖菇 le 12500
Cantharellus cibarius Fr. 鸡油菌 le 12500

2　*Armillaria mellea* (Vahl) P. Kumm. 蜜环菌 le 50000
Boletus edulis Bull. 美味牛肝菌

3　SIERRA LEONE（塞拉利昂）2019
Gyromitra esculenta (Pers.) Fr. 鹿花菌 le 12500
Amanita muscaria (L.) Lam. 鹅膏 le 12500
Gomphidius glutinosus (Schaeff.) Fr. 黏铆钉菇 le 12500
Gomphus clavatus (Pers.) Gray 钉菇 le 12500

4　*Mycena haematopus* (Pers.) P. Kumm. 血红小菇 le 50000
Amanita muscaria (L.) Lam. 鹅膏
Gomphidius glutinosus (Schaeff.) Fr. 黏铆钉菇
Gomphus clavatus (Pers.) Gray 钉菇

5　SIERRA LEONE（塞拉利昂）2019.8
Marasmius rotula (Scop.) Fr. 轮小皮伞 le 12500
Leccinum variicolor Watling 变色疣柄牛肝菌 le 12500
Lactarius piperatus (L.) Pers. 辣味乳菇 le 12500

Coprinopsis atramentaria (Bull.) Redhead, Vilgalys & Moncalvo 墨汁拟鬼伞 le 12500

6　*Suillus grevillei* (Klotzsch) Singer 厚环乳牛肝菌 le 50000
Leccinum versipelle (Fr. & Hök) Snell 异色疣柄牛肝菌
Imleria badia (Fr.) Vizzini 黑褐牛肝菌

7　SIERRA LEONE（塞拉利昂）2019.11
Rhodotus palmatus (Bull.) Maire 缘网粉菇 le 12500
Tremella mesenterica Retz. 金黄银耳 le 12500
Hygrophorus marzuolus (Fr.) Bres. 三月蜡伞 le 12500
Tricholomopsis rutilans (Schaeff.) Singer 赭红拟口蘑 le 12500

8　*Lactarius deterrimus* Gröger 劣味乳菇 le 50000
Pleurotus ostreatus (Jacq.) P. Kumm. 糙皮侧耳

9　SIERRA LEONE（塞拉利昂）2019.12
Boletus edulis Bull. 美味牛肝菌 le 12500
Hortiboletus rubellus (Krombh.) Simonini, Vizzini & Gelardi 朱红花园牛肝菌 le 12500
Armillaria mellea (Vahl) P. Kumm. 蜜环菌 le 12500
Hydnum repandum L. 齿菌 le 12500

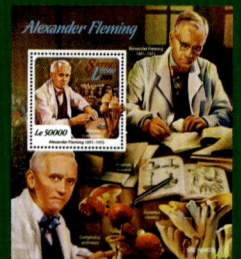

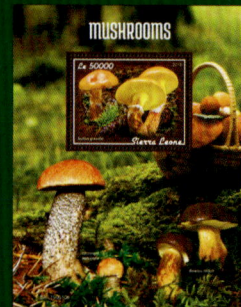

1 *Cantharellus cibarius* Fr. 鸡油菌 le 50000
Amanita muscaria (L.) Lam. 鹅膏

2 TAJIKISTAN（塔吉克斯坦）2019.11.1
Gyromitra esculenta (Pers.) Fr. 鹿花菌 3.5 s
Russula foetens (Pers.) Pers. 臭红菇 4.2 s
Russula sp. 未定名红菇 5.8 s

3 TOGO（多哥）2019.6.25
Amanita muscaria (L.) Lam. 鹅膏 800 f
Coprinus comatus (O. F. Müll.) Pers. 毛头鬼伞 800 f
Coprinellus micaceus (Bull.) Vilgalys, Hopple & Jacq. Johnson 晶粒小鬼伞
Cantharellus cibarius Fr. 鸡油菌 800 f
Lycoperdon perlatum Pers. 网纹马勃 800 f
Amanita rubescens Pers. 赭盖鹅膏

4 *Pleurotus ostreatus* (Jacq.) P. Kumm. 糙皮侧耳 3300 f

Boletus edulis Bull. 美味牛肝菌

5 TOGO（多哥）2019
Amanita muscaria (L.) Lam. 鹅膏 800 f
Inocybe geophylla (Bull.) P. Kumm. 污白丝盖伞 800 f
Morchella esculenta (L.) Pers. 羊肚菌 800 f
Cantharellus cibarius Fr. 鸡油菌 800 f

6 *Flammulina velutipes* (Curtis) Singer 毛腿冬菇 3300 f
Boletus edulis Bull. 美味牛肝菌

7 UZBEKISTAN（乌兹别克斯坦）2019.12.10
Morchella esculenta (L.) Pers. 羊肚菌 3200 s
Pleurotus ostreatus (Jacq.) P. Kumm. 糙皮侧耳 3400 s
Pleurotus eryngii (DC.) Quél. 刺芹侧耳 3500 s
Lepista personata (Fr.) Cooke 粉紫香蘑 5800 s

1

2

3

4

5

6

7

附录1 方寸之间的菌物科学
（Appendix 1　The Fungal Sciences on Stamps）

1.1　世界第一枚菌菇邮票
（First Fungal Stamp in the World）

1894年11月19日（清光绪二十年十月），由清政府海关总税务司赫德提议，海关外籍职员费拉尔（R. A. de Villard）绘图设计，上海海关造册厂印刷，清代海关邮政为慈禧太后六十寿辰而发行慈禧寿辰纪念邮票，俗称"万寿票"。万寿票造就了中国邮票及邮政史上的许多之最：①清代海关邮政发行的最后一套邮票；②我国发行的第一套纪念邮票；③我国发行的第一套多图案邮票；④我国第一套公布设计者的邮票。其中一枚更是世界邮票史上的第一枚菌菇邮票（金铃，2015）。

万寿票全套共9枚，图案各不相同：面值1分银（朱红）为五福捧寿；2分银（绿）为云龙花卉；3分银（橘黄）为云龙蟠桃；4分银（玫红）为云龙牡丹；5分银（橘黄）为鲤鱼瑞芝；6分银（棕）为云龙万年青；9分银（深绿）为双龙捧寿；1钱2分银（深橘黄）为双龙牡丹；2钱4分银（洋红）为帆船蟠桃。齿孔度数：12；印刷版别：石印；纸质：有水印纸；水印图形：太极图；图幅：(1) ～ (6) 19mm×24mm；(7) (8) 31.5mm×24.5mm；(9) 32mm×24.5mm。

(1)　　(2)　　(3)　　(4)　　(5)　　(6)

(7)　　　(8)　　　(9)

万寿票全套

其中，面值5分银的票中间是鲤鱼（寓意"鱼跃龙门"），上边是灵芝生于吉祥草中，下边是万年青，三者在中国传统文化中都属于吉祥之物，因此它也叫作"鲤鱼瑞芝"票。"鲤鱼瑞芝"票也由此成为1840年世界上首枚邮票（黑便士）发行以来的第一枚菌菇图案的邮票，据费拉尔称初版总发行量为192.732万枚，8 542张。

1894年初版

1897年再版

莫伦道夫版

初版小字改值

"鲤鱼瑞芝"票

初版大字短距改值　初版大字长距改值　再版大字长距改值　再版大字短距改值

不同版本的"鲤鱼瑞芝"票

万寿票版别：由于万寿票印制时间短，各种变异品、趣味品较多，后期又有诸多加盖票。万寿票在我国邮政史和集邮史上均有极重要的地位。万寿票存在着初版、再版、改版、莫伦道夫版以及加盖改值票等多个版本，因此"鲤鱼瑞芝"票也同样存在多达8个版本，市面流通的面值也不尽相同，甚至相差10倍。

1.2　从方寸世界聚焦加勒比地区独特的菌物多样性

（Focus on the Unique Diversity of Fungus in Caribbean from Stamps）

加勒比海（Caribbean Sea）以印第安人部族命名，意思是"勇敢者"，面积约275万 km^2，是世界上最大的内海，位于大西洋西部边缘，北纬9°～22°，西经89°～60°。有人曾把它和墨西哥湾并称为"美洲地中海"，海洋学上称中美海。加勒比海南接委内瑞拉、哥伦比亚和巴拿马海岸；西接哥斯达黎加、尼加拉瓜、洪都拉斯、危地马拉、伯利兹和犹加敦半岛；北接大安的列斯群岛，东接小安的列斯群岛。其范围定为：从尤卡坦半岛的卡托切角起，按顺时针方向，经尤卡坦海峡到古巴岛，再到伊斯帕尼奥拉岛（海地、多米尼加）、波多黎各岛，经阿内加达海峡到小安的列斯群岛，并沿这些群岛的外缘到委内瑞拉的巴亚角的连线为界，尤卡坦海峡峡口的连线是加勒比海与墨西哥湾的分界线。

加勒比地区是地球上生物物种最多的地区，加勒比地区的菌物资源在D. W.明特（D. W. Minter和M. L.理查德森（M. L. Richardsond）等众多菌物学家的努力下得到很好的记录和研究。特别是1998—2001年，在英国达尔文创新计划（Darwin Initiative）的资助下，菌物学家通过收集、整理现有的标本和文献的信息，建立了加勒比地区菌物数据库，并对全世界开放，该数据库收集了波多黎各、特立尼达和多巴哥、多米尼加共和国、委内瑞拉和古巴5个加勒比国家的菌物资源，仅古巴就有6 843个记录。

据报道，从2001年起凯瑟琳·艾美（Catherine Aime）博士等多位国际菌物学家用了7年时间在圭亚那热带雨林6个样方的土地上进行考察研究，惊人地发现每100m^{2}就有约1 200种大型真菌。经过详细研究，他们鉴定出600多个样本属于新种。此次发现不仅增加了真菌的记录种类，还将改变人们对现有菌物种群的认识。其中发现的1个新属和新种特别引人注目，那就是 *Pseudotulostoma volvata* O. K. Mill. & T. W. Henkel（具托假柄灰锤菌），被 *Mycological Research* 称之为"世纪之菇"（fungus of the century），可以生长数个月，体积大到难以置信，可和树木共生。

2011年10月12日，圭亚那为了呈现这次令人鼓舞的发现，发行了4套12枚邮票，展示了部分新种，甚至新属。

含有6枚邮票的小全张，展示7个新种

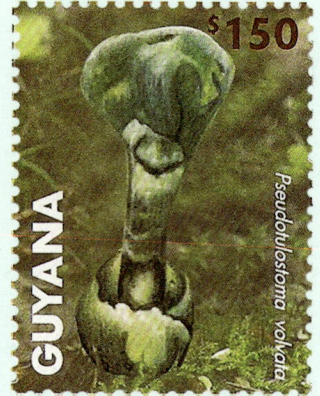

具托假柄灰锤菌（世纪之菇）

截至2019年12月，根据笔者不完全统计，全世界246个国家和地区共发行了2 300多套，6 800多枚菌菇邮票，涵盖376个属，1 405个种，而加勒比地区32个国家和地区发行了301套978枚，虽然发行数量并不多，但覆盖了158个属的534个种，属种数分别占全球发行总量的42.3%和38.9%，其中213种（隶属于94个属）未见其他国家和地区发行。现将这些加勒比地区特有菌物邮票的名录列出（注：邮票的特有并不代表实际意义上的菌菇独有），以供关注加勒比地区生物多样性的生物学家参考，通过了解它们大致的分布为未来探索加勒比地区丰富的菌物资源提供借鉴。

加勒比地区特有菌物邮票名录

编号	中文名	拉丁学名	发行国家和地区及发行时间
1	银色蘑菇	*Agaricus argenteus* Braendle	格林纳达（Grenada），1997
2	甜蘑菇	*A. dulcidulus* Schulzer	格林纳达格林纳丁斯（Grenada Grenadines），1989、1991
3	褐黄蘑菇	*A. rufoaurantiacus* Heinem.	格林纳达格林纳丁斯（Grenada Grenadines），1989
4	硬田头菇	*Agrocybe dura*（Bolton）Singer	圭亚那（Guyana），1997
5	萼柱白小粉褶蕈	*Alboleptonia stylophora*（Berk. & Broome）Pegler	圣基茨（Saint Kitts），2010
6	片鳞鹅膏	*Amanita agglutinate*（Berk. & M. A. Curtis）Singer	圣文森特（Saint Vincent），1992
7	安的列斯鹅膏	*A. antillana* Dennis	圣文森特（Saint Vincent），1992
8	棕黄色鹅膏	*A. aurantiobrunnea* C. M. Simmons, T. W. Henkel & Bas	圭亚那（Guyana），2011
9	美彩鹅膏	*A. calochroa* C. M. Simmons, T. W. Henkel & Bas	格林纳达/卡里亚库岛和小马提尼克岛（Grenada/Carriacou and Petite Martinique），2011
10	皮帽鹅膏	*A. calyptzoderma* G. F. Atk. & V. G. Ballen	圭亚那（Guyana），2000
11	坎品那然那鹅膏	*A. campinaranae* Bas	安提瓜和巴布达（Antigua and Barbuda），2011
12	薄皮鹅膏	*A. craseoderma* Bas	格林纳达格林纳丁斯（Grenada Grenadines），1991；格林纳丁斯（圣文森特）（Grenadines of Saint Vincent），1992；安提瓜和巴布达（Antigua and Barbuda），2011

（续）

编号	中文名	拉丁学名	发行国家和地区及发行时间
13	克鲁兹鹅膏	*A. cruzii* O. K. Miller & Lodge	格林纳达/卡里亚库岛和小马提尼克岛（Grenada/Carriacou and Petite Martinique），2007
14	紫绀鹅膏	*A. cyanopus* C. M. Simmons, T. W. Henkel & Bas	安提瓜和巴布达（Antigua and Barbuda），2011
15	黄红鹅膏	*A. flavorubens* Atk.	格林纳达（Grenada），1997
16	恶味鹅膏	*A. ingrata* Pegler	圣文森特（Saint Vincent），1992
17	小孢鹅膏	*A. microspora* O. K. Miller	格林纳达/卡里亚库岛和小马提尼克岛（Grenada/Carriacou and Petite Martinique），2007
18	鹅膏黄托亚种	*A. muscara* subsp. *flavilvolvata* Singer	格林纳达（Grenada），1997
19	赭鹅膏	*A. ocreata* Peck	圣基茨（Saint Kitts），2010
20	卵盖鹅膏	*A. ovoidea*（Bull.）Link	圣文森特和格林纳丁斯（Saint Vincent and the Grenadines），1998
21	假无孢鹅膏	*A. perphaea* C. M. Simmons, T. W. Henkel & Bas	圭亚那（Guyana），2011
22	多锥鹅膏	*A. polypyramis*（Berk. & M. A. Curtis）Sacc.	格林纳达/卡里亚库岛和小马提尼克岛（Grenada/Carriacou and Petite Martinique），2007；多米尼克（Dominica），2009
23	古斯曼假芝	*Amauroderma gusmanianum* Torrend	圭亚那（Guyana），2011
24	普氏蜜环菌	*Armillaria puiggarii* Speg.	圣基茨（Saint Kitts），2010
25	马勃状星形菌	*Asterophora lycoperdoides*（Bull.）Ditmar	格林纳达/卡里亚库岛和小马提尼克岛（Grenada/Carriacou and Petite Martinique），2007；多米尼克（Dominica），2009
26	乳黄香小菇	*Atheniella flavoalba*（Fr.）Redhead, Moncalvo, Vilgalys, et al.	格林纳达/卡里亚库岛和小马提尼克岛（Grenada/Carriacou and Petite Martinique），2000
27	皱木耳	*Auricularia delicata*（Fr.）Henn.	洪都拉斯（Honduras），1995
28	杂色南牛肝菌	*Austroboletus festivus*（Singer）Wolfe	安提瓜和巴布达（Antigua and Barbuda），2011
29	靛杨南牛肝菌	*A. rostrupii*（Syd. & P. Syd.）E. Horak	安提瓜和巴布达（Antigua and Barbuda），2011
30	凤梨条孢牛肝菌	*Boletellus ananas*（M. A. Curtis）Murrill	格林纳达/卡里亚库岛和小马提尼克岛（Grenada / Carriacou and Petite Martinique），2007；安提瓜和巴布达（Antigua and Barbuda），2011
31	血红条孢牛肝菌	*B. coccineus*（Sacc.）Singer	多米尼克（Dominica），2009
32	戴杏生条孢牛肝菌	*B. dicymbophilus* Fulgenzi & T. W. Henkel	圭亚那（Guyana），2011
33	楞柄条孢牛肝菌	*B. russelli*（Frost）E. J. Gilbert	洪都拉斯（Honduras），1995；格林纳达/卡里亚库岛和小马提尼克岛（Grenada/Carriacou and Petite Martinique），2007
34	锈褐牛肝菌	*Boletus ferrugineus* Schaeff.	圭亚那（Guyana），1999
35	微红牛肝菌	*B. ruborculus* T. J. Baroni	尼维斯（Nevis），2010
36	短孢布氏牛肝菌	*Buchwaldoboletus brachyspermus*（Pegler）Both & B. Ortiz	圣文森特（Saint Vincent），1992
37	蓝盖丽蘑	*C. cyanocephala*（Pat.）Pegler	圣卢西亚（Saint Lucia），1989；格林纳达格林纳丁斯（Grenada Grenadines），1994
38	杯形秃马勃	*Calvatia cyathiformis*（Bosc）Morgan	多米尼克（Dominica），2009
39	湿褶菇	*Camarophyllopsis dennisiana*（Singer）Arnolds	格林纳丁斯（圣文森特）（Grenadines of Saint Vincent），1992
40	圭亚那鸡油菌	*Cantharellus guyanensis* Mont.	圭亚那（Guyana），1992
41	漏斗鸡油菌	*C. infundibuliformis*（Scop.）Fr.	多米尼克（Dominica），2001
42	紫鸡油菌	*C. purpurascens* Hesler	洪都拉斯（Honduras），1995

（续）

编号	中文名	拉丁学名	发行国家和地区及发行时间
43	冬菌	*Cheimonophyllum candidissimis*（Berk. & M. A. Curtis）Singer	圭亚那（Guyana），2000
44	牙买加色钉菇	*Chroogomphus jamaicensis*（Murrill）O. K. Mill.	安提瓜和巴布达（Antigua and Barbuda），2011
45	赭色钉菇	*C. ochraceus*（Kauffman）O. K. Mill.	格林纳达/卡里亚库岛和小马提尼克岛（Grenada/Carriacou and Petite Martinique），2012
46	色钉菇	*C. rutilus*（Schaeff.）O. K. Mill.	马斯蒂克（Mustique），2010；圣基茨（Saint Kitts），2010；格林纳达/卡里亚库岛和小马提尼克岛（Grenada / Carriacou and Petite Martinique），2011
47	卷头笼头菌	*Clathrus crispatus* Thwaites ex Fischer	格林纳达（Grenada），1989
48	皱纹笼头菌	*C. crispus* Turpin	马斯蒂克（Mustique），2010
49	虫形珊瑚菌	*Clavaria vermicularis* Fr.	萨尔瓦多（Salvador），2001
50	紫锁瑚菌	*Clavulina amethystine*（Fr.）Donk.	圭亚那（Guyana），1996
51	角拟锁瑚菌	*Clavulinopsis corniculata*（Fr.）Corner	尼维斯（Nevis），2001
52	未定名拟锁瑚菌	*C.* sp.	圣文森特和格林纳丁斯（Saint Vincent and the Grenadines），2007
53	普氏杯伞	*Clitocybe puiggarii* Speg.	伯利兹（Belize），1986；圣卢西亚（Saint Lucia），1989
54	厚白金钱菌	*Collybia disciformis* Wettst.	圣基茨（Saint Kitts），2010
55	紫金钱菌	*C. purpurea*（Berk. & M. A. Curtis）Dennis	格林纳达格林纳丁斯（Grenada Grenadines），1989
56	悦目集毛菌	*Coltricia oblectabilis*（Lloyd）Ryvarden	格林纳达/卡里亚库岛和小马提尼克岛（Grenada/Carriacou and Petite Martinique），2011
57	船形孢小集毛菌	*Coltriciella navispora* T. W. Henkel, Aime & Ryvarden	格林纳达/卡里亚库岛和小马提尼克岛（Grenada/Carriacou and Petite Martinique），2011
58	锥盖伞	*Conocybe filaris*（Fr.）Singer	安提瓜和巴布达（Antigua and Barbuda），1995；巴布达（Barbuda），1997
59	密生锥盖伞	*C. percincta* Orton	安提瓜和巴布达（Antigua and Barbuda），1997；巴布达（Barbuda），1999
60	未定名锥盖伞	*C.* sp.	圣文森特和格林纳丁斯（Saint Vincent and the Grenadines），2007
61	多纹革盖菌	*Coriolus polygonius*（Pers.）Imazeki	多米尼加（Dominican），2001
62	卡里斯山丝膜菌	*Cortinarius callisteus*（Fr.）Fr.	圭亚那（Guyana），1991
63	波缘丝膜菌	*C. cumatilis* Fr.	古巴（Cuba），2002
64	大丝膜菌	*C. largus* Fr.	圭亚那（Guyana），1989
65	近红丝膜菌	*C. pseudosalor* L.	尼维斯（Nevis），1997
66	紫红丝膜菌	*C. rufo-olivaceus*（Pers.）Fr.	多米尼克（Dominica），2005
67	变色丝膜菌	*C. variicolor*（Pers.）Fr.	苏里南（Surinam），2016
68	黑喇叭菌	*Craterellus atratus*（Corner）Yomyart, Watling, Phosri, et al.	安提瓜和巴布达（Antigua and Barbuda），2011
69	肥黑喇叭菌	*C. excelsus* T. W. Henkel & Aime	圭亚那（Guyana），2011
70	云杉毛皮伞	*Crinipellis piceae* Singer	格林纳达/卡里亚库岛和小马提尼克岛（Grenada/Carriacou and Petite Martinique），2009
71	灰鳞囊小伞	*Cystolepiota aspera*（Pers.）Bon	尼维斯（Nevis），1997
72	纤囊小伞	*C. eriophora*（Peck）Knudsen	格林纳达（Grenada），1986、1991
73	灰丹尼菌	*Dennisiomyces griseus*（Dennis）Singer	格林纳丁斯（圣文森特）（Grenadines of Saint Vincent），1992

（续）

编号	中文名	拉丁学名	发行国家和地区及发行时间
74	黑皮蘑	*Dermoloma atrobrunneum*（Dennis）Singer ex Bon	圣文森特（Saint Vincent），1992
75	贝氏粉褶蕈	*Entoloma bakeri* Dennis	格林纳丁斯（圣文森特）（Grenadines of Saint Vincent），1992
76	蓝艳粉褶蕈	*E. caeruleocapitatum* Dennis	格林纳达格林纳丁斯（Grenada Grenadines），1986；安提瓜和巴布达（Antigua and Barbuda），1989；巴布达（Barbuda），1990；格林纳达（Grenada），1991、1994；蒙特塞拉特（Montserrat），1991；圣文森特（Saint Vincent），1992；多米尼克（Dominica），1994
77	囊体粉褶蕈	*E. cystidiophorum* Dennis	格林纳达（Grenada），1986；多米尼克（Dominica），1987
78	大卫粉褶蕈	*E. davidii* Noordel. & Co-David	尼维斯（Nevis），2010
79	郝氏粉褶蕈	*E. howellii*（Peck）Dennis	格林纳达格林纳丁斯（Grenada Grenadines），1989
80	深褐粉褶蕈	*E. maculosum*（Pegler）Courtec. & Fiard	圣文森特（Saint Vincent），1992
81	斑点粉褶蕈	*E. magnificum*（Pegler）Courtec. & Fiard	圣文森特（Saint Vincent），1992；多米尼克（Dominica），1994
82	默里尔粉褶蕈	*E. murrillii* Hesler	格林纳达（Grenada），2009；马斯蒂克（Mustique），2010
83	橄榄色粉褶蕈	*E. olivaeocoloratum* Largent & T. W. Henkel	圭亚那（Guyana），2011
84	深黄褐粉褶蕈	*E. perflavifolium* Noordel. & Co-David	尼维斯（Nevis），2010
85	皱条纹粉褶蕈	*E. rugosostriatum* Largent & T. W. Henkel	格林纳达/卡里亚库岛和小马提尼克岛（Grenada/Carriacou and Petite Martinique），2011
86	肉红粉褶蕈	*E. salmoneum*（Peck）Sacc.	圭亚那（Guyana），2000
87	多年层孔菌	*Fomes annosus*（Fr.）Cooke	洪都拉斯（Honduras），1995
88	未定名层孔菌	*F.* sp.	洪都拉斯（Honduras），1995
89	沼生盔孢伞	*Galerina paludosa*（Fr.）Kühner	圣文森特和格林纳丁斯（Saint Vincent and the Grenadines），2007
90	无柄灵芝	*Ganoderma resinaceum* Boud.	格林纳达/卡里亚库岛和小马提尼克岛（Grenada/Carriacou and Petite Martinique），2007
91	未定名灵芝	*G.* sp.	安提瓜和巴布达（Antigua and Barbuda），2007；格林纳达/卡里亚库岛和小马提尼克岛（Grenada/Carriacou and Petite Martinique），2007
92	赭黄裸伞	*Gymnopilus penetrans*（Fr.）Murrill	格林纳达（Grenada），2000；圣基茨（Saint Kitts），2001
93	红柄裸伞	*G. russipes* Pegler	格林纳达格林纳丁斯（Grenada Grenadines），1994
94	亚白粉裸脚伞	*Gymnopus subpruinosus*（Murrill）Desjardin, Halling & Hemmes	安提瓜和巴布达（Antigua and Barbuda），1986；巴布达（Barbuda），1986；特克斯和凯科斯群岛（Turks and Caicos Islands），1991；圣文森特（Saint Vincent），1992
95	锈盖圆孔牛肝菌	*Gyroporus ballouii*（Peck）E. Horak	格林纳达（Grenada），1997
96	桦海氏牛肝菌	*Heimioporus betula*（Schwein.）E. Horak	圭亚那（Guyana），1996
97	网孢海氏牛肝菌	*H. retisporus*（Pat. & C. F. Baker）E. Horak	尼加拉瓜（Nicaragua），1985
98	卧型湿柄伞	*Hydropus paraensis* Singer	格林纳丁斯（圣文森特）（Grenadines of Saint Vincent），1992
99	浅黄褐湿伞	*Hygrocybe flavescens*（Kauffman）Singer	多米尼克（Dominica），2001

（续）

编号	中文名	拉丁学名	发行国家和地区及发行时间
100	血红湿伞	*H. hypohaemacta*（Corner）Pegler	格林纳达（Grenada），1989；格林纳达格林纳丁斯（Grenada Grenadines），1994
101	考氏湿伞	*H. konradii* Haller	多米尼克（Dominica），1994
102	海边湿伞	*H. martinicensis* Pegler & Fiard	格林纳达格林纳丁斯（Grenada Grenadines），1989
103	绿褶湿伞	*H. viridiphylla* Lodge, S.A. Cantrell & T.J. Baroni	多米尼克（Dominica），2009
104	巴阡山蜡伞	*Hygrophorus bakerensis* A.H. Sm. & Hesler	安提瓜和巴布达（Antigua and Barbuda），1995；巴布达（Barbuda），1997
105	粉红蜡伞	*H. pudorinus*（Fr.）Fr.	圭亚那（Guyana），2000
106	阿雅那杆丝盖伞	*Inocybe ayangannae* Matheny, Aime & T. W. Henkel	圭亚那（Guyana），2011
107	木生丝盖伞	*I. epidendron* Matheny, Aime & T. W. Henkel	圭亚那（Guyana），2011
108	海边丝盖伞	*I. littoralis* Pegler	多米尼克（Dominica），1994
109	红褐乳菇	*Lactarius ferrugineus* Pegler	多米尼克（Dominica），2009
110	糙表乳菇	*L. ichoratus*（Batsch）Fr.	格林纳达（Grenada），1997
111	茶绿乳菇	*L. necator*（Bull.）Pers.	安提瓜和巴布达（Antigua and Barbuda），2001
112	静生乳菇	*L. quietus*（Fr.）Fr.	苏里南（Surinam），2014
113	流血乳菇	*L. rubrilacteus* Hesler & A. H. Sm.	多米尼克（Dominica），2009
114	常见乳菇	*L. trivialis*（Fr.）Fr.	格林纳达格林纳丁斯（Grenada Grenadines），1997；蒙特塞拉特（Montserrat），2003
115	丑乳菇	*L. turpis*（Weinm.）Fr.	尼维斯（Nevis），1997
116	臭味多汁乳菇	*Lactifluus putidus*（Pegler）Verbeken	格林纳达格林纳丁斯（Grenada Grenadines），1986
117	鳞柄沿丝伞	*Leratiomyces squamosus*（Pers.）Bridge & Spooner	特克斯和凯科斯群岛（Turks and Caicos Islands），2000
118	博亚娜香菇	*Lentinula boryana*（Berk. & Mont.）Pegler	古巴（Cuba），1989
119	贝氏韧伞	*Lentinus berteroi*（Fr.）Fr.	格林纳达（Grenada），1986；格林纳丁斯（圣文森特）（Grenadines of Saint Vincent），1992
120	冬生韧伞	*Lentinus brumalis*（Pers.）Zmitr.	圭亚那（Guyana），2000
121	网盖韧伞	*L. retinervis* Pegler	格林纳达（Grenada），1986
122	黏锤舌菌	*Leotia viscosa* Fr.	圭亚那（Guyana），1996、2000
123	毒环柄菇	*Lepiota josserandii* Bon & Boiffard	圭亚那（Guyana），1996
124	近黑环柄菇	*L. pseudoignicolor* Dennis	格林纳达（Grenada），1989
125	赤褶环柄菇	*L. roseolamellata* Dennis	格林纳达（Grenada），1986
126	蓝黄环柄菇	*L. sulphureocyanescens* Franco-Molano	多米尼克（Dominica），2009
127	具托环柄菇	*L. volvatua* Pegler	格林纳丁斯（圣文森特）（Grenadines of Saint Vincent），1992
128	园艺白环蘑	*Leucoagaricus hortensis*（Murrill）Pegler	格林纳丁斯（圣文森特）（Grenadines of Saint Vincent），1992
129	柏列氏白鬼伞	*Leucocoprinus brebissonii*（Godey）Locq.	安提瓜和巴布达（Antigua and Barbuda），1986；巴布达（Barbuda），1986
130	深色黏伞	*Limacella myochroa* Pegler	圣文森特（Saint Vincent），1992
131	白微皮伞	*Marasmiellus candidus*（Bolton）Singer	多米尼克（Dominica），2001
132	褐盖微皮伞	*M. laschiopsis* Singer	圭亚那（Guyana），1992

（续）

编号	中文名	拉丁学名	发行国家和地区及发行时间
133	暗红小皮伞	*Marasmius atrorubens* Berk.	特克斯和凯科斯群岛（Turks and Caicos Islands），1991；格林纳达（Grenada），1994
134	联柄小皮伞	*M. cohaerens*（Alb. & Schwein.）Cooke & Quél.	洪都拉斯（Honduras），1995；格林纳达（Grenada），1997
135	淡色小皮伞	*M. pallescens* Murrill	格林纳丁斯（圣文森特）（Grenadines of Saint Vincent），1986；特克斯和凯科斯群岛（Turks and Caicos Islands），1994
136	扇褶小皮伞	*M. plicatulus* Peck	多米尼克（Dominica），1998
137	轮小皮伞	*M. rotula*（Fr.）Fr.	安提瓜和巴布达（Antigua and Barbuda），1997；圭亚那（Guyana），2000
138	斯氏小皮伞	*M. spegazzinii* Sacc. & P. Syd.	洪都拉斯（Honduras），1995
139	纤小皮伞	*M. trinitatis* Dennis	格林纳达格林纳丁斯（Grenada Grenadines），1989
140	雅致地杖菌	*Mitrula elegans* Berk.	尼维斯（Nevis），2005
141	变色梗孢菌	*Moniliophthora perniciosa*（Stahel）Aime & Phillips-Mora	特立尼达和多巴哥（Trinidad and Tobago），1990
142	园艺羊肚菌	*Morchella hortensis* Boud.	圭亚那（Guyana），1997
143	珊瑚红小菇	*Mycena acicula*（Schaeff.）P. Kumm.	尼维斯（Nevis），2001；安提瓜和巴布达（Antigua and Barbuda），2007；格林纳达/卡里亚库岛和小马提尼克岛（Grenada/ Carriacou and Petite Martinique），2012
144	紫小菇	*M. holoporphyra*（Berk. & M. A. Curtis）Singer	格林纳达（Grenada），1989
145	淡紫小菇	*M. violacella*（Speq.）Singer	圣文森特（Saint Vincent），1992
146	黏小菇	*M. viscosa*（Secr.）R. Maire	圭亚那（Guyana），1996
147	安蒂拉斑褶菇	*Panaeolus antillarum*（Fr.）Dennis	尼维斯（Nevis），1987；蒙特塞拉特（Montserrat），1991
148	蓝灰斑褶菇	*P. cyanescens*（Berk. & Broome）Sacc.	格林纳达（Grenada），2009；马斯蒂克（Mustique），2010；圭亚那（Guyana），2011
149	粪生斑褶菇	*P. fimicola*（Pers.）Gillet	格林纳达（Grenada），2009；格林纳达/卡里亚库岛和小马提尼克岛（Grenada/Carriacou and Petite Martinique），2009
150	硬柄斑褶菇	*P. solidipes*（Peck）Sacc.	格林纳达（Grenada），1997
151	止血扇菇	*Panellus stipticus*（Bull.）P. Karst.	尼加拉瓜（Nicaragua），1990
152	革耳	*Panus neostrigosus* Drechsler-Santos & Wartchow	多米尼克（Dominica），1994
153	耳状网褶菌	*Paxillus panuoides*（Fr.）Fr.	圭亚那（Guyana），1996
154	歪盘菌	*Phillipsia* sp.	萨尔瓦多（Salvador），2001
155	桤生鳞伞	*Pholiota alnicola*（Fr.）Singer	安提瓜和巴布达（Antigua and Barbuda），1997；巴布达（Barbuda），1999
156	红橙鳞伞	*P. astragalina*（Fr.）Singer	圭亚那（Guyana），1996
157	朱红褶牛肝菌	*Phyllobolites miniatus*（Rick）Singer	安提瓜和巴布达（Antigua and Barbuda），2011
158	淡红侧耳	*Pleurotus djamor*（Rumph. ex Fr.）Boedjin	安提瓜和巴布达（Antigua and Barbuda），2007
159	佛州侧耳	*P. floridanus* Singer	古巴（Cuba），1989
160	平滑侧耳	*P. levis*（Berk. & M. A. Curtis）Singer	古巴（Cuba），1989
161	金褐光柄菇	*Pluteus chrysophaeus*（Schaeff.）Quél.	格林纳达（Grenada），1991；格林纳丁斯（圣文森特）（Grenadines of Saint Vincent），1992；格林纳达格林纳丁斯（Grenada Grenadines），1994

（续）

编号	中文名	拉丁学名	发行国家和地区及发行时间
162	金色光柄菇	*P. chrysophlebius*（Berk. & M. A. Curtis）Sacc.	格林纳达（Grenada），1991；特克斯和凯科斯群岛（Turks and Caicos Islands），1991
163	薄皮多孔菌	*Polyporus pargamenus* Fr.	洪都拉斯（Honduras），1995
164	波多黎各红孢牛肝菌	*Porphyrellus portoricensis*	格林纳达（Grenada），2009
165	未定名小脆柄菇	*Psathyrella* sp.	洪都拉斯（Honduras），1995
166	疣瘤小脆柄菇	*P. tuberculata*（Pat.）A. H. Sm.	安提瓜和巴布达（Antigua and Barbuda），1989；巴布达（Barbuda），1990；格林纳达（Grenada），1991
167	假黑盘菌	*Pseudoplectania nigrella*（Pers.）Fuckel	马斯蒂克（Mustique），2010
168	吉莱特裸盖菇	*Psilocybe guilartensis* Guzmán, F. Tapia & Nieves-Riv.	格林纳达/卡里亚库岛和小马提尼克岛（Grenada/Carriacou and Petite Martinique），2009；尼维斯（Nevis），2010；马斯蒂克（Mustique），2010
169	山地裸盖菇	*P. montana*（Pers.）P. Kumm.	马斯蒂克（Mustique），2010
170	玄武裸盖菇	*P. plutonia*（Berk. & M. A. Curtis）Sacc.	尼维斯（Nevis），2010
171	波多黎各裸盖菇	*P. portoricensis* Guzmán, Nieves-Riv. & F. Tapia	尼维斯（Nevis），2010
172	越南裸盖菇	*P. yungensis* Singer & A. H. Sm.	格林纳达/卡里亚库岛和小马提尼克岛（Grenada/Carriacou and Petite Martinique），2009
173	托假柄灰锤菌	*Pseudotulostoma volvatum* O. K. Mill. & T. W. Henkel	圭亚那（Guyana），2011
174	淡色厚舌菌	*Pyrrhoglossum lilaceipes* Singer	多米尼克（Dominica），1994；格林纳达（Grenada），1994；特克斯和凯科斯群岛（Turks and Caicos Islands），1994
175	覆瓦生厚舌菌	*P. pyrrhum*（Berk. & M. A. Curtis）Singer	安提瓜和巴布达（Antigua and Barbuda），1986；格林纳达格林纳丁斯（Grenada Grenadines），1991；特克斯和凯科斯群岛（Turks and Caicos Islands），1991；格林纳丁斯（圣文森特）（Grenadines of Saint Vincent），1992
176	梗厚舌菌	*P. stipitatum* Singer	圭亚那（Guyana），1992
177	灰黄红菇	*Russula claroflava* Grove	圭亚那（Guyana），1996
178	奶榛色红菇	*R. cremeolilacina* Singer	特克斯和凯科斯群岛（Turks and Caicos Islands），1994；格林纳达/卡里亚库岛和小马提尼克岛（Grenada/Carriacou and Petite Martinique），2009
179	湿红菇	*R. hygrophytica* Pegler	多米尼克（Dominica），1994
180	淡红菇	*R. matoubensis* Pegler	多米尼克（Dominica），1994
181	列氏腐鹅膏	*Saproamanita lilloi*（Singer）Redhead, Vizzini, Drehmel, et al.	伯利兹（Belize），1986；格林纳丁斯（圣文森特）（Grenadines of Saint Vincent），1992
182	早熟腐鹅膏	*S. praegraveolens*（Murrill）Redhead, Vizzini, Drehmel, et al.	洪都拉斯（Honduras），1995
183	西方肉杯菌	*Sarcoscypha occidentalis*（Schwein.）Sacc.	马斯蒂克（Mustique），2010
184	玉兰小伞	*Strobilurus conigenoides*（Ellis）Singer	特克斯和凯科斯群岛（Turks and Caicos Islands），2000
185	考夫曼球盖菇	*Stropharia kauffmanii* A. H. Sm.	多米尼克（Dominica），2001
186	褐色球盖菇	*S. umbonatescens*（Peck）Sacc.	圭亚那（Guyana），1997；圣文森特和格林纳丁斯（Saint Vincent and the Grenadines），1998
187	变蓝乳牛肝菌	*Suillus caerulescens* A.H. Sm. & Thiers	安提瓜和巴布达（Antigua and Barbuda），1995；巴布达（Barbuda），1997
188	黑柄叉孢菌	*Tetrapyrgos nigripes*（Fr.）E. Horak	马斯蒂克（Mustique），2010

（续）

编号	中文名	拉丁学名	发行国家和地区及发行时间
189	贝状沟褶菌	*Trogia buccinalis*（Mont.）Pat.	安提瓜和巴布达（Antigua and Barbuda），1986；巴布达（Barbuda），1986；圣文森特（Saint Vincent），1992
190	鸡油菌状沟褶菌	*T. cantharelloides*（Mont.）Pat.	特克斯和凯科斯群岛（Turks and Caicos Islands），1991
191	小粉孢牛肝菌	*Tylopilus exiguus* T. W. Henkel	格林纳达/卡里亚库岛和小马提尼克岛（Grenada/Carriacou and Petite Martinique），2012
192	帕卡拉粉孢牛肝菌	*T. pakaraimensis* T. W. Henkel	圭亚那（Guyana），2011
193	紫褐粉孢牛肝菌	*T. plumbeoviolaceus*（Snell）Snell & Thiers	尼加拉瓜（Nicaragua），1985
194	多眼粉孢牛肝菌	*T. potamogeton* Singer	安提瓜和巴布达（Antigua and Barbuda），2011
195	奥森粉孢牛肝菌	*T. orsonianus* Fulgenzi & T. W. Henkel	安提瓜和巴布达（Antigua and Barbuda），2011
196	红黑粉孢牛肝菌	*T. rufonigricans* T. W. Henkel	格林纳达/卡里亚库岛和小马提尼克岛（Grenada/Carriacou and Petite Martinique），2011
197	淡酒紫粉孢牛肝菌	*T. vinaceipallidus*（Corner）T. W. Henkel	圭亚那（Guyana），2011
198	具边舌衣	*Ungulina marginata*（Pers.）Pat.	圣基茨（Saint Kitts），2001
199	古巴草菇	*Volvariella cubensis*（Murrill）Schaffer	格林纳达格林纳丁斯（Grenada Grenadines），1986；格林纳达（Grenada），1991
200	亚马逊绒盖牛肝菌	*Xerocomus amazonicus* Singer	格林纳达/卡里亚库岛和小马提尼克岛（Grenada/Carriacou and Petite Martinique），2011
201	巴西绒盖牛肝菌	*X. brasiliensis* Rick	圣文森特（Saint Vincent），1992
202	红瓣绒盖牛肝菌	*X. coccolobae* Pegler	格林纳达格林纳丁斯（Grenada Grenadines），1986；格林纳达（Grenada），1991
203	瓜地绒盖牛肝菌	*X. guadelupae*（Singer & Fiard）Pegler	多米尼克（Dominica），1987；特克斯和凯科斯群岛（Turks and Caicos Islands），1994
204	黄肉绒盖牛肝菌	*X. hypoxanthus* Singer	格林纳丁斯（圣文森特）（Grenadines of Saint Vincent），1986；格林纳达（Grenada），1991
205	拟绒盖牛肝菌	*X. illudens*（Peck）Singer	尼加拉瓜（Nicaragua），1985

1.3 世界各地发行的红菇属邮票
（The Issued Checklist of Genus *Russula* on Stamps in the World）

　　红菇属（*Russula* Pers.，1796）是一类大型菌根真菌，在分类学上隶属于担子菌门（Basidiomyeota）伞菌亚门（Agaricomycotina）伞菌纲（Agaricomycetes）未定亚纲（Incertae sedis）红菇目（Russulales Kreisel ex P. M. Kirk，P. F. Cannon & J. C. David）红菇科（Russulaceae Lotsy），Kirk（2001）和Romagnesi（1967）均认为该属在真菌系统学中具有相当重要意义，是系统发育位置颇为重要的类群。

　　国际上已报道的红菇有300多种（王青云等，2004），而从真菌索引网站（www.Indexfungorum.org）的统计来看，红菇属有2 923多个记录。我国记载的红菇有效名称有159个，包括了148种、9变种和2变型（宋斌等，2007）。

　　红菇属菌丝通常没有锁状联合，子实体各个部位特别是菌褶很脆，菌柄短而粗，菌盖常有颜色，是一个很大很难分类的属（Kirk等，2001；Romagnesi等，1967；Pegler等，1979）。

自从罗马尼亚1958年发行首套蘑菇邮票以来，截至2019年年底笔者共收集或记录到246个国家和地区发行的2 300多套、6 800多枚菌菇邮票，涵盖376个属、1 405个种，其中第一枚红菇邮票于1964年元月在蒙古国发行，作为所有菌菇邮票中记录的种最多的一个属，红菇属邮票在76个国家或地区发行了291枚，涵盖了80个种，其中257枚来自非洲，有41种在中国尚未发现（卯晓岚，2006；宋斌等，2007；戴玉成等，2008、2009）。

1964年蒙古国发行首枚红菇（*Russula delica*）邮票

1981年中国发行的大红菇（*Russula rubra*）邮票

1996年马里发行含有8枚红菇邮票的小全张

2009年吉布提发行的（非官方）2枚红菇邮票

世界红菇属邮票名录

编号	中文名	拉丁学名及命名者	发行国（地区）及发行时间
1	烟色红菇	*Russula adusta* (Pers. ex Fr.) Fr.	格鲁吉亚（Georgia），2000；多哥（Togo），2017
2	铜绿红菇	*R. aeruginea* Fr.	马里（Mali），1996；楚瓦什（Chuvash），1998；坦桑尼亚（Tanzania），1999；蒙古国（Mongolia），2003；乍得（Chad），2004；多哥（Togo），2013
3	革质红菇	*R. alutacea* (Fr.) Fr.	几内亚（Guinea），2014；莫桑比克（Mozambique），2018
4	怡红菇	*R. amoena* Quél.	圭亚那（Guyana），1997；塞拉利昂（Sierra Leone），2000；刚果（金）(Congo D R)，2003；几内亚（Guinea），2006、2007
5	一年生红菇	*R. annulata* R. Heim	马达加斯加（Madagascar），1991、1993
6	古生红菇	*R. archaea* R. Heim	马达加斯加（Madagascar），1991
7	黑紫红菇	*R. atropurpurea* (Krombh.) Britzelm.	朝鲜（Korea D P R），1995；科米（Komi），1998；刚果（布）(Congo)，2010
8	金花菇	*R. aurata* (With.) Fr.	越南（Vietnam），1987；不丹（Bhutan），1989；马尔代夫（Maldives），1992、1995；加纳（Ghana），1993；多哥（Togo），1998；科摩罗（Comoro），1999；刚果（金）(Congo D R)，2003
9	橙黄红菇	*R. aurea* Pers.	越南（Vietnam），1987；不丹（Bhutan），1989；马尔代夫（Maldives），1992、1995、2018；加纳（Ghana），1993；多哥（Togo），1997；科摩罗（Comoro），1999；刚果（金）(Congo D R)，2003；阿布哈兹（Abkhazia），2007；刚果（布）(Congo)，2009；乍得（Chad），2012；马拉维（Malawi），2013；布隆迪（Burundi），2015；中非（Central Africa），2015；几内亚比绍（Guinea-Bissau），2015；所罗门群岛（Solomon Islands），2017
10	金色红菇	*R. aureotacta* R. Heim	马达加斯加（Madagascar），1991、1993
11	橙红菇	*R. aurora* Krombh.	马达加斯加（Madagascar），1991、1993；所罗门群岛（Solomon Islands），2014
12	葡紫红菇	*R. azurea* Bres.	贝宁（Benin），2010
13	双色红菇	*R. bicolor* Burl	约旦（Jordan），2010
14	短柄红菇	*R. brevipes* Perk	赞比亚（Zambia），1998
15	棕褐色硬红菇	*R. brunneoridiga* Buyck	布隆迪（Burundi），1992、1993
16	蓝紫红菇	*R. caerulea* (Pers.) Fr.	摩尔达维亚（Moldavia），1999；马尔代夫（Maldives），2001；刚果（布）(Congo)，2010
17	大盖红菇	*R. capensis* Pers.	西斯凯（Ciskei），1987
18	空柄红菇	*R. cavipes* Britzelm.	科摩罗（Comoro），1999
19	黄绿红菇	*R. chloroides* (Krombh.) Bres.	尼泊尔（Nepal），2008
20	蓝艳红菇	*R. citrinipes* R. Heim	马达加斯加（Madagascar），1991、1993
21	灰黄红菇	*R. claroflava* Grove	蒙古国（Mongolia），1978；圭亚那（Guyana），1996；刚果（布）(Congo)，2010；所罗门群岛（Solomon Islands），2015
22	赤黄红菇	*R. compacta* Frost.	马里（Mali），1996
23	刚果红菇	*R. congoana* Pat.	刚果（金）(Congo D R)，2013
24	奶榛色红菇	*R. cremeolilacina* Singer	特克斯和凯科斯群岛（Turks and Caicos Islands），1994；格林纳达/卡里亚库岛和小马提尼克岛（Grenada/Carriacou and Petite Martinique），2009
25	壳状红菇	*R. crustosa* Peck	刚果（金）(Congo D R)，2012
26	蓝黄红菇	*R. cyanoxantha* (Schaeff.) Fr.	蒙古国（Mongolia），1978；朝鲜（Korea D P R），1986；罗马尼亚（Romania），1986；塞拉利昂（Sierra Leone），1988；加纳（Ghana），1993、2000；西班牙（Spain），1993；圣多美和普林西比（Sao Tome and Principe），1995、2003；科米（Komi），1998；利比里亚（Liberia），

（续）

编号	中文名	拉丁学名及命名者	发行国（地区）及发行时间
26	蓝黄红菇	*R. cyanoxantha* (Schaeff.) Fr.	1999、2007；土库曼斯坦（Turkmenistan），1999；圣文森特和格林纳丁斯（Saint Vincent and the Grenadines），2001；几内亚比绍（Guinea-Bissau），2008；马拉维（Malawi），2008；乍得（Chad），2010、2013；刚果（布）（Congo），2010；马尔代夫（Maldives），2018
27	褪色红菇	*R. decolorans* (Fr.) Fr.	瑞典（Sweden），1978；楚瓦什（Chuvash），1998
28	美味红菇	*R. delica* Fr.	蒙古国（Mongolia），1964；印古什（Ingush），1999
29	毒红菇	*R. emetica* (Schaeff.) Pers.	多米尼克（Dominica），1991；越南（Vietnam），1991；洪都拉斯（Honduras），1995；多哥（Togo），1995；马里（Mali），1996；利比里亚（Liberia），1999、2001；摩尔达维亚（Moldavia），1999；格林纳达/卡里亚库岛和小马提尼克岛（Grenada/Carriacou and Petite Martinique），2000；萨尔瓦多（Salvador），2001；罗马尼亚（Romania），2008；莱索托（Lesotho），2001；几内亚（Guinea），2008、2015；刚果（布）（Congo），2010；几内亚比绍（Guinea-Bissau），2010、2013、2014、2015；莫桑比克（Mozambique），2010、2013、2015；保加利亚（Bulgaria），2011；中非（Central Africa），2011、2018；刚果（金）（Congo D R），2011；马拉维（Malawi），2011；布隆迪（Burundi），2012、2015；乍得（Chad），2012；冈比亚（Gambia），2013；波兰（Poland），2014；马达加斯加（Madagascar），2015；所罗门群岛（Solomon Islands），2016；塞拉利昂（Sierra Leone），2017；吉布提（Djibouti），2018；尼日尔（Niger），2018
30	粉柄红菇	*R. farinipes* Romell	卢旺达（Rwanda），2013
31	苦红菇	*R. fellea* (Fr.) Fr.	刚果（布）（Congo），2010；加纳（Ghana），2015；荷兰（Netherlands），2015
32	舌色红菇	*R. fistulosa* R. Heim	马达加斯加（Madagascar），1991、1993
33	臭红菇	*R. foetens* (Pers.) Pers.	科摩罗（Comoro），1992；安提瓜和巴布达（Antigua and Barbuda），1997；巴布达（Barbuda），1999；坦桑尼亚（Tanzania），1999；马拉维（Malawi），2008；乍得（Chad），2010；几内亚比绍（Guinea-Bissau），2010；苏里南（Surinam），2014
34	臭味红菇	*R. foetida* G. W. Martin	多哥（Togo），1997；乍得（Chad），1998
35	脆红菇	*R. fragilis* Fr.	马里（Mali），1996；刚果（布）（Congo），2010；荷兰（Netherlands），2018
36	黏绿红菇	*R. furcata* Pers.	贝宁（Benin），2011
37	可爱红菇	*R. grata* Britzelm.	多哥（Togo），1995；马里（Mali），1996
38	暗灰褐红菇	*R. grisea* Fr.	乍得（Chad），2012；马拉维（Malawi），2013
39	河海姆红菇	*R. heliochroma* R. Heim	马达加斯加（Madagascar），1991、1993
40	叶绿红菇	*R. heterophylla* (Fr.) Fr.	尼日尔（Niger），1998；卢旺达（Rwanda），2013
41	湿红菇	*R. hygrophytica* Pegler	多米尼克（Dominica），1994
42	无斑红菇	*R. immaculate* (Beeli) Dennis	布隆迪（Burundi），1992
43	硕大红菇	*R. ingens* Buyck	布隆迪（Burundi），1992、1993
44	全绿红菇	*R. integra* (L.) Fr.	朝鲜（Korea D P R），1991、2002；圭亚那（Guyana），1991；瑞典（Sweden），1996；不丹（Bhutan），2002；圣多美和普林西比（Sao Tome and Principe），2003；乍得（Chad），2012；卢旺达（Rwanda），2013
45	凯特红菇	*R. kathmanduensis* Adhikari	尼泊尔（Nepal），2006
46	绒盖红菇	*R. mariae* Peck	马里（Mali），1996
47	淡红菇	*R. matoubensis* Pegler	多米尼克（Dominica），1994
48	珠鸡斑红菇	*R. meleagris* Buyck	布隆迪（Burundi），1992
49	赭盖红菇	*R. mustelina* Fr.	毛里塔尼亚（Mauritania），1991；马里（Mali），1995

（续）

编号	中文名	拉丁学名及命名者	发行国（地区）及发行时间
50	尼泊尔红菇	*R. nepalensis* Adhikari	尼泊尔（Nepal），1994
51	黑红菇	*R. nigricans* Fr.	圭亚那（Guyana），1991、1999；布基纳法索（Burkina Faso），1996；安哥拉（Angola），1999；马尔代夫（Maldives），2001；圣多美和普林西比（Sao Tome and Principe），2003；科特迪瓦（Côte D'Ivoire），2018
52	黄白红菇	*R. ochroleuca* (Pers.) Fr.	朝鲜（Korea D P R），1995；卡累利阿（Karelia），1996；圭亚那（Guyana），1999；马尔代夫（Maldives），2001；刚果（布）（Congo）2010；几内亚比绍（Guinea-Bissau），2010
53	青黄红菇	*R. olivacea* (Schaeff.) Fr.	摩纳哥（Monaco），1988；不丹（Bhutan），1989；加纳（Ghana），1993；马尔代夫（Maldives），1995；圣多美和普林西比（Sao Tome and Principe），2009；乍得（Chad），2012；马拉维（Malawi），2013；布隆迪（Burundi），2015
54	沼泽红菇	*R. paludosa* Britzelm.	圣马力诺（San Marino），1967；芬兰（Finland），1980、2016；圣皮埃尔和密克隆（Saint Pierre and Miquelon），1988；坦桑尼亚（Tanzania），1999；几内亚比绍（Guinea-Bissau），2001；拉脱维亚（Latvia），2009；圣多美和普林西比（Sao Tome and Principe），2009；苏里南（Surinam），2011；乍得（Chad），2012；卢旺达（Rwanda），2013；多哥（Togo），2015、2017；马尔代夫（Maldives），2018
55	青灰红菇	*R. parazurea* Jul. Schäff.	利比里亚（Liberia），2007
56	拟全缘红菇	*R. pseudointegra* Arnould & Coris	索马里（Somalia），1998；阿富汗（Afhanistan），2001；刚果（布）（Congo），2010
57	美丽红菇	*R. puellaris* Fr.	刚果（布）（Congo），2010
58	褐紫红菇	*R. queletii* Fr.	莱索托（Lesotho），1998；加纳（Ghana），2000；刚果（布）（Congo），2010
59	假根红菇	*R. radicans* R. Heim	马达加斯加（Madagascar），1991、1993
60	红足红菇	*R. rhodopus* Zvára	坦桑尼亚（Tanzania），1999；中非（Central Africa），2015
61	鸡冠红菇	*R. risigallina* (Batsch) Sacc.	多哥（Togo），2014
62	粗壮红菇	*R. robusta* R. Heim	马达加斯加（Madagascar），1991、1993
63	红色红菇	*R. rosea* Pers.	刚果（布）（Congo），2010；马拉维（Malawi），2013
64	大朱红菇	*R. rubra* (Krombh.) Bres.	中国（China），1981
65	血红菇	*R. sanguinaria* (Schumach.) Rauschert	利比亚（Libya），1985；布基纳法索（Burkina Faso），1996；马里（Mali），1996；赞比亚（Zambia），1998；中非（Central Africa），1999、2013；冈比亚（Gambia），2004；圣多美和普林西比（Sao Tome and Principe），2009；摩尔多瓦（Moldova），2010；乍得（Chad），2012
66	红肉红菇	*R. sardonia* Fr.	巴拉圭（Paraguay），1986；坦桑尼亚（Tanzania），1996；加纳（Ghana），1997；尼维斯（Nevis），1997、2001；乌拉圭（Uruguay），1997；格林纳达/卡里亚库岛和小马提尼克岛（Grenada/Carriacou and Petite Martinique），2007；泽西岛（Jersey），2009；卢旺达（Rwanda），2013
67	离生红菇	*R. sejuncta* Buyck	布隆迪（Burundi），1992、2007
68	辛格红菇	*R. singeri* R. Heim	马达加斯加（Madagascar），1991、1993
69	未定名红菇	*R.* sp.	贝基亚（Bequia）1985；格林纳丁斯（圣文森特）（Grenadines of Saint Vincent），1985；尼维斯（Nevis）1985；圣卢西亚（Saint Lucia）1985；圣文森特（Saint Vincent）1985；图瓦卢（Tuvalu）1985；富纳富提环礁（图瓦卢）（Tuvalu Funafuti），1985；纳努芒阿岛（图瓦卢）（Tuvalu Nanumaga），1985；纳诺梅阿环礁（图瓦卢）（Tuvalu Nanumea），1985；纽陶岛（图瓦卢）（Tuvalu Niutao），1985；努伊环礁（图瓦卢）（Tuvalu Nui），1985；努谷费陶礁（图瓦卢）（Tuvalu Nukufetau），1985；努库莱莱环礁（图瓦卢）（Tuvalu Nukulaelae），1985；

（续）

编号	中文名	拉丁学名及命名者	发行国（地区）及发行时间
69	未定名红菇	*R*. sp.	斐伊托波礁（图瓦卢）(Tuvalu Vaitupu)，1985；尤宁岛 [Union (Grenadines)]，1985；英属维尔京群岛 [Virgin Islands (British)]，1985；马达加斯加（Madagascar），1999；特克斯和凯科斯群岛（Turks and Caicos Islands），2000；刚果（金）(Congo D R)，2003；几内亚比绍（Guinea-Bissau），2003；圣多美和普林西比（Sao Tome and Principe），2003、2006；吉布提（Djibouti），2009；多哥（Togo），2012；莫桑比克（Mozambique），2013；尼日尔（Niger），2013；乍得（Chad），2016
70	近中空红菇	*R. subfistulosa* Buyck	布隆迪（Burundi），1992
71	大花红菇	*R. subrubens* (J. E. Lange) Bon	格陵兰（Greenland），2005
72	三色红菇	*R. tricolor* R. Heim	马达加斯加（Madagascar），1991、1993
73	瘤表红菇	*R. tuberculosa* R. Heim	马达加斯加（Madagascar），1991、1993
74	细裂皮红菇	*R. velenovskyi* Melzer & Zvára	阿迪格（Adygea），1996
75	菱红菇	*R. vesca* Fr.	保加利亚（Bulgaria），1987；索马里（Somalia），1994；土库曼斯坦（Turkmenistan），1999；加纳（Ghana），2004；圣多美和普林西比（Sao Tome and Principe），2007；乍得（Chad）2010；几内亚比绍（Guinea-Bissau），2013；波兰（Poland），2014；所罗门群岛（Solomon Islands），2014、2017
76	变绿红菇	*R. virescens* (Schaeff.) Fr.	几内亚比绍（Guinea-Bissau），1985；法国（France），1987；尼日尔（Niger），1991、2018；安提瓜和巴布达（Antigua and Barbuda），1992、2016；巴布达，1993；斯威士兰（Swaziland），1994；韩国（Korea），1995；朝鲜（Korea D P R），1995；摩尔多瓦（Moldova），1995；阿富汗（Afhanistan），1996；坦桑尼亚（Tanzania），1996；贝宁（Benin），1997；乍得（Chad），1997；圣文森特和格林纳丁斯（Saint Vincent and the Grenadines），1998；安哥拉（Angola），1999；保加利亚（Bulgaria），1999、2014；毛里塔尼亚（Mauritania），2000；中非（Central Africa），2002、2013、2014；刚果（金）(Congo D R)，2003、2012；几内亚（Guinea），2006、2009、2018；刚果（布）(Congo)，2011；波兰（Poland），2012；圣多美和普林西比（Sao Tome and Principe），2016
77	黏质红菇	*R. viscida* Kudřna	马里（Mali），1996；利比里亚（Liberia），1998
78	堇紫红菇	*R. volacea* Quél.	马达加斯加（Madagascar），1991、1993
79	黄孢红菇	*R. xerampelina* (Schaeff.) Fr.	毛里塔尼亚（Mauritania），1991；马里（Mali），1995；冈比亚（Gambia），1997；格林纳达（Grenada），1997；多米尼克（Dominica），1998；尼日尔（Niger），1998；科摩罗（Comoro），1999；格林纳达/卡里亚库岛和小马提尼克岛（Grenada/Carriacou and Petite Martinique），2000；圭亚那（Guyana），2000；蒙特塞拉特（Montserrat），2003；罗马尼亚（Romania），2003；科特迪瓦（Côte D'Ivoire），2005；冰岛（Iceland），2012

1.4　邮票中的蘑菇属种类
（The Resource Distribution of Genus *Agaricus* on Stamps）

　　蘑菇属（*Agaricus* L. ex Fr.）在分类学上隶属于担子菌门（Basidiomycota）蘑菇纲（Agaricomycetes）蘑菇目（Agaricales）蘑菇科（Agaricaceae），由 Linnaeus（1753）和 Fries（1821）共同建立，曾被命名为 *Psalliota* (Fr.) Kummer（Möller，1952），其主要特征为：子实体肉质，菌盖比较厚，表面光滑或有鳞片，菌柄生于菌盖下正中央，易与菌盖分离。有膜质菌环，单层或双层；菌肉厚，有的受伤处变淡黄或红色；菌褶离生，初期近无色，或粉红渐变褐色或黑褐色；孢子印黑色；孢子光滑，褐黑色，卵圆或椭圆形，无囊状体；菌丝通常无锁状联合（Smith，1940）。全世界已报道蘑菇属真菌200种（Hawksworth，1983），分类学家判断也许有300～400个种（Capelli，1984；Bas，1991），我国已报道51个种（曾辉，2001），而从真菌索引网站（www.Indexfungorum.org）的统计来看，蘑菇属有6 000多个名称。

世界上第一枚蘑菇属邮票，1958年由罗马尼亚发行，当时还是采用旧属名 *Psalliota*

我国台湾（1974）和大陆（1981）分别发行了当时逐渐成为主栽品种的双孢蘑菇邮票

自从1958年罗马尼亚发行第一套蘑菇邮票开始，蘑菇属种类不断在邮票上出现，蘑菇属的模式种蘑菇（*A. campestris*）为第一枚蘑菇属邮票。

随着蘑菇邮票的不断发行，许多国家都在本国邮票上再现其常见的蘑菇属物种，截至2019年12月，全世界共有103个国家和地区，发行了蘑菇属33个种计241枚邮票，约占所有发行的菌菇邮票的3.7%。世界各国通过邮票介绍本国蘑菇属资源和主栽种，如世界上栽培最广泛、产量最大的双孢蘑菇（*A. bisporus*），这是最动人的广告。

世界蘑菇属邮票名录

编号	中文名	拉丁学名	发行国（地区）及发行时间	备注
1	球基蘑菇	*Agaricus abruptibulbus* Peck	毛里塔尼亚（Mauritania），1991；坦桑尼亚（Tanzania），1999	有毒
2	高柄蘑菇	*A. altipes* (F.H. Møller) F. H. Møller	几内亚比绍（Guinea-Bissau），2014	国内尚未报道
3	安德鲁蘑菇	*A. andrewii* A. E. Freeman	约旦（Jordan），2010	国内尚未报道
4	银色蘑菇	*A. argenteus* Braendle	格林纳达（Grenada），1997	国内尚未报道
5	野蘑菇	*A. arvensis* Schaeff.	尼日尔（Niger），1985、2016；朝鲜（Korea D P R），1989；刚果（布）（Congo），1991；圣多美和普林西比（Sao Tome and Principe），1993；斯威士兰（Swaziland），1994；圣文森特和格林纳丁斯（Saint Vincent and the Grenadines），1998；塞拉利昂（Sierra Leone），1998、2018；密克罗尼西亚（Micronesia），2000；圣基茨（Saint Kitts），2001；巴基斯坦（Pakistan），2005；吉布提（Djibouti），2010；几内亚比绍（Guinea-Bissau），2011、2015；卢旺达（Rwanda），2011；多哥（Togo），2015；几内亚（Guinea），2016；奥地利（Austria），2017	可食，国外大量栽培；治疗腰腿疼痛、手足麻木等
6	大紫蘑菇	*A. augustus* Fr.	多哥（Togo），1995；圭亚那（Guyana），1997；安哥拉（Angola），1999；科索沃（Kosovo），1999；安哥拉（Angola），2000；格林纳达（Grenada），2000；密克罗尼西亚（Micronesia），2000；多米尼克（Dominica），2001；刚果（金）（Congo D R），2004；圣多美和普林西比（Sao Tome and Principe），2006；所罗门群岛（Solomon Islands），2013	可食

（续）

编号	中文名	拉丁学名	发行国（地区）及发行时间	备注
7	白鳞蘑菇	*A. bernardii* Quél.	土耳其（Turkey），1994；密克罗尼西亚（Micronesia），2013；所罗门群岛（Solomon Islands），2013	有毒
8	橙红蘑菇	*A. bingensis* Heinem.	乌干达（Uganda），1991；科特迪瓦（Côte D'Ivoire），1998	国内尚未报道
9	双孢蘑菇	*A. bisporus*（J. E. Lange）Imbach	朝鲜（Korea D P R），1968、2015；中国台湾（Taiwan, China），1974；中国（China），1981；几内亚比绍（Guinea-Bissau），1988、2014、2015；圣多美和普林西比（Sao Tome and Principe），1988、2003、2008；肯尼亚（Kenya），1989；布基纳法索（Burkina Faso），1990；爱尔兰（Ireland），1992；英属维尔京群岛［Virgin Islands（British）］，1992；巴统（Batumi），1994；乍得（Chad），1996；圭亚那（Guyana），1996；布里亚特（Buryat），1998；印古什（Ingush），1998；塞拉利昂（Sierra Leone），2000；索马里（Somalia），2001；约旦（Jordan），2010；几内亚（Guinea），2014；布隆迪（Burundi），2015；加纳（Ghana），2015；所罗门群岛（Solomon Islands），2016；瑞典（Sweden），2016；马尔代夫（Maldives），2017	可食，世界范围栽培；助消化，降血压，抗细菌，抑肿瘤
10	大肥蘑菇	*A. bitorquis*（Quél.）Sacc.	中非（Central Africa），1967、2012；加蓬（Gabon），1990；毛里塔尼亚（Mauritania），1991；刚果（布）（Congo），2010；马尔代夫（Maldives），2017；圣多美和普林西比（Sao Tome and Principe），2018	可食，大量栽培
11	蘑菇	*A. campestris* L.	罗马尼亚（Romania），1958；波兰（Poland），1959；蒙古国（Mongolia），1964、1990、2003；民主德国（German D R），1974；几内亚（Guinea），1977；南斯拉夫（Yugoslavia），1983；匈牙利（Hungary），1984；布基纳法索（Burkina Faso），1985；巴拉圭（Paraguay），1985；马尔代夫（Maldives），1986、2016；柬埔寨（Cambodia），1989、1995；加纳（Ghana），1989；乌干达（Uganda），1989、1991；塞拉利昂（Sierra Leone），1990；圣多美和普林西比（Sao Tome and Principe），1992、2013；圣马力诺（San Marino），1992；冈比亚（Gambia），1994；中非（Central Africa），1997、2013；布里亚特（Buryat），1998；圣文森特和格林纳丁斯（Saint Vincent and the Grenadines），1998；阿富汗（Afghanistan），1999；保加利亚（Bulgaria），1999；科摩罗（Comoro），1999；冰岛（Iceland），1999；塞内加尔（Senegal），1999；乌克兰（Ukraine），1999；格鲁吉亚（Georgia），2000；安提瓜和巴布达（Antigua and Barbuda），2001；以色列（Israel），2002；直布罗陀（Gibraltar），2003；多哥（Togo），2006、2013；吉布提（Djibouti），2010、2012；卢旺达（Rwanda），2011；乍得（Chad），2010、2012；刚果（布）（Congo），2012；几内亚比绍（Guinea-Bissau），2012、2016；马拉维（Malawi），2012；莫桑比克（Mozambique），2013；波兰（Poland），2014	可食，可人工栽培；治疗贫血症、脚气、消化不良，抗细菌，抑肿瘤等
12	肤色蘑菇	*A. cappellianus* Hlaváček	刚果（布）（Congo），2010	国内尚未报道
13	紫色蘑菇	*A. dulcidulus* Schulzer	格林纳达格林纳丁斯（Grenada Grenadines），1989、1991；所罗门群岛（Solomon Islands），2013；几内亚（Guinea），1985	有毒
14	黑蘑菇	*A. fontanae* Fraiture	几内亚（Guinea），1985	国内尚未报道
15	古森蘑菇	*A. goossensiae* Heinem	乍得（Chad），2014	国内尚未报道
16	异形孢蘑菇	*A. heterocystis* Heinem. & Goos.-Font.	几内亚（Guinea），1985	国内尚未报道

（续）

编号	中文名	拉丁学名	发行国（地区）及发行时间	备注
17	朽味蘑菇	*A. hondensis* Murrill	塞拉利昂（Sierra Leone），1996	国内尚未报道
18	巨果蘑菇	*A. macrocarpus* F.H. Møller	卢旺达（Rwanda），2011	国内尚未报道
19	拟态蘑菇	*A. mimicus* W. G. Sm	几内亚比绍（Guinea-Bissau），2012	国内尚未报道
20	细褐鳞蘑菇	*A. moelleri* Wasser	多米尼克（Dominica），1998；赞比亚（Zambia），1998；刚果（布）（Congo），2010	有毒
21	光泽蘑菇	*A. nitidus* Schaeff.	莫桑比克（Mozambique），2010	国内尚未报道
22	白柠蘑菇	*A. osecanus* Pilát	刚果（布）（Congo），1991	国内尚未报道
23	双环林地蘑菇	*A. placomyces* Peck	朝鲜（Korea D P R），1989；马拉维（Malawi），2008	可食，抑肿瘤等
24	褐黄蘑菇	*A. rufoaurantiacus* Heinem.	格林纳达格林纳丁斯（Grenada Grenadines），1989	国内尚未报道
25	小红褐蘑菇	*A. semotus* Fr.	马里（Mali），1985、1992、1995；刚果（布）（Congo）2010；卢旺达（Rwanda），2011；刚果（金）（Congo D R），2013	可能有毒（胃肠炎）
26	未定名蘑菇	*A.* sp.	格林纳达（Grenada），1997；贝基亚（Bequia），1985；格林纳丁斯（圣文森特）（Grenadines of Saint Vincent），1985；尼维斯（Nevis），1985；圣卢西亚（Saint Lucia），1985；圣文森特（Saint Vincent），1985；图瓦卢（Tuvalu）1985；富纳富提环礁（图瓦卢）（Tuvalu Funafuti），1985；纳努芒阿岛（图瓦卢）（Tuvalu Nanumaga），1985；纳诺梅阿环礁（图瓦卢）（Tuvalu Nanumea），1985；纽陶岛（图瓦卢）（Tuvalu Niutao），1985；努伊环礁（图瓦卢）（Tuvalu Nui），1985；努谷费陶环礁（图瓦卢）（Tuvalu Nukufetau），1985；努库莱莱环礁（图瓦卢）（Tuvalu Nukulaelae），1985；斐伊托波礁（图瓦卢）（Tuvalu Vaitupu），1985；尤宁岛 [Union (Grenadines)]，1985；英属维尔京群岛 [Virgin Islands (British)]，1985；蒙特塞拉特（Montserrat），1986；莫桑比克（Mozambique），2000；土库曼斯坦（Turkmenistan），2000；中非（Central Africa），2002；几内亚（Guinea），2002、2004；几内亚比绍（Guinea-Bissau），2003；马尔代夫（Maldives），2009；尼维斯（Nevis），2010；吉尔吉斯斯坦（Kyrgyzstan），2011；奥地利（Austria），2014；科特迪瓦（Côte D'Ivoire），2016	国内尚未报道
27	微隆顶蘑菇	*A. subgibbosus* Fr.	几内亚比绍（Guinea-Bissau），2012	国内尚未报道
28	赭鳞蘑菇	*A. subrufescens* Peck	加纳（Ghana），2012	国内尚未报道
29	紫红蘑菇	*A. subrutilescens* (Kauffman) Hotson & D.E.Stuntz	韩国（Korea），1998	可食，抑肿瘤等
30	林地蘑菇	*A. sylvaticus* Schaeff.	保加利亚（Bulgaria），1961；越南（Vietnam），1983；蒙古国（Mongolia），1985；圣多美和普林西比（Sao Tome and Principe），1992；坦桑尼亚（Tanzania），1996；塞拉利昂（Sierra Leone），1998；安哥拉（Angola），1999；安哥拉（Angola），2000；利比里亚（Liberia），2007；刚果（布）（Congo）2010；几内亚比绍（Guinea-Bissau），2012；中非（Central Africa），2013；所罗门群岛（Solomon Islands），2012	可食
31	白林地蘑菇	*A. sylvicola* (Vittad.) Peck	多哥（Togo），1997；安哥拉（Angola），2000；刚果（布）（Congo），2010；塞拉利昂（Sierra Leone），2018	可人工栽培
32	皱柄蘑菇	*A. trisulphuratus* Berk.	乌干达（Uganda），2002	国内尚未报道

编号	中文名	拉丁学名	发行国（地区）及发行时间	备注
33	黄斑蘑菇	*A. xanthodermus* Genev.	巴拉圭（Paraguay），1986；阿尔及利亚（Algeria），1989；圣马力诺（San Marino），1992；乌拉圭（Uruguay），1997；安哥拉（Angola），1999、2000、2018；罗马尼亚（Romania），2003；莱索托（Lesotho），2007；刚果（布）（Congo），2010；苏里南（Surinam），2010；马拉维（Malawi），2012；西班牙（Spain），2013	有毒（胃肠炎）

1.5 邮票上的工厂化栽培食用菌
（Industrial Cultivated Edible Mushroom on Stamps）

工厂化栽培食用菌的定义 地球上菌菇的种类数量预计达150万种之众，令人觉得汗颜的是，人类目前所有认识的植物、动物和菌物的种类仅有180万种。我国是食用菌生产大国，目前可进行人工栽培的食用菌有60多种。中国食用菌协会统计数据显示，2019年全国食用菌产量达到3 984万t，产值达到3 127亿元，产值仅次于菜、油、果、粮，在种植业中居第五位。报告显示，中国食用菌工厂化栽培的品种逐渐增多，结构不断优化。从金针菇、杏鲍菇、真姬菇、双孢菇、白灵菇等几个品种增加到目前的平菇、香菇、草菇、秀珍菇、茶树菇等十多个品种。其中，金针菇、杏鲍菇是目前产量最大的两个工厂化食用菌品种。工厂化生产是食用菌产业发展的高级阶段，也是食用菌生产的国际化趋势。在食用菌产业发达的日本、韩国，工厂化栽培比例非常高；在欧洲，食用菌工厂化栽培比例已接近100%。

食用菌的工厂化栽培起源于1947年，荷兰人贝尔斯（Bels）等首先在控制温度、湿度和通风的条件下种植双孢蘑菇，由此开创了草腐菌工厂化栽培的先河。由于生产设备的改进和栽培技术的提高，双孢蘑菇的单产大幅度提高。食用菌工厂化栽培是最具现代农业特征的产业化生产方式，其采用工业化的技术手段，在相对可控的环境条件下，组织高效率的机械化、自动化作业，实现食用菌的规模化、集约化、标准化、周年化生产。利用现代工业设施，改善食用菌生长环境，提高单位面积产出率和食用菌的品质，通常称为设施化栽培食用菌。而工厂化栽培食用菌是设施化栽培食用菌的最高形式，是采用现代工业设施和人工模拟食用菌的适宜生态环境技术，实现生产操作机械化、生产环境控制智能化、生产季节周年化、产品质量标准化的一种生产模式。当前国内外实现工厂化栽培的食用菌主要有双孢蘑菇、金针菇、真姬菇、杏鲍菇、白灵菇、草菇等，其中工厂化栽培历史最长、工艺技术最成熟的是双孢蘑菇，其次是金针菇、真姬菇。

邮票上的工厂化栽培食用菌品种 从邮票上也可以看出食用菌栽培的发展历程，尤其是工厂化栽培品种的走势，在全世界发行的约6 800枚菌菇邮票中，可以人工栽培的食用菌有200余种1 000多枚，而78个国家还选取了工厂化栽培的品种作为发行对象，涉及食用菌12种209枚，占总发行量的3%，弥足珍贵，却遗憾地缺少了白灵菇、真姬菇、秀珍菇三个工厂化栽培品种，最早的一枚是1961年保加

1981年中国发行的食用菌邮票中的3个品种

利亚发行的糙皮侧耳邮票。我国1981年8月6日发行了迄今为止唯一的一套食用菌邮票共6枚，其中有3枚是银耳、香菇和双孢蘑菇都属于可工厂化栽培品种。

李玉院士一再呼吁："普及菌物文化需要集邮！让邮票来讲述这个生命中的'第三世界'可以使更多的人特别是青少年从集邮中认知菌物，亲近菌物，作菌物的朋友！"管中窥豹，让我们透过菌菇邮票来了解食用菌，多一个层面来认识工厂化栽培的食用菌品种在全世界的分布情况以及不同国家和地区人民对不同品种食用菌的喜好程度。下表列出邮票上展现的12个可工厂化栽培的食用菌品种以及世界各国和地区发行的时间。

双孢蘑菇

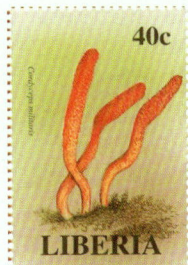
蛹虫草

柱状圆盖伞

丝盖冬菇

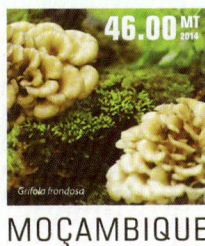
灰树花

香 菇

荷叶离褶伞

刺芹侧耳

糙皮侧耳

绣球菌

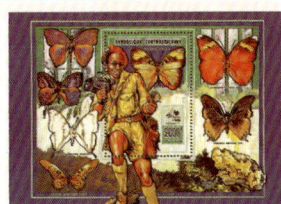
银 耳

草 菇

12种可工厂化栽培食用菌邮票发行国家和地区及发行时间

编号	食用菌名称	发行国家和地区及发行时间
1	双孢蘑菇[*Agaricus bisporus*（J. E. Lange）Imbach]	中国台湾（Taiwan，China），1974；中国（China），1981；几内亚比绍（Guinea-Bissau），1988、2014、2015；圣多美和普林西比（Sao Tome and Principe），1988、2003、2008；肯尼亚（Kenya），1989；布基纳法索（Burkina Faso），1990；爱尔兰（Ireland），1992；英属维尔京群岛［Virgin Islands（British）］，1992；巴统（Batumi），1994；乍得（Chad），1996；圭亚那（Guyana），1996；布里亚特（Buryat），1998；印古什（Ingush），1998；塞拉利昂（Sierra Leone），2000；索马里（Somalia），2001；法国（France），

编号	食用菌名称	发行国家和地区及发行时间
1	双孢蘑菇[*Agaricus bisporus* (J. E. Lange) Imbach]	2010；约旦（Jordan），2010；几内亚（Guinea），2014；加纳（Ghana），2015；朝鲜（Korea D P R），2015；所罗门群岛（Solomon Islands），2016；瑞典（Sweden），2016；马尔代夫（Maldives），2017
2	蛹虫草[*Cordyceps militaris* (L.) Link]	苏联（USSR），1975；科威特（Kuwait），1983；朝鲜（Korea D P R），1993；利比里亚（Liberia），1998
3	柱状圆盖伞（柱状田头菇、茶树菇）[*Cyclocybe cylindracea* (DC.) Vizzini & Angelini (≡ *Agrocybe cylindracea* (DC.) Maire)]	特里斯坦－达库尼亚（Tristan Da Cunha），1984；圣多美和普林西比（Sao Tome and Principe），1993；乍得（Chad），1996；冈比亚（Gambia），2000；安提瓜和巴布达（Antigua and Barbuda），2001；马拉维（Malawi），2007；几内亚比绍（Guinea-Bissau），2012；中非（Central Africa），2017
4	丝盖冬菇（金针菇）[*Flammulina filiformis* (Z. W. Ge, X. B. Liu & Zhu L. Yang) P. M. Wang, Y. C. Dai, E. Horak, et al.]	中国台湾（Taiwan，China），1974；越南（Vietnam），1983、1990；朝鲜（Korea D P R），1993；几内亚（Guinea），2018；日本（Japan），2018
5	灰树花[*Grifola frondosa* (Dicks.) Gray]	朝鲜（Korea D P R），1999；贝宁（Benin），2011；莫桑比克（Mozambique），2014
6	香菇[*Lentinula edodes* (Berk.) Pegler]	朝鲜（Korea D P R），1968、1993；日本（Japan），1974、2014；中国（China），1980、1981；菲律宾（Philippines），1988；肯尼亚（Kenya），1989；英属维尔京群岛[Virgin Islands (British)]，1992；韩国（Korea），1993；特克斯和凯科斯群岛（Turks and Caicos Islands），1994；加纳（Ghana），2015；几内亚比绍（Guinea-Bissau），2015、2016；所罗门群岛（Solomon Islands），2016；中非（Central Africa），2017
7	荷叶离褶伞[*Lyophyllum decastes* (Fr.) Singer]	洪都拉斯（Honduras），1995；坦桑尼亚（Tanzania），1998；白俄罗斯（Belarus），1999；印古什（Ingush），2000；萨哈林（Sakhalin），2000；利比里亚（Liberia），2001；吉布提（Djibouti），2012；福克兰群岛（Falkland），2014；布基纳法索（Burkina Faso），2015
8	刺芹侧耳[*Pleurotus eryngii* (DC.) Quél.]	阿尔及利亚（Algeria），1983；塞浦路斯（Cyprus），1997；塞浦路斯（Cyprus），1999；塔吉克斯坦（Tajikistan），1999、2004；几内亚比绍（Guinea-Bissau），2004；圣多美和普林西比（Sao Tome and Principe），2007、2014；科摩罗（Comoro），2009；几内亚（Guinea），2009；马耳他（Malta），2009；朝鲜（Korea D P R），2015；所罗门群岛（Solomon Islands），2016；吉尔吉斯斯坦（Kyrgyzstan），2017
9	糙皮侧耳[*P. ostreatus* (Jacq.) P. Kumm.]	保加利亚（Bulgaria），1961；中国台湾（Taiwan，China），1974；越南（Vietnam），1983、1990；朝鲜（Korea D P R），1985、2015；泰国（Thailand），1986；圣多美和普林西比（Sao Tome and Principe），1988、1990、2007、2015、2016；古巴（Cuba），1989；英属维尔京群岛[Virgin Islands (British)]，1992；韩国（Korea），1993；巴统（Batumi），1994；特克斯和凯科斯群岛（Turks and Caicos Islands），1994；洪都拉斯（Honduras），1995；马恩岛（Man Island），1995；乍得（Chad），1996；乌德穆尔特（Udmurtskaya），1996；阿迪格（Adygea），1998；贝宁（Benin），1998、2003、2015；坦桑尼亚（Tanzania），1998；吉尔吉斯斯坦（Kyrgyzstan），1999、2017；利比里亚（Liberia），1999；马里（Mali），1999；乌克兰（Ukraine），1999；格林纳达（Grenada），2000；密克罗尼西亚（Micronesia），2000；萨尔瓦多（Salvador），2001；圣文森特和格林纳丁斯（Saint Vincent and the Grenadines），

（续）

编号	食用菌名称	发行国家和地区及发行时间
9	糙皮侧耳[*P. ostreatus* (Jacq.) P. Kumm.]	2001；中非（Central Africa），2002、2012、2015、2017、2018；马拉维（Malawi），2003、2007；刚果（金）（Congo D R），2004、2011；几内亚（Guinea），2004、2014、2016、2017；阿布哈兹（Abkhazia），2007；几内亚比绍（Guinea-Bissau），2010、2014；加纳（Ghana），2012、2015；多哥（Togo），2013、2018；马尔代夫（Maldives），2014、2018；所罗门群岛（Solomon Islands），2014、2016；莫桑比克（Mozambique），2015；科特迪瓦（Côte D'Ivoire），2016；尼日尔（Niger），2016；塞拉利昂（Sierra Leone），2016；吉尔吉斯斯坦（Kyrgyzstan），2017；奥地利（Austria），2018
10	绣球菌[*Sparassis crispa* (Wulfen) Fr.]	波兰（Poland），1980；斯洛伐克（Slovakia），1997；楚瓦什（Chuvash），1998；塞浦路斯（Cyprus），1999；安道尔（Andorra），2003；贝宁（Benin），2003；几内亚比绍（Guinea-Bissau），2012；奥地利（Austria），2018；荷兰（Netherlands），2018
11	银耳（*Tremella fuciformis* Berk.）	刚果（布）（Congo），1970；中国（China），1981；中非（Central Africa），1995；圣多美和普林西比（Sao Tome and Principe），2014
12	草菇[*Volvariella volvacea* (Bull.) Singer]	越南（Vietnam），1983、1990；泰国（Thailand），1986；菲律宾（Philippines），1988；圣多美和普林西比（Sao Tome and Principe），1988；安提瓜和巴布达（Antigua and Barbuda），1989；巴布达（Barbuda），1990；塞拉利昂（Sierra Leone），1990、1993；坦桑尼亚（Tanzania），1993；冈比亚（Gambia），1994；特克斯和凯科斯群岛（Turks and Caicos Islands），1994；科特迪瓦（Côte D'Ivoire），1995；格林纳达（Grenada），1997；圭亚那（Guyana），1997、2000；尼日尔（Niger），1998、2002；中国香港（Hong Kong，China），2004；多哥（Togo），2006；几内亚（Guinea），2008；马尔代夫（Maldives），2009；刚果（金）（Congo D R），2013

1.6 从方寸天地一览世界牛肝菌野生资源
（The World's Wild Resources of Bolete on Stamps）

　　牛肝菌是子实层呈管口状的菌根菌，分属牛肝菌科（Boletaceae）和松塔牛肝菌科（Strobilomycetaceae），我国黄年来研究员在《中国大型真菌原色图鉴》（1998）记载有16属77种。牛肝菌因其独特的子实体总是强烈地吸引着自然爱好者，也许是因为它自身的神秘地不期而至和匆匆而去。有几种牛肝菌具奇特香味，备受美食家的偏爱。因多数牛肝菌目前尚无法人工栽培，每年都吸引了众多的牛肝菌采摘者，给乡村带来一份不菲的收入。然而，另一方面，由于已知大约有22种有毒甚至可致命的牛肝菌的存在，也给人们带来了食物中毒和死亡的威胁，压制了人们对牛肝菌的渴望。但无论吃不吃牛肝菌，人们都会为其多姿多彩的外表所着迷，牛肝菌子实体变化多端的色彩所具有的审美价值是对邮票设计者最大的犒赏。许多邮票设计者都致力于牛肝菌这一经久不衰的专题，每天都有大量的含有牛肝菌的菌菇邮票在交易中，这也是在方寸天地中令人惊讶的奇迹。而菌菇邮票代表着高雅细致的鉴赏品位，其逼真的形态与色彩是难以描绘的，同时也意味着这一图案"接近自然"的科学价值。

　　许多国家在本国邮票上再现其最常见的牛肝菌，通过流通推介本国野生资源，是最动人的形象广告。然而也有一些菌菇邮票虽然有着引人入胜的外观，但最终目的只作为出口的商品，导致这些邮票缺乏创意，而且与本国牛肝菌物种也毫无关系，甚至一些菌菇邮票出现色彩的偏差和学名的错误。尽管如此，却并未降低牛肝菌邮票爱好者的收集热情。

现存的菌菇种类数目巨大，大小、形状和颜色各不相同，这就成为许多邮政部门发行多种菌菇邮票品种的理由。据D.L.霍克渥斯（D. L. Hawksworth，1995）推测，全世界真菌25万种，已知的种类约7万种，其中大型真菌（Macrofungi，蕈菌，蘑菇）近万种，绝大部分处于野生状态。牛肝菌邮票可以给集邮者传递一种信息，哪些牛肝菌是本土的，哪些是境外的，哪些是可食用的，哪些是有毒的。发行的牛肝菌邮票，可能仅仅是因为它的美丽形态和色彩值得去收藏，但收藏者在收藏与鉴赏中无形地增加了重要的、具教育性的科普知识。自从1958年7月12日罗马尼亚发行菌菇专题邮票（美味牛肝菌就出现其中），截至2019年12月，据不完全统计，全世界246个国家和地区共发行6 800多枚菌菇邮票，其中465枚为牛肝菌邮票，出现了376个属（牛肝菌共37个属），约1 405个种（牛肝菌共125个种）。以下是世界各地发行的牛肝菌邮票，可以略见一斑。

世界各地发行的牛肝菌邮票（1958—2019）

编号	中文名	拉丁名	发行国家和地区及发行时间
1	非洲黄牛肝菌	*Afroboletus luteolus* (Heinem.) Pegler & T. W. K. Young	莱索托（Lesotho），1983；布隆迪（Burundi），1992；乍得（Chad），2012；刚果（金）（Congo D R），2013
2	红盖金牛肝菌	*Aureoboletus gentilis* (Quél.) Pouzar	圣多美和普林西比（Sao Tome and Principe），2003；乍得（Chad），2012；马拉维（Malawi），2013
3	奇异金牛肝菌	*A. mirabilis* (Murrill) Halling	加拿大（Canada），1989；刚果（金）（Congo D R），2004；尼日尔（Niger），2015
4	杂色南牛肝菌	*Austroboletus festivus* (Singer) Wolfe	安提瓜和巴布达（Antigua and Barbuda），2011
5	靛杨南牛肝菌	*A. rostrupii* (Syd. & P. Syd.) E. Horak	安提瓜和巴布达（Antigua and Barbuda），2011
6	楞柄南牛肝菌	*A. russellii* (Frost) G. Wu & Zhu L. Yang	洪都拉斯（Honduras），1995；格林纳达/卡里亚库岛和小马提尼克岛（Grenada/Carriacou and Petite Martinique），2007
7	凤梨条孢牛肝菌	*Boletellus ananas* (M. A. Curtis) Murrill	格林纳达/卡里亚库岛和小马提尼克岛（Grenada/Carriacou and Petite Martinique），2007；安提瓜和巴布达（Antigua and Barbuda），2011
8	金色条孢牛肝菌	*B. chrysenteroides* (Snell) Snell	刚果（布）（Congo），1991；毛里塔尼亚（Mauritania），1991；加纳（Ghana），1993；圣多美和普林西比（Sao Tome and Principe），1995；卡累利阿（Carelia），1996；柬埔寨（Cambodia），1997；圭亚那（Guyana），1997；坦桑尼亚（Tanzania），1998；安哥拉（Angola），1999；印古什（Ingushetia），2000；塔吉克斯坦（Tadjikistan），2001
9	血红条孢牛肝菌	*B. coccineus* (Sacc.) Singer	多米尼克（Dominica），2009
10	热带条孢牛肝菌	*B. cubensis* (Berk. & M. A. Curtis) Singer	伯利兹（Belize），1986；多米尼克（Dominica），1987、1994；圣基茨（Saint Kitts），1987；格林纳达格林纳丁斯（Grenada Grenadines），1991；尼维斯（Nevis），1991；特克斯和凯科斯群岛（Turks and Caicos Islands），1991；格林纳达（Grenada），1994

（续）

编号	中文名	拉丁名	发行国家和地区及发行时间
11	戴杏生条孢牛肝菌	*B. dicymbophilus* Fulgenzi & T. W. Henkel	圭亚那（Guyana），2011
12	木生条孢牛肝菌	*B. emodensis*（Berk.）Singer	巴布亚新几内亚（Papua New Guinea），1995
13	深红条孢牛肝菌	*B. obscurecoccineus*（Höhn.）Singer	所罗门群岛（Solomon Islands），2017
14	迷孔牛肝菌	*Boletinellus merulioides*（Schwein.）Murrill	尼加拉瓜（Nicaragua），1985；诺福克岛（Norfolk），2009、2010
15	铜色牛肝菌	*Boletus aereus* Bull.	越南（Vietnam），1987；圣多美和普林西比（Sao Tome and Principe），1990、2003；蒙古国（Mongolia），1991；毛里塔尼亚（Mauritania），1991；安提瓜和巴布达（Antigua and Barbuda），1992；巴布达（Barbuda），1993；马里（Mali），1996；坦桑尼亚（Tanzania），1996；立陶宛（Lithuania），1997；马其顿（Macedonia），1997；斯洛伐克（Slovakia），1997；多米尼克（Dominica），1998；安哥拉（Angola），1999；加蓬（Gabon），1999；圭亚那（Guyana），1999；格林纳达（Grenada），2000、2002；几内亚（Guinea），2001、2011、2018；密克罗尼西亚（Micronesia），2002；刚果（金）（Congo D R），2004；摩尔多瓦（Moldova），2007；刚果（布）（Congo），2011；布基纳法索（Burkina Faso），2015；尼日尔（Niger），2015、2017；多哥（Togo），2016；塞拉利昂（Sierra Leone），2017；中非（Central Africa），2019；吉布提（Djibouti），2019
16	金黄柄牛肝菌	*B. auripes* Peck	几内亚比绍（Guinea-Bissau），2017
17	双色牛肝菌	*B. bicolor* Raddi	所罗门群岛（Solomon Islands），2014；贝宁（Benin），2015
18	齐佩瓦牛肝菌	*B. chippewaensis*	圣皮埃尔和密克隆（Saint Pierre and Miquelon），2019
19	美味牛肝菌	*B. edulis* Bull.	捷克斯洛伐克（Czechoslovakia），1958；罗马尼亚（Romania），1958、1994；波兰（Poland），1959、2014；保加利亚（Bulgaria），1961；苏联（USSR），1964；圣马力诺（San Marino），1967、1992；不丹（Bhutan），1973；芬兰（Finland），1974；几内亚（Guinea），1977、2002、2004、2006、2007、2014、2017、2019；瑞典（Sweden），1978、1996、2004、2015；民主德国（German D R），1980；博茨瓦纳（Botswana），1982；南斯拉夫（Jugoslavia），1983；匈牙利（Hungary），1984；斯威士兰（Swaziland），1984、1994；贝宁（Benin），1985、2008、2015；贝基亚（Bequia），1985；科摩罗（Comoro），1985、1990、1992、1999、2009；格林纳丁斯（圣文森特）（Grenadines of Saint Vincent），1985；老挝（Laos），1985；利比亚（Libya），1985；蒙古国（Mongolia），1985、2003；尼维斯（Nevis），1985、1997；尼日尔（Niger），1985、1999、2002、2013、2014、2015、2016、2017、2019；圣卢西亚（Saint Lucia），1985；圣文森特（Saint Vincent），1985；图瓦卢（Tuvalu 1985；富纳富提环礁（图瓦卢）（Tuvalu Funafuti），1985；纳努芒阿岛（图瓦卢）（Tuvalu Nanumaga），1985；纳诺梅阿环礁（图瓦卢）（Tuvalu Nanumea），1985；纽陶岛（图瓦卢）（Tuvalu Niutao），1985；努伊环礁（图瓦卢）（Tuvalu Nui），1985；努谷费陶礁（图瓦卢）（Tuvalu Nukufetau），1985；努库莱莱环礁（图瓦卢）（Tuvalu Nukulaelae），1985；斐伊托波礁（图瓦卢）（Tuvalu Vaitupu），1985；尤宁岛 [Union（Grenadines）]，1985；英属维尔京群岛 [Virgin Islands（British）]，1985；蒙特塞拉特（Montserrat），1986；安道尔（Andorra），1987；西斯凯（Ciskei），1987；塞拉利昂（Sierra Leone），1988、2009、2013、2016、2018、2019；阿尔巴尼亚（Albania），1990；加纳（Ghana），1990、1993、

（续）

编号	中文名	拉丁名	发行国家和地区及发行时间
19	美味牛肝菌	*B. edulis* Bull.	2003、2015；马达加斯加（Madagascar），1990、1998、2017；尼加拉瓜（Nicaragua），1990；马尔代夫（Maldives），1992、1995、2014、2015、2017、2018、2019；津巴布韦（Zimbabwe），1992、2006；西班牙（Spain），1994；马恩岛（Man Islands），1995；圣多美和普林西比（Sao Tome and Principe），1995、2007、2014、2019；多哥（Togo），1995、2014、2015、2016、2017、2018、2019；布里亚特（Buriatia），1996；科米（Komi），1996；马里（Mali），1996；冈比亚（Gambia），1997；荷属安的列斯（Netherlands Antilles），1997；波斯尼亚和黑塞哥维那（Bosnia and Herzegovina），1998；巴拉圭（Paraguay），1998；卡累利阿（Carelia），1999；刚果（布）（Congo），1999、2005、2012、2013、2015；哥斯达黎加（Costa Rica），1999；达吉斯坦（Dagestan），1999；科索沃（Kosovo），1999、2016；南斯拉夫（Yugoslavia），2000；安提瓜和巴布达（Antigua and Barbuda），2001、2016；刚果（金）（Congo D R），2001、2004；几内亚比绍（Guinea-Bissau），2001、2008、2010、2014、2017、2018、2019；利比里亚（Liberia），2001、2007、2011、2018；莫桑比克（Mozambique），2002、2014、2015、2016、2018；赞比亚（Zambia），2002；奥兰群岛（Aland Islands），2003；乍得（Chad），2003、2010、2011、2012、2013、2014、2015；俄罗斯（Russia），2003；坦桑尼亚（Tanzania），2004；吉布提（Djibouti），2007、2009、2013、2015、2016、2017、2018、2019；阿塞拜疆（Azerbaijan），2008；白俄罗斯（Belrus），2008；法国（France），2008、2009；马拉维（Malawi），2008、2010、2011、2012；约旦（Jordan），2010；苏里南（Surinam），2010；中非（Central Africa），2011、2015、2016、2019；布隆迪（Burundi），2012、2013、2014；冰岛（Iceland），2012；乌干达（Uganda），2012；亚美尼亚（Armenia），2013；卢森堡（Luxembourg），2013；卢旺达（Rwanda），2013；所罗门群岛（Solomon Islands），2013、2014、2016；乌克兰（Ukraine），2013；斯洛文尼亚（Slovenia），2014；布基纳法索（Burkina Faso），2015；马其顿（Macedonia），2016；奥地利（Austria），2017；科特迪瓦（Côte D'Ivoire），2018；丹麦（Denmark），2018；德国（Germany F R），2018；英国（Great Britain），2019；哈萨克斯坦（Kazakhstan），2019；马斯蒂克（Mustique），2019
20	锈褐牛肝菌	*B. ferrugineus* Schaeff.	圭亚那（Guyana），1999
21	菌孔红色牛肝菌	*B. miniatoporus* A. H. Sm. & Thiers	阿富汗（Afghanistan），1985
22	褐红牛肝菌	*B. pinophilus* Pilát & Dermek	洪都拉斯（Honduras），1995、2005；布里亚特（Buriatia），1996、1998；科米（Komi），1996；圣多美和普林西比（Sao Tome and Principe），1998、2003；中非（Central Africa），1999、2013、2017；西班牙（Spain），2009；乍得（Chad），2010；马拉维（Malawi），2010、2013；保加利亚（Bulgaria），2014；多哥（Togo），2014、2017；贝宁（Benin），2015；几内亚（Guinea），2015；塞拉利昂（Sierra Leone），2015；所罗门群岛（Solomon Islands），2015；苏里南（Surinam），2017；马尔代夫（Maldives），2018；几内亚比绍（Guinea-Bissau），2019
23	紫红牛肝菌	*B. purpureus* Fr.	格林纳达（Grenada），1997；索马里（Somalia），1998
24	网纹牛肝菌	*B. reticulatus* Schaeff.	也门（Yemen Repulic），1990；索马里（Somalia），1993；斯洛文尼亚（Slovenia），1996；圭亚那（Guyana），2003；圣多美和普林西比（Sao Tome and Principe），2009；乍得（Chad），2012；刚果（布）（Congo），2013；卢旺达（Rwanda），2013；几内亚比绍（Guinea-Bissau），2015；多哥（Togo），2016；苏里南（Surinam），2017
25	微红牛肝菌	*B. ruborculus* T. J. Baroni	尼维斯（Nevis），2010
26	敏感牛肝菌	*B. sensibilis* Peck	尼日尔（Niger），2017

（续）

编号	中文名	拉丁名	发行国家和地区及发行时间
27	未定名牛肝菌	*B.* sp.	马达加斯加（Madagascar），1999；土库曼斯坦（Turkmenistan），2000；几内亚（Guinea），2002；莫桑比克（Mozambique），2002；几内亚比绍（Guinea-Bissau），2003、2004、2005；圣多美和普林西比（Sao Tome and Principe），2006；格林纳达/卡里亚库岛和小马提尼克岛（Grenada/Carriacou and Petite Martinique），2007；巴勒斯坦（Palestine），2007；奥地利（Austria），2014；贝宁（Benin），2015；日本（Japan），2018
28	砖红牛肝菌	*B. spadiceus* Schaeff.	科特迪瓦（Côte D'Ivoire），2013
29	华美牛肝菌	*B. speciosus* Frost	刚果（金）（Congo D R），2004
30	亚蓝牛肝菌	*B. subcaerulescens* (E.A. Dick & Snell) Both, Bessette & A. R. Bessette	所罗门群岛（Solomon Islands），2016
31	细绒牛肝菌	*B. subtomentosus* L.	老挝（Laos），1985；不丹（Bhutan），1989；柬埔寨（Combodia），1989；马尔代夫（Maldives），1995；布基纳法索（Burkina Faso），1996；卡累利阿（Carelia），1996；密克罗尼西亚（Micronesia），2000；圣多美和普林西比（Sao Tome and Principe），2003；冰岛（Iceland），2006；乍得（Chad），2010；刚果（布）（Congo），2011；科特迪瓦（Côte D'Ivoire），2013；几内亚比绍（Guinea-Bissau），2015；塞拉利昂（Sierra Leone），2015；苏里南（Surinam），2018
32	青色牛肝菌	*B. thalassinus* (Pilát & Dermek) Hlaváček	撒哈拉（Saharaui），1997
33	污褐牛肝菌	*B. variipes* Peck	刚果（金）（Congo D R），2004
34	短孢布氏牛肝菌	*Buchwaldoboletus brachyspermus* (Pegler) Both & B. Ortiz	圣文森特（Saint Vincent），1992
35	黄靛牛肝菌	*Butyriboletus appendiculatus* (Schaeff.) D. Arora & J.L. Frank	不丹（Bhutan），1989；科摩罗（Comoro），1992；阿迪格（Adygeya），1998；土库曼斯坦（Turkmenistan），1999；冈比亚（Gambia），2000；圣多美和普林西比（Sao Tome and Principe），2003；吉布提（Djibouti），2010；布隆迪（Burundi），2013、2015
36	费氏黄靛牛肝菌	*B. fechtneri* (Velen.) D. Arora & J. L. Frank	圣多美和普林西比（Sao Tome and Principe），2003
37	弗氏黄靛牛肝菌	*B. frostii* (J. L. Russell) G. Wu, Kuan Zhao & Zhu L. Yang	洪都拉斯（Honduras），1995；格林纳达（Grenada），1997；不丹（Bhutan），1999；利比里亚（Liberia），2000；特克斯和凯科斯群岛（Turks and Caicos Islands），2000
38	桃红黄靛牛肝菌	*B. regius* (Krombh.) D. Arora & J.L. Frank	保加利亚（Bulgaria），1987；不丹（Bhutan），1989；加纳（Ghana），1989；刚果（布）（Congo），1991；洪都拉斯（Honduras），1995；土库曼斯坦（Turkmenistan），1999；波斯尼亚和黑塞哥维那（Bosnia and Herzegovina），2002；几内亚比绍（Guinea-Bissau），2004；西班牙（Spain），2008；中非（Central Africa），2011；圣多美和普林西比（Sao Tome and Principe），2011；布隆迪（Burundi），2013；刚果（金）（Congo D R），2013；克罗地亚（Croatia），2013；乍得（Chad），2014；所罗门群岛（Solomon Islands），2015
39	美柄牛肝菌	*Caloboletus calopus* (Pers.) Vizzini	尼加拉瓜（Nicaragua），1985；不丹（Bhutan），1989；加纳（Ghana），1989；马达加斯加（Madagascar），1990；柬埔寨（Cambodia），1992；土库曼斯坦（Turkmenistan），1999；阿布哈兹（Abkhazia），2007；阿塞拜疆（Azerbaijan），2008；乍得（Chad），2011、2017；中非（Central Africa），2012；刚果（布）（Congo），2013；马拉维（Malawi），2013；圣多美和普林西比（Sao Tome and Principe），2013；几内亚比绍（Guinea-Bissau），2016、2019

（续）

编号	中文名	拉丁名	发行国家和地区及发行时间
40	拟根美柄牛肝菌	*C. radicans* (Pers.) Vizzini	刚果（金）(Congo D R)，2001；几内亚比绍 (Guinea-Bissau)，2009；乍得 (Chad)，2011、2013、2015；刚果（布）(Congo)，2013；卢旺达 (Rwanda)，2013；多哥 (Togo)，2014；立陶宛 (Lithuania)，2016；尼日尔 (Niger)，2017
41	辣牛肝菌	*Chalciporus piperatus* (Bull.) Bataille	南奥塞梯 (South Ossetia)，1996；摩尔达维亚 (Mordovia)，1999；列支敦士登 (Liechtenstein)，2000；刚果（金）(Congo D R)，2001；塔吉克斯坦 (Tadjikistan)，2001；吉布提 (Djibouti)，2013；几内亚 (Guinea)，2018
42	变蓝牛肝菌	*Cyanoboletus pulverulentus* (Opat.) Gelardi, Vizzini & Simonini	圣多美和普林西比 (Sao Tome and Principe)，2011；乍得 (Chad)，2012；卢旺达 (Rwanda)，2013
43	铅色短孢牛肝菌	*Gyrodon lividus* (Bull.) Sacc.	索马里 (Somalia)，2001；吉布提 (Djibouti)，2013；马拉维 (Malawi)，2013
44	锈盖圆孔牛肝菌	*Gyroporus ballouii* (Peck) E. Horak	格林纳达 (Grenada)，1997
45	褐圆孔牛肝菌	*G. castaneus* (Bull.) Quél.	尼加拉瓜 (Nicaragua)，1985；不丹 (Bhutan)，1989；加纳 (Ghana)，1993；马尔代夫 (Maldives)，1995；布里亚特 (Buriatia)，1996；几内亚 (Guinea)，1996；马里 (Mali)，1996；科米 (Komi)，1996；坦桑尼亚 (Tanzania)，1998；马拉维 (Malawi)，2011、2013；乍得 (Chad)，2012；吉布提 (Djibouti)，2013；尼日尔 (Niger)，2014
46	蓝圆孔牛肝菌	*G. cyanescens* (Bull.) Quél.	法国 (France)，1987；不丹 (Bhutan)，1989；科米 (Komi)，1996；赤道几内亚 (Equatorial Guinea)，2001；几内亚比绍 (Guinea-Bissau)，2008；乍得 (Chad)，2010；贝宁 (Benin)，2011；刚果（布）(Congo)，2011；吉布提 (Djibouti)，2019
47	哈里牛肝菌	*Harrya chromipes* (Frost) Halling, Nuhn, Osmundson, et al.	几内亚 (Guinea)，2017
48	光滑半疣柄牛肝菌	*Hemileccinum depilatum* (Redeuilh) Šutara	乍得 (Chad)，2012；刚果（布）(Congo)，2012
49	黄褐半疣柄牛肝菌	*H. impolitum* (Fr.) Šutara	朝鲜 (Korea D P R)，1987；尼日尔 (Niger)，1991；达吉斯坦 (Dagestan)，1999；印古什 (Ingushetia)，2000；刚果（金）(Congo D R)，2001；圣文森特和格林纳丁斯 (Saint Vincent and the Grenadines)，2001；圣多美和普林西比 (Sao Tome and Principe)，2003；马拉维 (Malawi)，2013；几内亚比绍 (Guinea-Bissau)，2015；中非 (Central Africa)，2016
50	桦海氏牛肝菌	*Heimioporus betula* (Schwein.) E. Horak	圭亚那 (Guyana)，1996
51	网孢海氏牛肝菌	*H. retisporus* (Pat. & C. F. Baker) E. Horak	尼加拉瓜 (Nicaragua)，1985
52	朱红花园牛肝菌	*Hortiboletus rubellus* (Krombh.) Simonini, Vizzini & Gelardi	几内亚 (Guinea)，1995；圣多美和普林西比 (Sao Tome and Principe)，1995、1998、2009、2019；卡累利阿 (Carelia)，1998；坦桑尼亚 (Tanzania)，1999；圭亚那 (Guyana)，2003；刚果（布）(Congo)，2011；科特迪瓦 (Côte D'Ivoire)，2013；塔吉克斯坦 (Tajikistan)，2014；布隆迪 (Burundi)，2015；几内亚比绍 (Guinea-Bissau)，2019；塞拉利昂 (Sierra Leone)，2019
53	黑褐牛肝菌	*Imleria badia* (Fr.) Vizzini	民主德国 (German D R)，1980；蒙古国 (Mongolia)，1985、2003；布基纳法索 (Burkina Faso)，1990；刚果（布）(Congo)，1991、2011、2012；毛里塔尼亚 (Mauritania)，1991；马里 (Mali)，1995、1996；阿穆尔州 (Amurskaya)，1996；卡累利阿 (Carelia)，1998；几内亚 (Guinea)，1999、2017；圭亚那 (Guyana)，1999；加纳 (Ghana)，2004；圣多美和普林西比 (Sao Tome and Principe)，2006、2007、2008、2011；利比里亚 (Liberia)，2007；阿塞拜疆

（续）

编号	中文名	拉丁名	发行国家和地区及发行时间
53	黑褐牛肝菌	*Imleria badia* (Fr.) Vizzini	(Azerbaijan)，2008；马拉维（Malawi），2008；乍得（Chad），2010、2011、2012；几内亚比绍（Guinea-Bissau），2011、2015、2016、2017、2018；德涅斯特河东岸共和国（Transnistria），2012；科特迪瓦（Côte D'Ivoire），2013；卢森堡（Luxembourg），2013；卢旺达（Rwanda），2013；马尔代夫（Maldives），2014、2017；中非（Central Africa），2015；多哥（Togo），2015；尼日尔（Niger），2016；塞拉利昂（Sierra Leone），2016、2017、2019；德国（Germany F R），2018；莫桑比克（Mozambique），2018、2019
54	褐黄帝牛肝菌	*Imperator luteocupreus* (Bertéa & Estadès) Assyov, Bellanger, Bertéa, et al.	多哥（Togo），2014
55	紫红帝牛肝菌	*I. rhodopurpureus* (Smotl.) Assyov, Bellanger, Bertéa, et al.	苏里南（Surinam），2018
56	黄皮小疣柄牛肝菌	*Leccinellum crocipodium* (Letell.) Della Magg. & Trassin.	几内亚（Guinea），1995；坦桑尼亚（Tanzania），1996；安哥拉（Angola），1999；格林纳达（Grenada），2002；密克罗尼西亚（Micronesia），2002；吉布提（Djibouti），2010
57	橙黄疣柄牛肝菌	*Leccinum aurantiacum* (Bull.) Gray	苏联（USSR），1964；蒙古国（Mongolia），1978；阿富汗（Afghanistan），1985；保加利亚（Bulgaria），1987；圣多美和普林西比（Sao Tome and Principe），1990、1995、2007、2014、2017；瑞士（Switzerland），1994；摩尔多瓦（Moldova），1995；安提瓜和巴布达（Antigua and Barbuda），1997、2016；斯洛伐克（Slovakia），1997；布里亚特（Buriatia），1998；千岛群岛（Kuriles），1998；莱索托（Lesotho），1998；巴布达（Barbuda），1999；土库曼斯坦（Turkmenistan），1999；印古什（Ingushetia），2000；多米尼克（Dominica），2001；罗马尼亚（Romania），2003、2017；吉布提（Djibouti），2007、2014、2019；几内亚比绍（Guinea-Bissau），2008、2014、2015、2016、2017、2018；拉脱维亚（Latvia），2008；科摩罗（Comoro），2009；捷克（Czech），2009；乍得（Chad），2010、2013、2015、2017；刚果（布）（Congo），2010、2013；马拉维（Malawi），2011；德涅斯特河东岸共和国（Transnistria），2012；尼日尔（Niger），2013、2014、2016、2019；卢旺达（Rwanda），2013；所罗门群岛（Solomon Islands），2014、2016；多哥（Togo），2014、2015；几内亚（Guinea），2015、2016、2019；马尔代夫（Maldives），2015、2019；莫桑比克（Mozambique），2015、2018、2019；马达加斯加（Madagascar），2017；塞拉利昂（Sierra Leone），2018；马斯蒂克（Mustique），2019
58	皱皮疣柄牛肝菌	*L. duriusculum* (Schulzer ex Kalchbr.) Singer	摩尔多瓦（Moldova），1995；布里亚特（Buriatia），1996；土库曼斯坦（Turkmenistan），1999；乍得（Chad），2011、2012；吉布提（Djibouti），2013；卢旺达（Rwanda），2013
59	污白疣柄牛肝菌	*L. holopus* (Rostk.) Watling	刚果（布）（Congo），2010；马尔代夫（Maldives），2018
60	暗黑疣柄牛肝菌	*L. melaneum* (Smotl.) Pilát & Dermek	几内亚（Guinea），2018；马尔代夫（Maldives），2018
61	兰里疣柄牛肝菌	*L. piceinum* Pilát & Dermek	乍得（Chad），2003
62	灰疣柄牛肝菌	*L. pseudoscabrum* (Kallenb.) Mikšík	乌德穆尔特（Udmurtskaya），1996；中非（Central Africa），2014
63	褐疣柄牛肝菌	*L. scabrum* (Bull.) Gray	波兰（Poland），1959；蒙古国（Mongolia），1978；民主德国（German D R），1980；阿富汗（Afghanistan），1985；布基纳法索（Burkina Faso），1985；摩纳哥（Monaco），1988；马达加斯加（Madagascar），1990、1998；也门（Yemen Republic），1990；圣多美和普林西比（Sao Tome and Principe），1992、2008；几内亚（Guinea），1996；巴统（Batumi），1997；卡累利阿（Carelia），1998；土库曼斯坦（Turkmenistan），1999；

（续）

编号	中文名	拉丁名	发行国家和地区及发行时间
63	褐疣柄牛肝菌	*L. scabrum*（Bull.）Gray	密克罗尼西亚（Micronesia），2000；冰岛（Iceland），2002；阿布哈兹（Abkhazia），2007；利比里亚（Liberia），2007；乍得（Chad），2010、2011；刚果（布）（Congo），2010、2013；拉脱维亚（Latvia），2010；贝宁（Benin），2011；马拉维（Malawi），2012；莫桑比克（Mozambique），2012、2014；科特迪瓦（Côte D'Ivoire），2013；吉布提（Djibouti），2013、2016、2019；几内亚比绍（Guinea-Bissau），2013、2015；卢旺达（Rwanda），2013；几内亚（Guinea），2014、2017；所罗门群岛（Solomon Islands），2014；科索沃（Kosovo），2016；多哥（Togo），2016；吉尔吉斯斯坦（Kyrgyzstan），2017；尼日尔（Niger），2019
64	未定名疣柄牛肝菌	*L.* sp.	土库曼斯坦（Turkmenistan），2000；莫桑比克（Mozambique），2002；塔吉克斯坦（Tajikistan），2002；几内亚比绍（Guinea-Bissau），2003；比利时（Belgium），2004；格陵兰（Greenland），2005；贝宁（Benin），2015
65	变色疣柄牛肝菌	*L. variicolor* Watling	科特迪瓦（Côte D'Ivoire），2013；马里（Mali），2016；塞拉利昂（Sierra Leone），2019
66	异色疣柄牛肝菌	*L. versipelle*（Fr. & Hök）Snell	捷克斯洛伐克（Czechoslovakia），1958；芬兰（Finland），1980；圣多美和普林西比（Sao Tome and Principe），1987、2009、2011、2013；马达加斯加（Madagascar），1990；也门（Yemen Repulic），1990；刚果（布）（Congo），1991、2010、2012、2013；卡累利阿（Carelia），1996；巴统（Batumi），1997；安哥拉（Angola），1999；中非（Central Africa），1999、2013、2016；达吉斯坦（Dagestan），1999；摩尔达维亚（Mordovia），1999；土库曼斯坦（Turkmenistan），1999；格林纳达/卡里亚库岛和小马提尼克岛（Grenada/Carriacou and Petite Martinique），2000；几内亚比绍（Guinea-Bissau），2001、2010、2015；利比里亚（Liberia），2001；爱尔兰（Ireland），2008；吉布提（Djibouti），2009；乍得（Chad），2010、2012、2013；贝宁（Benin），2011；马拉维（Malawi），2012；科特迪瓦（Côte D'Ivoire），2013；卢旺达（Rwanda），2013；捷克（Czech），2014、2018；所罗门群岛（Solomon Islands），2014；布隆迪（Burundi），2015；尼日尔（Niger），2016、2018；几内亚（Guinea），2017；莫桑比克（Mozambique），2018；多哥（Togo），2018
67	赤褐色疣柄牛肝菌	*L. vulpinum* Watling	乍得（Chad），2017；几内亚（Guinea），2017；哈萨克斯坦（Kazakhstan），2019
68	红柄新牛肝菌	*Neoboletus erythropus*（Pers.）C. Hahn	民主德国（German D R），1980；马达加斯加（Madagascar），1990、1998；也门（Yemen Repulic），1990；比利时（Belgium），1991；布基纳法索（Burkina Faso），1996、2015；卡累利阿（Carelia），1996、1999；格林纳达（Grenada），1997；楚瓦什（Chuvashaskaya），1998；土库曼斯坦（Turkmenistan），1999；印古什（Ingushetia），2000；刚果（金）（Congo D R），2001；泽西岛（Jersey），2005；吉布提（Djibouti），2010、2013；乍得（Chad），2011、2012；中非（Central Africa），2012、2015；马拉维（Malawi），2013；尼日尔（Niger），2014、2019；莫桑比克（Mozambique），2016；苏里南（Surinam），2017
69	朱柄新牛肝菌	*N. luridiformis*（Rostk.）Gelardi, Simonini & Vizzini	吉布提（Djibouti），2010；圣多美和普林西比（Sao Tome and Principe），2011；几内亚比绍（Guinea-Bissau），2013
70	巨大网斑牛肝菌	*Phlebopus colossus*（R. Heim）Singer	中非（Central Africa），2001
71	林地网斑牛肝菌	*P. silvaticus* Heinem.	几内亚（Guinea），1985；多哥（Togo），1990；中非（Central Africa），2001
72	苏丹网斑牛肝菌	*P. sudanicus*（Har. & Pat.）Heinem.	中非（Central Africa），1967、1984、1990、1994、2001；上沃尔特（Upper Volta），1984；布基纳法索（Burkina Faso），1985；扎伊尔（Zaire），1996；博茨瓦纳（Botswana），2007；乍得（Chad），2012

（续）

编号	中文名	拉丁名	发行国家和地区及发行时间
73	朱红褶牛肝菌	*Phyllobolites miniatus* (Rick) Singer	安提瓜和巴布达（Antigua and Barbuda），2011
74	环孢褶孔牛肝菌	*Phylloporus ampliporus* Heinem. & Rammeloo	扎伊尔（Zaire），1979、1993
75	佩氏褶孔牛肝菌	*P. pelletieri* (Lév.) Quél.	几内亚比绍（Guinea-Bissau），2012；多哥（Togo），2015
76	褶孔牛肝菌	*P. rhodoxanthus* (Schwein.) Bres.	不丹（Bhutan），1989；加纳（Ghana），1989；朝鲜（Korea D P R），1991；几内亚（Guinea），1995、2004、2015；马尔代夫（Maldives），1995；尼日尔（Niger），1998；卡累利阿（Carelia），1999；土库曼斯坦（Turkmenistan），1999；摩尔多瓦（Moldova），2007；几内亚比绍（Guinea-Bissau），2013；多哥（Togo），2014；苏里南（Surinam），2018
77	波多黎各红孢牛肝菌	*Porphyrellus portoricensis*	格林纳达（Grenada），2009
78	寄生假牛肝菌	*Pseudoboletus parasiticus* (Bull.) Šutara	波兰（Poland），1980；格林纳达（Grenada），1997；莱索托（Lesotho），2001；索马里（Somalia），2001；加纳（Ghana），2004；刚果（布）（Congo），2013
79	金网柄牛肝菌	*Retiboletus ornatipes* (Peck) Manfr. Binder & Bresinsky	多米尼克（Dominica），1998；刚果（金）（Congo D R），2004
80	玉红牛肝菌	*Rubinoboletus rubinus* (W. G. Sm.) Pilát & Dermek	刚果（布）（Congo），2013
81	利格红牛肝菌	*Rubroboletus legaliae* (Pilát & Dermek) Della Maggiora & Trassin.	卡累利阿（Carelia），1999；格林纳达/卡里亚库岛和小马提尼克岛（Grenada/Carriacou and Petite Martinique），2000；利比里亚（Liberia），2001；贝宁（Benin），2015；马里（Mali），2019
82	美丽红牛肝菌	*R. pulcherrimus* (Thiers & Halling) D. Arora, N. Siegel & J. L. Frank	赞比亚（Zambia），1998
83	细网红牛肝菌	*R. satanas* (Lenz) Kuan Zhao & Zhu L. Yang	民主德国（German D R），1974；丹麦（Denmark），1978；古巴（Cuba），1988；阿尔及利亚（Algeria），1989；保加利亚（Bulgaria），1990；圭亚那（Guyana），1991、1993、1999；越南（Vietnam），1991；罗马尼亚（Romania），1994；西班牙（Spain），1994；洪都拉斯（Honduras），1995；布里亚特（Buriatia），1996；摩尔多瓦（Moldova），1996；柬埔寨（Cambodia），1997；中非（Central Africa），1997；阿迪格（Adygeya），1998；科摩罗（Comoro），1998、1999；英国（Great Britain），1998；莱索托（Lesotho），1998；圣多美和普林西比（Sao Tome and Principe），1998；坦桑尼亚（Tanzania），1998；安哥拉（Angola），1999；卡累利阿（Carelia），1999；加蓬（Gabon），1999；土库曼斯坦（Turkmenistan），1999；捷克（Czech），2000；格林纳达（Grenada），2000；马尔代夫（Maldives），2001；莫桑比克（Mozambique），2002、2019；俄罗斯（Russia），2003；吉布提（Djibouti），2007、2010、2014；阿塞拜疆（Azerbaijan），2008；刚果（布）（Congo），2008、2012、2013；几内亚（Guinea），2008、2017；乍得（Chad），2010；贝宁（Benin），2011、2015；多哥（Togo），2011、2013；布隆迪（Burundi），2012、2015；马其顿（Macedonia），2013；图瓦卢（Tuvalu），2013；科特迪瓦（Côte D'Ivoire），2017；尼日尔（Niger），2017、2018；所罗门群岛（Solomon Islands），2017；塞拉利昂（Sierra Leone），2018；苏里南（Surinam），2018
84	松塔牛肝菌	*Strobilomyces strobilaceus* (Scop.) Berk.	乍得（Chad），2003、2010；波兰（Poland），1980；圣多美和普林西比（Sao Tome and Principe），1992、2008；圭亚那（Guyana），1996；刚果（布）（Congo），2009；科特迪瓦（Côte D'Ivoire），2010；中非（Central Africa），2001、2012；多哥（Togo），2011；瑞士（Switzerland），2014；布隆迪（Burundi），2015

（续）

编号	中文名	拉丁名	发行国家和地区及发行时间
85	黄小乳牛肝菌	*Suillellus gabretae* (Pilát) Blanco-Dios	捷克（Czech），2011
86	褐黄小乳牛肝菌	*S. luridus* (Schaeff.) Murrill	尼加拉瓜（Nicaragua），1985；罗马尼亚（Romania），1986；毛里塔尼亚（Mauritania），1991；蒙古国（Mongolia），1991；摩尔多瓦（Moldova），1995；阿迪格（Adygeya），1998；印古什（Ingushetia），1998；卡累利阿（Carelia），1999；摩尔达维亚（Mordovia），1999；土库曼斯坦（Turkmenistan），1999；俄罗斯（Russia），2003；圣多美和普林西比（Sao Tome and Principe），2003；巴基斯坦（Pakistan），2005；阿塞拜疆（Azerbaijan），2008；莫桑比克（Mozambique），2010；马拉维（Malawi），2011、2012；中非（Central Africa），2012、2014；乍得（Chad），2012、2015；刚果（布）（Congo），2013；吉布提（Djibouti），2013；几内亚比绍（Guinea-Bissau），2014、2016；所罗门群岛（Solomon Islands），2014；多哥（Togo），2016；几内亚（Guinea），2017；苏里南（Surinam），2017；科特迪瓦（Côte D'Ivoire），2018
87	削脚小乳牛肝菌	*S. queletii* (Schulzer) Vizzini, Simonini & Gelard	几内亚（Guinea），2014；苏里南（Surinam），2017
88	乳牛肝菌	*Suillus bovinus* (L.) Roussel	斯威士兰（Swaziland），1984；卡累利阿（Carelia），1996；达吉斯坦（Dagestan），1999；阿布哈兹（Abkhazia），2007；科特迪瓦（Côte D'Ivoire），2013；中非（Central Africa），2016
89	短柄乳牛肝菌	*S. brevipes* (Peck) Kuntze	安提瓜和巴布达（Antigua and Barbuda），1996；巴布达（Barbuda），1997；赞比亚（Zambia），1998
90	变蓝乳牛肝菌	*S. caerulescens* A. H. Sm. & Thiers	安提瓜和巴布达（Antigua and Barbuda），1996；巴布达（Barbuda），1997
91	空柄乳牛肝菌	*S. cavipes* (Opat.) A. H. Sm. & Thiers	马里（Mali），1996；科摩罗（Comoro），1999；几内亚比绍（Guinea-Bissau），2013、2015；马拉维（Malawi），2013；几内亚比绍（Guinea-Bissau），2015
92	褐乳牛肝菌	*S. collinitus* (Fr.) Kuntze	马耳他（Malta），2009
93	黄乳牛肝菌	*S. flavidus* (Fr.) J. Presl	卢旺达（Rwanda），2013
94	点柄乳牛肝菌	*S. granulatus* (L.) Roussel	蒙古国（Mongolia），1964、2003；布基纳法索（Burkina Faso），1985；莱索托（Lesotho），1989；乌干达（Uganda），1989；塞拉利昂（Sierra Leone），1990；圣多美和普林西比（Sao Tome and Principe），1991、2008、2015；阿根廷（Argentina），1992、1993、1994；圭亚那（Guyana），1993；冈比亚（Gambia），1994；安提瓜和巴布达（Antigua and Barbuda），1996、2016；马里（Mali），1996；巴布达（Barbuda），1997；坦桑尼亚（Tanzania），1998；安哥拉（Angola），1999；几内亚（Guinea），1999、2013；多哥（Togo），2000；几内亚比绍（Guinea-Bissau），2001；利比里亚（Liberia），2001、2007；索马里（Somalia），2001；以色列（Israel），2002；科摩罗（Comoro），2009；乍得（Chad），2010；刚果（布）（Congo），2011；科特迪瓦（Côte D'Ivoire），2013
95	厚环乳牛肝菌	*S. grevillei* (Klotzsch) Singer	保加利亚（Bulgaria），1961；不丹（Bhutan），1973、1989；朝鲜（Korea D P R），1989；马尔代夫（Maldives），1992；马里（Mali），1996；塞拉利昂（Sierra Leone），1996、2018；图瓦（Tuva），1997；阿富汗（Afghanistan），1998；卡累利阿（Carelia），1998；科摩罗（Comoro），1999；几内亚（Guinea），1999、2015；冰岛（Iceland），1999；塔吉克斯坦（Tadjikistan），2001；阿布哈兹（Abkhazia），2007；几内亚比绍（Guinea-Bissau），2008；吉布提（Djibouti），2010；中非（Central Africa），2012；乍得（Chad），2012；马拉维（Malawi），2013；圣多美和普林西比（Sao Tome and Principe），2013、2017；布隆迪（Burundi），2015；尼日尔（Niger），2018

（续）

编号	中文名	拉丁名	发行国家和地区及发行时间
96	褐环乳牛肝菌	*S. luteus* (L.) Roussel	波兰（Poland），1959；苏联（USSR），1964；巴拉圭（Paraguay），1985；福克兰群岛（Falkland），1987；挪威（Norway），1989；乌干达（Uganda），1989；马达加斯加（Madagascar），1990；塞拉利昂（Sierra Leone），1990；也门（Yemen Repulic），1990；多米尼克（Dominica），1991；圣多美和普林西比（Sao Tome and Principe），1992、2007；科摩罗（Comoro），1994；冈比亚（Gambia），1994；阿富汗（Afghanistan），1996；安提瓜和巴布达（Antigua and Barbuda），1996；乌德穆尔特（Udmurtskaya），1996；巴布达（Barbuda），1997；尼维斯（Nevis），1997；图瓦（Tuva），1997；贝宁（Benin），1998、2011；布里亚特（Buriatia），1998；安哥拉（Angola），1999；几内亚（Guinea），1999、2016、2017；加纳（Ghana），2000；利比里亚（Liberia），2001；索马里（Somalia），2001；巴布亚新几内亚（Papua New Guinea），2005；马拉维（Malawi），2008、2013；阿塞拜疆（Azerbaijan），2008；乍得（Chad），2010；吉布提（Djibouti），2010、2017；秘鲁（Peru），2010；中非（Central Africa），2011、2012、2019；刚果（金）（Congo D R），2011；科特迪瓦（Côte D'Ivoire），2013；尼日尔（Niger），2014、2016、2017、2018；布隆迪（Burundi），2015；奥地利（Austria），2018；几内亚比绍（Guinea-Bissau），2018；莫桑比克（Mozambique），2018、2019
97	琥珀乳牛肝菌	*S. placidus* (Bonord.) Singer	不丹（Bhutan），1989；加纳（Ghana），1989；布里亚特（Buriatia），1996；几内亚（Guinea），1999；圣多美和普林西比（Sao Tome and Principe），2003；科特迪瓦（Côte D'Ivoire），2013
98	鲑色乳牛肝菌	*S. salmonicolor* (Frost) Halling	几内亚（Guinea），2011；乍得（Chad），2012
99	未定名乳牛肝菌	*S.* sp.	土库曼斯坦（Turkmenistan），2000
100	近褐乳牛肝菌	*S. subolivaceus* A. H. Sm. & Thiers	赞比亚（Zambia），1998
101	垂登乳牛肝菌	*S. tridentinus* (Bres.) Singer	卢旺达（Rwanda），2013
102	斑乳牛肝菌	*S. variegatus* (Sw.) Richon & Roze	蒙古国（Mongolia），1964、1978；卡累利阿（Carelia），1998；达吉斯坦（Dagestan），1999；圣多美和普林西比（Sao Tome and Principe），2003；阿塞拜疆（Azerbaijan），2008；乍得（Chad），2011；马拉维（Malawi），2011、2012；科特迪瓦（Côte D'Ivoire），2013；中非（Central Africa），2015；几内亚（Guinea），2016；吉布提（Djibouti），2019
103	灰乳牛肝菌	*S. viscidus* (L.) Roussel	圣多美和普林西比（Sao Tome and Principe），2008；吉布提（Djibouti），2010；卢旺达（Rwanda），2013
104	小粉孢牛肝菌	*Tylopilus exiguus* T. W. Henkel	格林纳达/卡里亚库岛和小马提尼克岛（Grenada/Carriacou and Petite Martinique），2011
105	苦粉孢牛肝菌	*T. felleus* (Bull.) P. Karst.	苏联（USSR），1986；古巴（Cuba），1988；科摩罗（Comoro），1992；布里亚特（Buriatia），1996、1998；马里（Mali），1996；贝宁（Benin），1998；卡累利阿（Carelia），1998；千岛群岛（Kuriles），1998；土库曼斯坦（Turkmenistan），1999；加纳（Ghana），2000；塔吉克斯坦（Tadjikistan），2001；俄罗斯（Russia），2003；圣多美和普林西比（Sao Tome and Principe），2003；科特迪瓦（Côte D'Ivoire），2010；乍得（Chad），2012；尼日尔（Niger），2013、2016；卢旺达（Rwanda），2013；波兰（Poland），2014；塞拉利昂（Sierra Leone），2016；所罗门群岛（Solomon Islands），2016；多哥（Togo），2016、2018；吉布提（Djibouti），2017；苏里南（Surinam），2017
106	帕卡拉粉孢牛肝菌	*T. pakaraimensis* T. W. Henkel	圭亚那（Guyana），2011
107	紫褐粉孢牛肝菌	*T. plumbeoviolaceus* (Snell & E. A. Dick) Snell & E. A. Dick.	尼加拉瓜（Nicaragua），1985

（续）

编号	中文名	拉丁名	发行国家和地区及发行时间
108	多眼粉孢牛肝菌	*T. potamogeton* Singer	安提瓜和巴布达（Antigua and Barbuda），2011
109	奥森粉孢牛肝菌	*T. orsonianus* Fulgenzi & T. W. Henkel	安提瓜和巴布达（Antigua and Barbuda），2011
110	红黑粉孢牛肝菌	*T. rufonigricans* T. W. Henkel	格林纳达/卡里亚库岛和小马提尼克岛（Grenada/Carriacou and Petite Martinique），2011
111	未定名粉孢牛肝菌	*T.* sp.	莫桑比克（Mozambique），2002
112	淡酒紫粉孢牛肝菌	*T. vinaceipallidus*（Corner）T. W. Henkel	圭亚那（Guyana），2011
113	红亚绒盖牛肝菌	*Xerocomellus chrysenteron*（Bull.）Šutara	阿塞拜疆（Azerbaijan），2008；刚果（布）（Congo），2008、2011；几内亚（Guinea），2011、2014；圣多美和普林西比（Sao Tome and Principe），2014；中非（Central Africa），2016
114	孔孢亚绒盖牛肝菌	*X. porosporus*（Imler ex Watling）Šutara	刚果（布）（Congo），2011
115	白粉亚绒盖牛肝菌	*X. pruinatus*（Fr. & Hök）Šutara	摩尔达维亚（Mordovia），1999；刚果（金）（Congo D R），2001
116	泽勒亚绒盖牛肝菌	*X. zelleri*（Murrill）Klofac	坦桑尼亚（Tanzania），1998；赞比亚（Zambia），1998；圣文森特和格林纳丁斯（Saint Vincent and the Grenadines），2001；刚果（金）（Congo D R），2004
117	亚马逊绒盖牛肝菌	*Xerocomus amazonicus* Singer	格林纳达/卡里亚库岛和小马提尼克岛（Grenada/Carriacou and Petite Martinique），2011
118	巴西绒盖牛肝菌	*X. brasiliensis* Rick	圣文森特（Saint Vincent），1992
119	红瓣绒盖牛肝菌	*X. coccolobae* Pegler	格林纳达格林纳丁斯（Grenada Grenadines），1986；格林纳达（Grenada），1991
120	瓜地绒盖牛肝菌	*X. guadelupae*（Singer & Fiard）Pegler	多米尼克（Dominica），1987；特克斯和凯科斯群岛（Turks and Caicos Islands），1994
121	黄靛绒盖牛肝菌	*X. hypoxanthus* Singer	格林纳丁斯（圣文森特）（Grenadines of Saint Vincent），1986；格林纳达（Grenada），1991
122	拟绒盖牛肝菌	*X. illudens*（Peck）Singer	尼加拉瓜（Nicaragua），1985
123	孔孢绒盖牛肝菌	*X. porosporus*（Imler ex Watling）Šutara	圣多美和普林西比（Sao Tome and Principe），2009
124	未定名绒盖牛肝菌	*X.* sp.	塞拉利昂（Sierra Leone），2000；乍得（Chad），2003

1.7 邮票上的香菇
（Xianggu on Stamps）

比起双孢蘑菇，香菇 [*Lentinula edodes*（Berk.）Pegler] 邮票的数量就更少了，区区16枚，一半来自亚洲，说明香菇虽然是世界产量最大的食用菌（仅中国2019年就产1 116万t，而全球双孢蘑菇产量才400多万t），但在全球范围内主要还是亚洲或亚裔人在享用，远不如双孢蘑菇的受众广泛。

从香菇100多年"户口簿"的变更迁徙，可知香菇一生命运多舛，先后历经蘑菇属、金钱菌属、蜜环菌属、环柄菇属、*Mastoleucomyces*属、*Cortinellus*属、口蘑属、韧伞属，直到1975年才真正找到属于自己的香菇属（*Lentinula*）。遗憾的是，作为香菇的原产国，在香菇的名字变迁过程中，中国人基本没参与。要不是张树庭教授一再坚持寻根觅祖，日本可能就成为香菇的原产国了，因为香菇学名最早的有效发表是植物病理学家、植物学家伯克利（Miles Joseph Berkeley）根据从日本采购的香菇商品作为标本命名的。以下是香菇自命名以来的所有学名、异名及定名人、代表的刊物名称。

Agaricus edodes Berk., *J. Linn. Soc.*, Bot. 16:50（1878）

Collybia shiitake J. Schröt., *Gartenflora* 35:105（1886）

Armillaria edodes（Berk.）Sacc., *Syll. fung.*（Abellini）5:79（1887）

Armillaria edodes（Berk.）Sacc., *Syll. fung.*（Abellini）5:79（1887）f. *edodes*

Lepiota shiitake（J. Schröt.）Nobuj. Tanaka, *Bot. Mag.*, Tokyo 3:159（1889）

Lentinus tonkinensis Pat., *J. Bot.*, Paris 4:14（1890）

Mastoleucomyces edodes（Berk.）Kuntze, *Revis. gen. pl.*（Leipzig）2:861（1891）

Cortinellus shiitake（J. Schröt.）Henn., *Notizbl. Königl. bot. Gart. Museum Berlin* 2:385（1899）

Lentinus mellianus Lohwag, *Pl. Mellian. sinenses*:698（1918）

Tricholoma shiitake（J. Schröt.）Lloyd, *Mycol. Writ.* 5（Letter 67）:11（1918）

Lentinus shiitake（J. Schröt.）Singer, *Annls mycol.* 34（4/5）:332（1936）

Cortinellus edodes（Berk.）S. Ito & S. Imai,（1938）

Cortinellus edodes（Berk.）S. Ito & S. Imai,（1938）f. *edodes*

Lentinus edodes（Berk.）Singer, *Mycologia* 33（4）:451（1941）

Armillaria edodes f. *sterilis* Iwade, *Bull. Tokyo Univ. Forests* 33:56（1944）

Cortinellus edodes f. *sterilis* Iwade, *Bull. Tokyo Univ. Forests* 33:56（1944）

Lentinula edodes（Berk.）Pegler, *Kavaka* 3:20（1976）

我国科学出版社1976出版的《真菌名词及名称》把香菇划归到*Lentinus*属（模式种为*L. tuber-regium*）之下，并把该属称为香菇属，这也是至今依然还有许多学者称*Lentinus*为香菇属的原因。其实香菇并非*Lentinus*的模式种，因为根据国际藻类真菌和植物命名法规，只有该属的模式种才能直接采用该属的主名，所以香菇在*Lentinus*里名不副实，更不用说它与该属物种在分类地位上相距甚远。*Lentinus*隶属于多孔菌目（Polyporale）多孔菌科（Ployporaceae）。该科还包括新香菇属（*Neolentinus*）。直至1993年姚一建博士才发文建议将*Lentinus*中文名改为韧伞属，以示与香菇属*Lentinula*的区别。

目前香菇属（*Lentinula*），隶属于伞菌目（Agaricales），国内把它划归到小皮伞科（Marasmiaceae），国际真菌索引网站（Indexfunrorum）把它划归到类脐菇科（Omphalotaceae）。看来香菇的"户籍"之旅还没有终结，爹是找到了，却有2个爷爷。同样因为*Lentinula edodes*是该属的"后进生"，非模式种，姚一建还建议把*Lentinula*称为木菇属，*Lentinula edodes*叫香木菇，然响应者寥寥，毕竟香菇应该也有中文命名优先权吧。

好了，继续看看世界各地哪家香菇邮票设计更有特色！

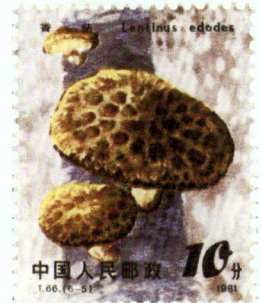

1981年我国发行的椴木花菇，角度是俯视

朝鲜的香菇邮票

日本人用香菇邮票纪念国际蘑菇会议，还把餐桌上的香菇搬上邮票

菲律宾和所罗门群岛邮票上的香菇分别是椴木和袋料栽培的

北美特克斯凯科斯群岛和英属维京群岛邮票上的香菇可能是同一棵倒木上的标本

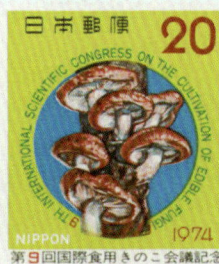

从邮票可以看出非洲人对香菇也是满怀情感

1.8 邮票上的双孢蘑菇
（Button Mushroom on Stamps）

作为世界上人工栽培最广泛和国际贸易量最大的食用菌，双孢蘑菇 [*Agaricus bisporus*（J. E. Lange）Imbach 1946] 英文名为Button mushroom, White mushroom 或 cultivated mushroom，在分类上隶属担子菌门（Basidiomycota）蘑菇纲（Agaricomycetes）蘑菇目（Agaricales）蘑菇科（Agaricaceae）蘑菇属（*Agaricus* L. ex Fr.）。双孢蘑菇在蘑菇属中分布最广，其野生资源分布于欧洲、北美洲、北非和澳大利亚等地，近年在中国青藏高原和西北地区也有发现。目前世界上有120多个国家栽培双孢蘑菇，2018年的全球总产量估计在400多万t，其中中国为248万t，约占60％，其次为欧盟大约120万t，美国50多万t。在栽培中有雪白、奶油色和棕色三个品系，以雪白色居多，而野生状态下多为褐色，因此，普遍认为双孢蘑菇早期学名 *Agaricus brunnescens* Peck 1900（褐色蘑菇），严格地说 *A. bisporus* 是 *A. brunnescens* 晚出异名，当然国际真菌索引网站（Indexfungorum）认为 *A. brunnescens* 有别于 *A. bisporus*，是另一个种。在被划归 *Agaricus* 属之前，双孢蘑菇隶属于 *Psalliota* 属，学名为：*Psalliota bispora*（J.E. Lange）F.H.

Møller & Jul. Schäff.1938，这一名称曾出现在1990年布基纳法索发行的邮票上，从中反映出这一分类学的变化。

如果说白色的蘑菇不好入图是双孢蘑菇邮票设计的难点，那么双孢蘑菇邮票的设计，更主要的是如何抓住双孢蘑菇的特点，开伞与否并不重要，如何观察它的形态特征才是关键，关注菌环位置、菌褶的形状和色泽等，画蘑菇和看蘑菇一样不能俯视，而要趴下来静心观察，换个角度，世界大不一样。截至今天全世界24个国家和地区共发行了31枚双孢蘑菇邮票，您更青睐谁家的双孢蘑菇邮票呢？

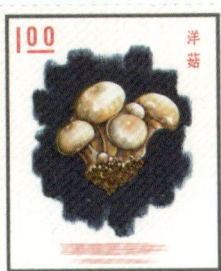

中国大陆发行的双孢蘑菇邮票　　中国台湾发行的双孢蘑菇邮票　　乍得发行的双孢蘑菇邮票　　布基纳法索发行的双孢蘑菇邮票（用 *Psalliota* 作属名）

巴统（俗名）、法国、加纳、瑞典发行的双孢蘑菇邮票　　爱尔兰、圭亚那（标注的双孢蘑菇使用的是俗名）、印古什发行的双孢蘑菇邮票

朝鲜、约旦、布里亚特、塞拉利昂（错标为蜡伞）发行的双孢蘑菇邮票

索马里、肯尼亚（同时展示褐色和白色）、英属维京群岛发行的双孢蘑菇邮票

几内亚比绍1988年、2014年、2015年发行的双孢蘑菇邮票

圣多美和普林西比发行的双孢蘑菇邮票有两枚用*Psalliota*作属名

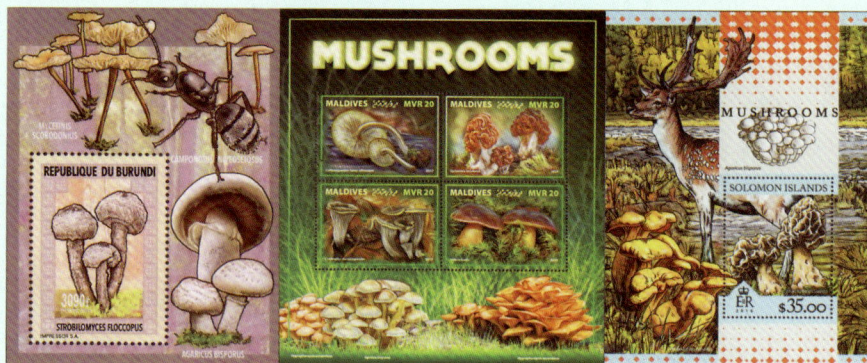

布隆迪、马尔代夫、所罗门群岛发行的双孢蘑菇邮票

2019年马斯特克发行的双孢蘑菇邮票

1.9　亚历山大·弗莱明——菌菇邮票上最常见的菌物学家
（Sir. Alexander Fleming--The Most Common Person on the Mushroom Stamps）

　　亚历山大·弗莱明（Alexander Fleming，1881—1955），生物化学学家、生物制药学家、植物学家和菌物学家（青霉也是真菌），出生于苏格兰的埃尔郡，研究方向是药学。通过大量的研究以及实验，于1928年发现了青霉素（盘尼西林）。

　　青霉素的发现具有划时代的意义。青霉素是从青霉菌中提取的活性物质，对抵抗感染具有重要的作用。青霉素被认为是世界上最有效的拯救生命的药物，它的发现改变了人们对于细菌感染的治疗方法。在20世纪中叶，弗莱明发现的青霉素催生了一个巨大的制药行业，并成功地征服了折磨人类已久的一些疾病，包括梅毒、坏疽和肺结核等。

1944年，英国国王乔治六世为了表彰弗莱明对人类健康的特殊贡献，授予他骑士（Knighthood）称号。1945年，弗莱明与弗洛里和钱恩共同获得了医学诺贝尔奖。他的头像不下20次与菌菇同时出现在邮票上，这在世界邮票史上是绝无仅有的。

1975年亚历山大·弗莱明的头像与青霉同时出现在刚果（布）和马里的邮票上，也是世界上最早出现他的头像的菌菇邮票

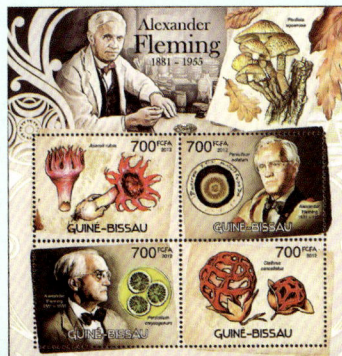

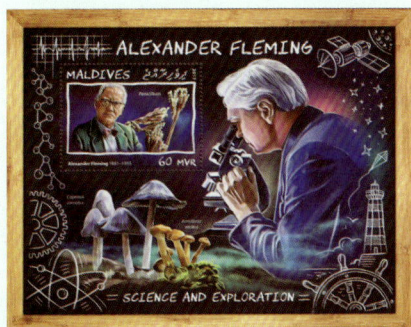

2017年马尔代夫发行的菌菇邮票《科学与探索》上的亚历山大·弗莱明

菌菇邮票上的亚历山大·弗莱明工作照

1.10 邮票和钞票上幸运的蓝色蘑菇
（Lucky "Blue Mushroom" on Stamps & Note）

自然界的蘑菇千千万万，登上邮票的不到1 400种，而登上钞票的蘑菇就仅有3种，这朵蓝色蘑菇就是其中的既上过邮票又被搬上钞票的幸运儿。

它就是赫氏粉褶菌，拉丁学名：*Entoloma hochstetteri*（Reichardt）G. Stev. 隶属蘑菇目（Agaricales）粉褶菌科（Entolomataceae）粉褶菌属（*Entoloma*），英文俗名：sky-blue mushroom。

赫氏粉褶菌最早是由奥地利地质学家兼博物学家克里斯琴·费迪南德·冯·赫施泰特（Christian Gottlieb Ferdinand von Hochstetter）最早发现于新西兰并进行了描述记录，后由菌物学家埃尔温·雷查德（Erwin Reichard）于1866年将其进行了最早的发表，列入丝膜菌属

野外的赫氏粉褶菌

（*Cortinarius*）种加词"hochstetteri"就是为了纪念它最早的描述者。1962年真菌学家约翰·阿尔伯特·史蒂文森（John Albert Stevenson）将学名定为*Entoloma hochstetteri*。

赫氏粉褶菌的蓝色来源于其体内的甘菊蓝类化学物质（Azulene），其化学名称源自西班牙语的蓝色（azul）；甘菊蓝是萘（Naphthalene）的同分异构体，萘是无色的，而甘菊蓝却呈现深

1990年新西兰钞票上的赫氏粉褶菌

蓝色，只有菌褶部分可以看到红色孢子的痕迹（粉褶菌名称的由来）。赫氏粉褶菌食用性未知，但粉褶菌属的许多成员都是有毒的。

新西兰是位于南半球且生物多样性丰富的国家，新西兰人热衷于宣传本土的生物多样性，为纪念这种最早发现于自己国家的蓝色蘑菇，1990年新西兰储备银行在发行的50元塑料钞票上刊印了它的图像。

2002年，新西兰邮政发行真菌系列纪念邮票，赫氏粉褶菌是6个本地真菌之一。

2015年，新西兰又对50元钞票进行重新设计，把赫氏粉褶菌的图案从角落位置挪到了中间，还突出了它的蓝色。

当然，这朵幸运的蓝色蘑菇，不会只孤单地出现在新西兰邮票上，还有5个国家也把这朵蓝色蘑菇搬上各自发行的邮票上，以示对它的关注。

新西兰邮票上的赫氏粉褶菌

2015年新西兰新版钞票上的赫氏粉褶菌

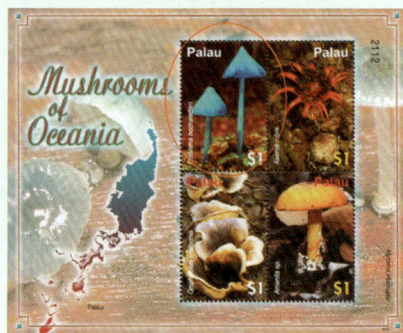

2007年帕劳发行的"大洋洲的蘑菇"

2008年几内亚发行的"蘑菇"

2012年布隆迪发行的"酸雨与蘑菇"

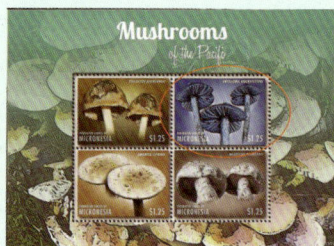

2013年密克罗尼西亚发行的"太平洋上的蘑菇"

2018年几内亚比绍发行的"蘑菇"

1.11　邮票上猫头鹰与蘑菇的故事
（The Stories between Owls and Mushrooms on Stamps）

2015年10月，德国摄影师塔尼娅·布兰特（Tanja Brandt）拍摄的一组猫头鹰波迪（Poldi）

在蘑菇下躲雨的照片，萌翻许多人，仿佛这两种跨界生物就是相伴而生。巧的是，全世界居然也有60多套150余枚邮票反映了这一有趣的生态，近200对猫头鹰和蘑菇（M&M）结伴于方寸世界。邮票世界里再没有哪种动物或植物像猫头鹰那样如此之频繁地出现在蘑菇身边，值得生物学家和生态学家仔细研究，是机缘巧合，还是有着内在的必然联系？毕竟猫头鹰是夜行动物，而且是肉食主义者，是否需要从蘑菇里补充维生素或矿物质不得而知。但有一点是肯定的，许多啮齿类动物喜爱啃食香美的蘑菇，而它们自身却又是猫头鹰的最爱。因此，笔者推测"守菇待鼠"可以很好地解释为啥猫头鹰与蘑菇形影相随。

夜行猛禽鸮（owl），隶属脊索动物门（Chordata），鸟纲（Aves），鸮（音：xiāo）形目（Strigiformes），喙坚硬而钩曲，嘴基蜡膜为硬须掩盖。头部正面的羽毛排列成面盘，部分种类具有耳状羽毛。双目的分布、面盘和耳羽使本目鸟类的头部与猫极其相似，故俗称猫头鹰。除南极洲外，所有大洲都有分布。

鸮形目下分3科：草鸮科（Tytonidae）、鸱鸮科（Strigidae）和原鸮科（Sophiornithidae）（已灭绝）；草鸮科有2个属共17～18个种（有的可能已灭绝），中国有3种；鸱鸮科有26个属共有200多种（不科学的是居然没有鸱鸮属，想不通谁是鸱鸮科的模式属），中国有24种，如雕鸮（*Bubo bubo*）、斑头鸺鹠（*Glaucidium cuculoides*）、长耳鸮（*Asio otus*）等。在我国鸮形目的所有种，均为国家二级保护动物。

中国古代第一部诗歌总集《诗经》中的一首诗《国风·豳风·鸱鸮》，第一句就是"鸱鸮鸱鸮，既取我子，无毁我室"，诗里把猫头鹰喻成冷面杀手。在西方世界里的猫头鹰乃智慧、博学的象征，而基督教艺术里的蘑菇，尤其鹅膏也被赋予宗教的寓意。猫头鹰与蘑菇的亲密关系依然等待着我们去探究。下面来看看猫头鹰与蘑菇邮票展示给我们的5个故事。

猫头鹰捕食老鼠的一幕

马尔代夫（2014）和斯洛文尼亚（2013）发行的菌菇邮票

你是我的小雨伞，我是你的守护神

马尔代夫（2014）和圣多美和普林西比（2006）发行的菌菇邮票

我用深邃的目光守护着你，你用甘美的蘑菇引来贪吃的鼠辈

几内亚（2007）和圣多美和普林西比（2006）发行的菌菇邮票

有几种蘑菇，就有几种猫头鹰守候

莫桑比克（2013年和2015年）发行的菌菇邮票

别看我们长得差不多，其实我们来自4个属8个种，保卫着16朵蘑菇

据统计，菌菇邮票上出现了2科19属44个种的猫头鹰图像，最常见的猫头鹰是林鸮属和雕鸮属，与之相对应的是29科49属76种（114朵）蘑菇图像，出现频率最高的是牛肝菌属和鹅膏属，而且我们并没有发现猫头鹰和蘑菇间存在着固定的搭配。

普林西比（2006）发行的菌菇邮票

附录2 菌菇学名索引
（Appendix 2 Index of Genera and Species）

A (27-139)

Abortiporus biennis (≡ *Daedalea biennis*) 164, 238

Acarospora schleicheri 238

Afroboletus luteolus 13, 59, 201, 202*2

Afrocantharellus platyphyllus (≡ *Cantharellus platyphyllus*) 209

Agaricus abruptibulbus 54, 125

A. altipes (=*A. aestivalis*) 210

A. andrewii 182

A. argenteus 98

A. arvensis 22, 41, 50, 68, 76, 111, 131, 140, 160, 165 , 189, 223, 228, 231, 234*2, 237

A. augustus 98, 115, 128, 132, 136, 144, 163, 207, 258

A. bernardii 76, 204, 207

A. bingensis 57, 105

A. bisporus 6, 10, 14, 20*2, 33, 35, 40*2, 43*2, 61, 63, 70, 78, 86, 88, 132, 153*2, 162*2, 168, 176, 178, 179, 181, 182, 212, 218, 221, 222, 223, 236*2, 242, 260

A. bitorquis (=*A. subedulis*) 2, 44, 54, 194, 242, 252*2

A. campestris 2*2, 4, 7, 10, 13, 14, 18, 22, 27, 38, 40, 42, 46, 55, 57, 62, 63, 69, 72, 77, 95, 111, 114, 117, 118, 122, 124, 125, 127, 134, 145, 149, 151, 152, 164*2, 195, 196, 201, 205, 206, 208, 214, 232*2, 249

A. dulcidulus (=*A. purpurellus*) 40, 52, 207

A. fontanae (=*A. niger*) 19*2

A. goossensiae 209

A. heterocystis 19*2

A. hondensis 91

A. mimicus 198

A. moelleri (=*A. praeclaresquamosus*) 106, 114

A. nitidus 184

A. osecanus (=*A. nivescens*) 50

A. placomyces 41

A. rufoaurantiacus 40

A. semotus 21, 62, 80, 202

A. sp. 16, 19, 22, 23*4, 24*9, 28, 51, 132*4, 143, 145, 150, 155*2, 150, 178, 184, 190, 209, 230

A. subgibbosus 196

A. subrufescens 196

A. subrutilescens 105

A. sylvaticus (=*A. haemorrhoidarius*) 2, 13, 21, 48, 62, 92, 115, 140, 168, 196*2, 200, 207

A. sylvicola 102, 253

A. trisulphuratus (≡ *Cystoagaricus trisulphuratus*) 147

A. xanthodermus 35, 63, 103, 114, 152, 167, 185, 207, 246*2, 258

Agrocybe broadwayi 57

A. dura 98

A. elegantior 131

A. pediades 222

A. praecox 16, 137

A. sp. 115, 149

Albatrellus confluens 59, 95

A. ovinus 109

Alboleptonia stylophora 185

Aleuria aurantia (≡ *Peziza aurantia*) 33, 82, 93, 96, 100, 105, 114, 128, 138, 140, 153, 156, 160, 161, 164, 165*2, 178, 195, 196, 204, 207, 208, 212, 218*2, 231

Amanita abrupta 239

A. agglutinata 62

A. albocreata 182

A. antillana 62

305

209*2, 211*5, 212*4, 213*3, 214*3, 215*3, 216*2, 217, 220, 221*2, 223*3, 224*3, 225*4, 227*2, 228, 229*2, 230*2, 232*2, 233*2, 234, 235*2, 236, 237*2, 239, 240, 241, 242, 243, 246, 247*3, 248, 249*2, 250*3, 252, 253*2, 254, 2355*3, 256*2, 257*3, 258*3, 260*2, 261, 262*2, 263*2

B. ferrugineus (=*Xerocomus spadiceus*) 122

B. miniatoporus 16

B. pinophilus (=*B. pinicola* =*B. edulis* f. *pinicola*) 78, 111, 118, 152, 159, 180, 200*2, 209*2, 217, 222, 226, 227, 237, 245*2, 250*2, 258

B. purpureus 98, 253

B. reticulatus (=*B. aestivalis*) 49, 69, 92, 150, 179 , 180, 222, 237, 245

B. ruborculus 184

B. sensibilis 243

B. sp. 123, 145, 146*2, 149*4, 156, 159, 163*2, 165, 166, 191, 203, 206, 209, 212, 249

B. subcaerulescens 236

B. subtomentosus (≡ *Xerocomus subtomentosus*) 20, 37, 38, 40, 80, 86, 131, 152, 162, 223, 226

B. thalassinus (≡ *Leccinum thalassinum*) 102

Bonomyces sinopicus (≡ *Clitocybe sinopica*) 95, 102, 155

Bovista nigrescens 180

Bovistella utriformis (≡ *Calvatia utriformis*=*Globaria bovista* =*Lycoperdon bovista*) 168, 247, 254

Broomeia congregata 13

Buchwaldoboletus brachyspermus (≡ *Pulveroboletus brachyspermus*) 62

Bulgaria inquinans 131

Butyriboletus appendiculatus (≡ *Boletus appendiculatus*) 36, 59, 127, 152, 200*2, 219

B. fechtneri (≡ *Boletus fechtneri*) 152

B. frostii (≡ *Boletus frostii*) 78, 98, 116, 130, 133

B. regius (≡ *Boletus regius*) 30, 36, 38, 50, 78, 143, 156, 174, 192, 202, 203, 209, 227

Byssocorticium atrovirens 204

C(57-207)

Callistosporium luteo-olivaceum 242 *Caloboletus calopus* (≡ *Boletus calopus*) 22, 36, 38 , 46, 59, 193, 206, 231, 232, 238, 257

C. radicans (=*Boletus albidus* ≡ *B. radicans*) 176, 217, 232, 243

Calocera viscosa 187, 198, 201, 212, 261

Calocybe cyanea (=*Rugosomyces carneus*) 120, 150, 185,

C. cyanocephala 41, 73

C. gambosa (≡ *Tricholoma gambosum* =*T. georgii*) 2, 58, 63, 64*3, 70, 98, 127, 134, 156, 160, 170, 198, 231, 237, 250

C. ionides (≡ *Tricholoma ionides*) 36, 120

Caloscypha fulgens 120, 203, 204, 244, 252

Calostoma cinnabarinum 88, 116, 137

C. oriruber 122

Calvatia craniiformis 53

C. cretacea 161

C. cyathiformis 48, 175

C. gardneri 16

C. gigantea (≡ *Langermannia gigantea*) 10, 16, 153, 181, 193, 195, 246

C. sculpta 160, 248

C. sp. 14

Camarophyllus olidus 57

Camarophyllopsis dennisiana (≡ *Hygrotrama dennisianum*) 60

Campanella caesia 252

Cantharellula umbonata (≡ *Cantharellus umbonatus*) 216, 218

Cantharellus amethysteus 210

C. cibarius 1, 2*2, 5, 7, 8, 10*2, 12*2, 14, 21, 30, 31, 33, 37, 41, 43*2, 46, 48, 50, 55, 56, 59, 63*3, 64*2, 70, 74, 77, 78, 80, 82, 92*2, 94, 95, 100, 101, 103, 104, 105 , 109, 113, 116, 118, 125, 127*2, 128, 130, 133, 136, 138, 140*2, 148*2, 149*2, 151, 152, 155, 157, 160, 163, 164*2, 166*4, 170*3, 175, 176, 178, 180, 185, 193, 198, 204, 206*2, 207, 208*2, 209, 210*2, 211*4, 213*2, 214*2, 215*3, 216*2, 217*2, 219, 221, 222*3, 223, 224*2, 225*2, 226, 227*2, 228, 229*3, 230*2, 231, 232*2, 234*2, 235*2, 236*3, 237*2, 238, 239, 240, 241*2, 243*2, 244*2, 245*3, 246*2, 247*3, 248*3, 249*2, 250*3, 253*2, 255*2, 256, 257, 258*2, 259, 260*5, 261, 262, 263*3

C. cinereus (≡ *Craterellus cinereus*) 200, 212

C. cinnabarinus 10, 30, 31, 36, 37, 43, 55*2, 61, 73,

D(11-11)

E(6-29)

H. persistens =*H. subglobispora*) 32, 49, 52, 55, 56, 60, 63, 71, 72, 88, 120, 176

    H. atrosquamosa 76

    H. aurantiosplendens 219

    H. chlorophana (≡ *Hygrophorus chlorophanus* =*H. flavescens*) 66, 82, 85, 94, 96

    H. coccinea 32, 93, 111, 125, 130, 132, 140, 145, 151, 159, 164, 182, 204, 220, 226

    H. conica (≡ *Hygrophorus conicus* =*H. tristis*) 85, 94, 108, 112, 114, 129, 134, 138*3, 140, 154, 168, 219

    H. constrictospora 183

    H. firma 26, 29, 40

    H. flavescens 136

    H. helobia 96, 176

    H. hypohaemacta 37*2, 73

    H. intermedia 219

    H. martinicensis 40

    H. miniata (≡ *Hygrophorus miniatus*) 52, 85, 88, 94, 112, 135, 156, 157, 160, 226

    H. minutula 183

    H. mucronella (=*Hygrophorus reae*) 134

    H. nigrescens 38, 118, 134, 176

    H. occidentalis 24, 26, 27, 3238, 55, 56

    H. pakelo 183

    H. punicea (≡ *Hygrophorus puniceus*) 34, 64, 109 , 137, 138, 145, 148*2, 206, 222, 227, 230, 233

    H. rubrocarnosa 146

    H. sp. 144, 211

    H. viridiphylla 175

    Hygrophoropsis aurantiaca (≡ *Cantharellus aurantiacus*) 41, 154, 155, 161, 162, 182, 187, 198, 201, 211, 214, 223, 232, 234, 242*2, 244, 250

    Hygrophorus agathosmus 98, 138

    H. bakerensis 85, 94

    H. camarophyllus 113, 138

    H. chrysodon 14

    H. eburneus 195

    H. fuligineus 216

    H. gliocyclus 70

    H. hypothejus 95, 109, 117, 122, 148

    H. lucorum 198

    H. marzuolus 55, 143, 262

    H. pudorinus 129

    H. russula 117

    H. sp. 82, 86, 87

    H. speciosus 77, 82, 136, 140

    Hymenopellis radicata (≡ *Xerula radicata* ≡ *Oudemansiella radicata*) 45, 46, 69, 72

    Hypholoma capnoides (≡ *Naematoloma capnoides*) 46, 111, 231

    H. fasciculare (≡ *Naematoloma fasciculare*) 16, 18, 19, 22, 27, 29, 33, 46, 59, 66, 71, 72, 82, 90, 118, 126, 135, 144, 149, 151, 153, 154, 187, 189, 195, 198, 200*2, 213, 224, 239*2, 257, 258

    H. lateritium (=*H. sublateritium* =*Naematoloma sublateritium*) 120, 131, 135, 138, 213, 226, 253, 261

    H. sp. 102

    Hypogymnia physodes (≡ *Parmelia physodes*) 10, 12*2, 114

    Hypomyces lactifluorum 116, 138, 157

    Hypsizygus tessulatus 212, 215, 253*2, 256, 257*2, 260*2

    H. ulmarius (≡ *Lyophyllum ulmarium*) 215

I(4-15)

    Imleria badia (≡ *Boletus badius* ≡ *Xerocomus badius*) 10, 21, 43*2, 50, 54, 80, 89, 120, 122, 151, 155, 163, 167, 169, 174, 189, 192, 195, 204, 213, 220, 223, 228* 2, 231, 235, 236, 240, 241, 242, 244, 247, 248, 250, 253, 260, 262

    Imperator luteocupreus (≡ *Boletus luteocupreus*) 217

    I. rhodopurpureus (≡ *Boletus rhodopurpureus*) 253

    Infundibulicybe geotropa (≡ *Clitocybe geotropa*) 5, 32, 35, 56, 92, 106, 107, 115, 118, 128, 131, 147*2, 160, 223

    Inocybe adaequata (=*I. jurana*) 132

    I. ayangannae 190

    I. epidendron 190

    I. erubescens (=*I. patouillardii*) 5, 27, 33, 40, 75, 148, 157, 187, 190, 210

    I. fuscodisca 135

    I. geophylla 263

    I. godeyi 122, 159

    I. littoralis 71

    I. rimosa (=*I. fastigiata*) 100, 105, 106, 154, 158, 173

    I. sororia 93

    I. sp. 132

K(1-1)

Kuehneromyces mutabilis (≡ Pholiota mutabilis)
18, 27, 66, 100, 101, 114, 117, 151, 162, 163, 209, 213,
219, 227, 244

L(26-156)

Laccaria amethystina 34, 56, 64, 96, 98, 107*2,
118*2, 120, 128, 130, 131, 154, 180, 182, 195, 200, 203,
206, 219, 222, 224, 225, 233*2, 235, 238, 244, 245, 247,
250, 251, 259, 261

L. fraterna 154, 261

L. laccata 22, 157, 172, 187, 203, 220

L. lateritia 57

L. ochropurpurea 231

L. ohiensis 136

L. sp. 102

L. tetraspora 16

L. vinaceoavellanea 107

Laccocephalum mylittae (≡ Laccocephalum mylittae
≡ Polyporus mylittae) 41

Lacrymaria lacrymabunda (≡ Agaricus areolatus) 198

Lactifluus claricolor (≡ Lactarius claricolor) 54,
67*2

L. gymnocarpus (≡ Lactarius gymnocarpus) 105,
195, 201, 202, 221

L. phlebonemus (≡ Lactarius phlebonemus) 8, 70

L. pisciodorus (≡ Lactarius pisciodorus =L. pisci)
53, 57

L. putidus (≡ Lactarius putidus) 26

L. rubroviolascens (≡ Lactarius rubroviolascens)
53, 67

Lactarius acutus 201

L. adhaerens (≡ Venolactarius adhaerens) 53, 67

L. blennius 120

L. camphoratus (≡ Agaricus camphoratus) 52,
124, 131, 219

L. deceptivus 89

L. deliciosus 1, 2*4, 7, 10, 20, 28, 35*2, 46, 59, 63,
75* 2, 76, 82, 84, 89, 91, 95, 106, 107, 115, 120, 125*2,
132 , 138, 140, 142, 144, 157, 159, 161*2, 166*2, 172,
173 , 180, 196, 198, 206, 207, 209, 212, 213, 214, 215,
222 , 223, 225, 229, 230, 231, 239, 240, 246, 247, 257*2,

260, 261

L. deterrimus 7, 34, 114, 237, 255, 262

L. dryadophilus 161

L. ferrugineus 176

L. fulgens 53, 67

L. fulvissimus (=L. britannicus) 120*2

L. glyciosmus 245

L. helvus 167, 176

L. hepaticus 180

L. hygrophoroides 41, 56, 116

L. indigo 89, 91, 96, 130, 137, 138, 211, 213, 214,
230 *2, 235, 238, 240, 244, 252*2

L. lignyotus 34, 89, 175, 216

L. luculentus 89

L. necator 134, 169, 175

L. pandani (≡ Lactariopsis pandani) 53, 67

L. paradoxus 87

L. peckii 89, 142

L. piperatus 28, 183, 196, 262

L. porninsis 120

L. pseudomucidus 89

L. pyrogalus 175, 184

L. quietus 216, 255

L. repraesentaneus (=L. speciosus) 116

L. resimus 8, 240, 258

L. rubrilacteus 176

L. rufus 101, 142, 235

L. salmonicolor 254

L. sanguifluus 12, 69, 120

L. semisanguifluus 201

L. scrobiculatus 2, 89, 114, 129, 250*2

L. sp. 131, 148, 162, 196*2

L. subumbonatus 219

L. torminosus 2, 8, 36, 54, 80, 109, 118, 151, 153,
169*2, 172, 187, 200, 236, 249, 250, 259

L. trivialis 98, 151

L. turpis 101, 215, 241

L. vellereus (≡ Lactifluus vellereus) 110, 187, 189,
231, 254

L. volemus (=L. ichoratus) 51, 82, 98, 123, 153 ,
163, 215, 227, 231, 234, 253

Laetiporus persicinus 195

L. sulphureus 16, 41, 61, 78, 93, 152, 153, 161, 170,

179, 192, 194, 198, 200, 223, 252, 254

Leccinellum crocipodium (≡ *Boletus crocipodius* =*Leccinum nigrescens*) 78, 92, 115, 144, 146

Leccinum aurantiacum (=*L. quercinum* =*L. rufum*) 2, 8, 16*2, 30, 46, 76, 80, 82, 94, 102, 107, 115, 136, 152, 172*2, 175*2, 206, 212, 213, 214, 215*2, 217, 222*2, 223, 224, 228, 229, 231*3, 234, 236, 238, 241* 2, 242, 243*3, 248*2, 250, 251, 253, 255*2, 257, 258, 260*2

L. duriusculum (≡ *Boletus duriusculus*) 80

L. holopus 250

L. melaneum 248, 253

L. piceinum 148

L. pseudoscabrum (=*Krombholziella carpini*) 210, 216

L. scabrum (=*L. niveum* =*L. oxydabile* =*L. roseofractum* =*L. rotundifoliae*) 2, 8, 10, 16, 18, 34, 46, 49, 62, 87, 109, 132, 145, 167, 173, 183, 198, 204, 211, 213, 215, 216, 223, 230, 232, 237, 240 , 241, 256, 260

L. sp. 146, 147, 149*3, 150, 153, 159, 169

L. variicolor 233, 262

L. versipelle (=*L. percandidum* =*L. testaceoscabrum* =*Boletus rufescens* ≡ *B. versipellis*=*Krombholzia rufescens* ≡ *Krombholziella versipellis*) 1, 8, 32, 46, 49, 50, 115, 118, 129, 138*2, 172, 179, 181*2, 192, 200, 206, 210, 216, 219, 222, 229*2, 235, 240*2, 247, 251*2, 253, 255, 256*2, 261, 262

L. vulpinum 238, 240, 258

Lentinellus cochleatus 88, 102, 120, 123, 136, 138, 216

Lentinula boryana (=*Lentinus cubensis*) 38

L. edodes (≡ *Lentinus edodes*) 4, 5, 8, 10, 34, 40, 63, 66, 67, 76, 162*2, 213, 221, 222, 232*2, 236, 238, 256, 258

Lentinus arcularius (≡ *Polyporus arcularius*) 116

L. atrobrunneus 10

L. berteroi 26, 60

L. brumalis (≡ *Polyporus brumalis*) 129

L. crinitus 40, 61, 135

L. fasciatus (≡ *Panus fasciatus*) 238, 239

L. levis (≡ *Pleurotus levis*) 38

L. retinervis 26

L. sajor-caju (≡ *Pleurotus sajor-caju*) 23, 34, 40, 135, 147*2, 201

L. sp. 112, 174

L. squarrosulus (=*L. subnudus*) 14, 30*2, 90 , 135, 202, 239

L. stuppeus 147

L. tigrinus (≡ *Panus tigrinus*) 58, 64, 120, 129, 180, 202, 219

L. tuber-regium (≡ *Pleurotus tuber-regium*) 13, 18*2, 68, 78, 90, 103*2, 110, 135, 201*2, 221

L. umbrinus 80, 91

L. velutinus 61, 135, 147, 196*2

Lenzites sp. 144

Leotia lubrica (=*L. viscosa*) 88

Lepiota asperula 74

L. brunneoincarnata 246, 258

L. clypeolaria 28

L. clypeolarioides 205

L. cortinarius 21, 202

L. cristata 40, 93, 108, 116, 118

L. helveola 84

L. ignivolvata 96

L. lepidophora 53

L. pseudoignicolor 38

L. roseolamellata 26

L. sp. 102, 113, 145, 163*2

L. spiculata 41, 52, 60

L. subincarnata (=*L. josserandii*) 88

L. subradicans 19*2

L. sulphureocyanescens 176

L. volvatula 60

Lepista caffrorum 13

L. nuda (≡ *Clitocybe nuda* =*Cortinarius bicolor* ≡ *Rhodopaxillus nudus* ≡ *Tricholoma nudum*) 20, 28, 34, 35, 37, 38*2, 42, 46, 50, 54, 63, 69, 71, 72, 75, 76, 78, 80, 84, 98, 103, 109, 114, 117, 118, 124, 136, 140, 149, 154, 157*2, 158, 161, 174, 198, 210, 217, 220*2, 224 , 230, 234, 236, 237, 247, 252, 257

L. personata (=*L. saeva*) 37, 64, 80, 118, 198, 263

L. sordida (≡ *Tricholoma sordidum*) 113, 233

Leratiomyces ceres (≡ *Psilocybe ceres*) 207, 233

L. squamosus (≡ *Psilocybe squamosa*) 133

L. sp. 235, 238

Leucoagaricus americanus (=*Leucocoprinus bresadolae* ≡ *Lepiota americana*) 114, 231

N(3-4)

Phellodon confluens 207

P. niger 195, 221*2

P. tomentosus 117

Phillipsia domingensis 14*2, 256

P. sp. 137

Phlebopus colossus 135

P. silvaticus 19, 20, 135

P. sudanicus (=*Phaeogyroporus sudanicus* ≡ *Boletus sudanicus*) 2, 14, 16, 18, 44, 71, 93, 135, 164,

Pholiota adiposa 31, 144

P. alnicola 94, 116

P. astragalina 88

P. aurivella 21, 34, 59, 116, 117, 138

P. flammans 33, 82, 111, 150, 227

P. lenta 14, 21, 93, 101

P. sp. 202, 230

P. spumosa (≡ *Flammula spumosa*) 8

P. squarrosa 45, 76, 101, 146, 181, 187, 198

P. squarrosoides 116, 133

Phyllobolites miniatus 186

Phylloporus ampliporus 8, 70

P. pelletieri (=*Paxillus paradoxus*) 196, 228

P. rhodoxanthus 38, 53, 78, 80, 110, 155, 168, 203, 217, 222, 253

Phyllotopsis nidulans 82, 91

Placopsis gelida 241

Plectania melaena 198

Pleurocybella porrigens (≡ *Pleurotus porrigens*) 138, 225

Pleurotus citrinopileatus 142

P. cornucopiae 20, 98, 120, 150, 185, 194

P. cystidiosus (=*P. abalonus*) 29

P. djamor (=*P. salmoneostramineus*) 164, 185, 186, 196*2, 221*2, 245, 252, 255

P. eryngii 12, 96, 120, 124, 156, 157*2, 169*2, 175, 176, 179, 209, 215, 223, 236, 241, 263

P. flabellatus 142

P. floridanus 38

P. luteoalbus 135, 147

P. ostreatus (=*P. salignus*) 2, 6, 13, 20, 29, 35, 38*2, 46, 48, 63, 67, 70, 76, 78, 80, 86, 104, 108, 113, 125, 128, 131, 137, 142, 143, 144, 145, 151, 155, 169, 182, 187, 188, 194, 196, 208, 211, 212*2, 213, 215, 220, 221,

223, 224, 226, 229, 230, 231, 234, 235*2, 236*2, 238, 240, 241, 246, 247, 250, 253, 256, 258, 262, 263*2

P. phosphorus 201

P. pulmonarius 238*2, 243, 245

P. sp. 14, 28, 86, 134, 178, 190, 196, 211

P. spodoleucus 134

Plicaturopsis crispa 251

Pluteus aurantiorugosus 127

P. brunneisucus 13

P. cervinus (=*P. atricapillus*) 27, 50, 94, 95, 116, 122, 134, 205, 219*2

P. chrysophaeus 60, 73

P. chrysophlebius 52, 57

P. congolensis 135

P. ephebeus (=*P. murinus*) 68

P. leoninus 64, 175, 194

P. sp. 102, 131

P. tomentosulus 195

Podaxis pistillaris 18, 40, 46, 72, 167, 172, 189, 191, 202, 221

Podoscypha elegans 10

P. involuta 14, 103*2

P. parvula 147

Podoserpula miranda 192, 210

Polyporus epitheloides (=*Mycobonia flava*) 23

P. ruber 28

P. sp. 5

P. tuberaster 132

P. umbellatus 61, 181, 226

Poronidulus conchifer (≡ *Trametes conchifer*) 91

Porphyrellus portoricensis 176

Porpolomopsis calyptriformis (≡ *Humidicutis calyptriformis* =*Hygrocybe calyptraeformis*) 117, 130, 159, 172, 228

Postia stiptica (≡ *Oligoporus stipticus*) 224

Protostropharia semiglobata (≡ *Stropharia semiglobata*) 113

Psathyrella epimyces 92

P. longistriata 241

P. multipedata 151

P. piluliformis (=*P. hydrophila*) 82, 148

P. sp. 78

P. tuberculata 36, 43, 52

149, 219*2, 220, 222, 245, 250, 257

R. aureotacta 54, 67

R. aurora (=*R. velutipes*) 54, 67.216

R. bicolor 182

R. brevipes 113

R. brunneorigida 59, 64

R. caerulea 140, 212, 261

R. capensis 30

R. cavipes 118

R. chloroides 173

R. citrinipes 54, 67

R. claroflava (=*R. flava*) 8, 88, 227

R. compacta 89

R. congoana 202

R. cremeolilacina 76, 176

R. crustosa 196

R. cyanoxantha 8, 27, 28, 35, 64, 69, 82, 108, 128, 142, 153, 167, 172, 253

R. decolorans 8

R. delica 2

R. emetica 50, 57, 78, 82, 89, 108, 129, 137, 138*2, 171, 173, 182, 184, 187*3, 193, 194, 203*2, 205, 212, 214, 218, 222*2, 223, 224, 236, 244, 247*3, 251, 255, 257, 261

R. fellea 221, 224

R. fistulosa 54, 67

R. foetens 59, 94, 116, 125, 181, 216, 263

R. foetida 102, 103

R. fragilis 89, 251

R. grata (=*R. laurocerasi*) 82, 89

R. heliochroma 54, 67

R. heterophylla 110

R. hygrophytica 71

R. immaculata 59

R. ingens 59, 64

R. integra 53*2, 92, 143, 146, 153

R. kathmanduensis 162

R. luteotacta 261

R. mariae 89

R. matoubensis 71

R. meleagris 59*2

R. mustelina 54, 80

R. nepalensis 75

R. nigricans 52, 86, 115, 122, 140, 153

R. nobilis 254

R. ochroleuca (=*R. citrina*) 80, 122, 138, 182

R. oleifera 202

R. olivacea 34, 37, 64, 80, 179, 219

R. paludosa 2, 8, 33, 125, 138, 178, 179, 180, 192, 228, 231, 245, 250

R. parazurea 167

R. pseudointegra 134

R. queletii 107, 128

R. radicans 54, 67

R. rhodopus 125, 220

R. risigallina (=*R. chamaeleontina*) 217

R. robusta 54, 67

R. rubra 10

R. sanguinaria (=*R. rosacea* =*R. sanguinea*) 21, 86, 89, 114, 118, 154, 162, 179, 183, 201

R. sardonia (=*R. chrysodacryon*) 92, 96, 101, 103, 140, 165, 176

R. sejuncta 59*2, 164*3

R. singeri 54, 67

R. sp. 16, 19, 22, 23*4, 24*9, 28, 123, 131, 133, 144, 149*2, 150, 153, 163*5, 198, 205, 206, 263

R. subfistulosa 59

R. subrubens 159

R. tricolor 54, 67

R. tuberculosa 54, 67

R. vesca 30, 75, 155, 169, 204, 214, 215, 245

R. virescens 20, 31, 56, 58, 64, 76, 78, 80*2, 84, 92, 95, 104, 112, 115, 117, 131, 143, 144, 149, 161, 162, 175, 196*2, 198, 200, 209*2, 210, 229, 235, 248, 251

R. viscida (=*R. occidentalis*) 89, 109

R. violacea 54, 67

R. xerampelina 54, 80, 96, 98, 106, 110, 118, 129, 130, 151, 152, 158, 198, 249

S(24-59)

Saproamanita lilloi (≡ *Amanita lilloi*) 26, 60

S. praegraveolens (≡ *Amanita praegraveolens*) 78

S. vittadinii (≡ *Amanita vittadinii*) 210

Sarcodon imbricatus (=*S. aspratus* ≡ *Hydnum imbricatum*) 37, 65, 89, 114, 135, 179, 206*2, 260

S. fuligineoviolaceus 191

T(21-84)

附录3 邮票发行国家或地区索引及集邮票目录编号
（Appendix 3 Index of Issued Countries or Regions with Catalogue Number）

A

AFGHANISTAN（阿富汗）

1985.5.10 （Michel 1411-1417）

1985.10.25 （Michel 1446）

1996.7.20 （Michel 1668-1673, 1674）

1998.4.20 （Michel 1761-1766, 1767）

1999.2.5 （Michel 1842-1847, 1848）

2001.8.21 （Michel 1951-1956, 1957）

ALAND ISLANDS（奥兰群岛）

1999.9.25 （Michel 127-128）

2003.1.2 （Michel 214-216）

ALBANIA（阿尔巴尼亚）

1971.5.15 （Michel 1481）

1990.4.28 （Michel 2431-2434）

ALDERNEY（奥尔德林岛）

2004.1.29 （Michel 224-229）

ALGERIA（阿尔及利亚）

1983.7.21 （Michel 827-830）

1989.12.14 （Michel 1010-1013）

ANDORRA（安道尔）

1983.7.20 （Michel 167）

1984.9.27 （Michel 178）

1985.9.19 （Michel 184）

1986.4.10 （Michel 187）

1987.9.11 （Michel 197）

1990.6.21 （Michel 216）

1991.9.20 （Michel 223）

1993.3.25 （Michel 231）

1994.5.6 （Michel 237）

1994.9.27 （Michel 239）

1996.4.30 （Michel 246-247）

2003.9.15 （Michel 606）

ANGOLA（安哥拉）

1993.12.5 （Michel 945-948）

1998.5.21 （Michel 1203）

1999.9.23 （Scott 1067-1070; Michel 1392-1397, 1398-1405, 1406-1413, 1414-1421, 1422, 1423）

2018.12.10 （No 1951-1954, 1955）

ANTIGUA AND BARBUDA（安提瓜和巴布达）

1986.9.15 （Michel 973-976, 977）

1989.10.12 （Michel 1258-1265, 1266, 1267）

1990.10.15 （Michel 1408, 1412）

1992.5.18 （Michel 1637-1644, 1645, 1646）

1995.11.8 （Michel 2289）

1996.4.22 （Michel 2324-2327, 2328-2331, 2332, 2333）

1996.6.6 （Michel 2389）

1997.8.12 （Michel 2551-2556, 2557-2562, 2563-2564）

2001.3.26 （Michel 3411-3414, 3415-3420, 3421-3426, 3427-3428）

2007.4.2 （Michel 4471-4474, 4475）

2011.5.9 （Michel 4890-4895, 4896-4899, 4900, 4901）

2016.5.11（Michel 5349-5354, 5355-5358, 5359）

ARGENTINA（阿根廷）

1992.4.4（Michel 2123）

1992.8.1（Michel 2139-2141）

1992.10.10（Michel 2147-2148）

1992.11.7（Michel 2154）

1993.8.17（Michel 2181-2182）

1993.8.23（Michel 2183-2184）

1994.1.11（Michel 2198）

1994.6.14（Michel 2204-2208）

ARMENIA（亚美尼亚）

2013.11.25（Michel 853-854）

ASCENSION ISLAND（阿森松岛）

1983.3.1（Michel 332-336）

AUSTRALIA（澳大利亚）

1981.8.19（Michel 762-765）

1995.9.7（Michel 1504）

1996.7.4（Michel 1589）

2009.2.19（Michel 3087-3091）

2011.10.4（Michel 3624）

AUSTRIA（奥地利）

1983.8.26（Michel 1748）

2011.6.15（Michel 2941）

2014.8.18（暂未查到目录编号）

2017.8.1（暂未查到目录编号）

2018.8.14（暂未查到目录编号）

AZERBAIJAN（阿塞拜疆）

1995.9.1（Michel 244-247, 248）

B

BARBUDA（巴布达）

1986.11.28（Michel 917-920, 921）

1990.2.21（Michel 1179-1186, 1187, 1188）

1993.1.25（Michel 1444-1451, 1452, 1453）

1997.9.16（Michel 1945-1948, 1949-1952, 1953, 1954）

1999.9.28（Michel 2214-2219, 2220-2225, 2226, 2227）

BELARUS（白俄罗斯）

1998.9.10（Michel 280-284）

1999.8.21（Michel 330-334, 334）

2004.5.4（Michel 543）

2008.7.8（Michel 720-721）

2010.2.8（Michel 796）

2010.8.18（Michel 828-832）

2013.9.10（Michel 971-974）

2014.12.4（Michel 1038）

2019.6.27（Michel 1303-1305）

BELGIUM（比利时）

1984.10.20（Michel 2202）

1991.9.14（Michel 2470-2473）

1996.4.1（Michel 2681）

2000.5.5（Michel 2970）

2001.6.12（Michel 3059）

2004.9.25（Michel 3633）

2007.5.22（Michel 3719）

2010.3.15（Michel 4049）

BELIZE（伯利兹）

1986.10.30（Michel 930-933）

BENIN（贝宁）

1985.10.17（Michel 419-421）

1996.9.30（Michel 849-854, 855）

1997.11.5（Michel 989-994, 995）

1998.4.28（Michel 1003-1008, 1009）

2000（Michel 1247, 1298, 1300）

2005.6（Michel 1453）

2015.5.3（暂未查到目录编号）

BEQUIA（贝基亚）

1985.8.29（Michel Bl 2, Bl 3）

BHUTAN（不丹）

1973.9.25（Michel 569-574）

1985.11.15（Michel 941-945; Michel Bl 126）

1986.6.16（Michel Bl 130）

1989.8.22（Michel 1145-1156, 1157-1168）

1999.12.29（Michel 2070-2075, 2076-2081, 2082-

2087, 2088, 2089, 2090）

2000.9.18（Michel 2192）

2002.11.25（Michel 2331-2336, 2337）

BOSNIA AND HERZEGOVINA（波斯尼亚和黑塞哥维那）

1998.7.30（Michel 141-144）

2002.10.17（Michel 255-258）（Serbian）

2006.4.20（Michel 440）

2008.5.26（Michel 332-335）（Serbian）

2010.11.1（Michel 303-304）（Croatian）

2015.7.1（Michel 668）（Croatian）

2016.11.25（Michel 701-704）（Serbian）

BOTSWANA（博茨瓦纳）

1982.11.2（Michel 317-320）

2007.7.31（Michel 847-850）

BRAZIL（巴西）

1980.10.18（Michel 1789, 1791）

1983.5.21（Michel 1966-1967）

1984.10.22（Michel 2072-2074）

1984.12.23（Michel 2075）

1995.10.12（Michel 2670）

2019.6.5（Michel 4652-4657）

BRITISH ANTARCTIC TERRITORY［英属南极领地（未被确认）］

1989.3.25（Michel 152-155）

BRITISH INDIAN OCEAN TERRITORY（英属印度洋领地）

2009.12.7（Michel 504-507）

BULGARIA（保加利亚）

1961.12.20（Michel 1263-1270）

1979.5.31（Michel 2785）

1980.9.1（Michel 2923）

1987.2.26（Michel 3546-3551）

1991.3.19（Michel 3886-3891）

1999.7.27（Michel 4410-4413）

2004.11.17（Michel 4674-4677）

2005.5.20（Michel 4698）

2008.7.21（Michel 4860）

2011.7.29（Michel 5005-5008）

2014.2.10（Michel 5129-5132）

2014.2.28（Michel 5135-5136, 5137-5138）

BURKINA FASO（布基纳法索）

1985.3.5（Michel 976, 978, 980-981）

1985.8.8（Michel 1054-1060）

1990.7.10（Michel 1231-1234, 1235-1238）

1996.1.24（Michel 1380-1383）

1996.2.20（Michel 1384-1387, 1388-1391, 1392, 1393）

BURUNDI（布隆迪）

1992.9.30（Michel 1746-1755）

1993.5.10（Michel 1778-1779）

2004.11.8（Michel 1871-1876, 1877）

2007（Michel 1908-1910）

2012.8.31（Michel 2530-2533, 2534）

2012.12.21（Michel 2738-2741, 2742, 2743-2746, 2747）

2013.8.5（Michel 3168-3171, 3172）

2014.11.10（Michel 3452, 3453, 3467）

2015.12.18（Michel 3548-3551, Bl 547, Bl 548, Bl 549,Bl 550, 3552, 3557-3560, Bl 552, Bl 553, Bl 554, Bl 555, 3561, 3562-3565, Bl 557, Bl 558, Bl 559, Bl 560, 3566, 3573-3576, Bl 562, Bl 563, Bl 564, Bl 565, 3577）

C

CAMBODIA（柬埔寨）

1985.4.4（Michel 648-654）

1989.9.15（Michel 1048-1054）

1992.9.25（Michel 1318-1322）

1995.3.23（Michel 1503-1507）

1997.10.5（Michel 1755-1760, 1761）

1999.9.5（Michel 1986）

2000.3.20（Michel 2061-2066, 2067）

2001.2.25（Michel 2169-2174, 2175）

CAMEROON（喀麦隆）

1975.4.14（Michel 802）

1981.6.20（Michel 952）

CANADA（加拿大）

1989.8.4（Michel 1142-1145）

2011.4.21（Michel 2712）

CENTRAL AFRICA（中非）

1967.10.3（Michel 132-136）

1984.11.15（Michel 1052-1057, 1058）

1985.11.16（Michel 1171）

1990.3.26（Michel Bl 492, Bl 493, Bl 494, Bl 495, Bl 496, Bl 497, Bl 498, Bl 499, Bl 500）

1994.1.21（Michel 1571, 1575, 1579, 1583）

1995.5.24（Michel 1652-1657, 1658）

1997.2.13（Michel 1777, 1779, 1782）

1999.6.11（Michel 2285-2292, 2293-2301, 2302-2310, 2311, 2312）

2001.5.28（Michel 2642-2647, 2648-2653）

2001.7.26（Michel 2762-2765, 2766-2773, 2774）

2002.12.23（Michel 2874-2876, 2874a, 2875a, 2876a）

2011.12.27（Michel 3116-3118, 3119, 3127）

2012.4.25（Michel 3612-3615, 3616）

2012.6.25（Michel 3702-3705, 3706）

2013.3.25（Michel 4181-4184, 4185）

2013.8.30（Michel 4375-4378, 4379）

2014.6.20（Michel 4810-4813, 4814）

2014.11.20（Michel 5055-5058, 5059）

2015.6.25（Michel 5395-5398, 5399）

2015.10.12（Michel 5575-5578, 5579）

2015.12.15（Michel 5825-5828, 5829）

2016.5.16（Michel 6165-6168, 6169）

2016.7.18（Michel 6270-6273, 6274）

2016.12.19（Michel 6625-6628, 6629）

2017.1.16（Michel 6740-6743, 6744）

2017.7.17（Michel 7030-7033, 7034）

2017.12.20（Michel 7470-7473, 7474）

2018.1.16（Michel 7550-7553, 7554）

2018.7.17（No 7867-7870, 7871）

2018.12.20（No 8297-8300, 8301）

2019.01.16（No 8430-8433, 8434; 8437）

2019.08.22（No 8895-8898, 8899）

2019.11.21（No 9177-9180, 9181）

2019.12.21（No 9269-9272, 9273）

CHAD（乍得）

1985.5.15（Michel 1092-1097）

1996.4.15（Michel 1265-1270, 1271）

1996.10.15（Michel 1397, 1399-1402, 1403-1406, 1412）

1996.10.21（暂未查到目录编号）

1998.2.6（Michel 1646-1647, 1648-1649, 1650-1651）

1998.6.20（Michel 1727-1732, 1733-1738, 1739）

2001.10.30（Michel 2265）

2003.6.2（Michel 2462-2467, Bl 367, Bl 369, Bl 370, 2470, 2471）

2004.4.13（Michel 2487）

2012.9.4（Michel 2543-2546, Bl 427, Bl 428, Bl 429, Bl 430, 2547-2550,Bl 431, Bl 432,Bl 433, Bl 434, 2554-2555, Bl 439, Bl 440）

2013.4.18（Michel 2636-2637, Bl 505, 2640, Bl 509, 2693, 2694-2695, Bl 563）

2014.1.14（暂未查到目录编号）

2015.11.3（Michel 2745-2748, Bl 585, Bl 586, Bl 587, Bl 588, 2749）

2017.3.27（Michel 2799-2802, 2803）

2017.7.10（Michel 3096-3099, 3100）

2018.7.1（暂未查到目录编号）

2019.1.1（暂未查到目录编号）

2019.4.1（暂未查到目录编号）

2019.8.1（暂未查到目录编号）

CHILE（智利）

2001.7.25（Michel 2024-2025）

CHINA（中国）

1894.11.19（Michel 20）

1897.1.2（Michel 20 type II）

1980.1.15（Michel 1579）

1981.8.6（Michel 1718-1723）

1993.9.3（Michel 2488）

2001.6.12（Michel 3249）

2001.12.5（Michel 3300）

2003.1.25（Michel 3421）

CHRISTMAS ISLAND（圣诞岛）

1984.4.30（Michel 187-191）

2001.10.25（Michel 481-482）

CISKEI（西斯凯）

1987.3.19（Michel 110-113, Bl 2）

1988.12.1（Michel 145-148）

COLOMBIA（哥伦比亚）

1980.11.21（Michel 1456）

COMORO（科摩罗）

1976.6.28（Michel 283）

1985.12.24（Michel 762-766）

1989.3.15（Michel 878-883, 884, 885, 886）

1989.10.25（Michel 912）

1992.3.23（Michel 982-984, Bl 361）

1994.5.24（Michel 1045, 1048, 1051）

1996.12（Michel 1140）

1998（Michel 1393-1401）

1999.1.25（Michel 1462-1469, 1470-1478, 1479-1487, 1488, 1489, 1490, 1491, 1667-1672, 1673-1678, 1679, 1680）

2009.1.7（Michel 2051-2056, 2057）

2009.3.2（Michel 2079-2084, 2085）

2009.12.14（Michel 2652-2655, 2656）

CONGO ［刚果（布）］

1970.3.31（Michel 232-237）

1975.11.15（Michel 502）

1978.4.29（Michel 623）

1981.10.16（Michel 836）

1985.12.14（Michel 1016-1020）

1991.3.25（Michel 1205-1211, 1212）

1991.6.8（Michel 1243, 1246, 1248, 1250）

1999.7.13（Michel 1629-1632, 1633-1636）

2014.12.12（暂未查到目录编号）

2018（暂未查到目录编号）

CONGO D R ［刚果（金）］

2000 (Michel 1529)

2002.11.25（Michel 1739, 1740, 1741）

2003.5.26（Michel 1764, 1765, 1766）

2004.12.09（Michel 1789, 1793）

2005.1.10（Michel 1806）

2007.4.4（Michel Bl 286, Bl 287）

2007.11.21（Michel 1941-1944, Bl 315, Bl 316, Bl 317, Bl 318）

2011.5.18（Michel 2061-2063, Bl 403, Bl 404, Bl 405）

2012.1.09（Michel 2072-2075, 2072a, 2073a）

2012.3.20（Michel 2136-2138）

2012.6.25（Michel 2150-2151, 2152-2153, Bl 492, Bl 493, Bl 494, Bl 495）

2013.7.30（Michel 2231-2234, Bl 573-576; 2235-2238, Bl 577-580）

COSTA RICA（哥斯达黎加）

1999.7.2（Michel 1509-1510）

CÔTE D'IVOIRE（科特迪瓦）

1995.9.8（Michel 1142-1145）

1998.6.26（Michel 1193-1195）

2005.11.10（Michel 1357-1360, 1381-1384）

2005.12.28（Michel 1475-1476）

2012.11.29（暂未查到目录编号）

2016.3.28（暂未查到目录编号）

2017.6.16（暂未查到目录编号）

CROATIA（克罗地亚）

1998.4.22（Michel 454-456）

2013.9.3（Michel 1091-1093）

CUBA（古巴）

1988.2.15（Michel 3156-3162）

1989.1.10（Michel 3257-3262）

2002.6.20（Michel 4438-4442）

2005.12.15（Michel 4767, 4769, 4771, 4772）

2013.5.12（Michel 5686）

CYPRUS（塞浦路斯）

1997.3.31（Michel 444-447）

1999.3.4（Michel 923-926）

2011.10.5（Michel 1217-1221）

CZECH（捷克）

2000.6.28（Michel 260-263）

2003.11.5（Michel 382）

2009.9.2（Michel 603）

2011.8.30（Michel 690-693）

2013.9.4（Michel 773-776）

2014.1.20（Michel 793）

2018.6.20（Michel 983-984）

CZECHOSLOVAKIA（捷克斯洛伐克）

1958.10.6（Michel 1101-1105）

1980.6.3（Michel Bl 41）

1989.4.21（Michel Bl 92）

1989.9.5（Michel 3017-3021）

D

DENMARK（丹麦）

1978.11.16（Michel 673-674）

2018.9.6（No 1838）

DJIBOUTI（吉布提）

1980.9.1（Michel 283）

1987.4.16（Michel 488-490）

2013.9.18（暂未查到目录编号）

2014.12.22（暂未查到目录编号）

2015.10.23（暂未查到目录编号）

2016.5.5（Michel 1024-1027, 1028）

2016.9.26（Michel 1229-1232, 1233）

2017.1.30（Michel 1433-1436, 1437）

2017.9.19（Michel 1901-1904, 1905）

2018.3.15（Michel 2143-2146, 2147）

2018.7.27（Michel 2480-2483, 2484）

2019.2.27（No 2513-2516, 2517）

2019.7.27（No 2920-2923, 2924）

2019.12.10（No 3093-3096, 3097）

DOMINICA（多米尼克）

1987.6.15（Michel 1036-1039, 1040）

1991.6.3（Michel 1394-1401, 1402, 1403）

1994.4.18（Michel 1824-1831, 1832, 1833）

1998.3.2（Michel 2471-2476, 2477-2485, 2486-2494, 2495）

1999.11.9（Michel 2750-2751）

2001.6.18（Michel 3172-3175, 3176-3181, 3182-3187, 3188, 3189）

2002.4.8（Michel 3297）

2005.1.10（Michel 3639-3642, 3643）

2009.9.8（Michel 3937-3940, 3941-3946）

DOMINICAN（多米尼加）

2001.9.13（Michel 2032-2035）

2019.8.21（No 2783-2794）

E

ECUDOR（厄瓜多尔）

2006.5.22（Michel 2914）

2011.6.8（Michel 3293）

EL SALVADOR（萨尔瓦多）

2000.4.28（Michel 2207）

2001.12.20（Michel 2258-2261, 2262-2265）

EQUATORIAL GUINEA（赤道几内亚）

1977.5.17（Michel 1137, 1139）

1979（Michel 1501-1508）

1992.11.1（Michel 1755-1757）

1997.1.1（Michel 1833-1836）

2001.7.16（Michel 1898-1901）

ESTONIA（爱沙尼亚）

2012.8.30（Michel 740）

2013.9.12（Michel 772）

2014.9.11（Michel 805）

2015.9.10（Michel 837）

2016.9.6（Michel 871）

2017.9.21（Michel 902）

2018.8.23（Michel 926）

2019.8.29（Michel 963）

F

FALKLAND ISLANDS（福克兰群岛）

1987.9.14（Michel 468-471）

2013.10.3（Michel 772）

2014.4.15（Michel 1246-1249）

FAROE ISLANDS（法罗群岛）

1983.6.6（Michel 84）

1997.2.17（Michel 311-314）

2017.2.27（Michel 878-879）

FIJI（斐济）

1983.2.14（Michel 477-478）

1984.1.9（Michel 494-498）

FINLAND（芬兰）

1974.9.24（Michel 753-755）

1978.9.13（Michel 830-832）

1980.9.19（Michel 864-866）

1982.2.8（Michel 893）

1992.10.5（Michel 1188）

2016.9.9（Michel 2462-2466）

FRANCE（法国）

1975.11.29（Michel 1943）

1979.1.13（Michel 2136-2139）

1987.9.5（Michel 2622-2625）

1991.9.22（Michel 2857）

2000.6.17（Michel 3473-3476）

2001.4.21（Michel 3521-3524）

2001.9.22（Michel 3565）

2005.5.5（Michel 3938）

2008.9.8（Michel 4484-4493）

2009.4.27（Michel 4652）

2010.6.12（Michel 4890）

2011.5.8（Michel 5099）

2015.11.20（Michel 6316）

2018.1.5（No 6609）

FRENCH SOUTHERN TERRITORIES (THE)（法属南部领地）

1956.4.18（Michel 2-3）

1987.1.1（Michel 224）

1991.1.1（Michel 273）

G

GABON（加蓬）

1990.9.12（Michel 1066-1069）

1991.11.6（Michel 1100）

1999.4.30（Michel 1484-1487）

2014.6.2（暂未查到目录编号）

GAMBIA（冈比亚）

1982.12.2（Michel 454）

1987.12.9（Michel Bl 42）

1991.8.1（Michel Bl 124）

1993.4.5（Michel 1550）

1994.9.30（Michel 1964-1971, 1972-1981, 1982, 1983）

1997.3.10（Michel 2618-2621, 2622-2630, 2631）

2000.5.15（Michel 3612-3615, 3616-3621, 3622-3627, 3628, 3629）

2004.3.8（Michel 5208-5211, 5212-5215, 5216）

2009.12.30（Michel 6141-6144, 6145-6150）

2013.9.30（Michel 6826-6827, 6828）

GEORGIA（格鲁吉亚）

2000.12.15（Michel 359-363）

GERMAN D R（民主德国）

1971.5.18（Michel 1673）

1972.11.28（Michel 1809）

1974.3.19（Michel 1933-1940）

1980.10.28（Michel 2551-2556）

1984.11.27（Michel 2915, 2918-2919）

GERMANY F R［德国（联邦德国）］

1980.11.13（Michel 1067）

2018.8.9（Michel 3407-3409）

GHANA（加纳）

1989.10.2（Michel 1287-1294, 1295, 1296）

1990.12.18（Michel 1449-1452, 1453-1456）

1993.7.30（Michel 1854-1863, 1864-1868, 1869-1872, 1873-1876）

1997.7.9（Michel 2528-2533, 2534-2539, 2540, 2541）

2000.5.2（Michel 3107-3112, 3113-3118, 3119, 3120）

2003.2.24（Michel 3544）

2004.12.27（Michel 3674-3677, 3678-3681, 3682）

2012.12.12（Michel 4151-4153, 4154-4156）

2015.11.2（Michel 4620-4625, 4626）

GIBRALTAR（直布罗陀）

2003.9.15（Michel 1054-1057）

GREAT BRITAIN（英国）

1967.9.19　(Michel 171)

1977.10.5　(Michel 745, 747)

1988.1.19　(Michel 1134)

1991.2.5　(Michel 1318)

1993.9.14　(Michel 1463-1466)

1998.1.20　(Michel 1728)

1999.3.02　(Michel 1791)

2010.9.16　(Michel 2997)

2019.10.10　(Michel 4466-4469)

GREENLAND（格陵兰）

2005.1.17　(Michel 431-433)

2006.5.22　(Michel 464-466)

GRENADA（格林纳达）

1986.8.1　(Michel 1491-1494, 1495)

1987.9.9　(Michel 1631)

1989.8.7　(Michel 2021-2028, 2029, 2030)

1991.2.4　(Michel 2205, 2212, Bl 268)

1991.6.1　(Michel 2268-2275, 2276, 2277)

1994.4.6　(Michel 2728-2735, 2736, 2737)

1997.9.4　(Michel 3584-3589, 3590-3595, 3596-3601, 3602, 3603)

2000.5.1　(Michel 4072-7075, 4076-4081, 4082-4087, 4088, 4089)

2002.10.21　(Michel 5076-5083, 5084)

2009.2.9　(Michel 6129-6134, 6135-6138)

GRENADA GRENADINES（格林纳达格林纳丁斯）

1986.7.15　(Michel 771-774, 775)

1989.8.17　(Michel 1191-1198, 1199, 1200)

1991.6.1　(Michel 1442-1449, 1450, 1451)

1993.11.11　(Michel Bl 287)

1994.4.6　(Michel 1849-1856, 1857, 1858)

1997.9.4　(Michel 2614-2619, 2620-2625, 2626, 2627)

GRENADINES OF SAINT VINCENT［格林纳丁斯（圣文森特）］

1985.7.31　(Michel 13-14)

1986.5.23　(Michel 493-496)

1992.4.28　(Michel 868)

1992.7.2　(Michel 915-926, 927, 928, 929)

1992.12.15　(Michel 1008-1010, 1012, Bl 125, Bl 126, 1029)

GRENADA/CARRIACOU AND PETITE MARTINIQUE（格林纳达/卡里亚库岛和小马提尼克岛）

2000.3.3　(Michel 3241-3244, 3245-3248, 3249-3252, 3253, 3254)

2002.8.12　(Michel 3806; 3807-3812, 3813)

2007.5.16　(Michel 4336-4339, 4340-4343, 4344-4347, 4348, 4349, 4350)

2009.7.2　(Michel 4504-4507, 4508-4511, 4512-4513)

2011.12.16　(Michel 4725-4730, 4731-4734, 4735, 4736)

GUERNSEY（格恩西岛）

1995.2.2　(Michel 665)

2007.3.8　(Michel 1118)

GUINEA（几内亚）

1977.2.6　(Michel 759-766, Bl 48)

1985.3.21　(Michel 1019-1024, 1025)

1985.11.5　(Michel 1066-1071, 1072)

1995.11.15　(Michel 1568-1572, 1573)

1996.12.20　(Michel 1610-1615, 1616)

1998.8.20　(Michel 1991-1994)

1999.11.8　(Michel 2522-2537, 2538-2546, 2547-2555, 2556, 2557, 2558, 2559, 2560)

2001.12.26　(Michel 3454-3457, 3458-3461)

2002.12.19　(Michel 3997)

2002.12.27　(Michel 4023-4025, 4023a, 4024a, 4025a)

2004.7.21　(Michel 4106-4108, 4109, 4110, 4111, 4130, 4133)

2006.11.6　(Michel 4255-4256, Bl 973, Bl 974)

2006.12.5　(Michel 4362-4364, 4375, 4376)

2007.9.28　(Michel 4680-4682, 4740, 4741, 4742)

2008.3.10　(Michel 5453-5458, 5459, 5460)

2008.12.15　(Michel 6067, 6073)

2009.12.15　(Michel 7023-7028, 7029)

2011.5.10　(Michel 8269-8272, 8273)

2011.12.2　(Michel 8858-8860)

2012.8.30（Michel 9257）

2013.5.31（Michel 9814-9816）

2013.9.15（Michel 9983）

2014.3.25（Michel 10251-10253, 10254）

2014.10.20（Michel 10662-10665, 10666）

2014.10.27（Michel 10787-10790, 10791）

2015.6.22（Michel 11038-11041, 11042）

2015.9.3（Michel 11283-11286, 11287）

2016.6.3（Michel 11661-11664, 11665）

2016.9.26（Michel 11916-11919, 11920）

2017.4.24（Michel 12156-12159, 12160）

2017.6.20（Michel 12411-12414, 12415）

2017.8.25（Michel 12535-12538, 12539）

2018.2.27（Michel 12780-12783, 12784）

2019.7（暂未查到目录编号）

2019.12（暂未查到目录编号）

GUINEA-BISSAU（几内亚比绍）

1977.7.27（Michel 429）

1985.5.15（Michel 846-851）

1988（Michel 989-995）

2001.4.1（Michel 1578-1583）

2001.9.5（Michel 1964-1967）

2003.5.15（Michel 2087-2090, 2091-2094, 2095, 2096）

2003.6.10（Michel 2171, 2181）

2003.6.25（Michel 2413, 2417, 2418）

2004.12.15（Michel 2710;2734-2739, 2740）

2005.3.15（Michel 2888-2893, 2894）

2005.10.25（Michel 3230-3235, 3236）

2008.8.5（Michel 3859-3862, 3863）

2009.7.3（Michel 4297-4301, 4302）

2010.1.31（Michel 4623-4627, 4628）

2010.11.9（Michel 5125, 5159-5164, 5165）

2011.9.27（Michel 5620-5625, 5626; 5651-5654, 5655）

2012.1.5（Michel 5758-5762, 5763）

2012.5.25（Michel 6017-6020, 6021）

2012.7.16（Michel 6097-6100, 6101）

2013.3.25（Michel 6542-6546, 6547）

2013.6.24（Michel 6881, 6924-6927, 6928）

2014.5.15（Michel 7331-7334, 7335）

2014.10.20（Michel 6965-6968, 6969）

2014.12.12（Michel 7518-7521, 7522）

2015.2.18（Michel 7774-7777, 7778）

2015.5.26（Michel 8030-8033, 8034）

2015.10.26（Michel 8227-8230, 8231）

2016.1.18（Michel 8404-8409, 8410）

2016.10.24（Michel 8853-8857, 8858）

2017.3.28（Michel 9146-9150, 9151）

2017.7.18（Michel 9380-9384, 9385）

2017.8.28（Michel 9465, 9469）

2018.4.16（Michel 9834-9838, 9839）

2018.7.17（Michel 10021）

2018.10.15（Michel 10246-10250, 10251）

2018.12.17（Michel 10360-10364, 10365）

2019.3（暂未查到目录编号）

GUYANA（圭亚那）

1988.1.28（Michel 2080-2083）

1989.1.25（Michel 2480-2483, 2484）

1990.10.12（Michel 3287-3290, 3291）

1991.12.16（Michel 3680-3684, 3685, 3686）

1992.6.16（Michel 3830, 3831）

1993.3.30（Michel 4121, 4122）

1993.6.28（Michel 4136-4140, 4141, 4142, 4143, 4144, 4145）

1993.10.11（Michel 4320, 4321）

1994.2.10（Michel 4518, 4519, 4539）

1994.6.20（Michel 4644, 4649, 4652-4653;4660, 4662-4663）

1996.5.15（Michel 5522-5525, 5526-5529, 5530-5533, 5534-5537, 5538-5545, 5546, 5547）

1997.4.2（Michel 5911-5918, 5919-5924, 5925-5930, 5931, 5932）

1999.1.3（Michel 6424-6431）

1999.5.6（Michel 6533-6536, 6537-6545, 6546-6554, 6555, 6556）

2000.5.9（Michel 6915-6920, 6921-6926, 6927-6932, 6933, 6934, 6935）

2003.12.1（Michel 7590-7593, 7594-7597, 7598）

2011.10.12（Michel 8222-8227, 8228-8231, 8232, 8233）

H

HAITI（海地）

2018.1（暂未查到目录编号）

HONDURAS（洪都拉斯）

1995.4.7（Michel 1257-1262, 1263-1268, 1269-1274, 1275-1280, 1281-1286）

2005.10.18（Michel 1844-1847）

2014.10.6（Michel 1991）

HONG KONG（中国香港）

2004.11.23（Michel 1222-1225, 1226）

HUNGARY（匈牙利）

1959.12.15（Michel 1645）

1960.12.1（Michel 1722）

1984.10.16（Michel 3708-3714）

1986.12.30（Michel 3871-3876）

1993.6.1（Michel 4247-4249）

I

ICELAND（冰岛）

1999.5.20（Michel 915-916）

2000.2.4（Michel 943-944）

2002.1.17（Michel 1000-1001）

2004.9.2（Michel 1071-1072）

2006.11.2（Michel 1144-1145）

2012.7.2（Michel 1364）

2012.11.1（Michel 1374）

2017.9.14（Michel 1535-1536）

INDONESIA（印度尼西亚）

1999.4.1（Michel 1896-1904, 1905, 1906-1908）

IRELAND（爱尔兰）

1992.10.15（Michel 806）

2008.8.1（Michel 1838-1840, 1841）

ISRAEL（以色列）

2002.2.24（Michel 1675-1677）

2010.4.14（Michel 2107）

ITALY（意大利）

1977.9.5（Michel 1578）

1984.4.24（Michel 1882）

2011.5.9（Michel 3443）

2015.10.31（Michel 3860）

J

JAMAICA（牙买加）

1980.4.28（Michel 482）

1982.10.25（Michel 550-552）

JAPAN（日本）

1969.10.07（Michel 1063）

1973.9.18（Michel 1188）

1974.11.02（Michel 1230）

2008.11.04（Michel 4712, 4713）

2014.10.30（Michel 7050）

2016.10.24（Michel 8218-8227）

2017.06.28（Michel 8591, 8595）

2017.08.23（Michel 8680, 8687）

2018.8.23（Michel 9260, 9266, 9269）

2019.08.23（Michel 9813）

2019.09.04（Michel 9845）

2019.10.23（Michel 9970, 9986）

JERSEY（泽西岛）

1990.5.3（Michel 516）

1994.1.11（Michel 639-643）

2005.9.13（Michel 1200-1205, 1206）

2009.10.15（Michel 1441-1446）

JORDAN（约旦）

2010.10.3（Michel 2072-2079）

K

KAZAKHSTAN（哈萨克斯坦）

2019.12.10（Michel 1146-1151）

KENYA（肯尼亚）

1984.10.1（Michel 307）

1989.9.6（Michel 486-490）

KOREA（韩国）

1969.5.12（Michel 691）

1980.11.10（Michel 1220-1222）

1993.7.26（Michel 1746-1749）

1994.5.30（Michel 1784-1787）

1995.3.31（Michel 1830-1833）

1996.8.19（Michel 1897-1900）

1997.7.21（Michel 1933-1936）

1998.7.4（Michel 1981-1984）

2006.11.9（Michel 2544）

KOREA D P R（朝鲜）

1968.8.10（Michel 856-858）

1974.7.10（Michel 1274）

1985.3.16（Michel 2640-2642）

1986.11.23（Michel 2791-2793）

1987.1.5（Michel 2798-2800, 2801）

1989.2.27（Michel 2999-3004, 3005）

1990.12.18（Michel 3160-3164）

1991.2.26（Michel 3186-3190）

1993.1.10（Michel 3373-3378, 3379）

1995.3.25（Michel 3704-3705, 3706）

1995.7.1（Michel 3740-3742）

1999.1.1（Scott 3837）

1999.8.25（Michel 4220-4222）

2002.2.25（Michel 4526-4530）

2003.1.1（Michel 4406, 4408, 4409）

2003.9.5（Michel 4697-4700, 4701）

2006.4.13（Michel 5014a, 5014b）

2007.4.29（Michel 5205-5212）

2008.5.5（Michel 5324-5327）

2009.5.6（Michel 5439）

2009.7.1（Michel 5450）

2009.9.12（Michel 5484-5489）

2010.1.5（Michel 5547）

2010.4.9（Michel 5573-5575）

2010.6.30（Michel 5616-5619）

2011.1.5（Michel 5679-5680）

2011.2.16（Michel 5685）

2011.7.30（Michel 5779）

2012.6.18（Michel 5925）

2014.1.20（Michel 6062）

2015.3.28（Michel 6183-6186）

2017（暂未查到目录编号）

KOSOVO（科索沃）

2016.7.4（Michel 342-345）

KUWAIT（科威特）

1983.1.25（Michel 959, 983-984）

KYRGYZSTAN（吉尔吉斯斯坦）

1999.6.6（Michel 180）

2000（暂未查到目录编号）

2011.11.12（Michel 677-680）

2017.4.6（Michel 55-58）

2019.3.14（Michel 121-124）

L

LAOS（老挝）

1985.4.8（Michel 828-834）

LATVIA（拉脱维亚）

2007.8.25（Michel 708）

2008.9.6（Michel 740）

2009.9.12（Michel 768）

2010.9.10（Michel 793）

LESOTHO（莱索托）

1983.1.11（Michel 411-414）

1989.9.8（Michel 777-780, 781）

1990.2.26（Michel Bl 71）

1991.6.10（Michel Bl 79）

1998.6.15（Michel 1300-1305, 1306-1317, 1318, 1319）

2001.6.29（Michel 1764-1767, 1768-1773, 1774-1779, 1780, 1781）

2007.8.20（Michel 1987-1990, 1991-1994, 1995, 1996）

LIBERIA（利比里亚）

1985.12.12（Michel 1347-1348）

1988.4.4（Michel 1408-140）

1998.7.1（Michel 2045-2052, 2053-2061, 2062-2070, 2071, 2072, 2073, 2074）

2000.7.24（Michel 2809-2812, 2813-2818, 2819）

2001.9.15（Michel 4010-4015, 4016-4021,

4022,4023;4024-4029,4030）

2007.4.1（Michel 5238-5241, 5242-5245, 5246-5249, 5250, 5251, 5252）

2011.3.28（Michel 5830-5835, 5836-5837）

2014.4.2（Michel 6422）

2018.5.22（Michel 7301-7306）

LIBYA（利比亚）

1985.7.15（Michel 1554-1569）

1986.3.21（Michel 1652）

1995.11.25（Michel 2244）

2014.11.20（Michel 3088）

LIECHTENSTEIN（列支敦士登）

1981.9.7（Michel 776-777）

1997.8.22（Michel 1152-1154）

2000.12.4（Michel 1252-1254）

LITHUANIA（立陶宛）

1997.9.20（Michel 649-650）

2016.2.13（Michel 1211-1212）

LUXEMBOURG（卢森堡）

1965.12.6（Michel 718）

1991.3.4（Michel 1267-1270）

2004.3.16（Michel 1628-1633）

2006.9.26（Michel 1728-1729）

2013.12.3（Michel 1987-1991）

M

MACAU（中国澳门）

2003.5.28（Michel 1268）

MACEDONIA（马其顿）

1994.3.1（Michel 56, 60）

1997.11.7（Michel 108-111）

2013.10.16（Michel 671-674）

2016.5.10（Michel 723）

MADAGASCAR（马达加斯加）

1990.12.28（Michel 1288-1298, Bl 154）

1991.8.2（Michel 1309-1314, 1315）

1993.9.28（Michel 1536-1541, 1542）

1993.12.15（Michel 1628, 1632, 1636, 1640）

1998.7.22（Michel 1991-1992, 1997-1998, 2001, 2002）

1998（Michel 2117-2118）

1999.12.23（Michel 2358-2361）

2015.6.2（暂未查到目录编号）

2017.12.20（暂未查到目录编号）

2019.1.1（暂未查到目录编号）

2019.4.1（暂未查到目录编号）

MALAWI（马拉维）

1985.2.2（Michel 441-444）

2003.11.10（Michel 725-730, 731）

MALAYSIA（马来西亚）

1995.1.18（Michel 549-552）

1996.12.2（Michel 624）

1997.9.9（Michel Bl 17）

2001.1.22（Michel 1025）

2009.1.29（Michel 1611-1612）

2013.5.13（Michel 2045, 2046-2050）

MALDIVES（马尔代夫）

1980.12.22（Michel 913）

1986.12.31（Michel 1234-1241, 1242, 1243）

1990.12.11（Michel 1470）

1992.5.14（Michel 1728-1735, 1736, 1737）

1995.10.18（Michel 2433-2436, 2437-2440, 2441, 2442）

2001.1.2（Michel 3681-3686, 3687-3692, 3693-3698, 3699, 3700）

2004.12.15（Michel 4421-4424, 4425）

2009.11.18（Michel 4772-4775, 4776-4781）

2014.10.14（Michel 5395-5398, 5399）

2014.12.15（Michel 5440-5443, 5444）

2015.5.25（Michel 5825-5828, 5829）

2016.5.23（Michel 6335-6338, 6339）

2017.3.16（Michel 6803-6806, 6807）

2017.6.14（Michel 7053-7056, 7057）

2017.6.21（Michel 7148-7151, 7152）

2017.9.26（Michel 7203-7206, 7207）

2018.5.17（No 7488-7491, 7492）

2018.8.1（No 7753-7756, 7757）

2018.10.4（No 7958-7961, 7962）

2019.6.15（No 8315-8318, 8319）

2019.10.20（No 8752-8755, 8756）

MALI（马里）

1975.7.21（Michel 502）

1985.1.28（Michel 1038-1041）

1992.6.1（Michel 1155-1156）

1994.9.12（Michel 1288-1290）

1995.8.1（Michel 1351-1356, 1357）

1996.3.15（Michel 1464-1471, 1472-1479, 1480-1487, 1488-1495, 1496, 1497）

1996.12.19（Michel 1686）

1998.3.10（Michel 2024, 2026, 2033;2036, 2038, 2045, 2046）

1999.9.13（Michel 2410-2415）

2000.9.25（Michel 2546-2551, 2552-2557）

2014.2.16（暂未查到目录编号）

2016.11.16（暂未查到目录编号）

MALTA（马耳他）

2009.3.27 (Michel 1584-1588)

MAN ISLAND（马恩岛）

1986.4.10（Michel 307）

1995.9.1（Michel 650-654, 655）

2008.10.1（Michel 1470）

MARSHALL ISLANDS（马绍尔群岛）

1998.3.6 (Michel 963)

MAURITANIA（毛里塔尼亚）

1979.5.3（Michel 628）

1991.1.10（Michel 987-992, Bl 74）

2000.11.5（Michel 1058-1060, 1061）

MAURITIUS（毛里求斯）

1978.8.3（Michel 460-462）

MEXICO（墨西哥）

1975.4.18（Michel 1460）

1988.12.20（Michel 2113）

MICRONESIA（密克罗尼西亚）

2000.3.19（Michel 959）

2000.5.15（Michel 1004-1009, 1010-1015, 1016, 1017）

2002.12.16（Michel 1359-1364, 1365）

2010.6.8（Michel 2091-2094,2095-2100）

2013.6.3（Michel 2480-2483, 2484-2487, 2488, 2489）

2014.9.15（Michel 2657）

MOLDOVA（摩尔多瓦）

1995.2.28（Michel 153-157）

1996.3.23（Michel 190-194）

2007.4.23（Michel 578-581）

2010.3.27（Michel 694-697）

2011.5.1（Michel 749-750）

MONACO（摩纳哥）

1974.5.8（Michel 1118）

1988.5.26（Michel 1861-1866）

1994.3.14（Michel 2177）

2003.9.1（Michel 2662）

MONGOLIA（蒙古）

1964.1.1（Michel 345-352）

1978.2.28（Michel 1133-1139）

1983.11.30（Michel 1582）

1984.11.4（Michel 1645）

1985.10.1（Michel 1739-1745）

1986.9.20（Michel 1808）

1991.6.18（Michel 2302-2309, 2310）

1991.12.31（Michel 2351）

1993.1.5（Michel 2441-2442）

1993.6.1（Michel 2477-2478）

1994.7.15（Michel 2527）

1996.12.16（Michel Bl 263）

2001.9.1（Michel 3339）

2003.2.1（Michel 3439-3446, 3447, 3448）

2003.12.10（Michel 3476-3479, 3480）

MONTENEGRO（黑山）

2014.3.14（Michel 348）

MONTSERRAT（蒙特塞拉特）

1986.1.10（Michel Bl 31, Bl 32）

1991.6.13（Michel 804-808）

1996.8.15（Michel 980, 983）

2003.11.28（Michel 1205-1210, 1211）

MOZAMBIQUE（莫桑比克）

1986.4.8（Michel 1057-1060）

1999.9.24（Michel 1489-1494, 1502）

2000.4.28（Michel 1642, 1659-1662）

2002.6.17（Michel 2360）

2002.9.28（Michel 2458, 2460, 2462, 2464, 2466, 2468, 2470;2545-2546）

2010.11.30（Michel 4240-4243, 4244）

2011.6.30（Michel 4760-4763, 4764）

2011.12.30（Michel 5400-5405, 5406）

2012.10.30（Michel 6160-6165, 6166）

2013.6.25（Michel 6642-6645, 6646; 6672-6675, 6676）

2013.9.25（Michel 6942-6945, 6946）

2014.8.20（Michel 7545-7548, 7549）

2015.6.15（Michel 7876-7879, 7880;7981-7984, 7985）

2015.8.15（Michel 8101-8104, 8105）

2016.1.15（Michel 8304-8307, 8308）

2016.5.10（Michel 8439-8442, 8443）

2016.11.10（Michel 8889-8892, 8893;No 9070）

2018.4.15（Michel 9344-9347, 9348）

2018.6.15（No 9672-9675, 9676）

2019.2.10（No 9969-9972, 9973）

2019.11（暂未查到目录编号）

MUSTIQUE（马斯蒂克）

2010.10.05（Michel 116-119, 120-125）

2019.4.6（No 488-493）

N

NAMIBIA（纳米比亚）

1999.7.2（Michel 994）

2008.10.1（Michel 1299）

NEPAL（尼泊尔）

1994.12.20（Michel 575-578）

2006.6.12（Michel 866）

2008.12.24（Michel 959）

2012.7.29（Michel 1052）

NETHERLANDS（荷兰）

2007.10.3（Michel 2521）

2008.10.1（Michel 2600-2609; 2610）

2010.8.17（Michel 2794）

2015（暂未查到目录编号）

2016（暂未查到目录编号）

2018.9.18（No 3741-3750）

NETHERLANDS ANTILLES（荷属安的列斯）

1996.4.12（Michel 876）

1997.2.19（Michel 888-891）

2007.5.22（Michel 1565）

NEVIS（尼维斯）

1985.7.31（Michel Bl 6, Bl 7）

1987.10.16（Michel 475-478）

1991.12.20（Michel 637-644, 645, 646）

1997.8.12（Michel 1140-1143, 1144-1149, 1150-1155, 1156, 1157）

2001.5.15（Michel 1684-1689, 1690-1698, 1699, 1700）

2005.1.10（Michel 2031-2034, 2035）

2010.4.16（Michel 2415-2418, 2419-2424）

NEW CALEDONIA（新喀里多尼亚）

1998.1.22（Michel 1122-1124）

2011.6.23（Michel 1556）

NEW ZEALAND（新西兰）

1977.8.3（Michel 720-722;723-725）

1985.4.24（Michel 931）

1986.5.1（Michel 963）

1988.2.11（Michel 1051x）

1991.4.17（Michel 1165）

2002.3.6（Michel 1973-1978）

NICARAGUA（尼加拉瓜）

1973.09.25（Michel 1742）

1985.2.20（Michel 2561-2567）

1990.7.15（Michel 3001-3007）

1999.10.14（Michel 4035-4040, 4041-4046, 4047, 4048）

NIGER（尼日尔）

1985.7.1（Michel 947）

1985.10.3（Michel 962-966）

1991.1.15（Michel 1108, 1111-1112, Bl 55）

1998.7.6（Michel 1500-1503,1504）

1998.9.2（Michel 1542-1547）

1999.12.2（Michel 1733-1736）

2002.5.16（Michel 1982-1984, 1982Bl）

2013.7.1（Michel 2283-2286, 2287）

2013.12.20（Michel 2530-2533, 2534）

2014.9.10（Michel 2912-2915, 2916）

2014.10.13（Michel 3025-3028, 3029）

2014.11.30（Michel 3164-3167, 3168）

2015.4.20（Michel 3395-3398, 3399）

2015.10.26（Michel 3622-3626, 3627）

2015.12.28（Michel 3857-3860, 3861）

2016.4.20（Michel 3972-3975, 3976）

2016.5.28（Michel 4097-4100, 4101）

2016.10.24（Michel 4417-4420, 4421）

2016.12.21（Michel 4597-4600, 4601）

2017.2.20（Michel 4727-4730, 4731）

2017.11.20（Michel 5241-5244, 5245）

2018.2.15（Michel 5498-5501, 5502）

2018.6.26（No 5816-5819, 5820）

2018.10.24（No 6054-6057, 6058）

2018.11.22（No 6165, 6166, 6168）

2019.2.27（No 6234-6237, 6238）

2019.6.26（No 6477-6480, 6481）

2019.8.24（No 6634-6637, 6638）

2019.12.10（No 6957-6960, 6961）

NIGERIA（尼日利亚）

1996.10.30（Michel 671-674）

NIUE（纽埃）

1969.11.27（Michel 99）

1996.5.10（Michel 862）

NORFOLK ISLAND（诺福克群岛）

1983.3.29（Michel 302-305）

1984.9.18（Michel Bl 6）

2009.5.29（Michel 1060-1063）

2010.11.7（Michel Bl 571）

NORWAY（挪威）

1987.5.8（Michel 969-970）

1988.4.26（Michel 990-991）

1989.2.20（Michel 1012-1013）

P

PAKISTAN（巴基斯坦）

2005.10.1（Michel 1256-1265）

PALAU（帕劳）

1989.3.16（Michel 269-272）

1998.12.8（Michel 1396-1399）

2007.4.1（Michel 2617-2620, 2621）

PAPUA NEW GUINEA（巴布亚新几内亚）

1995.6.21（Michel 750-753）

1996.1.1（Michel 771）

2005.5.18（Michel 1129-1132, 1133-1138, 1139）

PARAGUAY（巴拉圭）

1979.12.4（Michel 3230）

1985.1.19（Michel 3835-3841）

1986.3.17（Michel 3950-3956）

1998.6.26（Michel 4768-4770）

PERU（秘鲁）

2007.10.15（Michel 2247-2250）

2010.8.24（Michel 2463-2464）

PHILIPPINES（菲律宾）

1988.09.13（Michel 1880-1883）

2019.11.20（No 5526-5529）

POLAND（波兰）

1959.5.8（Michel 1093-1100）

1962.12.31（Michel 1366）

1980.6.30（Michel 2693-2698）

2012.8.31（Michel 4579-4582）

2014.8.29（Michel 4695-4698）

R

ROMANIA（罗马尼亚）

1958.7.12（Michel 1721-1730）

1986.8.15（Michel 4288-4293）

1994.8.5（Michel 5005-5008, 5009-5012）

1999.1.22（Michel 5382-5386）

2001.7.26（Michel 5595）

2003.9.19（Michel 5754-5756, 5757-5759）

2008.1.18（Michel 6262-6267）

2017.10.6（Michel 7280-7283）

RWANDA（卢旺达）

1980.7.21（Michel 1051-1058）

RYU KYU ISLANDS（琉球群岛）

1968.4.18（Michel 197）

RUSSIA（俄罗斯）

2003.7.22（Michel 1108-1112）

2008.9.12（Michel 1500）

S

SAHARA（撒哈拉）

1997.1.1（暂未查到目录编号）

SAINT HELENA ISLAND（圣赫勒拿岛）

1983.6.16（Michel 379-382）

SAINT KITTS（圣基茨）

1987.8.26（Michel 213-217）

2001.3.12（Michel 550）

2001.9.18 (Michel 640-645, 655)

2010.6.7 (Michel 1095-1098, 1099-1104)

SAINT LUCIA（圣卢西亚）

1985.12.31（Michel Bl 41, Bl 42）

1989.5.31（Michel 948-951）

SAINT PIERRE AND MIQUELON（圣皮埃尔和密克隆）

1987.2.14（Michel 543）

1988.1.29（Michel 556）

1989.1.28（Michel 569）

1990.1.17（Michel 587）

1995.3.8（Michel 689）

1996.3.13（Michel 705）

2018.11.8（Michel 1304）

2019.11.12（Michel 1322）

SAINT VINCENT（圣文森特）

1985.8.9（Michel Bl 20, Bl 21）

1986.2.25（Michel Bl 31）

1989（暂未查到目录编号）

1992.7.2（Michel 2044-2055, 2056, 2057, 2058）

SAINT VINCENT AND THE GRENADINES（圣文森特和格林纳丁斯）

1998.2.23（Michel 4304-4309, 4310-4318, 4319-4327, 4328, 4329）

2000.3.13（Michel 4839）

2001.3.15（Michel 5194-5197, 5198-5203, 5204-5209, 5210-5215, 5216, 5217, 5218）

2001.12.10（Michel 5441-5442, 5454-5459）

2007.1.15（Michel 6345-6348, 6349）

SAMOA（萨摩亚）

1985.4.17（Michel 561-564）

SAN MARINO（圣马力诺）

1967.6.15（Michel 891-896）

1992.9.18（Michel 1516-1519）

2003.1.24（Michel 2065）

SAO TOME AND PRINCIPE（圣多美和普林西比）

1984.11.5（Michel 937-939, 940）

1986.9.18（Michel 955-957, 958）

1987.11.10（Michel 1013-1015, 1016）

1988.10.26（Michel 1043-1047, 1048）

1990.11.2（Michel 1184-1188, 1189, 1190）

1991.8.30（Michel 1260-1264, 1265, 1266）

1992.5.9（Michel 1346-1350, 1351, 1352）

1993.5.25（Michel 1392-1396, 1397, 1398）

1995.11.2（Michel 1626-1631, 1632, 1633; 1634-1642, 1643, 1644）

1998.7.2（Michel 1814-1822, 1823, 1824）

2003.3.1（Michel 1995-2000, 2001-2006, 2007-2012, 2091, 2092, 2093）

2003.4.15（Michel 2442）

2004.8.8（暂未查到目录编号）

2006.5.25（Michel 2779-2782, 2783）

2006.12.15（Michel 2854, 2856, 2858, 2860, 2894-2897, 2898-2901, 2902, 2903）

2007.2.2（Michel 2968-2971）

2007.3.15（Michel 3004-3007, 3044）

2008.2.4（Michel 3402-3410, 3411）

2009.5.29（Michel 4021-4024）

2009.7.1（Michel 4120-4123, 4124）

2009.7.30（Michel 4226-4229, 4230）

2011.3.30（Michel 4824-4825, 4826-4827）

2013.8.15（Michel 5171-5174, 5175）

2014.8.8（Michel 5569-5572, 5573）

2014.10.15（Michel 5785-5788, 5789）

2015.5.21（Michel 6106-6109, 6110）

2015.11.18（Michel 6305-6308, 6309）

2016.3.30（Michel 6621-6624, 6625）

2016.9.12（Michel 6821-6824, 6825）

2017.3.13（Michel 7023-7026, 7027）

2017.11.7（Michel 7418-7421, 7422）

2018.5.19（No 7614-7617, 7618）

2018.9.18（No 7854-7857, 7858-761, 7862, 7863）

2019.4.10（No 8253-7256, 8257）

2019.8.14（No 8428-8431, 8432）

2019.11.19（No 8613-8616, 8617）

SENEGAL（塞内加尔）

1982.4.7（Michel 768）

1999.8.27（Michel 1797-1800）

2013.12.18（Michel 2212）

SEYCHELLES（塞舌尔）

1985.1.31（Michel 92-95）

SIERRA LEONE（塞拉利昂）

1988.2.29（Michel 1076-1079, 1080）

1990.12.31（Michel 1569-1584, 1585, 1586, 1587, 1588）

1993.5.5（Michel 1999-2006, 2007, 2008）

1996.6.17（Michel 2561-2564, 2565-2572, 2573-2580, 2581, 2582）

2000.10.30（Michel 3707-3710, 3711-3716, 3717-3722, 3723, 3724）

2009.9.30（Michel 5214-5217, 5218-5223）

2013.12.23（Michel 5834-5839）

2015.8.21（Michel 6312-6315, 6316）

2015.12.21（Michel 6788-6791, 6792）

2016.2.26（Michel 7002）

2016.8.29（Michel 7513-7516, 7517）

2016.12.29（Michel 7913-7916, 7917）

2017.3.30（Michel 8235-8238, 8239）

2017.6.30（Michel 8555-8558, 8559）

2017.9.29（Michel 8845-8848, 8849）

2018.1.30（Michel 9240-9243, 9244）

2018.6.29（Michel 9749-9752, 9753）

2018.8.15（No 9672-9675, 9676）

2019.2.10（No 9969-9972, 9973）

2019.8（暂未查到目录编号）

2019.11（暂未查到目录编号）

2019.12（暂未查到目录编号）

SINGAPORE（新加坡）

1995.9.1（Michel 752, 755）

2005.3.30（Michel 1434-1437）

SLOVAKIA（斯洛伐克）

1997.9.17（Michel 289-291）

2013.11.4（Michel 716）

2017.10.12（Michel 824-825）

SLOVENIA（斯洛文尼亚）

1996.6.6（Michel 149-150）

1998.3.25（Michel 220）

2007.3.23（Michel 640-643）

2013.11.22（Michel 1038）

2014.5.30（Michel 1066）

2014.11.28（Michel 1087, 1089, 1117, 1119）

SOLOMON ISLANDS（所罗门群岛）

1984.1.30（Michel 522-525）

2013.2.15（Michel 1601-1604, 1605）

2013.11.22（Michel 2132-2135, 2136）

2014.8.25（Michel 2592-2595, 2596）

2014.11.28（Michel 2797-2800, 2801）

2015.6.26（Michel 3097-3100, 3101）

2015.9.25（Michel 3297-3300, 3301）

2016.5.13（Michel 3511-3514, 3515）

2016.9.1（Michel 3751-3754, 3755）

2016.12.12（Michel 4125-4128, 4129）

2017.5.15（Michel 4376-4379, 4380）

2017.8.21（Michel 4547-4550）

2017.9.4（Michel 4637-4640, 4641）

SOMALIA（索马里）

1993.7.27（Michel 468-471）

1994.2.15（Michel 503-506）

2002.12.16（Michel 962-965, 966）

2004.6.15（暂未查到目录编号）

SOUTH AFRICA（南非）

2015.9.7 (Michel 2400)

SPAIN（西班牙）

1993.3.18（Michel 3102-3105）

1994.2.18（Michel 3140-3143）

1995.2.9（Michel 3199-3200）

2007.7.1（Michel 4230-4231）

2008.10.10（Michel 4357-4358）

2009.10.16（Michel 4457-4458）

2012.9.6（Michel 4719-4721）

2013.10.8（Michel 4821-4823）

SURINAM（苏里南）

1961.8.19（Michel 410）

1987.5.7（Michel 1210）

2010.2.24（Michel 2371-2373）

2011.2.16（Michel 2454-2455）

2014.1.15（Michel 2687-2692）

2016.1.13（Michel 2839-2841）

2017.8.16（Michel 2974-2979）

2018.3.14（Michel 3030-3033）

SWAZILAND（斯威士兰）

1984.9.19（Michel 462-465）

1994.9.15（Michel 636-639）

SWEDEN（瑞典）

1978.10.7（Michel 1038-1043）

1984.11.29（Michel 1307, 1309-1310）

1996.8.23（Michel 1950-1954）

2000.3.17（Michel 2174）

2004.8.19（Michel 2412, 2414）

2015.8.20（Michel 3062-3063, 3064-3068）

2016.3.17（Michel 3111）

SWITZERLAND（瑞士）

1994.11.28（Michel 1536-1539）

2014.3.6（Michel 2338-2341）

T

TAIWAN（中国台湾）

1974.11.15（Michel 1052-1055）

1976.7.14（Michel 1148）

1986.8.12（Michel 1705）

2006.9.30（Michel 3177; 3178-3181）

2010.3.25（Michel 3481-3484; 3485-3488）

2012.3.23（Michel 3668-3671; 3672-3675）

2013.7.24（Michel 3813-3816; 3817-3820）

2014.2.20（Michel 3871-3874）

TAJIKISTAN（塔吉克斯坦）

1999.12.20（Michel 163-164, 165）

2002.4.9（Michel 214）

2004.1.4 （Michel 310-311, 312-313）

2014.10.3 （Michel 680-682）

2018.12.15 （Michel 823）

2019.11.01 （Michel 836-838）

TANZANIA（坦桑尼亚）

1990.12.27 （Michel 788, 790）

1993.6.18 （Michel 1493-1500, 1501, 1502）

1996.12.17 （Michel 2515-2522, 2523-2530, 2531, 2532）

1998.11.27 （Michel 3081-3088, 3089-3097, 3098-3106, 3107, 3108）

1999.2.18 （Michel 3268, 3275, 3284）

1999.11.15 （Michel 3785-3790, 3791-3796, 3997-3802, 3803, 3804）

2004.7.19 （Michel 4159-4164, 4165）

THAILAND（泰国）

1986.11.26 （Michel 1183-1186）

1993.2.2 （Michel 1549）

1993.7.1 （Michel 1558-1561）

1995.10.16 （Michel 1668）

2001.7.4 （Michel 2086-2089）

TOGO（多哥）

1986.6.9 （Michel 1966-1969）

1990.1.8 （Michel 2153-2158, 2159, 2160, 2161）

1995.11.16 （Michel 2324-2331, 2332-2339, 2340-2348, 2349-2355, 2356, 2357）

1997.11.22 （Michel 2671-2677, 2679）

1999.2.23 （Michel 2816-2821, 2822）

2000.7.30 （Michel 3050-3055, 3056）

2006.12.28 （Michel 3341-3344, 3345）

2011.2.15 （Michel 3799-3802, 3803）

2011.3.15 （Michel 3964-3967, 3968;3986）

2012.3.30 （Michel 4403-4406, 4407）

2013.6.3 （Michel 4966-4969, 4970）

2013.7.22 （Michel 5132, 5134, 5135）

2013.12.5 （Michel 5434-5437, 5438）

2014.4.10 （Michel 5692-5695, 5696）

2014.6.30 （Michel 6084）

2014.8.30 （Michel 6101-6104, 6105）

2014.12.30 （Michel 6387-6390, 6391）

2015.6.1 （Michel 6629-6632, 6633）

2015.10.26 （Michel 6858-6861, 6862）

2015.12.30 （Michel 7093-7096, 7097-7098;7106）

2016.5.20 （Michel 7364-7367, 7368）

2016.12.15 （Michel 7709-7712, 7713）

2017.2.28 （Michel 7939-7942, 7943）

2017.7.31 （Michel 8286-8289, 8290）

2018.2.9 （Michel 8807-8810, 8811）

2018.11.30 （No 9048-9051, 9052-9055）

2019.6.25 （No 9427-9430, 9431）

TONGA（汤加）

1997.9.8 （Michel 1494-1499; 1500-1505）

TRANSKEI（特兰斯凯）

1993.8.20 (Michel 307)

TRANSNISTRIA（德涅斯特河沿岸共和国）

2012.11.17 （Col 27, 30a-d）

2016.11.12 （Michel 704-708, Bl 94）

TRINIDAD AND TOBAGO（特立尼达和多巴哥）

1990.5.3 （Michel 592-595）

TRISTAN DA CUNHA（特里斯坦－达库尼亚）

1984.3.26 （Michel 365-368）

2015.12.1 （Michel 1215）

TURKEY（土耳其）

1994.11.16 （Michel 3032-3035）

1995.11.16 （Michel 3063-3066）

2014.7.9 （Michel 4125）

2015.6.5 （Michel 4182-4185）

TURKS AND CAICOS ISLANDS（特克斯和凯科斯群岛）

1985.12.5 （Michel 82）

1991.6.24 （Michel 1009-1016, 1017, 1018）

1994.10.10 （Michel 1155-1162, 1163, 1164）

2000.7.6 （Michel 1507-1512, 1513, 1514）

TUVALU（图瓦卢）

1985.7.4 （Michel Bl 11, Bl 12）

1986.3.19　（Michel 354-355, 356-357）

1988.7.25　（Michel 518-521）

1989.5.24　（Michel 541-544）

2013.4.29　（Michel 1886-1889, 1890）

TUVALU FUNAFUTI[富纳富提环礁（图瓦卢）]

1985.8.26　（Michel Bl 2, Bl 3）

TUVALU NANUMAGA [纳努芒阿岛（图瓦卢）]

1985.7.5　（Michel Bl 2, Bl 3）

TUVALU NANUMEA[纳诺梅阿环礁（图瓦卢）]

1985.9.5　（Michel Bl 1, Bl 3）

TUVALU NIUTAO [纽陶岛（图瓦卢）]

1985.9.4　（Michel Bl 2, Bl 3）

TUVALU NUI [努伊环礁（图瓦卢）]

1985.9.4　（Michel Bl 2, Bl 3）

TUVALU NUKUFETAU[努谷费陶礁（图瓦卢）]

1985.9.5　（Michel Bl 2, Bl 3）

TUVALU NUKULAELAE [努库莱莱环礁（图瓦卢）]

1985.9.4　（Michel Bl 2, Bl 3）

TUVALU VAITUPU [斐伊托波礁（图瓦卢）]

1985.8.28　（Michel Bl 2, Bl 3）

U

UGANDA（乌干达）

1989.8.14　（Michel 667-674, 675, 676）

1991.7.19　（Michel 950-957, 958, 959）

1996.6.24　（Michel 1694-1701, 1702, 1703）

2001.11.26　（Michel 2424-2429, 2430, 2431）

2002.11.6　（Michel 2491, 2492-2497, 2498）

2012.11.4　（Michel 2926-2931, 2932-2933）

UKRAINE（乌克兰）

1999.12.15　（Michel 335-339）

2002.5.25　（Michel 502-505）

2005.2.11　（Michel 697-701）

2006.7.14　（Michel 798-802）

2013.8.20　（Michel 1364）

UNION（GRENADINES）（尤宁岛）

1985.8.12　（Michel Bl 2, Bl 3）

UNITED STATES（美国）

1987.6.13　（Michel 1894, 1916, 1920, 1932）

2000.3.29　（Michel 3272-3273）

2003.7.2　（Michel 3761-3770）

2005.3.3　（Michel 3915-3916）

2007.8.28　（Michel 4318-4319, 4321-4325）

2010.9.1　（Michel 4656））

2018.2.22　（Michel 5468）

UPPER VOLTA（上沃尔特）

1984.6.15　（Michel 950, 952, 954-955, 956）

URUGUAY（乌拉圭）

1988.9.20　（Michel 1803）

1997.2.7　（Michel 2218-2222）

1997.5.25　（Michel 2258）

2008.10.7　（Michel 3036-3037）

USSR（苏联）

1964.11.25　（Michel 2983-2987）

1970.12.31　（Michel 3842）

1975.6.20　（Michel 4368）

1984.8.10　（Michel 5415, 5419-5420）

1986.5.15　（Michel 5603-5607）

UZBEKISTAN（乌兹别克斯坦）

2019.12.10　（Michel 1399-1402）

V

VANUATU（瓦努阿图）

1984.1.9　（Michel 670-673）

VIETNAM（越南）

1983.10.10　（Michel 1371-1378）

1987.12.30　（Michel 1876-1882）

1990.6.20 （Michel 2220-2227）

1991.1.21 （Michel 2275-2280）

1996.8.26 （Michel 2803-2808）

2001.5.2 （Michel 3150-3156, 3157）

VIRGIN ISLANDS （BRITISH）（英属维尔京群岛）

1985.8.26 （Michel Bl 2, Bl 26）

1992.1.15 （Michel 755-758, 759）

W

WALLIS AND FUTUNA （瓦利斯群岛和富图纳）

1980.10.20 （Michel 383）

Y

YEMEN REPULIC （也门）

1990.3.18 （Michel 37-571, Bl 6）

YUGOSLAVIA （南斯拉夫）

1974.10.7 （Michel 1574）

1983.3.21 （Michel 1977-1980）

1999.6.18 （Michel 2914-2917）

2000.2.25 （Michel 2966-2969）

Z

ZAIRE （扎伊尔）

1979.1.22 （Michel 597-604）

1990 （Michel 998-999, 1013）

1993.10.29 （Michel 1067-1074）

1996.10.16 （Michel 1157-1160）

ZAMBIA （赞比亚）

1981.6.2 （Michel 254）

1984.12.12 （Michel 325-328）

1985.9.12 （Michel A340）

1989.7.1 （Michel 497）

1991 （Michel 562）

1998.7.1 （Michel 834-843, 844-849, 850-855, 856, 857）

2002.9.9 （Michel 1410-1415, 1416）

ZIMBABWE （津巴布韦）

1992.8.4 （Michel 476-481）

2006.1.17 （Michel 832）

注：Michel 为德国米歇尔邮票目录编号，No 为www.stampworld.com邮票目录编号。2019年出版的部分邮票暂未找到目录编号。

PS, Part of stamps issued in 2019 have not got catalogue number.

参考文献
References

毕志，陈国良，黄年来，等，1991.中国食用菌志 [M].北京：中国林业出版社.

戴玉成，杨祝良，2008.中国药用真菌名录及部分名称的修订 [J].菌物学报，27(6): 801-824.

戴玉成，周丽伟，杨祝良，等，2010.中国食用菌名录 [J].菌物学报，29(1): 1-21.

戴玉成，2009.中国多孔菌名录 [J].菌物学报，28(3): 315-327.

何晓兰，2012.中国粉褶蕈属分类及粉褶蕈科分子系统学研究 [D].广州：华南农业大学.

黄年来，1998.中国大型真菌原色图鉴 [M].北京：中国农业出版社.

金铃，2015.慈禧寿辰纪念邮票 [N].中国集邮报，07-10(5).

李传华，曲明清，曹晖，等，2013.中国食用菌普通名名录 [J].食用菌学报，20(3): 50-72.

李玉，李泰辉，杨祝良，等，2015.中国大型菌物资源图鉴 [M].郑州：中原农民出版社.

刘波，1984.中国药用真菌 [M].太原：山西人民出版社.

刘遐，2005.我国食用菌工厂化生产发展的若干重要关系 [J].食用菌，27(1): 1-3.

卯晓岚，2006.中国毒菌物种多样性及其毒素 [J].菌物学报，25(3): 345-363.

宋斌，李泰辉，吴兴亮，等，2007.中国红菇属种类及其分布 [J].菌物研究，5(1): 20-42.

孙承业，2020.实用急性中毒全书 [M].北京：人民卫生出版社.

图力古尔，包海鹰，李玉，2014.中国毒蘑菇名录 [J].菌物学报，33(3): 517-548.

王青云，石木标，2004.中国红菇的研究现状与展望 [J].中国食用菌，23(4): 10-12.

佚名，1976.真菌名词及名称 [M].北京：科学出版社.

杨相甫，李发启，韩书亮，2005.河南大别山药用大型真菌资源研究 [J].武汉植物学研究，23: 393-397.

应建浙，卯晓岚，马启明，等，1987.中国药用真菌图鉴 [M].北京：科学出版社.

曾辉，李玉，2017.从方寸世界聚焦加勒比地区独特的菌物多样性 [J].中国食用菌，36(5): 6-12.

曾辉，王泽生，毛宁，1995.蘑菇属中常见种及其应用 [J].食用菌，17(1): 2-4.

曾辉，王泽生，2012.世界蘑菇与地衣邮票集锦(1956—2010) [M].北京：中国农业出版社.

曾辉，2004.从方寸天地一览世界牛肝菌野生资源 [J].食用菌，26(4): 45-47.

曾辉，2011.邮票中的蘑菇属种类及其分布 [J].菌物研究，9(3): 154-156, 161.

张明，2016.华南地区牛肝菌科分子系统学及中国金牛肝菌属分类学研究 [D].广州：华南理工大学.

臧穆，黎兴江，2011.中国隐花(孢子)植物科属辞典 [M].北京：高等教育出版社.

Bas C, 1991. A short introduction to the ecology, taxonomy and nomenclature of the genus *Agaricus* [C]. Genetics and breeding of Agaricus. Proceedings of the First International Seminar on Mushroom Science: 21-24.

Camino V M, Mena P J, Minter D W, 2006. Fungi of Cuba [EB/OL]. (2006-01-01) [2019-1-8] www.cybertruffle.org.uk/cubafung.

Cantrell S A, Lodge D J, Minter D W, et al., 2006. Fungi of Puerto Rico [EB/OL]. (2006-01-01) [2019-1-8] www.cybertruffle.org.uk/puerfung.

Capelli A, 1984. *Agaricus* L.: Fr. (*Psalliota* Fr.) [M]. Saronno: Liberia editrice Bella Giovanna: 560.

Cinto I E, Dokmetzian D A, 2006. *Iodophanus granulipolaris* (Ascomycota-Pezizales): primera cita para la Argentina. Un estudio morfológico y fisiológico [J]. Hickenia, 3(62): 277-284.

Delgado A E, Kimbrough J W, Hanlin R T, 2000. *Zygopleurage zygospora,* a new record from Venezuela [J]. Mycotaxon (75): 257-263.

Fang W, Li W Z, Zhu L Y, et al., 2019. Resource diversity of Chinese macrofungi: edible, medicinal and poisonous species [J]. Fungal Diversity, 98 (1):1-76.

Fries E M, 1821. Systema mycologicum Vol.1 [M]. Sweden: Lunde:1-508.

Fulgenzi T D, Mayor J R, Henkel T W, et al., 2008. New species of *Boletellus* from Guyana [J]. Mycologia, 100(3): 490-495.

Gimeno J D, 1999. Mushroom. Thematic stamp catalogue [M]. 2nd edition. Barcelona: Domfil:1-258.

Hawksworth D L, Sutton B C, Ainsworth G C, et al., 1983. Ainsworth & Bisby's Dictionary of the Fungi (including the Lichens) [M]. 7th edition. Surrey: Commonwealth mycological institute.

Hawksworth D L, Mariette S C, 2003. A first checklist of lichenicolous fungi from China[J]. Mycosystema, 22(3):359-363.

Holden E M, 2003. Recommended English Names for Fungi in the UK [C]. Report to the British Mycological Society, English Nature, Plantlife and Scottish Natural Heritage:1-44.

Hui Z, Yu Li, 2014. The checklist of *Russula* on stamps issued [J]. Edible Fungi of China, 33(5):74-77.

Iturriaga T, Minter D W, 2006. Fungi of Venezuela [EB/OL]. (2006-01-01) [2019-1-8] www.cybertruffle.org.uk/venefung.

Izawa K, 2017. Round the world with a mushroom stamp [M]. Tokyo: Petit Grand Publishing, Inc:1-183.

Kimbrough J W, Luck-Allen E R, Cain R F, 1969. *Iodophanus*, the Pezizeae segregate of *Ascophanus* (Pezizales) [J]. American Journal of Botany, 56(10): 1187-1202.

Kirk P M, Cannon P F, Minter D W, et al., 2008. Stalpers. Ainsworth & Bisby's Dictionary of the Fungi [M]. 10th edition. Oxon: CAB International:1-771.

Kloetzel J E, 2008. Standard postage stamp catalogue [M].164th edition. Sidney: Scott Publishing Co., 2: 248.

Jeremy H, 2008. 600 species of mushrooms discovered in Guyana [EB/OL]. (2008-6-21) [2019-1-8] https://news.mongabay.com/2008/07/600-species-of-mushrooms-discovered-in-guyana/.

Jodhan D, Minter D W, 2006. Fungi of Trinidad&Tobago [EB/OL]. (2006-01-01) [2019-1-8] www.cybertruffle.org.uk/trinfung.

Linnaeus C, 1753. Species plantarum: Exhibentes plantas rite cognitas: Ad genera relatas: Cum differentiis specificis, nominibus trivialibus, synonymis selectis, locis natalibus, secundum systema sexuale digestas [M]. Holmiae: Impensis L. Salvii: 561-1200.

Marasas W F, Marasas H M, Wingfields M J, et al., 2014. Philatelic mycology: Families of Fungi [M]. Utrecht: CBS-KNAW Fungal Biodiversity Centre:1-107.

McKenzie E H C,1997. Collect Fungi on Stamps. A Stanley Gibbons Thematic Catalogue [M]. 2ed edition. Ringwood: Stanley Gibbons Publications:1-86.

Minter D W, Perdomo O P, 2006. Fungi of the dominican republic [EB/OL]. (2006-01-01) [2019-1-8] www.cybertruffle.org.uk/dorefung.

Minter D W, Rodríguez H M, Mena P J, 2001. Fungi of the Caribbean. An annotated checklist [M].

Isleworth: PDMS Publishing.

Möller F H, 1952. Danish *Psalliota* species: preliminary studies for a monograph on the Danish Psalliotae, Part II [J]. Friesia, 4: 135-220.

Pegler D N, Young T W K, 1979. The gasteroid Russulales [J]. Transactions of the British Mycological Society, 72 (3): 353-388.

Richardson M J, 2001. Diversity and occurrence of Coprophilous fungi [J]. Mycological Research, 105(4): 387-402.

Richardson M J, 2002. The Coprophilous succession [J]. Fungal Diversity, 10(8): 101-111.

Richardson M J, 2007. The distribution and occurrence of coprophilous Ascobolaceae [J]. Mycologia Montenegrena (10): 211-277.

Richardson M J, 2008. Records of Coprophilous fungi from the Lesser Antilles and Puerto Rico [J]. Caribbean Journal of Science, 44(2): 206-214.

Romagnesi H, 1967. Les Russules d`Europe et d`Afrique du Nord [M]. Paris: Bordas: 1-998.

Schwaneberger V, 2018. Der Michel- Pilze-Ganze Welt [M]. Munich: Schwaneberger Verlag Gmbh:1-240.

Smith A H, 1940. Studies in the genus *Agaricus* [J]. Papers Michigan Academy of Sciences, 25: 107-138.

后记

  《世界蘑菇与地衣邮票集锦（1956—2010）》出版后受到菌物界和集邮界广泛关注，也获得在我国南宁举办的亚洲邮展镀银奖，此书出版已经10年，其间世界上又发行了大量的菌菇邮票，在中国工程院李玉院士和中华全国集邮联合会宋晓文会士的鼓励和指导下，本团队添加2010年后的新邮并将原书中部分遗漏和错误进行修订，以满足菌物学研究者和蘑菇集邮爱好者的迫切需要。

  本书可作为菌菇专题邮票的目录，比起先前国外出版的蘑菇邮票目录，增添了中文正式学名及拉丁学名的命名者，采众家之长，补各门之缺，并加入拓展研究内容，成为当今世界上最为齐全的菌菇邮票研究专著，为集邮爱好者提供了收集菌菇邮票的指南，也为菌物爱好者和研究学者了解世界蘑菇的分布提供了参考。本书严格按照编年体加国家或地区字母排序收录，其中不仅有蘑菇专题邮票，还包含大量蘑菇边花的邮票，甚至卡通漫画里的蘑菇也毫不遗漏。

  本书编写过程中，得到许多前辈和同行的指点和帮助。中共福建省委人才工作领导小组和福建省农业科学院为本书的出版也提供了基金支持，特在此表示深深感谢。最后还要感谢吴友丹女士为本团队收集菌菇邮票和编写本书提供了无私的帮助。

  本团队虽然竭尽全力编写本书，但是由于工作量大，工作繁忙，加上资料不够齐全，书中未对邮票的尺寸、邮票齿孔大小、纸质等进行描绘，也未对发行量、市场参考价等进行统计收录，大部分采用米歇尔标准邮票目录的编号，小部分采用斯科特编号和邮票世界网站的编号。本书在编写和校对上难免存在失误、错误和不足，恳请广大读者批评指正，本团队在此先谢过。

  恰逢福建省农业科学院成立60周年，谨以此书致贺！

编　者

Postscript

Stamps collection on mushroom & lichen worldwide (1956–2010) received full attention from both mycologists and philatelists since publication and it won Silver-Bronze Award in the 33rd Asia international stamp exhibition held in Nanning of China. The book has been published for nearly ten years, during which the world issued a large number of mushroom stamps. Encouraged and guided by Academician Li Yu and Member of ACPF Li Xiaowen, our team added new stamps after 2010 and revised some omissions and errors of the previous edition to meet the urgent need of fungus researchers and mushroom stamp collectors.

Our book can be used as mushroom thematic stamps catalogue. Compared with the previously books published, Chinese name was added as well as the nomenclator of scientific name. We adopt expand the research content to make it as the world's most comprehensive mushroom stamps research monographs, providing philately guide for the mushroom stamp collectors. It could also be a reference for fungi fans and mycologists to understand the distribution of mushroom. Tis book is compiled in strictly alphabetical order of countries or regions and chronological order. There are not only mushroom theme stamps, but also a lot of stamps border with mushroom. We even included cartoon mushroom stamps.

In the process of writing, we got the guidance and help from many predecessors and peers. We thank the leading group for talent work, Fujian Provincial Committee of CPC and Fujian Academy of Agricultural Sciences for providing fund for the publication of this book. Finally, we would like to thank Ms. Wu Youdan for her selfless dedication to the collection of mushroom stamps and the compilation of this book.

Though our team compiled this book with all efforts, we still failed to describe the size of the stamp, perforation size, paper characteristics, circulation and reference price in the market, etc. because of the enormous workload, our busy jobs and lack of data.We mostly adopt Micheal standard stamp catalog number, and the rest part used catalogue number from www.stampworld.com. There may exist some mistakes and deficiencies in the compilation and proofreading, so we obtest readers to criticize and correct, thanks in advance.

This book is dedicated to the 60th anniversary of Fujian Academy of Agricultural Sciences.

Complilers